MATLAB
从入门到精通

◉ **王贵财** 主编　　**张建华 李永锋** 副主编

U0212769

人民邮电出版社

北京

图书在版编目（CIP）数据

MATLAB从入门到精通 / 王贵财主编. -- 北京 ：人
民邮电出版社，2019.7（2023.7重印）
ISBN 978-7-115-48773-5

Ⅰ．①M… Ⅱ．①王… Ⅲ．①Matlab软件 Ⅳ.
①TP317

中国版本图书馆CIP数据核字(2019)第015983号

内 容 提 要

本书主要面向零基础读者，用实例引导读者学习，深入浅出地介绍了 MATLAB 的相关知识和实战技能。

本书第Ⅰ篇"基础知识"主要讲解 MATLAB 基础知识；第Ⅱ篇"语法基础"主要讲解 MATLAB 的基本使用方法、MATLAB 编程基础、MATLAB 的数组与矩阵操作、常用数学函数、符号运算、数值运算、数据分析及图形句柄等；第Ⅲ篇"数据可视化"主要介绍二维数据可视化和三维数据可视化等；第Ⅳ篇"编程设计"主要介绍图形用户界面设计、Simulink 仿真基础、文件读取 I/O、MATLAB 编译器及外部接口应用等；第Ⅴ篇"综合实战"主要介绍 MATLAB 在信号与系统中的应用、 MATLAB 在数字信号处理中的应用、MATLAB 在通信原理中的应用、MATLAB 在图像处理领域的应用及 MATLAB 在金融领域的应用等。

本书所提供的电子资源中包含了与图书内容全程同步的教学视频。此外，还赠送了大量相关学习资料，以便读者扩展学习。

本书适合任何希望学习 MATLAB 的读者，无论读者是否从事计算机相关行业，是否接触过 MATLAB，均可通过学习本书快速掌握 MATLAB 的开发方法和技巧。

◆ 主　　编　王贵财

副 主 编　张建华　李永锋

责任编辑　张　翼

责任印制　马振武

◆ 人民邮电出版社出版发行　　北京市丰台区成寿寺路 11 号
邮编　100164　电子邮件　315@ptpress.com.cn
网址　http://www.ptpress.com.cn

北京七彩京通数码快印有限公司印刷

◆ 开本：787×1092　1/16

印张：26.5　　　　　　　　　2019 年 7 月第 1 版

字数：663 千字　　　　　　2023 年 7 月北京第 8 次印刷

定价：69.80 元

读者服务热线：**(010)81055410**　印装质量热线：**(010)81055316**
反盗版热线：**(010)81055315**
广告经营许可证：京东市监广登字20170147号

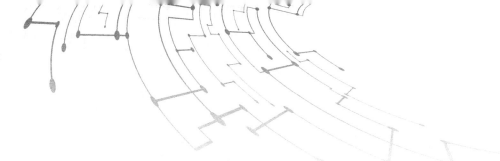

前言
PREFACE

　　"从入门到精通"系列是专为初学者量身打造的一套编程学习用书，由专业计算机图书策划机构"龙马高新教育"精心策划而成。

　　本书主要面向 MATLAB 初学者和爱好者，旨在帮助读者掌握 MATLAB 基础知识、了解开发技巧并积累一定的项目实战经验。

为什么要写这样一本书

　　荀子曰："不闻不若闻之，闻之不若见之，见之不若知之，知之不若行之。"

　　实践对于学习的重要性由此可见一斑。为此，本书立足于实战，从项目开发的实际需求入手，将理论知识与实际应用相结合以帮助初学者能够快速掌握 MATLAB 相关知识，并拥有一定的项目开发经验，从而在职场中获得良好的起点。

MATLAB 的学习路线

　　本书总结了作者多年的教学实践经验，为读者设计了合适的学习路线。

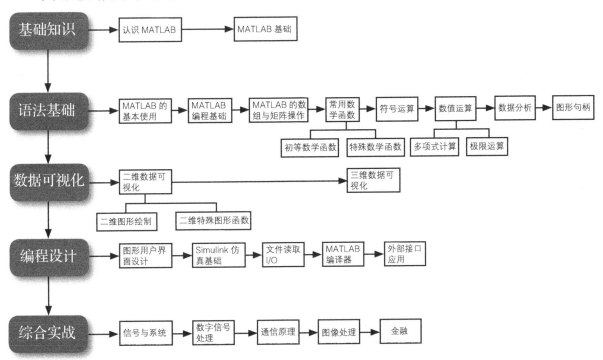

本书特色

● 零基础、入门级的讲解

　　无论读者是否从事计算机相关行业，是否接触过 MATLAB，是否使用 MATLAB 开发过项目，都能从本书中获益。

● 超多、实用、专业的范例和项目

　　本书结合实际工作中的范例，逐一讲解 MATLAB 的各种知识和技术。最后，还以实际开发项目帮助读者综合运用所学知识，从而提升实战经验，积累项目经验。

● **随时检测自己的学习成果**

每章首页给出了"本章要点"，方便读者明确学习方向。

● **细致入微、贴心提示**

本书在讲解过程中使用了"提示""注意""技巧"等小栏目，帮助读者在学习过程中更清楚地理解基本概念，掌握相关操作，并轻松获取实战技巧。

超值电子资源

● **全程同步教学视频**

涵盖本书所有知识点，详细讲解每个范例和项目的开发过程及关键点，帮助读者更轻松地掌握书中所有的 MATLAB 程序设计知识。

● **超多电子资源大放送**

赠送大量电子资源，包括 11 小时全程同步教学视频、188 个范例源码、全书配套 PPT、85 个经典程序源代码、MATLAB 快捷键速查手册、MATLAB 函数速查手册、MATLAB 编程实例 100 例、MATLAB 常见问题解答电子书、MATLAB 中常见的程序出错问题及解答电子书、数学建模常用到的 MATLAB 函数电子书。

读者对象

- 没有任何 MATLAB 基础的初学者。
- 已掌握 MATLAB 入门知识，希望进一步学习核心技术的人员。
- 具备一定的 MATLAB 开发能力，缺乏 MATLAB 实战经验的人员。
- 各类院校及培训学校的老师和学生。

二维码视频教程学习方法

为了方便读者学习，本书提供了大量视频教程的二维码。读者使用微信、QQ 的"扫一扫"功能扫描二维码，即可通过手机观看视频教程。

如下图所示，扫描标题旁边的二维码即可观看本节视频教程。

▶1.1 MATLAB 到底有多厉害

"大学时学 MATLAB，教授用它编了一首歌，当时我就懵了……"

"作为一个工作的人来讲讲这个 MATLAB/Simulink/Stateflow 的应用情况。汽车行业控制软件应用层开发基本都用这个，飞机行业控制应用层软件也用这个。MATLAB/Simulink 算是行业应用软件，是开发算法、控制策略的好东西。"

龙马高新教育 App 使用说明 ----------------•

在手机商店搜索"龙马高新教育"，下载、安装并打开龙马高新教育 App，可以直接使用手机号码注册并登录。

（1）在【个人信息】界面，用户可以查看订阅的图书、查看自己的收藏、与好友交流、管理离线视频、反馈意见以及更新升级 App 等。

（2）在首页界面单击顶部的【全部图书】按钮，在弹出的下拉列表中可查看订阅的图书类型，在上方搜索框中可以搜索图书。

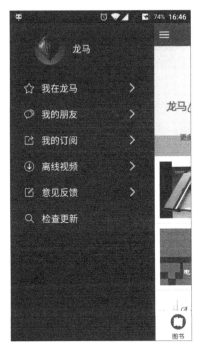

（3）进入图书详细页面，单击要学习的内容即可播放视频。此外，还可以发表评论、收藏图书并离线下载视频文件等。

（4）首页底部包含4个栏目：在【图书】栏目中可以显示并选择图书，在【问同学】栏目中可以与同学讨论问题，在【问专家】栏目中可以向专家咨询，在【晒作品】栏目中可以分享自己的作品。

创作团队

本书由王贵财任主编，张建华、李永锋任副主编，其中河南工业大学王锋编写第 1~5 章和第 11~14 章，河南工业大学李永锋编写第 6~10 章，河南工业大学王贵财编写第 15~17 章和第 21 章，河南工业大学张建华编写第 18~20 章和第 22 章。

在此书的编写过程中，我们竭尽所能地将更好的讲解呈现给读者，但书中也难免有疏漏和不妥之处，敬请广大读者不吝指正。若读者在阅读本书时遇到困难或疑问，或有任何建议，都可发送邮件至 zhangyi@ptpress.com.cn。

编者

目录
CONTENTS

第 III 篇
数据可视化

第 IV 篇
编程设计

第 V 篇
综合实战

第 22 章　MATLAB 在金融领域的应用

赠送资源
Free resources

❶ 85个经典程序源代码

❷ MATLAB快捷键速查手册

❸ MATLAB函数速查手册

❹ MATLAB编程实例100例

❺ MATLAB常见问题解答电子书

❻ MATLAB中常见的程序出错问题及解答电子书

❼ 数学建模常用到的MATLAB函数电子书

第 I 篇

基础知识

第1章

认识 MATLAB

　　MATLAB 是美国 MathWorks 公司出品的商业数学软件,用于算法开发、数据可视化、数据分析以及数值计算的高级技术计算语言和交互式环境,主要包括 MATLAB 和 Simulink 两大部分。MATLAB R2016b 是 MathWorks 公司 2016 年 9 月推出的 MATLAB 版本。本章引导读者进入 MATLAB 的世界。

本章要点(已掌握的在方框中打钩)

□ MATLAB 概述
□ MATLAB 行业应用

▶ 1.1 MATLAB 到底有多厉害

"大学时学 MATLAB，教授用它编了一首歌，当时我就懵了……"

"作为一个工作的人来讲讲这个 MATLAB/Simulink/Stateflow 的应用情况。汽车行业控制软件应用层开发基本都用这个，飞机行业控制应用层软件也用这个。MATLAB/Simulink 算是行业应用软件，是开发算法、控制策略的好东西。"

"MATLAB，工程计算的利器，陪伴工程师一生的朋友，你无悔的选择。说实话，我 MATLAB 用得不多，基本把它当作了函数画图器，但我知道很多顶尖人士把它作为主武器。"

"国外的风资源分析软件太难用了，决心用 MATLAB 开发一个工具包，测试、修改、再测试、再修改……反反复复跨度两个月，最终形成整体综合分析和针对性细化分析的两个工具包 WindAnalysis1 和 WindAnalysis2，最近计划开发一个整合版本 WindAnalysis Pro，实现强大功能的集中体现。依赖于 MATLAB 强大的算法和图形功能，反复测试后，工具包已经具备风数据质量分析、异常数据剔除、时序分布、风频分布、分布函数拟合、月均日均风速分析、湍流分析、风切变计算、发电量估算等涵盖所有风资源分析所需的功能，且运算精度比常规风电软件高。"

"在工程应用方面，MATLAB 有一堆集成度相当高的工具箱：Simulink，Classification learner……在原型验证、快速建模方面可是相当有优势的。它就像把瑞士军刀，功能丰富，虽然不是样样功能都是最顶尖的，但在很多场合都能令人得心应手。"

"本科前两年在国内读，对 MATLAB 的接触仅限于老师上课时演示各种 meshgrid 画图展示，到了国外发现，每个工程师都是 MATLAB 的一把好手！"

以上是网友对知乎论坛中"MATLAB 到底有多厉害？"这一问题的部分回答。如果您是第一次接触 MATLAB，通过这些回答，相信您对 MATLAB 的厉害之处会有初步的了解了吧。本书将带您体验 MATLAB 神奇之旅，学习之后，相信您会成为一名 MATLAB 高手的。

▶ 1.2 MATLAB 概述

1.2.1 MATLAB 的语言特点及应用领域

MATLAB 是一种用于算法开发、数据可视化、数据分析以及数值计算的科学计算语言和编程环境。MATLAB 的名字取自矩阵实验室 (Matrix Laboratory)，是由美国 MathWorks 公司发布的主要面对科学计算、可视化以及交互式程序设计的高科技计算环境。它将数值分析、矩阵计算、科学数据可视化以及非线性动态系统的建模和仿真等诸多强大功能集成在一个易于使用的视窗环境中，为科学研究、工程设计以及必须进行有效数值计算的众多科学领域提供了一种全面的解决方案，并在很大程度上摆脱了传统非交互式程序设计语言的编辑模式，代表了当今国际科学计算软件的先进水平。

MATLAB 包括命令控制、可编程，有上百个预先定义好的命令和函数，这些函数能通过用户自定义函数进一步扩展。MATLAB 有许多强有力的命令。例如，MATLAB 能够用一个单一的命令求解线性系统，能完成大量的高级矩阵处理。MATLAB 有强有力的二维、三维图形工具。

MATLAB 能与其他程序一起使用。例如，MATLAB 的图形功能，可以在一个 C 语言程序中完成可视化计算。此外，有众多不同的 MATLAB 工具箱可应用于特殊的应用领域。

在以下的领域里，MATLAB 是解决各种问题十分有效的一个工具。

- 工业研究与开发。
- 数学教学，特别是线性代数，几乎所有基本概念都能涉及。
- 数值分析和科学计算方面的教学与研究。
- 电子学、控制理论和物理学等工程和科学学科方面的教学与研究。
- 经济学、化学和生物学等有计算问题的其他领域中的教学与研究。

如图 1.1 所示为 MATLAB 的启动界面。

图 1.1　MATLAB 的启动界面

1.2.2 MathWorks 公司及其产品概述

　　MathWorks 公司是数学计算软件的领先软件供应商，全球各地的工程师和科学家很多都借助该公司的产品加速研究、创新和开发的步伐。MathWorks 公司的创办人是 Cleve Moler 博士和 Jack Little 总裁。

　　20 世纪 70 年代中后期，Cleve Moler 博士和其同事在美国国家科学基金的资助下开发了调用 EISPACK 和 LINPACK 的 NRTRM 子程序库。EISPACK 是特征值求解的 FORTRAN 程序库，LINPACK 是解线性方程的程序库。在当时，这两个程序库代表了矩阵运算的最高水平。

　　后来，Cleve Moler 在给学生讲授线性代数课程时，希望教学生使用 EISPACK 和 LINPACK 程序库，但他发现学生用 FORTRAN 编写接口程序很费时间，于是他开始自己动手，利用业余时间为学生编写 EISPACK 和 LINPACK 的接口程序。Cleve Moler 给这个接口程序取名为 MATLAB，该名为矩阵 (matrix) 和实验室 (laboratory) 两个英文单词前三个字母的组合。在以后的数年里，MATLAB 在多所大学作为教学辅助软件使用，并作为面向大众的免费软件广为流传。

　　1983 年春天，Cleve Moler 到斯坦福大学讲学，MATLAB 深深地吸引了工程师 Jack Little，Jack Little 敏锐地觉察到 MATLAB 在工程领域的广阔前景。同年，他和 Cleve Moler 一起，用 C 语言开发了第二代专业版。这一代的 MATLAB 语言同时具备了数值计算和数据图示化的功能。

　　1984 年，Cleve Moler 和 Jack Little 成立 MathWorks 公司，正式把 MATLAB 推向市场。随着科技的发展，许多优秀的科学家和工程师不断对 MATLAB 进行完善，使其从一个简单的矩阵分析软件逐渐发展成为一个具有极高通用性，并带有众多实用工具的运算操作平台。历经几十年的发展和竞争，MATLAB 成为国际认可的最优化的科技应用软件。

　　目前，在大学里，MATLAB 已成为线性代数、自动控制理论、数理统计、数字信号处理、时间序列分析、动态系统仿真等高级课程的基本教学工具，成为攻读学位的大学生、硕士生、博士生必须掌握的基本技能。在设计研究单位和工业部门，MATLAB 被广泛用于科学研究和解决各种具体问题。在国内，特别是在工程界，MATLAB 已经盛行起来。可以说，无论从事工程方面哪个学科的人员，都能在 MATLAB 里找到合适的功能。

从 1984 年成立以来，MathWorks 公司已经逐步成为全球科学计算和基于模型设计的软件供应商的领导者。MathWorks 公司总部位于马萨诸塞州的 Natick，现在全球范围内拥有 1 900 多名员工。MATLAB 是美国 MathWorks 公司出品的商业数学软件，主要包括 MATLAB 和 Simulink 两大部分。

MATLAB 是一种用于算法开发、数据可视化、数据分析以及数值计算的科学计算语言和编程环境，Simulink 是一种用于对多领域动态和嵌入式系统进行仿真和模型设计的图形化环境。公司还针对数据分析和图形处理等特殊任务推出近 100 项其他产品。MathWorks 公司的产品作为研究和开发的基础工具，在汽车、航空、通信、电子和工业自动化等领域得到广泛的应用。它们还被应用于金融服务和计算生物学等对建模和仿真有越来越高要求的技术领域。MathWorks 公司的软件可用来辅助许多尖端产品的设计和开发，包括汽车系统，航空飞行控制，航空电子、通信和其他电子产品，工业机械以及医疗器械等。全球数以万计的大专院校和科研机构采用 MathWorks 公司的解决方案来开展多种技术学科的教学和研究工作。

1.2.3 ▶ MATLAB 的语言特点

MATLAB 的突出特点就是简洁。MATLAB 用更直观的、符合人们思维习惯的代码，代替了 C 和 FORTRAN 语言的冗长代码，给用户带来的是最直观、最简洁的程序开发环境。以下简单介绍 MATLAB 的主要特点。

（1）运算符丰富。由于 MATLAB 是用 C 语言编写的，因此 MATLAB 提供了与 C 语言几乎一样多的运算符。灵活使用 MATLAB 的运算符，将使程序变得极为简短。

（2）语言简单易学，容易使用，库函数极其丰富。MATLAB 程序书写形式自由，利用其丰富的库函数避开繁杂的子程序编程任务，可以压缩一切不必要的编程工作。库函数都由本领域的专家编写，用户不必担心函数的可靠性。

（3）既具有结构化的控制语句，又具有面向对象编程的特性。

（4）程序限制不严格，程序设计自由度大。例如，在 MATLAB 里，用户无须对矩阵预定义即可使用。

（5）程序的可移植性很好。基本上不做修改就可以在各种型号的计算机和操作系统上运行。

（6）图形功能强大。在 MATLAB 里，数据的可视化非常简单。MATLAB 还具有较强的编辑图形界面的能力。

（7）功能强大的工具箱。

（8）源程序的开放性。开放性也许是 MATLAB 最受人们欢迎的特点。除内部函数以外，所有 MATLAB 的核心文件和工具箱文件都是可读可改的源文件，用户可通过对源文件的修改以及加入自己的文件构成新的工具箱。

（9）程序运行速度较慢。与其他高级程序相比，MATLAB 程序的执行速度较慢。由于 MATLAB 程序不用编译等预处理，也不生成可执行文件，程序为解释执行，所以速度较慢。

1.2.4 ▶ MATLAB 的组成

MATLAB 包含两个部分：核心部分和各种应用工具箱。MATLAB 的核心部分由 MATLAB 开发环境、MATLAB 语言、MATLAB 数学函数库、MATLAB 图形处理系统和 MATLAB 应用程序接口五大部分组成，包含数百个核心内部函数。Simulink 目前被 MathWorks 公司以与 MATLAB 并列的地位推出。

（1）MATLAB 开发环境是一个集成的工作环境，包括 MATLAB 命令行窗口、文件编辑调试器、工作区、数组编辑器和在线帮助文档等。

（2）MATLAB 语言具有程序流程控制、函数、数据结构、输入输出和面向对象的编辑特点，是基于矩阵/数组的语言。

（3）MATLAB 的数学函数库包含了大量的计算算法，包括基本函数、矩阵运算和复杂算法等。

（4）MATLAB 的图形处理系统能够将二维和三维数组的数据用图形表示出来，并可以实现图像处理、动画显示和表达式作图等功能。

（5）MATLAB 应用程序接口使 MATLAB 语言能与 C 或 FORTRAN 等其他编程语言进行交互。

MATLAB 的应用工具箱又分为两类：功能性工具箱和学科性工具箱。功能性工具箱主要用来扩充其符号计算功能、图示建模仿真功能、文字处理功能以及与硬件实时交互功能，适用于多种学科。而学科性工具箱则专业性比较强，如 control toolbox、signal proceessing toolbox、communication toolbox 等，这些工具箱都是由该领域内学术水平很高的专家编写的，所以用户无须编写自己学科范围内的基础程序即可直接进行高、精、尖的研究。

1.2.5 MATLAB R2016b 新增功能

MathWorks 公司于 2016 年 9 月 19 日推出 Release 2016b（R2016b），其中增加了新的功能以简化 MATLAB 中的大数据处理过程。工程师和科学家可更轻松地在 MATLAB 中进行大数据处理而不必考虑内存的限制。R2016b 中还包括了 Simulink 的其他新功能、一个新的工具箱 Risk Management Toolbox 以及其他 83 款产品的更新和问题修复。

工程师和科学家可利用 MATLAB 的常用功能和语法，通过 tall 数组轻松处理超出内存限制的数据，而无须学习大数据编程，并且有上百个数学、统计和机器学习算法实现了对 tall 数组的支持。采用 tall 数组实现的大数据处理代码可以在 Hadoop 集群上运行或者被直接集成到其他 Spark 应用程序当中。

R2016b 还增加了一个时间表数据容器，用于索引和同步带时间戳的表格数据；增加了字符串数组，用于有效地进行文本数据的操作、比较和存储；还增加了其他用于数据预处理的新功能。

MathWorks 公司的 MATLAB 市场营销总监 David Rich 表示："很多公司拥有海量数据，却很难对其加以利用以创建有效的预测模型及获得更深入的数据洞察。我们通过推出 R2016b，降低了领域专家操作数据的门槛，使其能够更轻松地处理更多的数据，同时使得系统的设计、性能和可靠性得以提升。"

MATLAB 产品系列更新包括以下方面。

- MATLAB：

（1）引入 tall 数组用于操作超过内存限制的过大数据；

（2）引入时间表数据容器用于索引和同步带时间戳的表格数据；

（3）增加在脚本中定义本地函数的功能以提高代码的重用性和可读性；

（4）通过使用 MATLAB 的 Java API 可以在 Java 程序中调用 MATLAB 代码。

- MATLAB Mobile：通过在 MathWorks 云端的 iPhone 和 Android 传感器记录数据。

- Database Toolbox：提供用于检索 Neo4j 数据的图形化数据库界面。

- MATLAB Compiler：支持将 MATLAB 应用程序（包括 tall 数组）部署到 Spark 集群上。

- Parallel Computing Toolbox：能够在台式机、装有 MATLAB Distributed Computing Server 的服务器以及 Spark 集群上利用 tall 数组进行大数据并行处理。

- Statistics and Machine Learning Toolbox：提供不受内存限制的大数据分析算法，包括降维、描述性统计、k- 均值聚类、线性递归、逻辑递归和判别分析。

- Statistics and Machine Learning Toolbox：提供可以自动调整机器学习算法参数的 Bayesian 优化算法以及可以选择机器学习模型特征的近邻成分分析（NCA）。

- Statistics and Machine Learning Toolbox：支持使用 MATLAB Coder 自动生成实现 SVM 和逻辑回归模型的 C/C+ 代码。

- Image Processing Toolbox：支持使用三维超像素的立体图像数据进行简单线性迭代聚类（SLIC）和三维

中值滤波。

- Computer Vision System Toolbox：使用基于区域的卷积神经网络深度学习算法（R-CNN）进行对象检测。
- Risk Management Toolbox：一个新的工具箱用于开发风险模型和执行风险模拟。
- ThingSpeak：能够从联网的传感器采集数据，并使用由 Statistics and Machine Learning Toolbox、Signal Processing Toolbox、Curve Fitting Toolbox 和 Mapping Toolbox 提供的函数在云端进行 MATLAB 分析。

Simulink 产品系列更新包括以下方面。

- Simulink：
  （1）使用 JIT 编译器提升在加速器模式下运行的仿真的性能；
  （2）能够初始化、重置并终止子系统，进行动态启动和关闭行为建模；
  （3）状态读取器和写入器模块可以从模型中的任何位置完全控制重置状态行为；
  （4）对 Raspberry Pi 3 和 Google Nexus 的硬件支持。
- Simulink 和 Stateflow：简化参数和数据编辑的属性检查器、模型数据编辑器和符号管理器。
- Simscape：新增了一个模块库，用于模拟理想气体、半理想气体以及实际气体系统。

信号处理和通信更新包括以下方面。

- Signal Processing Toolbox：可用于执行多时序的时域和频域分析的信号分析仪应用程序。
- Phased Array System Toolbox：针对空气传播和多路径传播对窄频和宽频信号的影响提供建模支持。
- WLAN System Toolbox：IEEE 802.11ah 支持和多用户 MIMO 接收机功能。
- Audio System Toolbox：音频插件托管功能，可在 MATLAB 中直接运行和测试 VST 插件。

代码生成更新包括以下方面。

- Embedded Coder：
  （1）交叉发布代码集成功能使得可以重用由较早版本生成的代码；
  （2）能够生成可用于任何软件环境的可插入式代码，包括动态启动和关闭行为；
  （3）支持仿真 AUTOSAR 基础软件，包括 Diagnostic Event Manager（DEM）和 NVRAM Manager（NvM）。
- HDL Coder：根据设定的目标时钟频率，以寄存器插入方式自适应流水化，以及可用于显示、分析转换和状态的逻辑分析仪（搭配使用 DSP System Toolbox）。

验证和确认更新包括以下方面。

- Simulink Verification and Validation：Edit-time checking 功能，可帮助在设计时发现并修复标准合规性问题。
- Simulink Test：用于进行测试评估的自定义标准的定义功能。
- HDL Verifier：FPGA 数据采集功能，用于探测要在 MATLAB 或 Simulink 中进行分析的内部 FPGA 信号。
- Polyspace Bug Finder：支持 CERT C 编码规范，用于网络安全漏洞检测。

▶ 1.3 MATLAB 的行业应用

　　MATLAB 的应用领域十分广阔，从 MATLAB 拥有几十个工具箱也可以看出这一点。MATLAB 的典型应用有：① 数据分析；② 数值与符号计算；③ 工程与科学绘图；④ 控制系统设计；⑤ 航天工业；⑥ 汽车工业；⑦ 生物医学工程；⑧ 语音处理；⑨ 图像与数字信号处理；⑩ 财务、金融分析；⑪ 建模、仿真及样机开发；⑫ 新算法研究开发；⑬ 图形用户界面设计。图 1.2 是 MATLAB 在数字信号处理中的应用举例，图 1.3 是 MATLAB 用于绘制三维图形举例，图 1.4 是 MATLAB 在科学计算中的应用举例。这 3 个图展现了 MATLAB 不同的应用领域和强大的绘图功能。

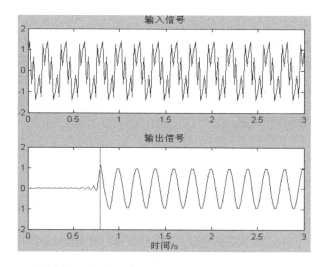

图 1.2　MATLAB 在数字信号处理中的应用（用窗函数设计一个线性相位 FIR 低通滤波器）

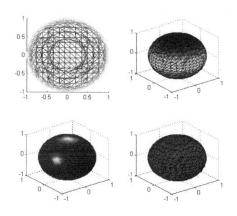

图 1.3　MATLAB 用于绘制三维图形

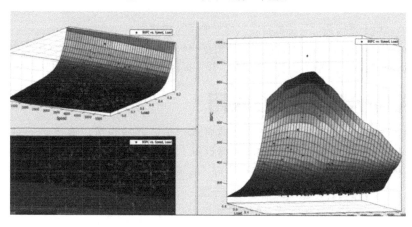

图 1.4　MATLAB 在科学计算中的应用

▶ 1.4 初次使用 MATLAB

1.4.1 直接使用 MATLAB 命令

图 1.5 是 MATLAB 的工作界面，下面使用 MATLAB 来完成两个矩阵的相乘操作。在 MATLAB "命令行窗口"

的命令提示符"＞＞"后，可直接输入 MATLAB 命令。如图 1.6 所示，首先输入 A=[1 2 3; 4 5 6]，表示一个 2 行 3 列的矩阵（行内元素之间用空格隔开，相邻行元素之间用分号隔开，符号均用半角）；接着输入 B=[1 2;3 4;5 6]，它表示一个 3 行 2 列的矩阵；然后输入 C=A*B，回车即得到两矩阵的相乘结果：

$$C = \begin{bmatrix} 22 & 28 \\ 49 & 64 \end{bmatrix}$$

过程如图 1.7 所示。学习过线性代数的读者，是不是觉得很方便呢？

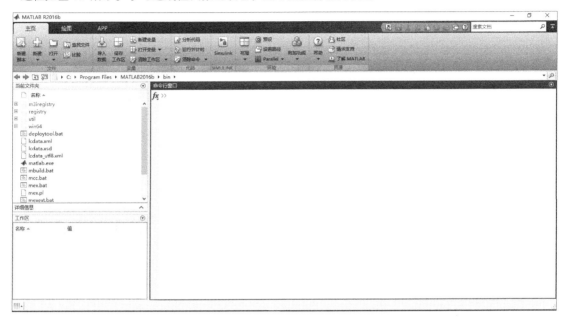

图 1.5 MATLAB 工作界面

图 1.6 生成一个矩阵

图 1.7   两个矩阵的相乘过程

1.4.2 一个简单的 MATLAB 程序

MATLAB 的程序文件是扩展名为 ".m" 的 M 文件。M 文件有脚本 M 文件和函数 M 文件两种，脚本 M 文件是比较简单的程序文件，仅是一串按用户意图排列而成的 MATLAB 命令集合。

在 MATLAB 的工作界面，单击左上角的新建脚本图标 ，新建一个脚本文件，弹出如图 1.8 所示的脚本文件编辑器窗口。在这个编辑器窗口中可以输入脚本文件代码。

图 1.8   脚本编辑器窗口

在编辑器窗口中输入以下程序：

```
s=0;
for i=1:100
 s=s+i;
end
s
```

程序的功能是计算 1+2+…+100 的和，程序用到了一个 for 循环结构，基本语句比较简单，稍有编程基础的读者很容易明白。语句后面加";"的作用是，程序运行时不在命令行窗口显示改行的运算结果。单击保存■按钮，弹出如图 1.9 所示的对话框。将文件取名为 ex1.m。可以选择保存文件的文件夹位置（本书中文件的保存位置为"D:\my_MATLAB"），然后单击右下角的██████按钮，则文件保存成功。之后可以单击█按钮，程序运行结果在命令行窗口中显示，如图 1.10 所示。

> **⚒注意**
>
> 　　如果运行后出现如图 1.11 所示的对话框，表明所设置的存储位置不包含在 MATLAB 的搜索路径中，此时单击"添加到路径"选项，就可顺利运行程序。

　　实际上，对于不长的程序，可以直接在 MATLAB 的命令行窗口中运行。比如将 ex1.m 程序的内容复制到命令行窗口，然后敲回车，结果如图 1.12 所示。

图 1.9　保存一个新的 MATLAB 脚本文件

图 1.10　程序 ex1.m 的运行结果

图 1.11　文件不在 MATLAB 搜索路径中时出现的提示

```
命令行窗口
>> s=0;
for i=1:100
 s=s+i;
end
s

s =

     5050

fx >> |
```

图 1.12   直接在命令行窗口运行程序

第 **2** 章

MATLAB 基础

MATLAB 是"矩阵实验室"（Matrix Laboratory）之意。除具备卓越的数值计算能力外，它还提供了专业水平的符号计算、文字处理、可视化建模仿真和实时控制等功能。本章主要介绍 MATLAB 的安装过程、用户界面和帮助系统等。

本章要点（已掌握的在方框中打钩）

□ MATLAB R2016b 的安装与启动
□ MATLAB R2016b 的目录结构
□ MATLAB R2016b 的工作界面
□ MATLAB R2016b 的帮助系统

▶ 2.1 MATLAB R2016b 的安装与启动

MATLAB 只有在适当的外部环境中才能正常运行。因此，恰当地配置外部系统是保证 MATLAB 运行良好的先决条件。对于在 PC 机上使用 MATLAB 的用户来说，需要自己安装 MATLAB。随着 MATLAB 版本的更新，MATLAB 的安装越来越简便。下面介绍 MATLAB R2016b 对计算机配置的要求、安装、启动、退出以及卸载等。

2.1.1 对计算机配置的要求

表 2.1 给出了 32 位和 64 位 MATLAB 2016b 产品和 Simulink 产品对系统的要求。

表 2.1　MATLAB R2016b 对系统的要求

操作系统	处理器	硬盘	内存
Windows 8.1 Windows 8 Windows 7 Service Pack 1 Windows Vista Service Pack 2 Windows XP Service Pack 3 Windows XP x64 Edition Service Pack 2 Windows Server 2012 Windows Server 2008 R2 Service Pack 1 Windows Server 2008 Service Pack 2 Windows Server 2003 R2 Service Pack 2	任何支持 SSE2 的 Intel/AMD X86 处理器	MATLAB 的主程序需要 1GB 的存储空间，其工具箱需要 3~4GB	至少 1GB（推荐 2GB）

2.1.2 安装 MATLAB

用户可从 MathWorks 网站下载安装程序。在网站上选择安装程序时，用户会收到在所选平台上运行安装程序所需的文件，而非产品文件。运行安装程序，选择要在所登录的计算机上安装的产品。如果需要，安装程序将从 MathWorks 下载所需的产品。

在 MathWorks 网站上选择安装程序后，单击"运行"将自动启动安装程序。如果将安装程序保存在了某个文件夹中，则需要先双击保存在该文件夹中的自提取安装程序文件提取文件。自提取安装程序文件的名称是 MATLAB_ R2016b 。文件提取完毕后，安装程序将自动启动。要在稍后重新启动安装程序，应找到 setup. exe 文件并双击执行 。此文件位于放置提取文件的文件夹的顶层。

● 步骤 1：安装前的准备。

准备好安装密码（PLP）：卸载正在运行的其他版本的 MATLAB；确保系统满足安装的要求；获得系统用户的许可权；最好不要在安装过程中运行太多的其他程序，因为这样会降低安装速度。

● 步骤 2：开始安装。

双击直接运行"setup.exe"安装程序，显示初始化界面，随之显示准备安装的进度条。一般情况下系统会自动搜索到 autorun 文件并进入安装界面。随后出现"MathWorks 安装程序"对话框，如图 2.1 所示。

● 步骤 3：选择安装方法。

选择图 2.1 中相应的安装方法，然后单击"下一步"继续安装，出现"许可协议"对话框，如图 2.2 所示。

● 步骤 4：浏览如图 2.2 所示的软件许可协议，在对话框界面选择接受许可协议的条款，然后单击"下一步"。

● 步骤 5：输入安装密钥；如果没有安装密钥，选择"我没有文件安装密钥。帮助我执行后续步骤"。如图 2.3 所示。

● 步骤 6：单击"浏览"按钮，选择安装文件夹，如图 2.4 所示。图中显示的是安装文件默认的文件夹。

● 步骤 7：选择需要安装的产品，单击"下一步"按钮，如图 2.5 所示。

● 步骤 8：确认前面设置的安装目录以及所选择的安装产品，单击"安装"按钮，如图 2.6 所示。

● 步骤 9：安装过程开始，整个过程有进度条指示，如图 2.7 所示。

● 步骤 10：完成安装。如图 2.8 所示，单击"完成"结束安装。由于整个 MATLAB R2016b 软件包含内容比较多，整个安装过程较慢，需 1 小时左右。

> **注意**
>
> 如果把 MATLAB 安装在 C 盘，重装系统时资料容易丢失，所以，一般情况下，建议不要将 MATLAB 的 Work 文件夹放在 C 盘。在 "\MATLAB\bin" 目录下存放着 MATLAB 的许多重要文件，如果用户操作不慎，比如误删了一些重要的系统文件，MATLAB 的运行就可能出现意想不到的问题。

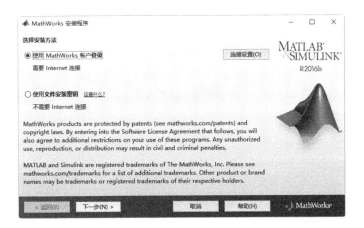

图 2.1　MathWorks 安装程序对话框

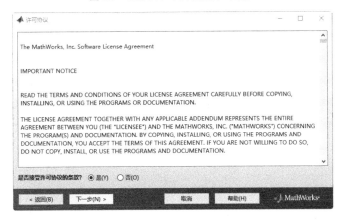

图 2.2　许可协议对话框

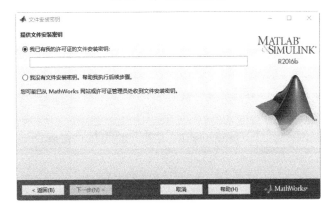

图 2.3　输入文件安装密钥对话框

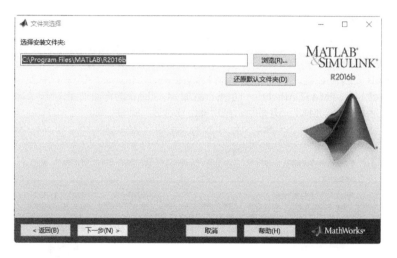

图 2.4　文件夹选择对话框

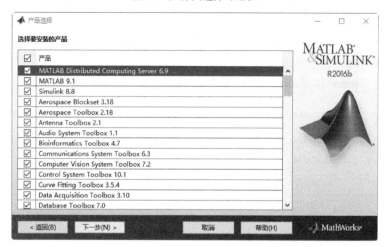

图 2.5　产品选择对话框

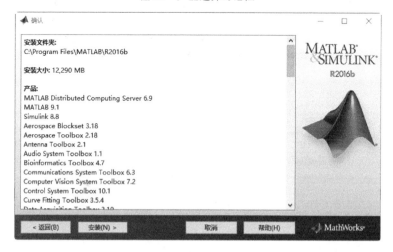

图 2.6　确认安装文件夹对话框

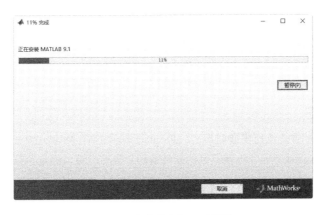

图 2.7　安装进度指示对话框

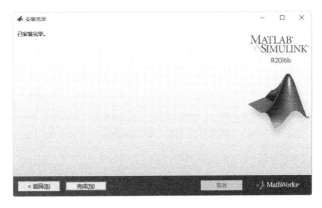

图 2.8　安装完毕对话框

2.1.3 启动和退出 MATLAB

　　启动 MATLAB 软件需要执行的是安装路径 "C:\Program Files\MATLAB\R2016b\bin\" 下的 matlab.exe 文件。为方便运行，选中该文件，单击鼠标右键，可将该文件 "固定到任务栏"，或 "发送到→桌面快捷方式"，还可以将其 "固定在开始菜单"。在以上情况下，均可找到并双击 MATLAB 应用程序图标启动 MATLAB 程序。MATLAB 启动后，将显示如图 2.9 所示的工作界面，用户可与 MATLAB 系统进行交互操作。

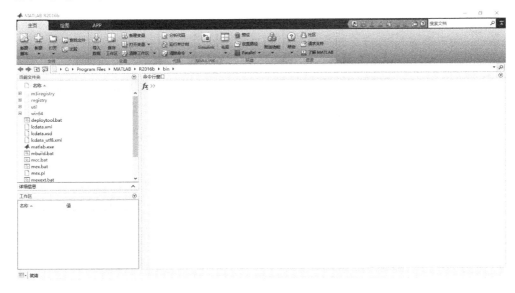

图 2.9　MATLAB R2016b 的工作界面

要退出 MATLAB 环境，可以使用以下任何一种方式。

（1）在 MATLAB 的命令行窗口输入"exit"命令。

（2）在 MATLAB 的命令行窗口输入"quit"命令。

（3）直接单击 MATLAB 主界面右上角的 ✕ 按钮。

2.1.4 卸载 MATLAB

卸载 MATLAB R2016b 时需要执行安装路径"C:\Program Files\MATLAB\R2016b\uninstall\bin\win64"下的可执行文件"uninstall.exe"。实际上，通过电脑安装的软件管理工具可以更方便地执行卸载操作，此处不再赘述。

▶2.2　MATLAB R2016b 的目录结构

当用户在电脑上安装了 MATLAB R2016b 之后，在用户自定义的安装目录内便包含一系列的文件和文件夹，如图 2.10 所示。

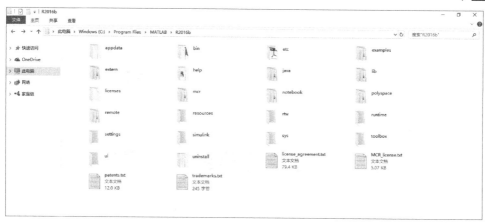

图 2.10　MATLAB R2016b 安装目录下的文件和文件夹

下面是主要文件和文件夹的用途。

\bin\win64：MATLAB R2016b 系统中可执行的相关文件。

\extern：创建 MATLAB R2016b 的外部程序接口工具。

\help：帮助系统。

\java：MATLAB R2016b 的 Java 支持程序。

\notebook：用来实现 MATLAB 工作环境与 Word 软件之间的交互，从而可以在 Word 中方便地使用 MATLAB 的有关功能。

\rtw：Real-timeWorkshop 软件包。

\simulink：Simulink 软件包，用于动态系统的建模、仿真与分析。

\sys：存储 MATLAB R2016b 需要的工具和操作系统库文件。

\toolbox：MATLAB R2016b 提供的各种应用程序。

\uninstall：MATLAB R2016b 的卸载程序。

\license_agreement.txt：软件许可协议的内容。

\patents.txt：存储 MathWorks 公司产品在各个国家获得的专利号码。

▶2.3　MATLAB R2016b 的工作界面

MATLAB 启动后，将显示如图 2.11 所示的启动界面，它表示 MATLAB 系统已建立，用户可与 MATLAB 系统进行交互操作。

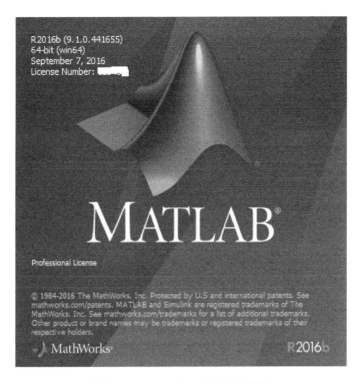

图 2.11　MATLAB R2016b 的启动界面

MATLAB 的工作界面主要由菜单工具栏、当前工作目录窗口（Current Directory）、工作区窗口(Workspace)、命令历史记录窗口（Command History）和命令行窗口(Command Window) 组成，如图 2.12 所示。

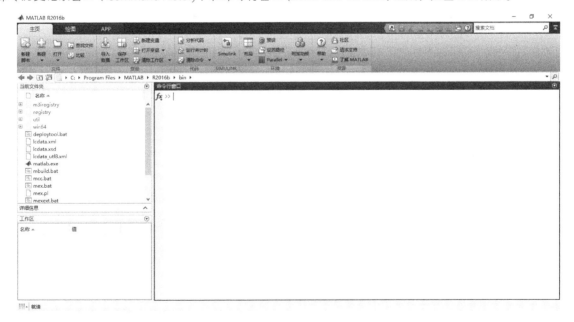

图 2.12　MATLAB R2016b 的工作界面

2.3.1　菜单工具栏

MATLAB 的菜单工具栏界面与 Windows 程序的界面类似，用户只要稍加实践就可以掌握其功能和使用方法。图 2.13 所示为 MATLAB 的菜单工具栏。

图 2.13　MATLAB R2016b 的菜单工具栏

MATLAB 的菜单工具栏包含 3 个标签，分别是主页、绘图和 APP（应用程序）。其中，绘图标签提供数据的绘图功能；APP 标签提供了 MATLAB 涵盖的各工具箱的应用程序入口；主页标签提供了下述主要功能。

新建脚本：用于建立新的 .m 文件。

新建：用于建立新的 .m 文件、图形、模型和图形用户界面。

打开：用于打开 MATLAB 的 .m 文件、.fig 文件、.mat 文件、.mdl 文件、.cdr 文件等，也可通过快捷键 "Ctrl+O" 来实现此操作。

导入数据：用于从其他文件导入数据，单击后弹出对话框，选择导入文件的路径和位置。

保存工作区：用于把工作区的数据存放到相应的路径文件之中。

设置路径：用于设置路径。

预设：用于设置命令行窗口的属性，也可设置界面的字体、颜色、工具栏项目等内容。单击该按钮弹出如图 2.14 所示的属性界面。

帮助：打开帮助文件或其他帮助方式。

图 2.14　预设项对话框

2.3.2　命令行窗口

命令行窗口是 MATLAB 非常重要的窗口，用户可以在此输入各种指令、函数和表达式等，如图 2.15 所示。">>" 为运算提示符，表示 MATLAB 处于准备状态。在该窗口中，用户可以运行函数，执行 MATLAB 的基本操作命令，以及对 MATLAB 系统的参数进行设置等。MATLAB 具有良好的交互性，当在提示符后输入一段正确的运算式时，只需按 "Enter" 键，命令行窗口中就会直接显示运算结果。在 MATLAB 命令行窗口中运行的所有命令都共享一个相同的工作区，所以它们共享所有的变量。对此特点，初学者应当予以重视。

图 2.15　命令行窗口

　　单击命令行窗口右上角<span></span>图标可以对命令行窗口进行清除、全选、查找、打印、页面设置、最大化、最小化以及取消停靠等操作，其中取消停靠可以使命令行窗口脱离 MATLAB 界面成为一个独立的窗口。同理，单击独立的命令行窗口右上角的<span></span>图标并选择"停靠"，可使命令行窗口再次合并到 MATLAB 主界面中。

2.3.3　工作区

　　工作区窗口是 MATLAB 的重要组成部分，工作区显示当前内存中所有的 MATLAB 变量的变量名、数据结构、字节数及数据类型等信息。例如，表达式 $x=100$ 产生了一个名为 x 的变量，而且这个变量 x 被赋予值 100，这个值就被存储在计算机的内存中。在 MATLAB 中不同的变量类型对应不同的变量名图标，如图 2.16 所示。在 MATLAB 命令行窗口中运行的所有命令都共享一个相同的工作区，所以它们共享所有的变量。

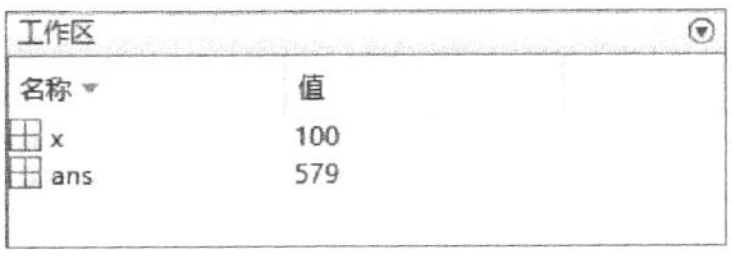

图 2.16　工作区窗口

　　在工作区窗口中，用鼠标双击所选变量则进入数组编辑器（Array Editor），如图 2.17 所示，此时用户可对变量的内容、维数等进行修改。在工作区选择某变量后，再单击鼠标右键可以完成对该变量的复制、重命名和删除等操作，甚至可以完成基于该变量的曲线或曲面绘制工作。

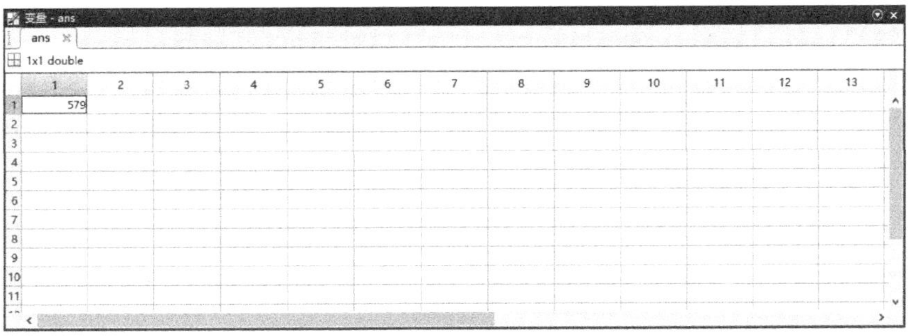

图 2.17　进入数组编辑器

2.3.4 命令历史记录窗口

命令历史记录窗口用于记录已经在命令行窗口输入过的表达式和命令，当需要再次输入这些命令时，可以直接在命令历史记录窗口中找到并单击执行，方便用户操作。用户也可以选择"布局→显示→命令历史记录"中的"停靠"或"关闭"命令调出或隐藏命令历史记录窗口，其窗口形式如图 2.18 右侧所示。

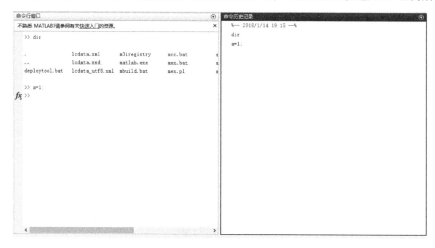

图 2.18　命令历史记录窗口

命令历史记录窗口显示用户在命令行窗口中输入的每条命令的历史记录，并标明使用时间，这样可以方便用户查询。如果用户希望再次执行某条已经执行过的命令，只需在命令历史记录窗口中双击该命令；如果用户需要从命令历史记录窗口中删除一条或多条命令，只需选中这些命令，并单击右键，在弹出的快捷菜单中选择"删除"命令即可。

▶ 2.4　MATLAB R2016b 的帮助系统

MATLAB 为用户提供了非常完善的帮助系统，包括帮助命令、帮助窗口、HTML 格式帮助、PDF 格式帮助及帮助演示等。有效地使用帮助系统所提供的信息，是用户掌握好 MATLAB 应用的最佳途径之一。

2.4.1 使用帮助浏览器窗口

MATLAB 的帮助浏览器窗口非常全面，几乎包括该软件的所有内容。打开帮助浏览器窗口的方法有以下几种。

- 单击工具栏的 ⑦ 图标，选择 ⑦ 图标下的 帮助 按钮，打开下拉帮助菜单，如图 2.19 所示，然后选择其中的"文档"选项。
- 单击 MATLAB 窗口的快速访问工具栏（图 2.20）中的 ⑦ 按钮。

帮助浏览器窗口如图 2.21 所示。需要说明的是，MATLAB 的帮助文档分为本地版和在线版两种，其中本地版在安装软件的时候已经安装到了用户的电脑硬盘上，在线版则需要从 MathWorks 公司网站在线获取。默认情况下是选择在线版，这时用户需要有自己的 MathWorks 账号和提供自己购买的 MATLAB 软件的序列号（或激活码）。可以通过菜单工具栏上的"主页→预设→帮助"进行选择，如图 2.22 所示。

图 2.19　下拉帮助菜单

图 2.20　快速访问工具栏

图 2.21　帮助浏览器窗口

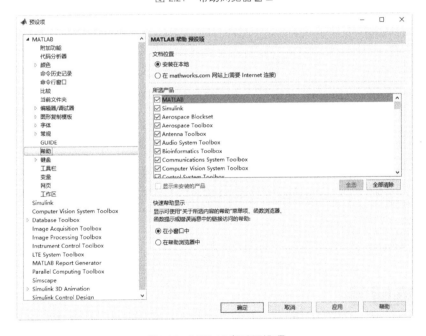

图 2.22　MATLAB 帮助预设项

2.4.2 使用帮助命令

MATLAB 还提供了丰富的帮助命令，在命令行窗口中输入相关命令可以得到帮助信息。

01 help 命令

help 命令可以获得 MATLAB 命令和 M 文件的帮助信息。如果不知道一个具体的命令怎么使用，通过 help 命令来查找是最快捷的。

（1）获得具体命令的帮助信息。

help 命令名称

MATLAB 会根据命令名称显示该具体命令的使用说明。如果省略命令名称，MATLAB 就会列出所有主要的帮助主题，每个帮助主题与 MATLAB 搜索路径的一个目录名称相对应。

（2）分类搜索帮助信息。

当用户希望知道某类命令的帮助信息时，可使用 help 命令进行分类搜索帮助信息。

02 help 类型名

通过分类搜索可以得出该类的所有命令。

2.4.3 演示帮助

通过 demos 演示帮助，用户可以更加直观、快速地学习 MATLAB 中许多实用的知识。可以通过以下两种方式打开演示帮助。

- 选择并单击 MATLAB 主界面菜单栏上的"帮助"按钮，从下拉菜单中单击"示例"选项。
- 在命令行窗口中输入 demos。

无论采用上述何种方式，执行命令后都会弹出帮助窗口，如图 2.23 所示。与 MATLAB、Simulink 和各工具箱相关的各种示例都可以在此找到，用好了这个功能，将有助于用户对相关知识的学习和问题的解决。

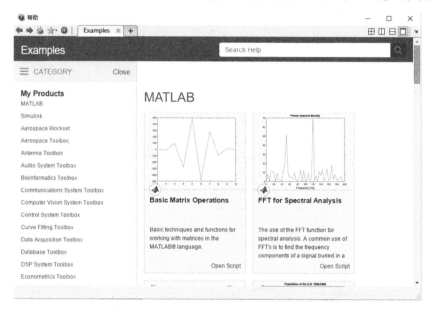

图 2.23　MATLAB 帮助的示例窗口

▶2.5　疑难解答

除了 help 帮助命令之外，MATLAB 还提供了 doc 帮助命令，格式：doc 命令名。与 help 命令不同，doc 打开的帮助文档对命令的描述更详细，往往还会有一些例子，更便于理解。

第 II 篇

语法基础

第 **3** 章

MATLAB 的基本使用

MATLAB 是一个大型运算平台，参与运算的对象有数据流、信号流、逻辑关系及显示。要运用这个大型运算平台，首先必须掌握一些 MATLAB 的基础知识。本章介绍 MATLAB 的通用命令、文件管理、表达式、数据类型和基本运算等基础知识。

本章要点（已掌握的在方框中打钩）

☐ MATLAB 的通用命令

☐ MATLAB 的文件管理

☐ MATLAB 表达式中的变量和关键字

☐ MATLAB 的数据类型

☐ MATLAB 的运算符和基本运算

▶ 3.1 MATLAB 的通用命令

　　MATLAB 的通用命令是指在操作软件过程中经常需要使用的命令。可以在命令行窗口的提示符 "＞＞" 后面输入命令。在本节中，我们列出 MATLAB 通用命令常用部分及其功能。本书把这些命令分为常用管理命令、变量和工作区管理命令、命令行窗口控制、文件和工作环境管理等类型，如表 3.1 所示。这些命令通常比较简单，易学易用，有些命令在后续章节还会涉及。有关这些命令更详细的用法可参考 MATLAB 帮助系统。

表 3.1　　MATLAB 的通用命令

常用管理命令	相关功能
help	MATLAB 函数和 M 文件的在线帮助
version	MATLAB 版本号
ver	显示 MathWorks 产品的版本信息
path	控制 MATLAB 的目录搜索路径
addpath	将目录添加到 MATLAB 的搜索路径上
rmpath	从 MATLAB 的搜索路径上删除目录
whatsnew	显示 MATLAB 和工具箱的 README 文件
what	列出相应目录下的 M 文件、MAT 文件和 MEX 文件
which	函数和文件定位
type	列出文件
doc	在 help 浏览窗口中显示帮助信息
lookfor	在 help 文本中搜索关键字
lasterr	上一条出错信息
error	显示出错信息
profile	探查函数的执行时间
变量和工作区管理命令	**相关功能**
who, whos	列出内存中的变量目录
disp	显示文本或阵列
clear	从工作区中清除项目
mlock	防止 M 文件被删除
munlock	允许删除 M 文件
length	求向量或矩阵的长度
size	求阵列维大小
save	将工作区变量保存到磁盘
load	从磁盘中恢复变量
pack	释放工作区内存
命令行窗口控制	**相关功能**
echo	控制 M 文件执行过程中是否启用命令回显
format	控制输出显示格式
more	控制命令行窗口的分页显示
文件和工作环境管理	**相关功能**
diary	在磁盘文件中保存任务
dir	显示目录列表
cd	改变工作目录
mkdir	建立目录
copyfile	复制文件
delete	删除文件和图形对象
edit	编辑 M 文件
inmem	获取内存中的 M 文件名
matlabroot	获取 MATLAB 安装的根目录名
fullfile	构造文件全名
fileparts	获取文件名的组成部分
tempdir	返回系统临时工作目录名
tempname	产生临时文件的唯一文件名

续表

启动和退出 MATLAB	相关功能
matlabrc	启动 MATLAB 的 M 文件
startup	启动 MATLAB 的 M 文件
quit	终止 (退出)MATLAB

▶ 3.2 MATLAB 的文件管理

MATLAB 借鉴 Windows 资源管理器管理磁盘、文件夹和文件的思想，设计了当前目录窗口。利用该窗口可组织、管理和使用所有 MATLAB 文件和非 MATLAB 文件，如新建、复制、删除和重命名文件夹和文件。甚至还可用此窗口打开、编辑和运行 M 程序文件以及加载 MAT 数据文件等。

3.2.1 当前文件夹浏览器和路径管理器

MATLAB 加载任何文件、执行任何命令都是从当前工作路径下开始的，所以 MATLAB 提供了当前文件夹浏览器，MATLAB 的工作界面如图 3.1 所示。图 3.2 是当前文件夹窗口，它显示当前文件夹下的子文件夹和文件，以及提供文件搜索功能。与命令行窗口类似，该窗口也可以成为一个独立的窗口（执行"取消停靠"命令）。在当前文件夹窗口中还可以查看必要的 M 文件和 MAT 文件信息，用户可以方便地组织管理当前路径下的 M 文件以及编辑相应的文件、加载 MAT 文件等。

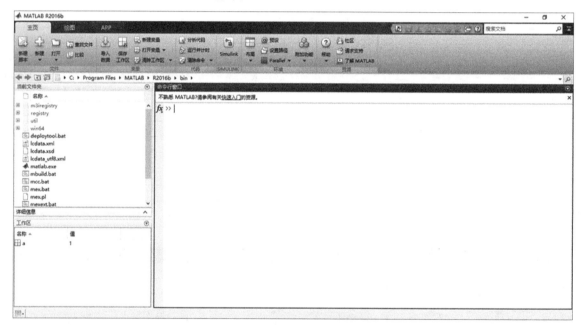

图 3.1　MATLAB 的工作界面

图 3.2　当前文件夹窗口

3.2.2 搜索路径及其设置

MATLAB 提供了专门的路径搜索器来搜索存储在内存中的 M 文件和其他文件，MATLAB 自带的文件所存放路径都被默认包含在搜索路径中，在 MATLAB 安装目录的"toolbox"文件夹中包含了所有此类目录和文件。

01 查看 MATLAB 搜索路径

单击 MATLAB 主界面菜单工具栏中的"设置路径"按钮，打开"设置路径"对话框，如图 3.3 所示。该对话框分为左右两部分，左侧的几个按钮用来添加目录到搜索路径，还可以从当前的搜索路径中移除选择的目录；右侧的列表框列出了已经被 MATLAB 添加到搜索路径的目录。

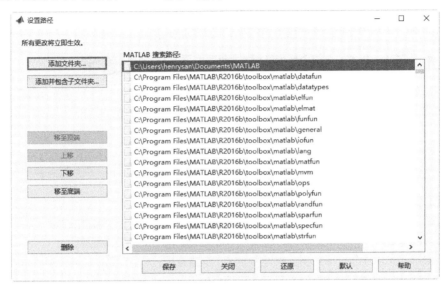

图 3.3 设置路径对话框

此外，在命令行窗口中输入命令 path，MATLAB 将把所有的搜索路径列出来，如图 3.4 所示。

图 3.4 显示 MATLAB 所有的搜索路径

02 设置 MATLAB 的搜索路径

MATLAB 提供了 3 种方法来设置搜索路径。

（1）在命令行窗口中输入 Pathtool 或者通过 MATLAB 主界面菜单栏上的"设置路径"选项菜单，进入"设置路径"对话框，然后通过该对话框编辑搜索路径。如图 3.3 所示。

（2）在命令行窗口中输入：

path (path,'path')   %'path' 是待添加目录的完整路径

（3）在命令行窗口中输入：

addpath 'path'-begin   %'path' 是待添加目录的路径，将新目录添加到搜索路径的开始
addpath 'path'-end   %'path' 是待添加目录的路径，将新目录添加到搜索路径的末端

在以上 3 种方法中推荐用第一种方法，该方法不需要记忆琐碎的命令格式。需要注意的是，不在搜索路径下的文件夹和文件，在应用 MATLAB 的搜索功能时是找不到的。

▶ 3.3 MATLAB 表达式中的变量和关键字

MATLAB 中的表达式由变量、数值常量、函数以及运算符构成。本节及后面几节将分别介绍构成表达式的重要元素，包括变量、数据类型、运算符和函数等。

3.3.1 变量

变量是在程序运行中值可以改变的量，变量由变量名来表示。在 MATLAB 语言中变量的命名应遵循如下规则。

（1）变量名区分大小写。

（2）变量名长度不得超过 31 位，第 31 个字符之后的字符将被 MATLAB 语言所忽略。

（3）变量名以字母开头，可以是字母、数字、下划线组成，但不能使用标点。

MATLAB 不要求事先对变量进行声明，也不需要指定变量类型，MATLAB 会自动依据所赋予变量的值或对变量所进行的操作来识别变量的类型。在赋值过程中如果赋值变量已存在时，MATLAB 将使用新值代替旧值，并以新值类型代替旧值类型。

在 MATLAB 语言中也存在变量作用域的问题。在未加特殊说明的情况下，MATLAB 语言将所识别的一切变量视为局部变量，即仅在其使用的 M 文件内有效。若要将变量定义为全局变量，则应当对变量进行说明，即在该变量前加关键字 global。一般来说，全局变量均用大写的英文字符表示。

在 MATLAB 中，有一类特殊的变量，是由系统默认给定符号来表示的。例如 pi，它代表圆周率 π 这个常数，即 3.1415926……这类变量类似于 C 语言中的符号常量，有时又称为系统预定义的变量。表 3.2 给出了一些常用的特殊变量及其含义。

表 3.2   特殊变量名表

变量名称	变量含义	变量名称	变量含义
ans	MATLAB 中默认变量	i(j)	复数中的虚数单位
pi	圆周率	nargin	所用函数的输入变量数
eps	计算机中的最小数，PC 机上为 2^{-52}	nargout	所用函数的输出变量数
inf	无穷大，如 1/0	realmin	最小可用正实数
NaN	不定值，如 0/0、∞ / ∞、0* ∞	realmax	最大可用正实数

3.3.2 关键字

MATLAB 的关键字是指预先定义的有特别意义的标识符，有时又叫保留字。像其他语言一样，MATLAB 包含算术运算、逻辑运算、关系运算等运算类型，每种类型的运算都有自己的运算符，并可对关系和逻辑进行运算，而且都有相应的运算函数。这些有特定意义的符号和名字是不能被指定为变量名称的。比如表 3.2 中的特殊变量名、MATLAB 的管理类命令、编程控制语句等。

与其他语言相比，MATLAB 的强大主要体现在它提供了各种类别的函数。除了基本的数学函数之外，MathWorks 公司针对不同领域，推出了信号处理、控制系统、神经网络、图像处理、小波分析、鲁棒控制、非线性系统控制设计、系统辨识、优化设计、统计分析、财政金融、样条、通信等 30 多个具有专门功能的工具箱，这些工具箱里的函数是由各自领域内学术水平较高的专家编写的，无须用户自己编写所用的专业基础程序，可直接对工具箱进行运用。同时，工具箱内的函数源程序也是开放性的，多为 M 文件，用户可以查看这些文件的代码并进行更改，MATLAB 支持用户对其函数进行二次开发，用户的应用程序也可以作为新函数添加到相应的工具箱中。

▶ 3.4 MATLAB 的数据类型

数据作为计算机处理的对象，在程序语言中可以分为多种类型，MATLAB 有 15 种基本的数据类型，每种数据类型的数据都以矩阵或数组的形式存在。所有的基本数据类型用小写字符显示。以下介绍一些常用的数据类型。

3.4.1 数值

在 MATLAB 中，数值型的数据包括有符号和无符号整数（int）、单精度（float）和双精度（double）浮点数。整数和单精度数组提供了比双精度更有效的存储组织结构。

01 整数

（1）8 种类型的整数。

MATLAB 有 4 种有符号整数和 4 种无符号整数，有符号整数能够表示负整数和正整数，而无符号整数类型只能表示正整数和 0。各类型整数的表示范围及之间进行类型转换的函数如表 3.3 所示。

表 3.3　整数类型

数据类型	值的范围	转换函数
单精度 8 位整数	$-2^7 \sim 2^7-1$	int8
单精度 16 位整数	$-2^{15} \sim 2^{15}-1$	int16
单精度 32 位整数	$-2^{31} \sim 2^{31}-1$	int32
单精度 64 位整数	$-2^{63} \sim 2^{63}-1$	int64
无符号 8 位整数	$0 \sim 2^8-1$	uint8
无符号 16 位整数	$0 \sim 2^{16}-1$	uint16
无符号 32 位整数	$0 \sim 2^{32}-1$	uint32
无符号 64 位整数	$0 \sim 2^{64}-1$	uint64

（2）建立整数类型数据。

MATLAB 存储数值数据的默认类型是双精度浮点数，要存储为整数类型的数据，必须使用表 3.3 中的转换函数。比如，建立一个有符号的 16 位整数：

```
>> x = int16(32501);
```

转换函数还可用来将其他数据类型转换成整型：

```
>> str= 'Hello!'
>>int8(str)
```

结果将把 str 字符串里面的每一个字符（包括中间的空格）转换为其 ASCII 码，结果输出为：

```
ans =

  1×6 int8 行矢量
  72  101  108  108  111  33
```

使用 whos 函数可显示由一个变量表示的数组的维数、字节计数和数据类型，例如：

```
>>whos x
```

结果为：

Name	Size	Bytes	Class	Attributes
x	1x1	2	int16	

如果希望知道数据类型，并且指定输出，则可以使用 class 函数，例如：

>>xType = class(x)

结果为：

xType =

int16

如果要验证变量是否为整数，则使用 isinteger 函数：

>>isinteger(x)

结果为：

ans =

 logical

 1

02 浮点数

MATLAB 用双精度或单精度格式表示浮点数，默认格式是双精度，但可以用转换函数转换为单精度。

（1）双精度浮点数。

MATLAB 按照 IEEE 754 标准构造双精度型数据。作为双精度存储的任何数据，都需要 64 位，其格式如表 3.4 所示。

表 3.4　双精度数格式

位	用途
63	符号，0= 正，1= 负
62~52	指数，偏差值为 1023
51~0	数 1.f 的小数 f

（2）最大和最小的双精度值。

MATLAB 的 realmax 和 realmin 函数返回能够表示的最大和最小双精度值，例如：

```
>> str = 'The range for double is :\n\t%g to %g ';
>>sprintf(str,realmin,realmax)
ans =

The range for double is :
    2.22507e-308 to 1.79769e+308
```

本例中定义了字符串 str，str 字符串的后半部分"\n\t%g to %g "用于规定输出格式，称其为格式字串（format string），这与 C 语言基本相同。其中 \n 和 \t 是转义字符（Escape Character）；转义字符是一种特殊的字符常量，它们以反斜杠"\"开头，后跟一个或几个字符。它们具有特定的含义，不同于字符原有的意义，故称"转义"字符。常用的转义字符在表 3.5 中列出。本例中，sprintf 函数的作用是将规定输出格式的数值写入到字符串中 str 中，成为字符串 str 的一部分。其中 %g 是用于规定输出格式的字符串，称为格式转换字符（Conversion Character），其位置将被后面的 realmax 和 realmin 的值所取代。%g 规定输出格式是"紧凑指数形式"。常用的格式转换字符在表 3.6 中列出。

表 3.5　常用转义字符

\n	换行，将当前位置移到下一行开头
\t	水平制表（跳到下一个 TAB 位置）
\b	退格，将当前位置移到本行的开头
\r	回车，将当前位置移到本行开头
\f	换页，将当前位置移到本行开头
\\	代表一个反斜杠字符"\"
\'	代表一个单引号（撇号）字符
\"	代表一个双引号字符
\ddd	1 到 3 位八进制数所代表的 ASCII 字符
\xhh	1 到 2 位十六进制数所代表的 ASCII 字符

表 3.6　常用格式转换字符

%c	单字符
%d	有符号十进制数
%e	e 指数形式，欧拉数用小写（e）
%E	e 指数形式，欧拉数用大写（E）
%f	定点数形式
%g	%e 或 %f 的紧凑格式，不显示多余的零
%G	与 %g 相同，但用大写 E
%o	八进制（octal）数形式
%s	字符串
%u	十进制（decimal）数形式
%x	十六进制数形式，用小写字母 a~f
%X	十六进制数形式，用大写字母 A~F

（3）建立双精度数。

因为 MATLAB 默认数值型数据是双精度类型，所以能够用最简单的赋值语句建立双精度数。如果一个数很大，则它需要设为双精度类型，单精度是不能容纳的。例如：

```
>>x = 5.73 * 10^300
x =
  5.7300e+300
```

X 一定是一个双精度的浮点数，可以用 isfloat 函数用来验证。

（4）转换到双精度数。

使用 double 函数，可以把其他数值型数据、字符、字符串等转换成双精度。例如：

```
>>y = int64(-589324077574);
>>x = double(y)
x =

 -5.8932e+11
```

（5）单精度浮点数。

同样，MATLAB 按照 IEEE 754 标准构造单精度型数据。作为单精度存储的任何数据，都需要 32 位，其格式如表 3.7 所示。

表 3.7　单精度数格式

位	用途
31	符号，0= 正，1= 负
30~23	指数，偏差值为 127
22~0	数 1.f 的小数 f

单精度值依然使用 realmax 和 realmin 函数，只是调用时要有参数 "single"，返回能够表示单精度的最大值和最小值。建立单精度数必须使用 single 函数建立单精度数，比如：

```
>> x = single(25.783);
>>whos x
 Name    Size      Bytes  Class    Attributes

 x       1x1        4      single
```

同样，用 single 函数能将其他数字、字符、字串和逻辑等类型的数转换成单精度数。

03 复数

复数由两个单独的部分组成：实部和虚部。虚数单位在 MATLAB 中用字母 i 或 j 中的一个表示。i 和 j 的作用是完全一样的。

建立复数有两种方法：直接生成或使用 complex 函数生成。例如：

```
>>x = 2 + 3i
x =

  2.0000 + 3.0000i
```

再来使用 complex 函数建立复数。

```
>>x = rand (3) * 5 ;
>>y = rand (3) * -8 ;
>>z = complex (x, y)
z =

  4.0736 - 7.7191i   4.5669 - 7.6573i   1.3925 - 1.1351i
  4.5290 - 1.2609i   3.1618 - 3.8830i   2.7344 - 3.3741i
  0.6349 - 7.7647i   0.4877 - 6.4022i   4.7875 - 7.3259i
```

上例中应用 rand (3) 函数生成 3 x3 的随机数矩阵。通过 real 和 imag 函数可以把复数分为实数和虚数部分，此处不再举例。

04 无穷大数

MATLAB 使用特殊值 inf、-inf 分别表示正、负无穷大数。isinf 函数用来验证变量 x 是否为无穷大数。

05 非数值

MATLAB 使用特殊值 NaN（Not a Number）表示既不是实数也不是复数的值，即该值不是一个数。表达式 inf/inf 和 0/0 都产生 NaN。

3.4.2 逻辑型数值

逻辑型数据分别用 1 和 0 表示真或假两种状态。一些 MATLAB 函数和运算符返回逻辑真或假，以表示某个条件是否满足。条件满足为真，不满足为假。

逻辑数据不一定都是标量，MATLAB 也可支持逻辑值数组。比如，下面的语句返回一个逻辑向量。

```
>> [30 40 50 60 70 ] > 40
ans =
```

1×5 logical 数组

　0　0　1　1　1

3.4.3 ▶ 字符串

字符和字符串运算是各种高级语言必不可少的部分，MATLAB 中的字符串是其进行符号运算表达式的基本构成单元。

在 MATLAB 中，字符串和字符数组基本上是等价的，所有字符串都用单引号进行输入或赋值。字符串的每个字符（包括空格）都是字符数组的一个元素。例如：

```
>> s= 'matrix laboratory'
s =

matrix laboratory
>>size(s)              %size 查看数组的维数
ans =

   1   17
```

3.4.4 ▶ 单元数组

单元数组是一种无所不包的广义矩阵。组成单元数组的每一个元素称为一个单元。每一个单元可以包括一个任意数组，如数值数组、字符串数组、结构体数组以及另外的一个单元数组，因而每一个单元可以具有不同的尺寸和内存占用空间。

MATLAB 中使用单元数组的目的在于，它可以把不同类型的数据归并到一个数组中。

（1）使用赋值语句创建单元数组。与一般数组有所不同的是，单元数组使用花括号 "{}" 来创建，使用逗号或空格来分隔每一个单元，使用分号来分行。

下面创建单元数组。

```
>> A={'1','2';'3','4'}
A =

  2×2 cell 数组

    '1'    '2'
    '3'    '4'

>> whos A
  Name     Size        Bytes  Class    Attributes

  A        2x2          456    cell
```

（2）利用 cell 函数创建空单元数组。

cell 函数的调用格式如下：

cellName=cell(m,n)

该函数创建一个 $m \times m$ 的空单元数组，其每一个单元均为空矩阵。

与一般的数值数组一样，单元数组的内存空间也是动态分配的。因此，使用 cell 函数创建空单元数组的主要目的是为该单元数组预先分配连续的存储空间，以节约内存占用，提供执行效率。

3.4.5 ▶ 结构体

MATLAB 中的结构体与 C 语言中的结构体类似，一个结构体可以通过字段存储多个不同类型的数据。因此，结构体相当于一个数据容器，把多个相关联的不同类型的数据封装在一个结构体对象中。创建结构体对象的方法有两种，既可以直接通过赋值语句给结构体的字段赋值，也可以使用结构体创建 struct 函数。两种方法的具体操作步骤如下。

（1）通过字段赋值创建结构体。在对结构体的字段进行赋值时，赋值表达式的变量名使用"结构体名称 . 字段名称"的形式书写，对同一个结构体可以进行多个字段的赋值。

例如通过赋值创建结构体。

在 MATLAB 命令行窗口中，输入下面的指令：

```
>>student.name='ming';
student.age=10;
student.grade=4;
student.subject={'chinese','math','english'};
student
```

输出结果如下：

```
student =
  包含以下字段的 struct:
  name: 'ming'
  age: 10
  grade: 4
  subject: {'chinese'  'math'  'english'}
```

在命令行窗口输入：

```
>> whos student
```

输出结果如下：

Name	Size	Bytes	Class	Attributes
student	1x1	1100	struct	

上例中，通过对 4 个字段赋值创建了结构体对象 student，然后用 whos 函数分析 student 是一个 1×1 的结构体数组。

（2）利用 struct 函数创建结构体。

在 MATLAB 命令行窗口中，输入下面的指令：

```
>> student=struct('name','ming','age','10','grade','4','subject','Chinese,Math,English')
```

输出结果如下：

```
student =
  包含以下字段的 struct:
  name: 'ming'
  age: '10'
  grade: '4'
  subject: 'Chinese,Math,English'
```

上例创建了结构体 student，并将 4 的字段分别赋值为 'ming'、'10'、'4'、'Chinese,Math,English'。可见使用（1）（2）两种方法达到相同的结果。

3.4.6 日期和时间

MATLAB 中规定了 3 种日期和时间格式——日期字串、序列日期数和日期向量，分别举例如下：

日期字串　　'04-Feb-2018 12：45：07'
日期向量　　[2018 02 04 12 45 07]
序列日期数　7.3188e+005

01 日期字串

用日期字串显示日期和时间信息，有多种不同的风格式样。例如，2018 年 02 月 04 日下午 3：45：17 可以表示为：

04-Feb-2018 15：45：17

也可以表示为：

02/04/18
15:45:17

02 序列日期数

序列日期数表示从一个固定的日期开始到指定的日期经过了多少天。在 MATLAB 中，序列日期数 1 代表 0000 年的 1 月 1 日；而 0000 年仅仅是一个参考点，不是特定的一个实际年。MATLAB 也使用序列时间表示一天中的几分之几，例如下午 6 点等于 0.75 日。

now 函数能够得到当前日时的序列日期数：

```
>>dt = now
dt =

   7.3710e+05
```

03 日期向量

日期向量是 MATLAB 一些函数的内部格式，用户不能在计算机中使用它们。日期向量包含元素 [year month day hour minute seconds]。

clock 函数返回当前日时的日期向量。

```
>> clock

ans =

   1.0e+03 *

   2.0180   0.0020   0.0040   0.0210   0.0160   0.0117
```

04 转换日期格式

不同日期相互转换的函数有 datenum、datestr 和 datevec。其中，datenum 是把其他格式转换为序列日期数，datestr 是把其他格式转换为日期字串，datevec 是把其他格式转换为日期向量。例如：

```
>> t = datenum('2/4/2018 12:45')
t =

   7.3710e+05
>>datevec(t)
ans =

   2018      2      4     12     45      0
```

3.5 MATLAB 的运算符和基本运算

MATLAB 与其他语言一样，包含算术运算、逻辑运算和关系运算，这 3 种运算符可以分别使用，也可以在同一运算式中出现，每种类型的运算有自己的运算符，对关系和逻辑运算还有相应的运算函数。常见的运算符和运算函数如表 3.8 所示。

表 3.8　运算符与运算函数

函数分类	函数名	说明	函数分类	函数名	说明
算术运算符	+	加法	关系操作函数	eq(A,B)	等于
	-	减法		ne(A,B)	不等于
	*	矩阵乘法		lt(A,B)	小于
	.*	数组乘法		gt(A,B)	大于
	^	矩阵乘方		le(A,B)	小于等于
	.^	数组乘方		ge(A,B)	大于等于
	\	矩阵右除	逻辑运算符	&	逻辑与
	/	矩阵左除		|	逻辑或
	.\	数组右除		~	逻辑非
	./	数组左除	逻辑运算函数	and(A,B)	逻辑与
关系运算符	==	等于		or(A,B)	逻辑或
	~=	不等于		not(A,B)	逻辑非
	<	小于		xor(A,B)	逻辑异或
	>	大于		any(A)	向量 A 中有非零元素时返回 1; 矩阵 A 某一列有非 0 元素时此列返回 1
	<=	小于等于		all(A)	向量 A 中所有元素非 0 时返回 1; 矩阵 A 中某列所有元素非 0 时此列返回 1
	>=	大于等于			

3.5.1 算术运算符

MATLAB 中的算术运算符有加、减、乘、除、点乘、点除和幂运算等，如表 3.8 所示。对数值运算，乘和除与点乘和点除结果一致；对矩阵运算，乘和除是按矩阵的相乘和逆运算规则进行，而点乘和点除是对应元素进行乘和除运算，要求参与运算的矩阵维度必须一致。这一点要特别注意。

例如，在命令行窗口输入：

```
>>a=eye(2),b=ones(2),c=a*b, d=a.*b
a =

   1   0
   0   1


b =

   1   1
   1   1


c =

   1   1
   1   1


d =

   1   0
   0   1
```

3.5.2 关系运算符

MATLAB 中的关系运算符有 6 个。关系运算符可以用来对两个数值、两个数组、两个矩阵或两个字符串等数据类型进行比较，同样也可以进行不同类型的两个数据之间的比较。比较的方式根据所比较的两个数据类型的不同而不同。值得注意的是，关系运算符可以针对两个相同维度的矩阵的对应元素进行比较，结果返回另一个同样维度的矩阵；也可以针对一个标量和一个矩阵进行运算，这种情况下是将这个标量与另一个矩阵的每个元素进行运算。关系运算符通过比较对应的元素，产生一个仅包含 1 和 0 的数值或矩阵。其元素代表意义为返回值是 1，表示比较结果是真；返回值是 0，表示比较结果是假。

例如，在 MATLAB 命令行窗口中输入：

```
>>A=reshape(1:9,3,3), B=magic(3)
A =

   1   4   7
   2   5   8
   3   6   9


B =

   8   1   6
   3   5   7
   4   9   2
>> A>B
ans =

  3×3 logical 数组

  0  1  1
  0  0  1
  0  0  1
>> A==B
ans =

  3×3 logical 数组

  0  0  0
  0  1  0
  0  0  0
```

3.5.3 逻辑运算符

逻辑运算符提供了一种组合或否定关系表达式。MATLAB 逻辑运算符如表 3.8 所示。

与关系运算符一样，逻辑运算符也可以进行矩阵与数值之间的比较，比较的方式是将矩阵的每个元素都与数值进行比较，比较结果为一个相同维数的矩阵，新生成矩阵的每一个元素都代表着原来矩阵中相同位置上的元素与该数值的逻辑运算的结果。

使用逻辑运算符比较两个相同维数的矩阵时，是按元素来进行比较的，其比较结果是一个包含 1 和 0 的矩阵。元素 0 表示逻辑为假，元素 1 表示逻辑为真。

A&B 返回一个与 *A* 和 *B* 相同维数的矩阵。在这个矩阵中，*A* 和 *B* 对应元素都为非 0 时，则对应项为 1，有一个为 0 时则对应项为 0。

A | *B* 返回一个与 *A* 和 *B* 相同维数的矩阵。在这个矩阵中，*A* 和 *B* 对应元素只要有一个为非 0，则对应项为 1；两个矩阵均为 0 时，则对应项为 0。

~*A* 返回一个与 *A* 相同维数的矩阵。在这个矩阵中，*A* 对应项是 0 时，则对应项为 1；*A* 中对应项是非 0 时，则对应项为 0。

除了上面的逻辑运算符外，MATLAB 还提供了各种逻辑运算函数，如表 3.8 所示。

3.5.4 运算符优先级

在一个表达式中，算术运算符优先级最高，其次是关系运算符，最后是逻辑运算符。需要时，可以通过括号来改变运算顺序。MATLAB 中具体的运算符优先级排列如表 3.9 所示。

表 3.9   MATLAB 中运算符优先级

优先级	运算法则
1	括号：（ ）
2	转置和乘幂：'，^，.^
3	一元加减运算和逻辑非：+，-，~
4	乘除，点乘，点除：*，/，.*，./
5	冒号运算：:
6	关系运算：>，>=，<，<=，==，~=
7	逐个元素的逻辑与：&
8	逐个元素的逻辑或：|
9	捷径逻辑与：&&
10	捷径逻辑或：|	

▶ 3.6 MATLAB 的标点符号

MATLAB 中分号、冒号、逗号等常用标点符号的作用如表 3.10 所示。

表 3.10   MATLAB 中的常用标点符号

名称	符号	功能
空格		用于输入变量之间的分隔符以及数组行元素之间的分隔符
逗号	,	用于要显示计算结果的命令之间的分隔符；用于输入变量之间的分隔符；用于数组行元素之间的分隔符
点号	.	用于数值中的小数点
分号	;	用于不显示计算结果命令行的结尾；用于不显示计算结果之间的分隔符；用于数组元素行之间的分隔
冒号	:	用于生成一维数值数组，表示一维数值的全部元素或多维数组某一维的全部元素
百分号	%	用于注释的前面，在它后面的命令不需要执行
单引号	'	用于括住字符串
圆括号	（ ）	用于引用数组元素；用于函数输入变量列表；用于确定算术运算的先后次序
方括号	[]	用于构成向量和矩阵；用于函数输出列表
花括号	{}	用于构成元胞数组
下划线	_	用于一个变量、函数或文件名的连字符
续行号	...	用于把后面的行与该行连接以构成一个较长的命令
"At" 号	@	用于放在函数名前形成函数句柄；用于放在目录名前形成用户对象类目录

其中，冒号的常用法总结如下。

（1）$a:b$ 表示 [a, a+1, …, b]。

```
>> A=1:6
A =

   1    2    3    4    5    6
```

（2）当然如果 b 和 a 不是整数，则向量的最后一位数是 $n+a$，且 $n=\text{fix}（b-a）$。

```
>> A=1.2:5.2
A =

1.2000   2.2000   3.2000   4.2000   5.2000
```

（3）上面的前提是 $a<b$，如果 $a>b$ 则会出现空值。

```
>> A=6:1
A =

  空的 1×0 double 行矢量
```

此时 A 是空矩阵，从工作区也可以看到 A。

（4） $a:c:b$ 表示 $[a, a+c, \cdots, a+n*c]$，其中 $n=\text{fix}((b-a)/c)$。

```
>> A=1:3:11
A =

   1   4   7   10
```

（5） $A(:)$ 表示以一列的方式显示 A 中的所有元素。

```
>> A=[1 2 3;4 5 6]
A =

   1   2   3
   4   5   6
>> A(:)
ans =

   1
   4
   2
   5
   3
   6
```

（6） $b=A(i, :)$ 表示把矩阵 A 的第 i 行存入 b。

```
>> b=A(1,:)
b =

   1   2   3
```

（7） $b=A(:, j)$ 表示把矩阵 A 的第 j 列存入 b。

```
>> b=A(:,1)
b =

   1
   4
```

（8） $b=A(J:K)$ 表示把矩阵 A 中 $[A(J), A(J+1), \cdots, A(K)]$ 这些元素存入 b 中。

```
>> b=A(3:5)
b =

   2   5   3
```

（9）b=A（:,c:d）表示把矩阵 A 的第 c 到第 d 列存入 b 中，当然 c、d 大于 A 的列数则出错（b=A（c:d,:）表示取行）。

```
>> A=[1 2 3;4 5 6;7 8 9]

A =

    1    2    3
    4    5    6
    7    8    9
>> b=A(:,2:3)
b =

    2    3
    5    6
    8    9
```

▶ 3.7 MATLAB 的脚本文件

MATLAB 中有一种文件叫 M 文件，即一系列代码组成的一个扩展名为 .m 的文件，虽然 M 文件是简单的 ASCII 型的文本文件，但是其语法与高级语言一样，是一种程序化的编程语言。M 文件可分为脚本文件（MATLAB scripts）和函数文件（MATLAB functions）。脚本文件是包含多条 MATLAB 命令的文件；函数文件可以包含输入变量，并把结果传送给输出变量。两者的简要区别如下。

脚本文件：
（1）多条命令的综合体；
（2）没有输入、输出变量；
（3）使用 MATLAB 基本工作区；
（4）没有函数声明行。

函数文件：
（1）常用于扩充 MATLAB 函数库；
（2）可以包含输入、输出变量；
（3）运算中生成的所有变量都存放在函数工作区；
（4）包含函数声明行。

脚本文件可以理解为简单的 M 文件，脚本文件中的变量都是全局变量。函数文件是在脚本文件的基础之上多添加了一行函数定义行，其代码组织结构和调用方式与对应的脚本文件截然不同。函数文件是以函数声明行"function"作为开始的，其实质就是用户往 MATLAB 函数库里边添加了子函数，函数文件中的变量都是局部变量，除非使用了特别声明。函数运行完毕之后，其定义的变量将从工作区中清除。脚本文件只是将一系列相关的代码结合封装，没有输入变量和输出变量，既不自带变量，也不一定要返回结果。而多数函数文件一般有输入和输出变量，并且有返回结果。

▶ 3.8 疑难解答

（1）M 文件如果是函数，保存的文件名最好与函数名一致，这点都很清楚。不过容易疏忽的是，M 文件名的命名尽量不要是简单的英文单词，最好是由大小写英文、数字 、下划线等组成。因为简单的单词命名容易与 MATLAB 的内部函数同名，结果会出现一些莫名其妙的错误。例如，写个 M 文件，命名为 spy，运行时就弹出一个"怪怪"的 figure。

（2）调试程序时，经常要屏蔽掉一整段程序，也就是将其标示注释符 %。有两个办法：一种是选定程序后，按组合键"Ctrl+R"；另一种是在段首加 if 0，段尾加 end，中间就都不执行，也就相当于注释掉了。

（3）写 M 文件时，选中某段程序内容，按组合键"Ctrl+I"可以让 MATLAB 帮你自动对齐程序。这样程序看起来很有层次，可以更容易发现程序中的错误。

第 **4** 章

MATLAB 编程基础

MATLAB 作为一种应用广泛的科学计算软件，不仅具有强大的数值计算、数据可视化功能，而且具有强大的程序设计功能。通过编写扩展名为 .m 的 M 文件，用户可以实现各种复杂的功能，且 MATLAB 语言语法简单，库函数丰富，程序易于调试，极大方便了用户的开发过程。本章主要介绍 MATLAB 中的 M 文件，函数定义、类型、参数传递方法，程序控制结构，文件操作，代码优化方法和程序调试方法等。

本章要点（已掌握的在方框中打钩）

☐ M 文件
☐ MATLAB 的程序控制结构
☐ MATLAB 中的文件操作
☐ MATLAB 程序优化
☐ MATLAB 程序调试

▶4.1 M 文件

4.1.1 概述

MATLAB 编写的程序文件称为 M 文件，M 文件有脚本 M 文件和函数 M 文件两种。脚本 M 文件是比较简单的程序文件，不包含输入变量，也没有输出变量，仅是一串按用户意图排列而成的 MATLAB 命令集合。脚本 M 文件运行后，所产生的所有变量都驻留在 MATLAB 基本工作区中，只要用户不使用 clear 命令清除，且 MATLAB 命令行窗口不关闭，这些变量将一直保存在 MATLAB 基本工作区中。基本工作区随 MATLAB 的启动而启动，只有关闭 MATLAB，该基本工作区才会被删除。

函数一般包含输入变量和输出变量，具有自己的函数工作区，函数运行时获取传递给它的变量，并返回结果给输出变量。函数体内所创建的变量只驻留在函数工作区，而且只在函数执行期间临时存在，在函数运行结束后消失。

脚本 M 文件不包含输入变量和输出变量，通常由 M 文件正文和注释部分构成。文件正文主要实现特定功能，而注释部分则给出代码说明，以便于记忆和阅读。

函数 M 文件的第一行以 function 开始，标记此文件是一个函数。

function [y1, …, yN] = myfun(x1, …, xM) 定义了一个 myfun 函数，它有 M 个输入变量 $x1$, …, xM，返回 $y1$, …, yN 等 N 个输出变量。函数必须在整个函数 M 文件的首行先进行定义。

函数名必须以字母开始，其后可以为字母、数字或者下划线，函数名不能超过规定的长度，超过的部分将会被忽略。可使用 isvarname 函数判断函数名是否有效。

函数输出变量包含在中括号中，输入变量包含在小括号中，并使用逗号分开多个输入输出变量。函数文件保存为一个 .m 文件，文件名一般需与函数文件中首行定义的函数名相同。

下面的语句定义了一个 sphere 函数，包括 3 个输入变量和 3 个输出变量。

```
function [x, y, z] = sphere(theta, phi, rho)
```

函数可以有零个或多个输入变量和输出变量，如果没有输出变量，可忽略中括号或者使用空中括号表示。例如：

```
function printresults(x)
function [] = printresults(x)
```

函数可以按少于函数 M 中所规定的输入和输出变量进行调用，但不能多于函数 M 中所规定的输入和输出变量数量。如果输入和输出变量数量多于函数中 function 语句所规定的数量，则调用时自动返回一个错误提示。

📝 范例 4-1   脚本M文件

具体程序如下：

```
% petal.m
% An M-file script to produce "flower petal" plots
theta = -pi:0.01:pi;           % 产生一维矢量
rho(1,:) = 2 * sin(5 * theta) .^ 2;
rho(2,:) = cos(10 * theta) .^ 3;
rho(3,:) = sin(theta) .^ 2;
rho(4,:) = 5 * cos(3.5 * theta) .^ 3;
for k = 1:4
    polar(theta, rho(k,:))     % 图形输出
    pause
end
```

将文件存为 petal.m，该文件成为一个脚本 M 文件，在 MATLAB 命令行窗口中输入 petal 可运行此 M 文件。运行结果为在新打开的图形窗口中依次显示 4 幅漂亮的极坐标图形（按任意键显示下一幅）。程序运行结束后，可以发现变量 *i*、*theta* 和 *rho* 均保存在基本工作区中。注意，运行前需要将文件保存的目标文件夹设置为当前文件夹（单击 [图] ）或单击 [设置路径] 将目标文件夹添加到当前设置路径。

> **范例 4-2**　　函数M文件。定义一个函数文件average.m，其输入是一个向量，函数功能是计算向量中所有元素的均值，并返回一个输出值

具体程序如下：

```
function y = average(x)
if ~isvector(x)
    error('Input must be a vector')
end
y = sum(x)/length(x);
end
```

对此函数进行调用可以在命令行中进行，比如输入：

```
z = 1:99;
average(z)
```

结果显示：

```
ans =
    50
```

4.1.2　函数变量

函数中的变量包括局部变量、全局变量和永久变量，函数中的所有变量除了特殊声明外都是局部变量。全局变量是在不同的函数工作区以及基本工作区中可以被共享的变量。任何函数如果需要使用全局变量，则必须首先声明，语法为：

global 变量名

除局部变量和全局变量外，MATLAB 中还有一种变量类型为永久变量。永久变量的定义方法为：

persistent 变量名

永久变量有如下特点：
（1）只能在 M 函数文件内部定义；
（2）只有该变量从属的函数能够访问该变量；
（3）当函数运行结束后，该变量的值保留在内存中，因此当该函数再次被调用时可以再次利用这些变量。

4.1.3　函数参数

01　确定函数参数数量

当调用一个函数时，所用的输入变量和输出变量的数量，在函数内是确定的。nargin 函数确定输入变量个数，nargout 函数确定输出变量个数。

📝 **范例 4-3**   nargin函数和nargout函数的使用

具体程序如下：

```
function c = testarg1(a, b)
if (nargin == 1)
    c = a .^ 2;
elseif (nargin == 2)
    c = a + b;
end
```

如果用户使用一个参数调用 testarg1 函数，则函数计算输入值的平方；如果使用两个参数调用 testarg1 函数，则函数计算输入值之和。

02 传递可变数量的参数

varargin 和 varargout 函数允许编程者传递可变数量的变量给函数或者让函数返回可变数量的变量。MATLAB 封装所有的输入变量为单元数组返回 varargin，封装所有的输出变量为单元数组返回 varargout。

📝 **范例 4-4**   varargin函数的使用

具体程序如下：

```
function [xmin, ymin]=testvar(varargin)
for k = 1:length(varargin)
    x(k) = varargin{k}(1); % 单元数组索引
    y(k) = varargin{k}(2);
end
xmin =min(x);
ymin =max(y);
```

testvar 函数可以调用具有不同数量的输入变量，如下所示。

```
>> [a,b]=testvar([2 3],[1 5],[4 8],[6 5],[4 2],[2 3]); % 函数共有 6 个输入
a =
    1
b =
    8
```

在函数执行过程中，varargin={[2 3],[1 5],[4 8],[6 5],[4 2],[2 3]}，函数调用完毕 varargin 释放。

📝 **范例 4-5**   varargout函数的使用

具体程序如下：

```
function [varargout] = testvar2(arrayin)
for k = 1:nargout
    varargout{k} = arrayin(k,:);   % Cell array assignment
end
```

testvar2 函数返回数组 arrayin 的每一行，如下所示。

```
>> a = [1 2; 3 4; 5 6; 7 8; 9 0];
>> [p1, p2, p3, p4, p5] = testvar2(a)
p1 =
    1    2
p2 =
    3    4
p3 =
    5    6
p4 =
    7    8
p5 =
    9    0
```

vargin 和 vargout 函数可以出现在输入输出变量列表的末尾，函数调用时必须指定需要的输入和输出变量，如下所示。

```
function [out1,out2] = example1(a,b,varargin)
function [i,j,varargout] = example2(x1,y1,x2,y2,flag)
```

03 向嵌套函数输入可变变量

（1）varargin 和 varargout。

由于嵌套函数与主函数使用相同的函数工作区，因此，varargin 和 varargout 既可以表示嵌套函数的输入输出变量，也可以是主函数的输入输出变量，具体表示取决于程序中的变量声明。如果嵌套函数在函数声明中包含 varargin 或 varargout，则在函数内部调用这两个变量时，变量内容为该函数的输入输出变量；如果嵌套函数声明中没有包含 varargin 或 varargout，而在该函数的上层函数声明中包含 varargin 或者 varargout，则当在该嵌套函数内部调用这两个变量时，变量内容为上层函数的输入输出变量。

📝 范例 4-6　varargin和varargout的取值

具体程序如下：

```
function x = A(y, varargin)   % Primary function A
B(nargin, y * rand(4))
  function B(argsIn, z)      % Nested function B
  if argsIn >= 2
    C(z, varargin{1}, 4.512, 1.729)
  end
    function C(varargin)    % Nested function C
    if nargin >= 2
      x = varargin{1}
    end
    end   % End nested function C
  end   % End nested function B
end   % End primary function A
```

在函数 A 中，函数 C 嵌套在函数 B 中，函数 B 嵌套在函数 A 中，在函数 B 中调用 varargin{1} 表示主函数 A 的第二个变量（函数 A 的第一个参数为 y），而在函数 C 中的 varargin{1} 表示函数 B 传递给函数 C 的第一个参数，即 z。

函数 A 调用 nargin（B(nargin，y*rand（4）)）表示函数 A 的输入变量个数，在函数 C 中调用 nargin 表示函数 C 的输入变量个数。

（2）nargin 和 nargout。

当在函数中调用 nargin 和 nargout 函数时，其值为该函数的输入或输出变量，而不需要进行声明。

范例 4-7   nargin和nargout的取值

具体程序如下。

```
function meters = convert2meters(miles, varargin)
% Converts MILES (plus optional FEET and INCHES input)
% values to METERS.
if nargin < 1 || nargin > 3
  error('1 to 3 input arguments are required');
end
  function feet = convert2Feet(argsIn)
  % Nested function that converts miles to feet and adds in
  % optional FEET argument.
  feet = miles .* 5280;
  if argsIn >= 2
    feet = feet + varargin{1};
  end
  end  % End nested function convert2Feet
  function inches = convert2Inches(argsIn)
  % Nested function that converts feet to inches and adds in
  % optional INCHES argument.
  inches = feet .* 12;
  if argsIn == 3
    inches = inches + varargin{2};
  end
  end  % End nested function convert2Inches
feet = convert2Feet(nargin);
inches = convert2Inches(nargin);
meters = inches .* 2.54 ./ 100;
end  % End primary function convert2meters

>> convert2meters(5)
ans =
  8.0467e+003
>> convert2meters(5, 2000, 4.7)
ans =
  8.6564e+003
```

4.1.4 函数句柄

句柄（handle）是 MATLAB 的标准数据类型之一。利用函数句柄可以实现对函数的间接调用，可以通过将函数句柄传递给其他函数实现对函数的操作，也可以将函数句柄保存在变量中。

函数句柄通过 @ 符号创建，语法为：

```
fhandle = @functionname
```

其中，functionname 为函数名，fhandle 就是为该函数创建的句柄。

函数句柄也可以通过创建匿名函数的方式创建，语法为：

fhandle = @(arglist) expr

其中，expr 为函数体，arglist 为逗号分隔开的输入变量列表。比如，expr = @(x) x.^2 创建了用于计算输入变量平方的匿名函数。

如果输入变量为空，则 arglist 为空。t = @() datestr(now) 匿名函数的输入变量为空。

可以通过函数句柄实现对函数的间接调用，其调用语法为：

fhandle(arg1, arg2, …, argN)　　% 其中 fhandle 为函数句柄

可以使用单元数组同时为多个函数创建各自的句柄，例如，trigFun = {@sin, @cos, @tan}，定义了单元数组 trigFun，它包含 3 个函数的句柄。执行 plot(trigFun{2}(-pi:0.01:pi))，就是利用句柄调用了第二个函数，即 cos 函数。

4.1.5 函数类型

01 主函数

通常 M 文件中的第一个函数为主函数，主函数后可以是任意数量的子函数。主函数可以被该文件之外的其他函数调用，主函数的调用是通过存储该函数的 M 文件的文件名进行的。

02 子函数

M 文件中可以包括多个函数，除主函数之外的其他函数称为子函数。子函数只能被主函数或该文件内的其他子函数调用。每个子函数以函数定义语句开始，直至下一个函数的定义或文件的结尾。各个子函数以任意顺序出现，但主函数必须最先出现。

📝 范例 4-8　　主函数和子函数

具体程序如下：

```
function [avg, med] = newstats(u)  % 主函数
% NEWSTATS Find mean and median with internal functions.
n = length(u);
avg = mean(u, n);
med = median(u, n);
function a = mean(v, n)        % 子函数
% Calculate average.
a = sum(v)/n;
function m = median(v, n)      % 子函数
% Calculate median.
w = sort(v);
if rem(n, 2) == 1
  m = w((n+1) / 2);
else
  m = (w(n/2) + w(n/2+1)) / 2;
end
```

当在 M 文件中调用函数时，系统首先判断是否为子函数，然后判断是否为私有函数，最后判断其是否为当前目录下的标准 M 文件函数或者系统内置函数。

03 嵌套函数

函数体可以定义其他的函数，这种内部函数称为嵌套函数。当 M 文件存在一个或多个嵌套函数时，M 文件中的所有函数必须以 end 结束。

嵌套函数的语法如下：

```
function x = A(p1, p2)
...
  function y = B(p3)
  ...
  end
...
end
```

每个函数可以嵌套多个函数，通常为平级嵌套结构和多层嵌套结构。

📝 范例 4-9   平级嵌套结构

具体程序如下：

```
function x = A(p1, p2)
...
  function y = B(p3)
  ...
  end

  function z = C(p4)
  ...
  end
...
end
```

范例中函数 A 嵌套了函数 B 和函数 C。

📝 范例 4-10   多层嵌套结构

具体程序如下：

```
function x = A(p1, p2)
...
  function y = B(p3)
  ...
    function z = C(p4)
    ...
    end
  ...
  end
...
end
```

范例 4-10 中函数 A 嵌套了函数 B，函数 B 嵌套了函数 C。一个嵌套函数可以被下列函数调用。

（1）该嵌套函数的上一层函数。

（2）同一母函数下的同级嵌套函数。

（3）任一低级别的函数。

范例 4-11　嵌套函数的调用

具体程序如下：

```
function A(x, y)         % Primary function
B(x, y);
D(y);

  function B(x, y)        % Nested in A
  C(x);
  D(y);

    function C(x)         % Nested in B
    D(x);
    end
  end

  function D(x)           % Nested in A
  E(x);

    function E(x)         % Nested in D
    ...
    end
  end
end
```

范例中函数 A 可以调用函数 B 和函数 D，但不能调用函数 C 和函数 E；函数 B 可以调用函数 D 和函数 C，函数 D 可以调用函数 B 和函数 E；函数 C 可以调用函数 B 和函数 D。

04 私有函数

私有函数是指位于 private 目录下的 M 文件函数。私有函数的构造与普通 M 函数完全相同，私有函数只能被 private 目录的上一级目录下的 M 函数文件调用，而不能被其他目录下的任何 M 函数、M 脚本文件调用，也不能被上一级目录下的 M 脚本文件调用。

05 重载函数

函数重载允许多个函数使用相同的函数名、不同的输入变量数据类型。函数调用时，系统根据函数输入变量的数据类型选择对应的函数。

▶4.2 MATLAB 的程序控制结构

MATLAB 提供了 4 类程序控制结构方式，分别为条件控制、循环控制、误差控制和程序终止，使 MATLAB 编程功能更加强大。

4.2.1 条件控制语句

在编写程序时，经常需要根据不同的条件选择运行的命令，此时需要使用判断语句进行程序控制。

01 判断语句

条件判断使用 if 语句，通常采用 if-else-end 分支结构，包含单分支、双分支和多分支 3 种形式。if 语句比较简单的结构为：

```
if 逻辑表达式
    执行代码块
end
```

如果逻辑表达式为真，则执行 if 和 end 语句之间的代码；如果逻辑表达式为假，则跳过 if 和 end 语句之间的代码。

📝 范例 4-12　找出下面程序中的语法错误（代码SyntaxError.java）

具体程序如下：

```
if rem(a, 2) == 0
    disp('a is even')
    b = a/2;
end
```

当逻辑表达式为一个空数组时，MATLAB 认为条件为假；当逻辑表达式为变量时，逻辑真的条件为变量非零，对于矩阵变量，则判断矩阵的所有元素为非零。

当程序有两个选择时，可以使用 if-else-end 结构，此时程序结构为：

```
if 表达式
    执行代码块 1
else
    执行代码块 2
end
```

即当表达式为真时，执行代码块 1，否则执行代码块 2。

当程序包含多个选择时，可以使用 elseif 语句，结构为：

```
if expression1
    statements1
elseif expression2
    statements2
else
    statements3
end
```

根据情况，elseif 语句可使用多个。

02 分支语句

MATLAB 中的另一种多选择语句为分支语句。分支语句的结构为：

```
switch 表达式 ( 标量或字符串 )
    case 值 1
        语句体 1 % 当表达式 = 值 1 时，执行语句体 1，然后跳出该结构
    case 值 2
        语句体 2 % 当表达式 = 值 2 时，执行语句体 2，然后跳出该结构
    …
    otherwise
        语句体 % 当表达式的值不等于前面所有的检测值时，执行该语句体
end
```

当表达式等于值 1 时，执行语句体 1；当表达式等于值 2 时，执行语句体 2……当表达式的值不等于所有 case 语句所列的值时，执行 otherwise 后的语句体。由此可见，上述结构体保证至少有一组语句会得到执行。

switch 命令后的表达式为一个标量或者一个字符串，对于标量形式的表达式，比较相当于表达式 == 检测值 i。对于字符串，MATLAB 将调用 strcmp 函数（字符串比较）来实现比较 strcmp（表达式，检测值 i）。

范例 4-13　switch-case语句的使用

具体程序如下：

```
switch input_num
  case -1
    disp('negative one');
  case 0
    disp('zero');
  case 1
    disp('positive one');
  otherwise
    disp('other value');
end
```

范例中判断输入变量 input_num 的值，以文本的形式标识。

case 命令后面的检测值不仅可以是一个标量或者一个字符串，还可以是一个单元数组。如果是一个单元数组，MATLAB 将表达式的值与该单元数组中的所有元素进行比较；如果单元数组中的某个元素与表达式的值相等，MATLAB 认为检测结果为真，从而执行与该检测值相等的一组命令。例如：

```
switch var
  case 1
    disp('1')
  case {2,3,4}
    disp('2 or 3 or 4')
  case 5
    disp('5')
  otherwise
    disp('something else')
end
```

4.2.2　循环控制语句

循环语句一般用于有规律的循环计算，能够在很大程度上精简代码。MATLAB 中的循环语句有两种：for 语句和 while 语句。

01 for 语句

for 循环允许一组命令以固定和预定的次数重复。for 循环的结构为：

```
for 循环变量 = 开始值 : 增量 : 结束值
    循环体
end
```

增量默认为 1，可以指定任意的增量。如果增量值为正，则当循环变量大于结束值时，循环终止；如果增量值为负，则当循环变量小于结束值时，循环终止。不能用 for 循环内重新赋值循环变量来终止 for 循环。

for 循环可以嵌套使用。

范例 4-14　for循环的嵌套

具体程序如下：

```
for m = 1:5
  for n = 1:100
    A(m, n) = 1/(m + n - 1);
  end
end
```

范例实现了对一个 5×100 矩阵的元素赋值。

for 循环的循环变量可以为数组，考虑 m 行 n 列矩阵 A，程序中循环次数等于矩阵的列数 n，每次循环变量 k 取矩阵 A 的一个列矢量。

```
for k = A
  statements
end
```

02 while 循环

与 for 循环以固定次数执行程序代码不同，while 循环以可变的次数执行程序代码。当 while 的条件表达式为真时，执行由代码块定义的循环体，直到条件表达式判断为假。while 语句的结构为：

```
while 条件表达式
  循环体
end
```

范例 4-15　计算n!<100的最大的n值

具体程序如下：

```
n = 1;
while prod(1:n) < 1e100    %prod 函数计算数组元素的连乘积
  n = n + 1;
end
```

注意

条件表达式中变量 n 的值在循环体的最后一个语句中被改变。

4.2.3　误差控制语句

MATLAB 为编程者提供了错误处理语句 try-catch-end 语句。try-catch-end 语句结构为：

```
try
 程序代码块 1    % 总被执行，若正确，则跳出此结构
catch
```

```
程序代码块 2    % 仅当程序代码块 1 出现执行错误，程序代码块 2 执行
end
```

该语句执行 try 中的程序代码块 1，如果遇到程序错误，则运行 catch 中的程序代码块 2。如果程序运行成功，则退出该 try-catch-end 语句。如果程序代码块 2 行出错，则程序运行终止，或者如果存在其他的 try-catch-end 结构，则运行下一个 try-catch-end 结构，可以利用 lasterr（查看上一处错误）命令查看发生错误的原因。注意，try 和 catch 的程序代码块中语句之间用逗号隔开。

范例 4-16   找出下面程序中的语法错误（代码SyntaxError.java）

具体程序如下：

```
>> n=4;
>> A=pascal(3);
>> try
A_n=A(n,:),
catch
A_end=A(end,:),
end
A_end =
    1    3    6
>> lasterr
ans =
```

试图访问 A(4,:)；由于 size(A)=[3,3]，索引超出范围。

范例中，A 是一个 3×3 的 pascal 三角形矩阵，由于 n=4，显然语句 $A\_n=A(n,:)$ 是错误的，所以随后会执行 catch 中的语句 $A\_end=A(end,:)$。

4.2.4 ▶ 其他流程控制语句

在程序设计中通常需要提前终止循环、结束程序的运行、显示错误信息等情况，MATLAB 提供了 continue、break、return、echo、error 等语句，与前面介绍的语句相结合，可以更好地完成对程序流程的控制。

01 continue 语句

continue 语句通常用在循环控制中，包括 for 循环和 while 循环，用于结束当次循环，继续执行下一次循环，但是不结束整个循环。一般情况下，continue 语句与 if 语句相结合，当满足一定的条件时，执行 continue 语句。

范例 4-17   continue语句用于循环控制

具体程序如下：

```
fid = fopen('magic.m','r');
count = 0;
while ~feof(fid)        % 判断是否到文本的最后一行
    line = fgetl(fid);      % 读取当前文本中当前行的下一行
    if isempty(line) | strncmp(line,'%',1)    % 判断是否是空行或者注释行（首字符是 "%"）
        continue              % 是空行或者注释行则退出此次循环
    end
    count = count + 1;
```

```
    end
    disp(sprintf('%d lines',count));
```

范例计算 magic.m 中所有的代码行数，计算结果去除了所有的空白行和注释行。

运算结果：

31 lines

> **注意**
>
> magic.m 是 MATLAB 的自带函数文件，如果操作对象是自建文件，执行本范例之前需通过"设置路径"命令将文件所在位置包含在搜索路径中。

02 break 语句

与 continue 语句相同的是，break 函数也用于循环控制，中断当前循环。与 continue 不同，break 跳出当前循环，不再执行该循环的任何操作。

范例 4-18   break语句用于循环控制

具体程序如下：

```
fid = fopen('fft.m','r');
s = '';
while ~eof(fid)
    line = fgetl(fid);
    if isempty(line), break, end
    s = strvcat(s,line);
end
disp(s)
```

该程序获得函数文件 fft.m 中第一个空白行的所有文本行，存储在 s 中。

03 return 语句

return 函数结束正在运行的函数，返回到调用函数。经常用于函数的末尾正常结束函数的运行，也可以在某条件满足时强行结束函数的运行。

04 error 语句

显示出错信息并终止当前函数的运行，error 函数的语法为：

error（'message'）

类似的函数还有 warning 函数，二者区别在于 warning 函数显示警告信息后程序仍继续执行。

05 input 语句

input 函数用来提示用户从键盘输入数值、字符串或数组等数据，并接收输入值。input 函数的语法为：

user_entry=input('prompt')

在屏幕上显示提示信息 prompt，等待用户的输入，并将输入的数值或数组赋给变量 user_entry。

user_entry=input('prompt','s')

在屏幕上显示提示信息 prompt，等待用户的输入，并将输入作为字符串赋给变量 user_entry。

06 keyboard 语句

程序运行时如果遇到 keyboard 函数，将停止文件的执行并将控制权交给键盘。此时命令提示符变为 "K>>"，表示一种特殊状态。在 M 文件中使用该函数，对程序的调试和在程序运行中修改变量都很方便。

07 pause 语句

该命令用于暂时中止程序的运行，等待用户按任意键继续运行。该函数在程序的调试过程中和用户需要查询中间结果时使用，pause 函数的语法为：

```
pause       % 停止 M 文件的执行，按任意键继续
pause(n)     % 中止执行程序 n 秒后继续，n 是任意整数
pause on     % 允许后续的 pause 命令暂时中止程序的运行
pause off    % 禁止后续的 pause 命令暂时中止程序的运行
```

▶ 4.3 文件操作

　文件是程序设计的一个重要概念。文件一般指存储在外部介质上的数据的集合。一般数据是以文件的形式存储在外部介质（或硬盘）上的。操作系统是以文件为单位对数据进行管理的，也就是说，如果要找到外部介质上的数据，必须先按文件名找到所指定的文件，然后再从该文件中读取数据。要向外部介质上存储数据也必须先建立一个文件，才能向它输出数据。

　MATLAB 把文件看成字符的序列，根据数据的组织形式，可分为 ASCII 文件和二进制文件。ASCII 文件又称为文本文件，它的每一个字节放一个 ASCII 代码，代表一个字符。二进制文件是把内存中的数据按其在内存中的存储形式输出到硬盘上存放。ASCII 文件中，一个字节代表一个字符，因而便于对字符进行处理，也便于输出字符，但一般占存储空间较多，而且要花费转换时间。二进制文件用二进制形式输出数值，可以节省外部空间和转换时间，但一个字节并不对应一个字符，不能直接输出字符形式。表 4.1 列出了 MATLAB 中主要的文件操作函数。

表 4.1　MATLAB 中主要的文件操作函数

函数分类	函数名	作用
打开和关闭文件	fopen	打开文件
	fclose	关闭文件
文件 I/O	save	把工作区变量存入 .mat 文件
	load	从 .mat 文件读入变量到工作区
	fread	读二进制文件
	fwrite	写二进制文件
	fscanf	从文件中读格式数据
	fprintf	写文件数据
	fgetl	从文件中读行，不包括换行符
	fgets	从文件中读行，包括换行符

续表

函数分类	函数名	作用
文件定位	feof	检验是否为文件结尾
	fseek	指针指向文件指定位置
	ftell	获取指针指向的文件中当前位置
	frewind	指针指向文件开始位置
临时文件删除	tempdir	系统临时文件夹名称
	tempname	临时文件夹中的临时文件名称

4.3.1 ▶ 文件的打开与关闭

文件读写之前应该打开文件，在使用结束之后应关闭该文件。fopen 函数用于打开文件，其调用格式为：

```
fid = fopen(filename)
fid = fopen(filename, mode)
[fid,message] = fopen(filename, mode, machineformat)
fids = fopen('all')
[filename, mode, machineformat] = fopen(fid)
```

其中 fid 为调用文件时返回的文件句柄，文件打开后，可用文件句柄来代替该文件，打开方式表示所打开文件的种类及使用文件的权限。文件打开方式如表 4.2 所示。

表 4.2　文件打开方式

文件打开方式	含义
'r'	打开文件进行读操作
'w'	删除已存在文件中的内容或生成一个新文件，打开进行写操作
'a'	打开一个已存在的文件或生成一个新文件，进行写操作，在文件末尾添加数据
'r+'	打开文件进行读和写操作（不生成新文件）
'w+'	删除已存在文件中的内容或生成一个新文件，打开进行读和写操作
'a+'	打开一个已存在的文件或生成一个新文件，进行读和写操作，在文件末尾添加数据
'W'	写数据但不自动覆盖
'A'	追加数据但不自动覆盖

当不指定文件的类型时，MATLAB 默认为二进制文件，当打开文本文件时，在文件打开方式后加上 't'，例如 'rt'、'wt+' 等。打开文件成功后，将会得到一个值为正整数的句柄。文件打开失败时，返回句柄值 -1，例如要打开文件 five.dat 并从中读取数据，命令为：

```
file=fopen（'five.dat','r'）
```

文件打开成功后，返回的文件句柄为非负整数，文件句柄可以为很多 I/O 函数输入变量。当文件打开失败时，除了返回句柄值 -1 外，还可以在 fopen 语句中增加一个输出变量来获得错误信息，但不是所有的系统都提供错误信息。ferror 函数也可提供一些错误信息。

读写文件完成后，用命令 fclose 来关闭文件。fclose 函数的调用格式为：

```
status = fclose（fid）    % 关闭句柄为 fid 的文件
status = fclose（'all'）  % 关闭所有文件
```

当文件关闭成功时，status 的值为 0；当关闭失败时，status 的值为 -1。当关闭 MATLAB 时，在 MATLAB 中打开的所有文件都将关闭，但文件使用完后用 fclose 关闭，可以增加系统资源。

4.3.2 文件 I/O

01 save 函数

save 函数将工作区中的变量保存到硬盘上，用 save 命令所形成的文件可以是双精度二进制格式 MAT 文件，也可以是 ASCII 文件。save 函数的语法为：

```
save
save('filename')
save('filename', 'var1', 'var2', …)
save('filename', '-struct', 's')
save('filename', '-struct', 's', 'f1', 'f2', …)
save(…, 'format')
save filename var1 var2 …
```

save 将工作区中的所有变量保存在名为 MATLAB.mat 的二进制格式文件中，该文件可通过 load 命令来重新装入工作区。

save('filename') 将工作区中的所有变量保存为文件，文件名为 filename.mat。如果 filename 中包含路径，则将文件保存在相应目录下，否则默认路径为当前路径。

save('filename', 'var1', 'var2' …) 保存指定的变量在文件 filename.mat 中。

save('filename', '-struct', 's') 保存结构体 s 中全部域作为单独的变量，文件名为 filename.mat。

save('filename', '-struct', 's', 'f1', 'f2'…) 保存结构体 s 中指定的域（s.f1,s.f2），文件名为 filename.mat。

save(…, 'format') 指定文件的保存格式，格式可以为 MAT 文件、ASCII 文件等。

format 可以为以下几种形式。

-ascii，以 8 位 ASCII 格式保存数据。

-ascii –double，以 16 位 ASCII 格式保存数据。

-ascii –tabs，以 8 位 ASCII 格式保存数据，使用 Tab 作分隔符。

-ascii –double –tabs，以 16 位 ASCII 格式保存数据，使用 Tab 作分隔符。

-mat，二进制 MAT 格式保存数据（默认格式）。

范例 4-19　save函数的使用

具体程序如下：

```
>> savefile = 'test.mat';
>> p = rand(1, 10);
>> q = ones(10);
>> save(savefile, 'p', 'q')
>> whos -file test.mat
  Name    Size              Bytes  Class
  p       1x10                 80  double array
  q       10x10               800  double array
Grand total is 110 elements using 880 bytes
>> s1.a = 12.7;  s1.b = {'abc', [4 5; 6 7]};  s1.c = 'Hello!';
>> save newstruct.mat -struct s1;
>> whos -file newstruct.mat
  Name    Size              Bytes  Class
  a       1x1                   8  double array
  b       1x2                 158  cell array
  c       1x6                  12  char array
Grand total is 16 elements using 178 bytes
```

02 load 函数

load 函数从磁盘文件中重新调入变量内容到工作区中。load 函数的语法为：

```
load
load filename
load filename X Y Z…
load -ascii filename
load -mat filename
```

load，如果 MATLAB.mat 文件存在，导入 MATLAB.mat 中的所有变量；如果不存在，则返回 error。

load filename，将 filename.mat 中的全部变量导入到工作区中。

load filename X Y Z…，将 filename.mat 中的变量 X、Y、Z 等导入到工作区中。

load -ascii filename，无论输入文件名是否包含有扩展名，将其以 ASCII 格式导入，如果指定的文件不是数字文本，则返回 error。

load -mat filename，无论输入文件名是否包含有扩展名，将其以 MAT 格式导入，如果指定的文件不是 MAT 文件，则返回 error。

03 fread 函数

fread 函数从文件中读取二进制数据。fread 函数的语法为：

```
A = fread(fid)
A = fread(fid, count)
A = fread(fid, count, precision)
A = fread(fid, count, precision, skip)
A = fread(fid, count, precision, skip, machineformat)
[A, count] = fread(…)
```

fread 函数从指定文件 fid 中读取二进制数据，将数据写入到矩阵 A 中。可选输出 count 返回成功读入元素个数；fid 为文件标识符，其值由 fopen 函数得到；可选参数 count 确定读入多少数据，如果不指定参数 count，则一直读到文件结束为止。参数 count 合法选择如下。

n，读取 n 个元素到一个列向量。

inf，读到文件结束，返回一个与文件数据元素相同的列向量。

$[m,n]$，读取元素填充一个 m 行 n 列的矩阵，填充按列进行，如果文件读入数据不够，则填充 0。

精度表示读入数据精度的字符串，控制读入数据精度。MATLAB 中精度如表 4.3 所示。

表 4.3   MATLAB 精度表

精度	说明	精度	说明
'uchar'	无符号字符：8 位	'uint16'	无符号整数：16 位
'schar'	有符号字符：8 位	'uint32'	无符号整数：32 位
'int8'	整数：8 位	'uint64'	无符号整数：64 位
'int16'	整数：16 位	'single'	浮点数：32 位
'int32'	整数：32 位	'float32'	浮点数：32 位
'int64'	整数：64 位	'double'	浮点数：64 位
'uint8'	无符号整数：8 位	'float64'	浮点数：64 位

参数 skip 确定每次读操作跳过的字节数。

04 fwrite 函数

fwrite 函数向文件中写入二进制数据。fwrite 函数的语法为：

[count, errmsg] = fwrite(fid ,A, precision)
[count, errmsg] = fwrite(fid ,A, precision, skip)

fwrite 函数将矩阵 A 中的元素写入指定文件 fid 中，将其值转化为指定的精度。fid 由 fopen 函数指定，count 返回成功写入文件中的元素个数。参数 skip 指定每次写操作跳过指定字节。

05 fscanf 函数

fscanf 函数按指定的格式从文件中读取数据。fscanf 函数的语法为：

A = fscanf(fid, format)
[A,count] = fscanf(fid, format, size)

fscanf 函数从由 fid 所指定的文件中读取数据，并根据格式字符串进行转换，同时返回给矩阵 A。参数 size 指定数据的长度，参数 count 返回成功读入的数据长度。

06 fprintf 函数

fprintf 函数向文件中写入格式化数据。fprintf 函数的语法为：

count = fprintf(fid, format, A···)

fprintf 函数将矩阵 A 或其他矩阵的实部数据按"格式字符串"指定的形式进行格式化，并将其写入指定的文件 fid 中，count 返回值为写入的数据长度。

07 fgets 函数

fgets 函数以字符串形式返回文件中的下一行内容，包含行结束符。fgets 函数的语法为：

tline = fgets(fid)
tline = fgets(fid, nchar)

fgets 函数返回文件标识符 fid 的文件中下一行内容，如果遇到文件结尾（EOF），则返回 -1，所返回的字符串中包含文本结束符。nchar 指定返回的字符个数，在遇到行结束符时不追加字符。

08 fgetl 函数

fgetl 函数以字符串形式返回文件中的下一行内容，但不包含行结束符。fgetl 函数的语法为：

tline = fgetl(fid)

fgetl 函数返回文件标识符 fid 的文件中下一行内容，如果遇到文件结尾，则返回 -1，所返回的字符串中不包含行结束符。

09 ferror 函数

ferror 函数查询 MATLAB 关于文件输入 / 输出操作的错误。ferror 函数的语法为：

message = ferror(fid)

ferror 函数将文件标识符 fid 的已打开文件的错误信息返回给 message 变量。

10 feof 函数

feof 函数测试指定文件是否设置了文件结尾 eof。如果返回 1，表示设置了 eof 指示器；返回 0，则表示未设置 eof 指示器。feof 函数的语法为：

eofstat = feof(fid)

▶4.4 MATLAB 程序优化

MATLAB 提供了两种方法进行程序的优化，一种是通过 Profiler 工具进行，另一种是通过 tic 和 toc 函数进行。本节将介绍这两种程序运行分析的方法，并介绍程序优化的常用方法。

4.4.1 通过 Profiler 进行程序运行分析

Profiler 工具为 MATLAB 中的图形用户接口，用于分析程序运行时各个部分所消耗的时间，辅助用户进行程序优化。Profiler 可以从以下几个方面提供程序运行信息。

（1）避免由于疏忽造成的非必要操作。

（2）替换运行较慢的算法，选择快速算法。

（3）通过存储变量的方式避免重复计算。

通过 Profiler 工具进行程序运行分析通常按以下步骤进行。

（1）查看 Profiler 生成的通体报告，查找运行时间最多的函数或调用最频繁的函数。

（2）查看这些函数的详细报告，查找其中运行时间最多的语句或调用最频繁的语句。

（3）确定运行时间最多的函数或代码是否存在改进的可能。

（4）单击界面链接，打开相应文件进行修改。

（5）重复进行上述的分析、修改，直至得到满意结果。

下面介绍 Profiler 工具的具体使用。

01 打开 Profiler

MATLAB 中可以通过以下方式打开 Profiler。

（1）单击 MATLAB 工具栏中的 ⚪ 运行和计时 图标，激活 Profiler 工具。

（2）对于在编辑器中打开的 M 文件，单击 图标。

（3）在命令行窗口中输入 profile viewer。

02 运行 Profiler

Profiler 工具界面如图 4.1 所示。在"运行此代码"中输入需要分析的命令或表达式，单击"启动探查"按钮，开始分析。

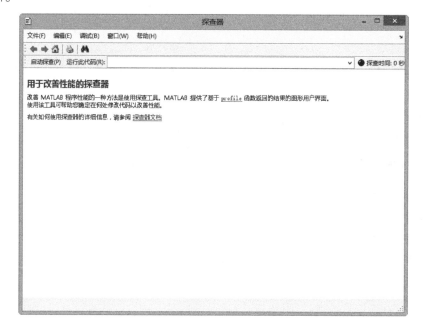

图 4.1　Profiler 工具界面

03 查看分析结果

分析完成后，Profiler 会生成分析报告，包括总体报告和针对每个函数的详细报告。总体报告中包括函数名、被调用次数、总运行时间、函数单独运行时间（即不包含其子函数的运行时间）及函数运行时间的图形显示，如图 4.2 所示。用户可以单击每列的标题改变结果的排序方式，也可以单击函数标题查看该函数的详细报告。

图 4.2　程序分析总体报告

函数详细报告中包括该函数中每行代码的被调用次数和运行时间，并且可以显示其中的子函数、函数列表等，如图 4.3 所示。另外，用户可以单击"复制到新窗口以比较多次运行情况"将该结果保存至新的窗口中，用于修改代码后进行再次分析、比较。

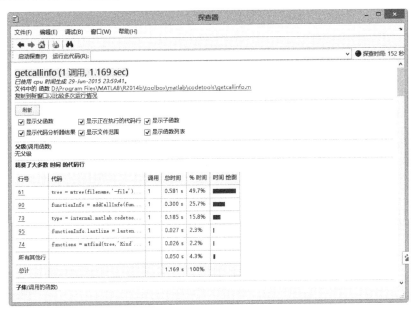

图 4.3　Profiler 的函数详细报告

4.4.2 通过 tic 函数和 toc 函数进行程序运行分析

如果只需要了解程序的运行时间，或者比较一段程序在不同应用条件下的运行速度，可以通过计时器来进行。计时器包含两个函数：tic 函数和 toc 函数。tic 函数用于开始计时器，toc 函数用于关闭计时器，并计算程序运行的总时间。计时器函数的语法为：

```
tic
    any statements    % 所需计时的程序代码
toc
t = toc              % 保存计时时间
```

4.4.3 程序优化的常用方法

同样的功能可以采用不同的编程方法实现，不同的编程方法运行速度不同。本节将介绍一些提高 M 文件执行速度、优化内存管理的常用方法，包括循环向量化和数组内存预分配等。

01 循环向量化

MATLAB 的一个缺点是当对矩阵的单个元素作循环时运算速度很慢。编程时，把循环向量化，不但能缩短程序的长度，更能提高程序的执行效率。由于 MATLAB 的基本数据类型为矩阵和向量，所以编程时应尽量对向量和矩阵编程，而不是对矩阵元素进行编程。

📝 范例 4-20   向量化for循环

具体程序如下：

```
% loop.m
tic
x=1;
for k=1:1001
    y(k)=log10(x);
    x=x+0.01;
end
toc
>> loop
```

时间已过 0.019843 秒。

具体程序如下：

```
% vetcor_loop.m
tic
x=1:0.01:10;
y=log10(x);
toc
>> vector_loop
```

时间已过 0.003630 秒。

02 数组内存预分配

在 for 循环或 while 循环中，如果数组大小随着循环而增加，则会严重影响内存的使用效率。如下面的代码：

```
x=0;
for k=2:1000
    x(k)=x(k-1)+5;
end
```

该代码首先创建变量 x，其值为 0，在 for 循环中，将其扩展为长度为 1 000 的一维数组。在每一次扩展中，系统需要寻找更大的连续内存区域，用于存放该数组，并将数组从原地址移动到新地址中。该代码可以通过下面的代码实现：

```
x = zeros(1, 1000);
for k = 2:1000
    x(k) = x(k-1) + 5;
end
```

在该代码中，首先为数组 x 分配内存区域，将 x 的所有元素赋值为 0。这样可以节约重新分配内存的时间，提高程序的效率。

MATLAB 中，可以用于分配内存的函数有 zeros 和 cell，分别用于对数值数组和单元数组进行内存分配。用 zeros 为数组分配内存时，如果数组的类型是 double 以外的类型，则应利用下面的语句进行：

```
A=zeros(100,'int8');
```

该语句为 A 分配 100×100 的 int8 类型的内存。

```
A=int8(zeros(100));
```

该语句为 A 分配 100×100 的 double 类型的内存，再将其转换为 int8 类型。

03 其他方法

（1）对数组赋值时避免改变数组的类型或者数组的大小。

（2）对实数进行操作，尽量避免对复数的操作。

（3）合理使用逻辑运算符。

（4）避免重载 MATLAB 中的内置函数和操作符。

（5）通常情况下函数的运行效率高于脚本文件。

（6）load 和 save 函数效率高于文件输入输出函数。

▶ 4.5　程序调试

MATLAB 程序中的错误包括语法错误和逻辑错误。语法错误可以由编译器检测，在编写时，如果语法出现错误，则编辑器会在错误处标记红色弯曲下划线，同时如果将鼠标光标放置此处会显示错误内容提示。或者当下划线为橙色时，表示此处语法正确，但是可能会导致错误，即系统发出警告。在编写程序时，注意系统的提示可以避免大部分语法错误。另外，如果出现函数名错误或者变量错误，在编译运行时，系统会提示错误，用户可以将其改正，但是逻辑错误是算法本身的问题或者指令使用不当造成的运行结果错误。这些错误发生在运行过程中，影响因素很多，调试较为困难。

通常程序调试有两种方法：直接调试法和利用 MATLAB 调试工具进行调试的方法。

4.5.1 直接调试法

MATLAB 语言具有强大的运算能力，指令系统简单，因此程序通常非常简洁。对于简单的程序，可以采用直接调试的方法。

在程序调试时，程序运行中变量的值是一个重要的线索。因此，查看变量值是程序调试的重要线索，由于在函数调用时只返回最后的输出变量，而不返回中间变量，所以可以选择下面的方法查看程序运行中的变量值。

（1）通过分析，将可能出错的语句后面的分号（；）删除，将结果显示在命令行窗口中，与期望值进行比较。

（2）利用 disp 函数显示中间变量的值。

（3）在程序中的适当位置添加 keyboard 指令。当 MATLAB 执行到此处时将暂停，等待用户反应。当程序运行到此时将暂停，在命令行窗口中显示 k>> 提示符，用户可以查看工作区中的变量，可以改变变量的值，输入 return 指定返回程序，继续执行。

（4）在调试一个单独的函数时，可以将函数改写为脚本文件，此时可以直接对输入变量赋值，然后以脚本方式运行该 M 文件。这样可以保存中间变量，在运行完成后，可以查看中间变量的值，对结果进行分析，查看错误位置。

4.5.2 利用调试工具进行的调试法

上面的调试方法对于简单的程序比较适用，当程序规模很大时则可以使用 MATLAB 自带的调试工具。利用 MATLAB 调试工具可以提高编程的效率。MATLAB R2016b 在 M 文件编辑或调试时的工具栏如图 4.4 所示，其中主要的调试工具在工具栏的右侧。

图 4.4　MATLAB R2016b 的调试工具栏

我们可以对程序进行各种常用的调试操作，主要的调试操作列举如下。

（1）设置或清除断点。可以单击"断点"按钮后进行相应的操作，或者直接单击需要设置断点行左侧的 '-'。设置断点时该处显示为红点，再次进行相同的操作则删除该断点。

（2）设置或修改条件断点。条件断点为一种特殊的断点，当满足指定的条件时程序执行至此处时运行停止，条件不满足时则程序继续运行。

（3）开启或关闭当前行的断点。如果当前行不存在断点，则设置当前行为断点；如果当前行为断点，则改变该断点的状态。在调试时，被关闭的断点将被忽略。

在程序调试时，变量的值是查找错误的重要线索，在 MATLAB 中查看变量的值可以有 3 种方法。

（1）在编辑器中将鼠标光标放置在待查看的变量处并停留，则在此处显示该变量的值。

（2）在工作区浏览器中查看该变量的值。

（3）在命令行窗口中输入该变量的变量名，则显示该变量的值。

在实际编写程序时，需要根据不同的情况灵活应用这些功能，以达到最高的调试效率。

▶4.6 疑难解答

因为 MATLAB 语言是一种解释性语言，所以有时 MATLAB 程序的执行速度不是很理想。下面是一些可以加快 MATLAB 程序执行速度的技巧。

尽量避免使用循环。循环语句及循环体经常被认为是 MATLAB 编程的瓶颈问题。改进这样的状况有两种方法。

（1）尽量用向量化的运算来代替循环操作。我们将通过如下的例子来演示如何将一般的循环结构转换成向量化的语句。例如，考虑无穷级数求和问题：如果我们只求出其中前有限项，比如100 000项之和（要精确地求出级数的和，无需求100 000项，几十项往往就能得出满意的精度。这里主要是为了演示循环运算向量化的优越性），则可以采用下面的常规语句进行计算。

```
tic
s=0;
for i=1:100000,
    s=s+(1/2^i+1/3^i);
end
s
toc
s =

    1.5000
```

时间已过 0.108501 秒。

如果采用向量化的方法，则可以得出下面结果：

```
tic
s=0;
i=1:100000;
s=sum(1./2.^i+1./3.^i)
toc
s =

    1.5000
```

时间已过 0.064028 秒。

可以看出，采取向量化的方法比常规循环运算效率要高得多。

（2）在必须使用多重循环的情况下，如果两个循环执行的次数不同，则建议在循环的外环执行循环次数少的，内环执行循环次数多的。这样也可以显著提高速度。例如，考虑生成一个 5x10 000 的 Hilbert 长方矩阵，该矩阵的定义是其第 i 行第 j 列元素为 $h\{i,j\}=1/(i+j-1)$。我们可以由下面语句比较先进行 i=1:5 的循环和后进行该循环的耗时区别，其效果与前面的分析是一致的。

```
>> tic
for i=1:5
for j=1:10000
H(i,j)=1/(i+j-1);
end
end
```

```
toc
```

时间已过 0.049423 秒。

```
>> tic,
for j=1:10000
for i=1:5
J(i,j)=1/(i+j-1);
end
end
toc
```

时间已过 0.038292 秒。

第5章

MATLAB 的数组与矩阵操作

数组是 MATLAB 数据进行存储和处理的基本形式。矩阵是特殊形式的数组。数组与矩阵的操作是 MATLAB 语言的基础与特色所在，MATLAB 提供了强大的数组与矩阵运算和处理功能。使用数组和矩阵运算可以使计算程序简单、易读，使程序命令更接近于教科书上的数学计算公式，而且可以提高程序的向量化程度，提高计算效率，节省计算机开销。本章主要介绍数组与矩阵的有关运算与操作。

本章要点（已掌握的在方框中打钩）

☐ 数组的生成
☐ 基本的数组操作
☐ 数组的运算
☐ 数组的保存和载入
☐ 矩阵运算
☐ 矩阵分析
☐ 稀疏矩阵

▶ 5.1 数组（矩阵）的生成及初等运算

5.1.1 数组（矩阵）的生成

01 直接生成

矩阵的生成可以通过在方括号 [ ] 中输入元素实现，不同行之间要用分号隔开，不同列用空格分开。

📝 范例 5-1   生成一个2×3矩阵

具体程序如下：

```
>> A=[1 2 3;4 5 6]
A =
     1     2     3
     4     5     6
```

可以用冒号快速建立矩阵（冒号表达式将在第 5.1.2 节详述），步长在默认的情况下为 1，也可以自定义步长。具体程序如下：

```
>> A=[1:3;4:6]
A =
     1     2     3
     4     5     6
```

02 函数生成

MATLAB 中提供了特殊函数生成特殊矩阵的功能。

📝 范例 5-2   生成一个2×3全零矩阵，一个3×3单位矩阵

具体程序如下：

```
>> A=zeros(2,3)      % 生成 2×3 全零矩阵
A =
   0     0     0
   0     0     0
>> A=eye(3,3)        % 生成 3×3 单位矩阵
A =
   1     0     0
   0     1     0
   0     0     1
```

常用的特殊矩阵列在表 5.1 中。

表 5.1   常用的特殊矩阵

矩阵	函数	矩阵	函数
全零矩阵	zeros	友矩阵	compan
单位矩阵	eye	Hadamard 矩阵	hadamard
全 1 矩阵	ones	Hankel 矩阵	hankel
均匀分布随机矩阵	rand	Hilbert 矩阵	hilb
正态分布随机矩阵	randn	逆 Hilbert 矩阵	invhilb
产生线性等分向量	linspace	Magic 矩阵	magic
产生对数等分向量	logspace	Pascal 矩阵	pascal
Wilkinson 特征值测试矩阵	wilkinson	托普利兹矩阵	toeplitz

5.1.2 ▶ 冒号表达式

在 MATLAB 中，冒号是一个重要的运算符，利用它可以产生行向量。冒号表达式的一般格式为：

e1:e2:e3

其中，e1 为初始值，e2 为步长，e3 为终止值。冒号表达式可产生一个由 e1 开始到 e3 结束、以步长 e2 自增的行向量。例如：

t=0:1:5

将产生行向量 t=[0 1 2 3 4 5]。

在冒号表达式中如果省略 e2，则步长默认为 1。例如，t=0:5 与 t=0:1:5 等价。

在 MATLAB 中，还可以用 linspace 函数产生行向量。其调用格式为：

linspace (a,b,n)

其中，a 和 b 是生成向量的第一个和最后一个元素，n 是元素总数。当 n 省略时，自动产生 100 个元素。显然，linspace (a，b，n) 与 a: (b-a) /(n-1):b 等价。例如：

```
x=linspace(0,pi,10)
x =
```

  1 至 5 列

     0   0.3491   0.6981   1.0472   1.3963

  6 至 10 列

   1.7453   2.0944   2.4435   2.7925   3.1416

▶ 5.2 基本的数组操作

基本的数组操作包括数组元素的寻址，查找和排序，以及对整个矩阵的转置、重排、拆分、连接和变换等。

5.2.1 ▶ 数组元素的寻址

数组中包含多个元素，因此对数组的单个元素或多个元素进行访问操作时，需要对数组进行寻址操作。在 MATLAB 中，数组寻址通过对数组下标的访问实现，MATLAB 中提供 end 参数表示数组的末尾。

MATLAB 在内存中以列的方向保存二维数组，对于一个 m 行 n 列的数组，i、j 分别表示行、列的索引，二维数组的寻址可表示为 $A(i,j)$；如果采用单下标寻址，则数组中元素的下标 k 表示为 $(j-1)*m+i$。

📝 范例 5-3　　一维数组的寻址

具体程序如下：

```
>> A=randn(1,6)
A =
   0.8156   0.7119   1.2902   0.6686   1.1908   -1.2025
>> A(5)
ans =
   1.1908
>> A([1 3 4 6])
ans =
   0.8156   1.2902   0.6686   -1.2025
```

范例 5-4　二维数组的寻址

具体程序如下：

```
>> A=randn(3,4)
A =
  -0.0198    0.2573   -0.8051   -0.9219
  -0.1567   -1.0565    0.5287   -2.1707
  -1.6041    1.4151    0.2193   -0.0592
>> A(6)
ans =
   1.4151
>> A(3,2)
ans =
   1.4151
```

5.2.2　数组元素的查找

MATLAB 提供数组查找函数 find，它能够查找数组中的非零数组元素，并返回其在整个数组中的索引值。find 函数的语法为：

```
indices = find(X)
indices = find(X, k)
indices = find(X, k, 'first')
indices = find(X, k, 'last')
[i,j] = find(…)
[i,j,v] = find(…)
```

其中，indices 表示非零元素的下标值，i、j 分别表示行下标向量和列下标向量，v 表示非零元素向量。

在 MATLAB 的实际应用中，经常通过多重逻辑关系组合产生逻辑数组，判断数组元素是否满足某种比较关系，然后通过 find 函数返回符合比较关系的元素索引，从而实现对数组元素的查找。

5.2.3　数组元素的排序

MATLAB 提供数组排序函数 sort，该函数可对任意给定的数组进行排序。sort 函数的语法为：

```
B = sort(A)
B = sort(A,dim)
B = sort(…,mode)
[B,IX] = sort(…)
```

其中，B 为返回的排序后的数组，A 为输入待排序数组，当 A 为多维数组时，用 dim 指定需要排序的维数（默认为 1）；mode 为排序的方式，可以取值为 ascend 和 descend，分别表示升序和降序，默认为升序；IX 用于存储排序后的下标数组。

范例 5-5　数组元素的查找和排序

具体程序如下：

```
>> X = [3 2 0; -5 0 7; 0 0 1];
>> [i,j,v]=find((X>2)&(X<9))
```

```
i =
     1
     2
j =
     1
     3
v =
     1
     1
>> sort(X,1)          % 以列维方向排序
ans =
    -5    0    0
     0    0    1
     3    2    7
>> sort(X,1,'descend')     % 降序排序
ans =
     3    2    7
     0    0    1
    -5    0    0
>>  [B,IX] = sort(X,2)
B =
     0    2    3
    -5    0    7
     0    0    1
IX =
     3    2    1
     1    2    3
     1    2    3
```

5.2.4 矩阵转置

对矩阵进行转置是很简单的。例如，对矩阵 A 的转置为 A'。注意，当 A 为复数矩阵时，则 A' 表示共轭转置，如果要实现非共轭转置，则应采用 $A.'$。例如：

```
>> A=[100 200 300];
>> A'
ans =
    100
    200
    300
```

5.2.5 矩阵重排

对已经存在的矩阵，可以根据其存储方式进行重排。例如：

```
>> a=[1 2;3 4;5 6]
a =
    1    2
    3    4
    5    6
>> b=a(:)
b =
    1
```

```
        3
        5
        2
        4
        6
>> c=reshape(a,2,3)                    %变成 2×3 矩阵。注意，变换前后的矩阵元素的个数必须相等
c =
        1    5    4
        3    2    6
>> d=zeros(2,2)          %先定义一个 2×2 的全零矩阵
d =
        0    0
        0    0
>> d(:)=a(3:6)     %然后从 a 矩阵中取出 4 个元素，构成新矩阵
d =
        5    4
        2    6
```

5.2.6 矩阵的拆分

01 矩阵元素

MATLAB 允许用户对一个矩阵的单个元素进行赋值和操作。例如，如果希望将矩阵 A 的第 3 行第 2 列的元素赋为 200，可以通过下列语句来完成。

```
A(3,2)=200
```

这时将只改变该元素的值，而不影响其他元素的值。如果给出的行下标或列下标大于原来矩阵的行数或列数，则 MATLAB 将自动扩展原来的矩阵，并将扩展后未赋值的矩阵元素赋值为 0。例如：

```
A=[1,2,3;4,5,6]
A(4,5)=10
A =

        1    2    3    0    0
        4    5    6    0    0
        0    0    0    0    0
        0    0    0    0   10
```

在 MATLAB 中，也可以采用矩阵元素的序号来引用矩阵元素。矩阵元素的序号就是相应元素在内存中的排列顺序。矩阵元素按列编号，先第一列，再第二列，依次类推。例如：

```
A=[1,2,3;4,5,6];
A(3)
ans =
        2
```

显然，序号（Index）与下标 (Subscript) 是一一对应的，以 $m \times n$ 矩阵 A 为例，矩阵元素 $A(i,j)$ 的序号为 $(j-1)*m+i$。其相互转换关系也可利用 sub2ind(下标转序号) 和 ind2sub（序号转下标）函数求得。例如：

```
sub2ind(size(A),1,2)
ans =
        3
[i,j]=ind2sub(size(A),3)
i =
        1
j =
```

2

上面两例中，size(A) 函数返回包含两个元素的向量，分别是矩阵 A 的行数和列数。相关的函数有：length(A) 给出行数和列数中的较大者，即 length(A)=max(size(A))；ndims(A) 给出矩阵 A 的维数。

reshape(A，m，n) 函数在矩阵总元素保持不变的前提下，将矩阵 A 重新排成 m×n 的二维矩阵。例如：

```
x=[23,45,65,34,65,34,98,45,78,65,43,76];
y=reshape(x,3,4)
y =
    23    34    98    65
    45    65    45    43
    65    34    78    76
```

注意，在 MATLAB 中，矩阵元素按列储存，即首先存储矩阵的第一列元素，然后存储第二列元素……一直到矩阵的最后一列元素。reshape 函数只是改变原矩阵的行数和列数，即改变其逻辑结构，但并不改变原矩阵元素个数及它的存储结构。例如，再针对上面建立的矩阵 y 执行命令。

```
newy=reshape(y,2,6)
```

则输出为：

```
newy =
    23    65    65    98    78    43
    45    34    34    45    65    76
```

02 矩阵的拆分

（1）利用冒号表达式获得子矩阵。

A（:,j）表示取矩阵 A 的第 j 列全部元素，A(i, :) 表示取矩阵 A 第 i 行的全部元素，A(i,j) 表示取矩阵 A 第 i 行、第 j 列的元素。

A（i: i+m,:）表示取矩阵 A 第 i~i+m 行的全部元素，A(:,k:k+m) 表示取矩阵 A 的第 k ~k+m 列的全部元素，A(i:i+m,k:k+m) 表示取矩阵 A 第 i ~i+m 行内且在第 k~k+m 列中的所有元素。例如：

```
A=[1,2,3,4,5;6,7,8,9,10;11,12,13,14,15;16,17,18,19,20]
A =
     1     2     3     4     5
     6     7     8     9    10
    11    12    13    14    15
    16    17    18    19    20
A(2:3,4:5)
ans =
     9    10
    14    15
```

又如：

```
A(2:3,1:2:5)
ans =
     6     8    10
    11    13    15
```

A（:）将矩阵 A 每一列元素堆叠起来，成为一个列向量，而这也是 MATLAB 变量的内部储存方式。例如：

```
A=[23 54 65;34 6 55]
A =
    23    54    65
    34     6    55
```

```
B=A(:)
B =
    23
    34
    54
     6
    65
    55
```

在这里，$A(:)$ 产生一个 6×1 的矩阵，等价于 reshape（A,6,1）。

利用 MATLAB 的冒号运算，可以很容易地从给出的矩阵中获得子矩阵，这样处理的速度比第 4 章介绍的利用循环语句来赋值的方式快得多，所以在实际编程时应该尽量采用这种赋值方法。

此外，还可利用一般向量和 end 运算符等来表示矩阵下标，从而获得子矩阵。end 表示某一维的末尾因素下标。例如：

```
A=[1,2,3,4,5;6,7,8,9,10;11,12,13,14,15;16,17,18,19,20]
A =

    1    2    3    4    5
    6    7    8    9   10
   11   12   13   14   15
   16   17   18   19   20
A(end,:)           % 取 A 最后一行元素
ans =

   16   17   18   19   20
A([1,4],3:end)       % 取 A 第 1、4 两行中第 3 列到最后一列的元素
ans =
    3    4    5
   18   19   20
```

（2）利用空矩阵删除矩阵的元素。

在 MATLAB 中，定义 [ ] 为空矩阵。给变量 X 赋空矩阵的语句为 X=[ ]。注意，X=[ ] 与 clear X 不同，clear 是将 X 从工作区删除，而空矩阵则存在于工作区，只是维数为 0。

将某些元素从矩阵中删除，采用将其置为空矩阵的方法就是一种有效方法。例如：

```
A=[1 2 3 4 5 6;7 8 9 10 11 12;13 14 15 16 17 18]
A =

    1    2    3    4    5    6
    7    8    9   10   11   12
   13   14   15   16   17   18
```

```
A(:,[2,4])=[]   % 删除 A 的第 2 列和第 4 列元素。
```
输出为：

```
A =
    1    3    5    6
    7    9   11   12
   13   15   17   18
```

5.2.7 ▶ 矩阵的连接

矩阵连接，是联合一个或多个矩阵形成一个新矩阵。方括号 [ ] 就可以作为矩阵连接操作符。表达式 A=[B C] 就是水平连接矩阵 B 和 C，A=[B;C] 就是垂直连接矩阵 B 和 C。

连接矩阵也可以用函数形成一个新矩阵，如 cat 函数。cat 函数的调用格式为：

C=cat(dim,A,B)

dim 指连接方向。dim 的可选值为 1（表示垂直方向）、2（表示水平方向）、3（表示生成三维数组）。

C=cat(dim,A1,A2,…)

该命令可以实现多个矩阵的连接。

📋 **范例 5-6**　把矩阵*A*、*B*分别在垂直方向、水平方向连接，*A*=[1 2 3]，*B*=[4 5 6]

具体程序如下：

```
>> C1=cat(1,A,B)              % 垂直方向连接
C1 =
    1   2   3
    4   5   6
>> C2=cat(2,A,B)              % 水平方向连接
C2 =
    1   2   3   4   5   6
```

表 5.2 列出了常用的连接矩阵函数。其他几个不太常用，读者需要了解时可查阅 MATLAB 帮助。

表 5.2　连接矩阵函数

函数	功能	函数	功能
cat	连接矩阵	remat	复制一个矩阵到另一个矩阵
horzcat	水平连接多个矩阵	blkdiag	对角连接多个矩阵
vertcat	垂直连接多个矩阵		

5.2.8 矩阵变换

MATLAB 提供了一组变换函数，如 rot90、tril、triu、fliplr、flipud 等，它们可以将矩阵变换成期望的形式。例如：

```
>> A=fix(10*rand(2,4))        % 产生 [0,10] 之间均匀分布的随机矩阵（取整）
A =
    9   4   5   6
    4   8   2   8
>> B1=tril(A,1), B2=triu(A,1)  % 上三角矩阵和下三角矩阵
B1 =
    9   4   0   0
    4   8   2   0
B2 =
    0   4   5   6
    0   0   2   8
>> C1=fliplr(A), C2=flipud(A)  % 左右、上下翻转
C1 =
    6   5   4   9
    8   2   8   4
C2 =
    4   8   2   8
    9   4   5   6
```

▶ 5.3 数组的运算

数组运算是指数组对应元素之间的运算，也称点运算。矩阵的乘法、乘方和除法有特殊的数学含义，并不是数组对应元素的运算，所以数组乘法、乘方和除法的运算符前特别加了一个点。MATLAB 的数组运算使计算程序简短、易读，可以提高程序的向量化程度，提高计算效率。

5.3.1 数值运算

利用基本的数学函数，可以对矩阵进行运算。例如：

```
>> a=[2 4;6 8]
a =
     2     4
     6     8
>> b=sqrt(a)
b =
    1.4142    2.0000
    2.4495    2.8284
>> d=exp(a)
d =
  1.0e+003 *
    0.0074    0.0546
    0.4034    2.9810
```

利用取整和求余函数，可得到整数或精确到小数点后的第几位。例如：

```
>> x1=10-round(20*rand(2,5))        %产生 [-10 10] 之间的随机数 ( 取整 )
x1 =
    -4    -1    -4    -7    -2
     4     7     2    -7     0
```

round: 朝最近方向取整，即四舍五入。

```
>> x2=10-round(2000*rand(2,5))/100        %产生 [-10 10] 之间的随机数 ( 精确到 0.01)
x2 =
   -8.0000   -2.9000   -3.2000    4.2100   -0.6800
   -6.4300   -6.3600    3.1600    3.1800   -4.5400
```

5.3.2 逻辑运算

MATLAB 提供了 &(与)、|(或)、~(非)3 个逻辑操作符，与之相对应的 3 个逻辑操作函数分别是 and、or、not，它们的作用是相同的，只是使用格式略有差异。另外，xor(异或) 是第 4 个逻辑操作函数。

在逻辑操作中，所有的非零值元素都当作 "1"（逻辑真）处理。例如：

```
>> x=[23 -5; 0 0.001]
x =
   23.0000   -5.0000
        0    0.0010
>> ~x                              % x 的逻辑非
ans =
     0     0
     1     0
>> y=[0.1 0; -0.1 0]
y =
    0.1000         0
    0.1000         0
```

```
>> z1=x&y,z2=and(x,y)              % x、y 的逻辑与
>> z3=xor(x,y)
z3 =
   0    1
   1    1
```

5.3.3 关系运算

MATLAB 提供了 6 种关系操作符：>(大于)、>=(大于等于)、<(小于)、<=(小于等于)、==(等于)、~=(不等于)。如果给定的关系成立，则操作结果为逻辑真 (1)，否则操作结果为逻辑假 (0)。这些操作符与逻辑操作符配合使用，可使程序设计更加灵活。例如：

```
if and(a==1, b>5)
…
end
if or(a>1,b<1), disp('a>1 or b<1'), end
if and(a<=1,b<5), disp('a<=1 and b<5'), end
```

利用关系操作符可以实现多分支处理，例如：

```
if a>1
语句 1
elseif a==1
语句 2
else
语句 3
end
表示当 a>1、a=1、a<1 时分别执行语句 1、语句 2 和语句 3
```

5.3.4 向量的点积、叉积、混合积

01 点积计算

在高等数学中，向量的点积是指两个向量在其中某一个向量方向上的投影的乘积，通常可以用来引申定义向量的模。

在 MATLAB 中，向量的点积可由 dot 函数来实现。

dot 　向量点积函数

dot（a,b）返回向量 a 和 b 的数量点积。a 和 b 必须同维。当 a 和 b 都为列向量时，dot（a,b）同于 $a.*b$。dot（a,b,dim）返回向量 a 和 b 在维数为 dim 的点积。

范例 5-7　计算向量 a =（1,2 ,3）和向量 b =（3,4,5）的点积

具体程序如下：

```
>> a=[1 2 3];
>> b=[3,4,5];
>> dot
（a,b）
ans =
26
```

还可以用另一种方法计算向量的点积。具体程序如下：

```
>> sum
（a.*b）
ans =
26
```

02 叉积

在高等数学中，向量的叉积表示过两相交向量交点的且垂直于两向量所在平面的向量。在 MATLAB 中，向量的叉积由 cross 函数来实现。

cross　向量叉积函数

c = cross（a,b）返回向量 a 和 b 的叉积向量，即 $c = a \times b$。a 和 b 必须为三维向量。

c = cross（a,b）返回向量 a 和 b 的前 3 位的叉积。

c = cross（a,b,dim）表示当向量 a 和 b 为 n 维数组时，返回 a 和 b 的 dim 维向量的叉积。a 和 b 必须有相同的维数，且 size（a,dim）和 size（a,dim）必须为 3。

> **范例 5-8　计算垂直于向量 a =（1,2,3）和 b =（3,4,5）的向量**
>
> 具体程序如下：
>
> ```
> a=[1 2 3];
> b=[3,4,5];
> c=cross
> （a,b）
> c=
> -2 4 -2
> ```

得到同时垂直向量 a、b 的向量 c 为 ±（-2，4，-2）。

03 混合积

向量的混合积由以上两个函数实现。

> **范例 5-9　计算范例5-7和范例5-8中向量 a、b、c 的混合积**
>
> 具体程序如下：
>
> ```
> >> dot（a,cross（b,c））
> ans =
> 24
> ```

注意，函数的顺序不可颠倒，否则将出错。

5.3.5 范数

在一维空间中，实轴上任意两点 a、b 的距离，用两点差的绝对值 | $a-b$ | 表示。绝对值是一种度量形式的定义。

范数是对函数、向量和矩阵定义的一种度量形式。任何对象的范数值都是一个非负实数。使用范数可以测量两个函数、向量或矩阵之间的距离。向量范数是度量向量长度的一种定义形式。范数有多种定义形式，只要满足下面的 3 个条件即可定义为一个范数。同一向量，采用不同的范数定义可得到不同的范数值。

对任一向量 $X \in$ Rn，按照一个规则确定一个实数与它对应，记该实数为 $\|X\|$，若 $\|X\|$ 满足下面 3 个性质：

（1）$\forall X \in$ Rn，有 $\|X\| \geqslant 0$，当且仅当 $X=U$ 时，$\|X\|=0$（非负性）；

（2）$\forall X \in$ Rn，有 $\alpha \in$ R，有 $\|\alpha X\|=|\alpha|\|X\|$（齐次性）；

（3）$\forall X, Y \in$ Rn，有 $\|X+Y\| \leqslant \|X\|+\|Y\|$（三角不等式）。

则称该实数 $\|X\|$ 为向量 X 的范数。

▶ 5.4 数组的保存和载入

许多实际应用中的数组是很庞大的，而且当操作步骤较多，不能在短期内完成，需要多次分别进行时，这些庞大数组的保存和加载就是一个重要问题了，因为每次在进行操作前对数组进行声明和赋值，需要很庞大的输入工作量。一个好的解决方法是将数组保存在文件中，每次需要时进行加载。

MATLAB 中提供了内置的把变量保存在文件中的方法，最简单易用的是将数组变量保存为二进制的 .mat 文件。用户可以通过 save 命令将工作区中指定的变量存储在 .mat 文件中。

（1）save 命令的一般语法为：

```
save <filename> <var1> <var2>…<varN>
```

其作用是把 var1，var2，…，varN 指定的工作区变量存储在 filename 指定名称的 .mat 文件中。通过 save 命令存储到 .mat 文件中的数组变量，在使用前可以用 load 命令加载到工作区中。

（2）load 命令的一般语法为：

```
load <filename> <var1> <var2>…<varN>
```

其作用是把当前目录下存储在 filename.mat 文件中的 var1，var2，…，varN 指定的变量加载到 MATLAB 工作区中。

▶ 5.5 矩阵运算

5.5.1 ▶ 基本运算

01 矩阵的加减

矩阵的加减运算使用 +、- 运算符，能够相加减的矩阵需满足以下两个条件之一。

（1）类型相同，即行数相等，且列数相等。

（2）其中一个为标量，此时的加减运算结果等于矩阵中每一个元素都与标量做加减运算。

📝 范例 5-10　求矩阵 A 与 B 的和，$A=[1\ 2\ 3]$，$B=[2\ 3\ 6]$

具体程序如下：

```
>> A+B
ans =
     3    5    9
```

02 矩阵的乘积

矩阵的乘积运算使用 * 运算符，而且相乘的矩阵必须满足维数条件。如果矩阵 A 是一个 $m \times p$ 矩阵，矩

阵 B 是 $p \times n$ 矩阵，它们可以相乘产生 $m \times n$ 矩阵。

📝 范例 5-11   求范例5-10中矩阵A与B的转置矩阵的乘积

具体程序如下：

```
>> A*B'
ans =
    26
```

在 MATLAB 里，单引号表示复共轭转置，一个点加单引号 "." 表示普通转置。具体程序如下：

```
>> B'
ans =
    2
    3
    6
```

03 矩阵的除法

MATLAB 定义了矩阵的左除及右除。"\" 运算符号表示两个矩阵的左除，"/" 表示两个矩阵的右除。$A \backslash B$ 即由 Gauss 消去法来获得线性方程 $AX = B$ 的解 X，即 $X = A^{-1}B$。如果矩阵不是方阵，也可以求出 $A \backslash B$，这时将使用最小二乘法来求取 $AX = B$ 中的矩阵 X。

矩阵的右除：MATLAB 用 "/" 表示两个矩阵的右除。$X=B/A$ 是 $X*A=B$ 的解，对于非奇异方阵 A，B/A 等效为 BA^{-1}。

通常，$X=A \backslash B$ 就是 $A*X=B$ 的解，$X=B/A$ 就是 $X*A=B$ 的解。

📝 范例 5-12   求矩阵A与B的左除和右除

矩阵如下：

$$A = \begin{bmatrix} 2 & 1 & 2 \\ 1 & 2 & 1 \\ 3 & 2 & 1 \end{bmatrix}, \quad B = \begin{bmatrix} 1 & 2 & 3 \\ 4 & 2 & 1 \\ 2 & 1 & 3 \end{bmatrix}$$

具体程序如下：

```
>> C=A\B              % 矩阵左除，相当于 inv(A)*B
C =
    0.3333    0.6000   -0.2000
   -0.6667   -0.4000    0.8000
    1.0000    0.4000    0.2000
>> D=A/B              % 矩阵右除，相当于 A*inv(B)
D =
    1.3333    1.3333   -1.0000
         0   -0.5000    1.5000
    1.6667    0.1667   -0.5000
```

表 5.3 给出了可以获得有关矩阵的形状与大小信息的相关函数。

表 5.3 取得矩阵相关信息的函数

函数	说明	函数	说明
length	返回矩阵最长的那维长度	numel	返回矩阵的元素数
ndims	返回矩阵的维数	size	返回矩阵每一维的长度

📝 范例 5-13　产品成本分析

表 5.4 显示了与特定产品相关的成本，表 5.5 显示了一个财政年度中 4 个季度的产量。使用 MATLAB 算出每季度的材料成本、劳动成本和运输成本，一年中总的材料成本、劳动成本和运输成本，每季度的总成本。

表 5.4　产品成本

产品	单位成本（10^3 美元）		
	材料	劳动	运输
1	6	2	1
2	2	5	4
3	4	3	2
4	9	7	3

表 5.5　每季度产量

产品	第 1 季度	第 2 季度	第 3 季度	第 4 季度
1	10	12	13	15
2	8	7	6	4
3	12	10	13	9
4	6	4	11	5

成本是单位成本与产量的乘积。因此，用户定义：X（包含表 5.4 中的单位成本，单位为 10^3 美元）和 Y（包含表 5.5 中每季度的产品数据）两个矩阵，然后再运行下列命令行即可得到问题的答案。

```
>> X=[6 2 1;2 5 4;4 3 2 ;9 7 3];
>> Y=[10 12 13 15;8 7 6 4;12 10 13 9;6 4 11 5];
>> quarterly_costs=sum(X'*Y)
quarterly_costs =
    400  351  509  355
>> category_costs=sum((X'*Y)')
category_costs =
    760  539  316
```

所以，每季度的总成本分别是 400、351、509 和 355（单位：10^3 美元），一年中总的材料成本为 760（单位：10^3 美元），劳动总成本为 539（单位：10^3 美元），运输成本为 316（单位：10^3 美元）。

04 矩阵的乘方运算和开方运算

MATLAB 中矩阵的乘方可以由符号"^"实现，而矩阵的开方则由 sqrtm 函数实现。

📝 范例 5-14　求矩阵A的3次方

矩阵如下：

$$A = \begin{bmatrix} 1 & 2 & 3 \\ 4 & 5 & 6 \\ 7 & 8 & 9 \end{bmatrix}$$

具体程序如下：

```
>> A^3
ans =
      468       576       684
     1062      1305      1548
     1656      2034      2412
```

如果希望实现矩阵中每个元素都进行3次方，则可用".^"实现，在运算符前面加"."后就表示是对矩阵的元素操作。具体程序如下：

```
>> A.^3
ans =
    1    8   27
   64  125  216
  343  512  729
```

📝 范例 5-15　求范例5-14中矩阵*A*的开方

具体程序如下：

```
>> sqrtm(A)
ans =
   0.4498 + 0.7623i   0.5526 + 0.2068i   0.6555 - 0.3487i
   1.0185 + 0.0842i   1.2515 + 0.0228i   1.4844 - 0.0385i
   1.5873 - 0.5940i   1.9503 - 0.1611i   2.3134 + 0.2717i
```

其实矩阵的开方运算和乘方运算互为逆运算。

05 矩阵的指数和对数运算

指数函数和对数函数是非常重要的两个函数，所以 MATLAB 提供了两个专门的函数 expm 和 logm 来实现矩阵的指数运算和对数运算。

📝 范例 5-16　矩阵的指数运算和对数运算

具体程序如下：

```
>> A=rand(3)
A =
   0.9501   0.4860   0.4565
   0.2311   0.8913   0.0185
   0.6068   0.7621   0.8214
>> expm(A)
ans =
   3.1250   1.7453   1.1993
   0.6360   2.6358   0.1796
   1.8010   2.2981   2.6663
>> logm(A)
ans =
```

```
  -0.2977    0.3399    0.6044
   0.2874   -0.1588   -0.0604
   0.6696    0.8173   -0.3901
```

5.5.2 点运算

在 MATLAB 中，有一种特殊的运算，因为其运算符是在有关算术运算符前面加点，所以叫点运算。点运算符有 .*、./、.\、.^。两矩阵进行点运算是指它们的对应元素进行相关运算，要求两矩阵的维数相同。例如：

```
A=[1,2,3;4,5,6;7,8,9];
B=[-1,0,1;1,-1,0;0,1,1];
C=A.*B
C =
  -1   0   3
   4  -5   0
   0   8   9
```

$A.*B$ 表示矩阵 A 和 B 单个元素之间对应相乘，显然与 $A*B$ 的结果不同。

如果矩阵 A、B 具有相同的维数，则 $A./B$ 表示矩阵 A 除以矩阵 B 的对应元素，$B.\backslash A$ 等价于 $A./B$。例如：

```
x=[1,2,3;4,5,6];
y=[-2,1,3;-1,1,4];
z1=x./y
z1 =
  -0.5000   2.0000   1.0000
  -4.0000   5.0000   1.5000
z2=y.\x
z2 =
  -0.5000   2.0000   1.0000
  -4.0000   5.0000   1.5000
```

显然 x./y 和 y.\x 值相等。这与前面介绍的矩阵的左除、右除是不一样的。

若两个矩阵的维数一致，则 $A.^B$ 表示两矩阵对应元素进行乘方运算。例如：

```
x=[1,2,3];
y=[4,5,6];
z=x.^y
z =
   1   32   729
```

指数可以是标量。例如：

```
x=[1,2,3];
z=x.^2
z =
   1   4   9
```

底也可以是标量。例如：

```
x=[1,2,3];y=[4,5,6];
z=2.^[x y]
```

```
z =
    2   4   8   16   32   64
```

点运算是 MATLAB 很有特色的一个运算符，在实际应用中起着很重要的作用，也是许多初学者容易弄混的一个问题。下面再举一个例子进行说明。

当 x=0.1、0.4、0.7、1 时，分别求 $y = \sin x \cos x$ 的值。命令应当写成：

```
x=0.1:0.3:1;
y=sin(x).*cos(x);
```

其中求 y 的表达式中必须是点乘运算。如果 x 是一个标量，则用乘法运算就可以了。

▶ 5.6 矩阵分析

5.6.1 常用矩阵

01 对角矩阵

只有对角线上有非 0 元素的矩阵称为对角矩阵，对角线上的元素相等的对角矩阵称为数量矩阵，对角线上的元素都为 1 的对角矩阵称为单位矩阵。矩阵的对角线有许多性质，如转置运算时对角线元素不变、相似变换时对角线上元素的和（称为矩阵的迹）不变等。在研究矩阵时，很多时候需要将矩阵对角线上的元素提取出来形成一个列向量，而有时又需要用一个向量构造一个对角矩阵。

（1）提取矩阵的对角线元素。

设 A 为 $m \times n$ 矩阵，diag(A) 函数用于提取矩阵 A 主对角线元素，产生一个具有 min(m,n) 个元素的列向量。例如：

```
A=[1,2,3;4,5,6];
D=diag(A)
D =
    1
    5
```

diag(A) 函数还有一种形式 diag(A,k)，其功能是提取第 k 条对角线的元素。与主对角线平行，往上为第 1 条，第 2 条，…，第 n 条对角线，往下为第 -1 条，第 -2 条，…，第 -n 条对角线。主对角线为第 0 条对角线。例如，对于上面建立的矩阵 A，提取其主对角线两侧对角线的元素，命令如下：

```
D1=diag(A,1)
D1 =
    2
    6
D2=diag(A,-1)
D2 =
    4
```

（2）构造对角矩阵。

设 V 为具有 m 个元素的向量，diag(V) 将产生一个 $m \times m$ 对角矩阵，其主对角元素即为向量 V 的元素。例如：

```
diag([1,2,-1,4])
ans =
    1   0   0
```

```
0  2  0  0
0  0  -1  0
0  0  0  4
```

diag(V) 函数也有另一种形式 diag(V,k)，其功能是产生一个 $n \times n$（$n=m+|k|$）的对角阵，其第 k 条对角线的元素即为向量 V 的元素。例如：

```
diag(1:3,-1)
ans =
     0  0  0  0
     1  0  0  0
     0  2  0  0
     0  0  3  0
```

📝 范例 5-17　先建立5×5矩阵 *A*，然后将 *A* 的第一行元素乘以1，第二行乘以2，…，第五行乘以5

用一个对角矩阵左乘一个矩阵时，相当于用对角矩阵的第一个元素乘以该矩阵的第一行，用对角矩阵的第二个元素乘以该矩阵的第二行……依此类推。因此，只需按要求构造一个对角矩阵 *D*，并用 *D* 左乘 *A* 即可。命令如下：

```
A=[17,0,1,0,15;23,5,7,14,16;4,0,13,0,22;10,12,19,21,3;11,18,25,2,19];
D=diag(1:5);
D*A                              % 用 D 左乘 A，对 A 的每一行乘以一个指定常数
ans =
     17   0    1    0   15
     46  10   14   28   32
     12   0   39    0   66
     40  48   76   84   12
     55  90  125   10   95
```

如果要对 *A* 的每列元素乘以同一个数，可以用一个对角矩阵右乘矩阵 *A*。

02 三角矩阵

三角矩阵又进一步分为上三角矩阵和下三角矩阵。所谓上三角矩阵，即矩阵的对角线以下的元素全为 0 的一种矩阵，而下三角矩阵则是对角线以上的元素全为 0 的一种矩阵。

（1）上三角矩阵。

与矩阵 *A* 对应的上三角矩阵 *B* 是与 *A* 同型（具有相同的行数和列数）的一个矩阵，并且 *B* 的对角线以上（含对角线）的元素与 *A* 对应相等，而对角线以下的元素等于 0。求矩阵 *A* 的上三角矩阵的 MATLAB 函数是 triu(A)。例如，提取矩阵 *A* 的上三角元素，形成新的矩阵 *B*，命令如下：

```
A=[7,13,-28;2,-9,8;0,34,5];
B=triu(A)
B =
     7   13  -28
     0   -9    8
     0    0    5
```

triu(A) 函数也有另一种形式 triu(A,k)，其功能是求矩阵 *A* 的第 *k* 条对角线以上的元素。例如，提取矩阵 *A* 的第 2 条对角线以上的元素，形成新的矩阵 *B*，命令如下：

```
A=[1,32,1,0,5;3,5,17,4,16;4,0,-13,0,42;70,11,9,21,3;11,63,5,2,99];
B=triu(A,2)
B =
   0   0   1   0   5
   0   0   0   4   16
   0   0   0   0   42
   0   0   0   0   0
   0   0   0   0   0
```

（2）下三角矩阵。

在 MATLAB 中，提取矩阵 A 的下三角矩阵的函数是 tril(A) 和 tril(A, k)，其用法与提取上三角矩阵的函数 triu(A) 和 triu(A, k) 完全相同。

03 矩阵的转置

所谓转置，即把源矩阵的第一行变成目标矩阵第一列，第二行变成第二列……以此类推。显然，一个 m 行 n 列的矩阵经过转置运算后，变成一个 n 行 m 列的矩阵。设 A 为 $m \times n$ 矩阵，则其转置矩阵 B 的元素定义如下：

$$b_{ji} = a_{ij}(i = 1, 2, \cdots, m; j = 1, 2, \cdots, n)$$

转置运算符是单撇号（'）。例如：

```
A=[71,3,-8;2,-9,8;0,4,5,];
B=A'
B =
   71   2   0
    3  -9   4
   -8   8   5
```

04 矩阵的旋转

在 MATLAB 中，可以很方便地以 90 度为单位对矩阵按逆时针方向进行旋转。利用 rot90(A, K) 函数将矩阵 A 旋转 90 度的 K 倍，当 k 为 1 时可省略。例如，将 A 按逆时针方向旋转 90 度，命令如下：

```
A=[57,19,38;-2,31,8;0,84,5,];
B=rot90(A)
B =
   38   8   5
   19  31  84
   57  -2   0
rot90(A,4)
ans =
   57  19  38
   -2  31   8
    0  84   5
```

05 矩阵的翻转

（1）左右翻转。

对矩阵实施左右翻转是将原矩阵第一列和最后一列调换，第二列和倒数第二列调换……以此类推。MATLAB 对矩阵 A 实施左右翻转的函数是 fliplr（A）。例如：

```
A=[14,-9,8;-2,81,8;-2,4,0]
A =
```

```
     14   -9    8
     -2   81    8
     -2    4    0
B=fliplr(A)
B =
      8   -9   14
      8   81   -2
      0    4   -2
```

（2）上下翻转。

与矩阵的左右翻转类似，矩阵的上下翻转是将原矩阵的第一行与最后一行调换，第二行与倒数第二行调换……以此类推。MATLAB 对矩阵 A 实施上下翻转的函数是 flipud(A)。

5.6.2 矩阵的特征参数

01 求矩阵的行列式

行列式对于查明一个方程组是否有解很有用。行列式是一个特殊的方形阵列，并且可以简化为一个数。用户使用竖条来表示一个行列式，而使用方括号来代表矩阵。将一个 2×2 的行列式简化为一个数的规则如下：

$$D = \begin{vmatrix} a_{11} & a_{12} \\ a_{21} & a_{22} \end{vmatrix} = a_{11}a_{22} - a_{12}a_{21}$$

数学上通过人和笔来计算得出 $n \times n$ 行列式的值，现在可以通过 MATLAB，利用 det 函数轻松算出 $n \times n$ 行列式的值。

📝 范例 5-18　计算行列式

具体行列式如下：

$$D = \begin{vmatrix} 3 & 4 & 5 \\ 1 & 2 & 3 \\ 3 & 6 & 9 \end{vmatrix}$$

具体程序如下：

```
>> D=[3 4 5;1 2 3;3 6 9];
>> det(D)
ans =
    0
```

02 矩阵的秩

矩阵的秩是矩阵行或列的数值线性独立的度量。如果一个向量线性独立于另外一些向量组，则意味着这一个向量不能写成它们的线性组合。

rank 函数可以实现求矩阵的秩。

对于带有 n 个未知量的 m 个线性系统方程：

$$Ax = b$$

把 b 连结在 A 上构成了增广矩阵 [A b]，当且仅当 rank(A) = rank(A b) 时系统有解。如果秩等于 n，那么系统有唯一解，但如果秩小于 n，那么系统有无数解。如果用 r 来表示秩，那么未知量的 r 就可以表示成其他变量的 n-r 的线性组合。

秩可以很容易在 MATLAB 中计算得到，我们也能够容易地把数组连接在一起，所以我们可以相对轻松地使用这些事实来分析线性系统。如果秩条件吻合并且秩与未知数个数相等，解就可以用左除计算得到。下面举例具体说明。

📝 范例 5-19　求方程组的解

方程组如下：

$$\begin{cases} x - 2y + z = 12 \\ 3x + 4y + 5z = 20 \\ -2x + y + 7z = 11 \end{cases}$$

具体程序如下：

```
>> A = [1 -2 1; 3 4 5; -2 1 7]; b = [12; 20; 11];
```

我们可以使用级联创建增广矩阵：

```
>> C = [A b]
C =
1 -2 1 12
3 4 5 20
-2 1 7 11
```

现在我们检查一下 A 的秩：

```
>> rank(A)
ans =
3
```

增广矩阵的秩为：

```
>> rank(C)
ans =
3
```

由于秩相同，因此解存在。这里有 3 个未知量，我们也注意到秩 r 满足 $r = n$。这意味着解唯一。我们用左除求得解：

```
>> x = A \ b
x =
4.3958
-2.2292
3.1458
```

🔲 矩阵的特征值和特征向量

矩阵特征值与特征向量的定义：设 A 是 n 阶矩阵，如果存在数 λ 和 n 维非零向量 x 使关系式 $Ax = \lambda x$ 成立，则这样的数 λ 称为矩阵 A 的特征值，非零向量 x 称为 A 的对应特征值 λ 的特征向量。

eig 函数可求得特征值和特征向量。

范例 5-20　求矩阵的特征值

矩阵如下：

$$A = \begin{vmatrix} 3 & -1 \\ -1 & 3 \end{vmatrix}$$

具体程序如下：

```
>>A=[3 -1;-1 3];
>> eig(A)
ans =
     4
     2
```

04 矩阵的逆

逆矩阵的定义：对于 n 阶矩阵 A，如果有一个 n 阶矩阵 B，使 $AB=BA=E$（E 为单位矩阵），则说矩阵 A 是可逆的，并把矩阵 B 称为 A 的逆矩阵。inv 函数可以求矩阵的逆。

范例 5-21　求矩阵的逆

矩阵如下：

$$A = \begin{vmatrix} 1 & 0 & 4 \\ 7 & 8 & 3 \\ 2 & 3 & 8 \end{vmatrix}$$

具体程序如下：

```
>> A=[1 0 4;7 8 3;2 3 8];
>> inv(A)
ans =
    0.7333    0.1600   -0.4267
   -0.6667   -0.0000    0.3333
    0.0667   -0.0400    0.1067
```

范例 5-22　利用矩阵的逆求解方程组

方程组如下：

$$\begin{cases} 2x + 9y = 5 \\ 3x - 4y = 7 \end{cases}$$

具体程序如下：

```
>> A=[2 9;3 -4];
>> b=[5;7];
>> x=inv(A)*b
x =
    2.3714
0.0286
```

人工计算矩阵的逆是非常繁重的任务，使用 MATLAB 则变得非常容易。

表 5.6 给出了可以获得矩阵特征参数的常用函数。

表 5.6   矩阵特征参数函数

函数	说明	函数	说明
det	求矩阵的行列式	norm	求矩阵和向量范数
eig	求矩阵的特征值和特征向量	rank	求矩阵的秩
inv	求矩阵的逆	trace	求矩阵的迹

▶ 5.7 稀疏矩阵

如果在矩阵中，多数的元素并没有值，则称此矩阵为稀疏矩阵 (Sparse Matrix)。由于矩阵在内存中常使用二维阵列表示，二维阵列的大小与使用的内存空间成正比，如果多数的元素没有值，会造成内存空间的浪费。为此，设计稀疏矩阵的阵列储存方式，利用较少的内存空间储存完整的矩阵信息，就是一件必要的工作。

5.7.1 ▶ 稀疏矩阵的生成

在 MATLAB 中，用 sparse 函数来创建一个稀疏矩阵。该函数有以下调用方式：

sparse (A)

由非零元素和下标建立稀疏矩阵 A。如果矩阵 A 已经是一个稀疏矩阵，则返回 A 本身。

📝 范例 5-23   把3阶的单位矩阵转换成稀疏矩阵

具体程序如下：

```
>> as = sparse(eye(3))
as =

   (1,1)      1
   (2,2)      1
   (3,3)      1
```

sparse() 函数更常用的用法是用来产生稀疏矩阵，具体语法如下：

sparse (i, j, s, m, n, nzmax)

其中 i 和 j 是我们希望产生的稀疏矩阵中非零元素的行和列索引向量。参数 s 是一个向量，它包含索引对 (i, j) 对应的数值，m 和 n 是结果矩阵的行维数和列维数，nzmax 是生成的稀疏矩阵的最大非零元素个数。例如：

```
>> s=sparse( [3 2 3 4 1],[ 1 2 2 3 4 ],[1 2 3 4 5],4,4,5)
s =

   (3,1)      1
   (2,2)      2
   (3,2)      3
```

```
(4,3)    4
(1,4)    5
```

5.7.2 转换成满矩阵

full(S) 函数可以将稀疏矩阵 S 转换成一个满矩阵，即正常的矩阵，或者说是与稀疏矩阵对应的矩阵的本来形式。

> **范例 5-24　将范例5-23中的结果再转换成满矩阵**
>
> 具体程序如下：
>
> ```
> >> full(as)
> ans =
>     1    0    0
>     0    1    0
>     0    0    1
> ```

5.7.3 对非零元素进行操作

MATLAB 中，有一些针对稀疏矩阵操作的函数，介绍如下。

nnz (A) 函数可以求矩阵 A 中非零元素的个数，它既可求满矩阵也可求稀疏矩阵。

spy (A) 函数可以生成一幅图，图中画出稀疏矩阵 A 中非零元素的分布。也可用在满矩阵中，在这种情况下，只给出非零元素的分布。

nonzeros (A) 函数返回一个列向量，其元素是矩阵 A 中按照列的顺序排列的所有非零元素。

spones (A) 函数可以把稀疏矩阵 A 中的非零元素全换为 1，转换后的矩阵仍为稀疏矩阵。

nzmax (A) 函数可以给出为矩阵 A 中非零元素分配的内存数，不一定与 nnz (A) 得到的数相同。

issparse (A) 函数在矩阵 A 是稀疏矩阵的情况下返回 1，否则返回 0。

spfun (fun, A) 函数可以用矩阵 A 中所有非零元素对 fun 函数求值，并用求得的值替换对位的非零元素。如果函数不是对稀疏矩阵定义的，同样也可以求值。

sprank (A) 函数可以求稀疏矩阵 A 的结构秩。对于所有的矩阵来说，都有 sprank (A)>= rank (full(A))。

> **范例 5-25　求3阶单位矩阵的非零元素的个数，并画出非零元素的分布**
>
> 具体程序如下：
>
> ```
> >> nnz(eye(3))
> ans =
>     3
> >> spy(eye(3))
> ```

结果如图 5.1 所示。

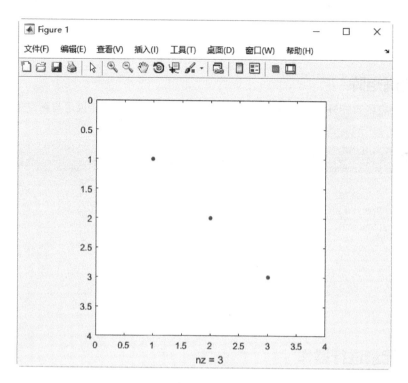

图 5.1　矩阵 A 的稀疏表示

其他几个函数的应用涉及矩阵论的专业知识，此处不再举例一一介绍，有兴趣的读者可参考 MATLAB 帮助。

5.7.4　特殊的稀疏矩阵

MATLAB 中有 4 个基本稀疏矩阵，它们分别对应满矩阵中的单位矩阵、随机矩阵、对称随机矩阵和对角矩阵。下面介绍各自的生成函数。

speye (n) 函数可以生成 $n \times n$ 的单位稀疏矩阵。

speye (m,n) 函数可以生成 $m \times n$ 的单位稀疏矩阵。

sprand (A) 函数可以生成与矩阵 A 有相同结构的随机稀疏矩阵，且元素服从均匀分布。

sprand (m,n,density) 函数可以生成一个 $m \times n$ 的服从均匀分布的随机稀疏矩阵，有大约 density $\times m \times n$ 个非零元素，$0 \leqslant$ density $\leqslant 1$，参数 density 是非零元素的分布密度。

sprandn (A) 函数可以生成与矩阵 A 有相同结构的随机稀疏矩阵，且元素服从正态分布。

sprandsym (S) 函数可以生成一个随机对称稀疏矩阵。它的下三角及主对角线部分与 S 的结构相同，矩阵元素服从正态分布。

sprandsym (n,density) 函数可以生成一个 $n \times n$ 的随机对称稀疏矩阵，矩阵元素服从正态分布，有大约 density $\times n \times n$ 个非零元素。

[B, d] = spdiags(A) 函数可以求出矩阵 A 中所有的对角元素，对角元素保存在矩阵 B 中，每个对角线的元素占一列，每列元素个数等于最长的有非零值对角线上元素的个数，元素个数不够补 0。所有的有非零值对角线的位置值组成一个向量 d，主对角线的位置值为 0，其左侧紧邻次对角线位置值为 -1，右侧紧邻次对角线位置值为 1……以此类推。

spdiags (A,d) 函数可以生成一个矩阵，这个矩阵包含有矩阵 A 中向量 d 规定的位置值对应的对角线元素。

spdiags(B,d,A) 函数可以生成矩阵 $\varLambda$，用矩阵 B 中的列替换 d 定义的对角元。

A = spdiags(B,d,m,n) 用保存在由 d 规定的矩阵 B 中的对角线元素创建 $m \times n$ 的稀疏矩阵 A。

范例 5-26　提取对角元素创建新的对角阵

具体程序如下：

```
>> A=[0 5 0 10 0 0;0 0 6 0 11 0;
3 0 0 7 0 12;1 4 0 0 8 0;0 2 5 0 0 9]

A =

   0    5    0   10    0    0
   0    0    6    0   11    0
   3    0    0    7    0   12
   1    4    0    0    8    0
   0    2    5    0    0    9
>> [B,d] = spdiags(A)

B =

   0    0    5   10
   0    0    6   11
   0    3    7   12
   1    4    8    0
   2    5    9    0


d =

  -3
  -2
   1
   3
```

▶5.8　疑难解答

用 MATLAB 进行大规模科学计算或仿真时，内存是一个需要时常注意的问题。在 MATLAB 里运行 "system_dependent memstats"，就可以看到内存的使用状况。当你写的 MATLAB 程序跳出 "Out of Memory" 时，以下几点措施是需要优先考虑的解决方法。

（1）升级内存。

（2）升级 64 位系统。

（3）增加虚拟内存。

（4）如果没有必要，不要启动 Java 虚拟机，采用 MATLAB -nojvm 启动（将快捷方式属性里面的 "……/MATLAB.exe" 改为 "……/MATLAB.exe" -nojvm）。

（5）关闭 MATLAB Server。

（6）Windows 中字体、窗口等都是要占用系统资源的，所以在 MATLAB 运行时尽量不要打开不用的窗口。除此以外，更关键的是需要弄清楚以下几个问题。

问题一：MATLAB 是如何存储矩阵的？

MATLAB 中矩阵是以 Block，也就是块的形式存储的。也就是说，当 MATLAB 在为即将存储的矩阵划分块时，如果没有相应大小的连续内存，即使实际内存没有被完全使用，它还是会报告"Out of Memory"。

问题二：如何高效使用内存？

MATLAB 中数组必须占用连续分配的内存段，当无法为新建的数组分配连续的内存段时，"Out of Memory"就会出现。在使用的过程中，由于存储单元不断地被分配和清除，反复分配和释放数组会使内存被分割成不连续的区域，可用的连续内存段减少，很容易造成"Out of Memory"。因此当 MATLAB 刚刚启动时其连续内存最多，此时往往可以新建非常大的数组，这一点可以用命令 feature('memstats')（在 7.0 版本以上）看出。如果现实的最大连续内存段很小，但实际可用内存（非连续的）仍然很多，则表明内存中碎片太多了，此时可以考虑用 pack 命令。pack 命令的作用就是将所有内存中的数组写入硬盘，然后重新建立这些数组，以减少内存碎片。此外，在命令行或者程序中都可以使用 clear 命令，随时减少不必要的内存。

因此，治本的方法如下。

（1）在命令行输入 pack 整理内存空间。

（2）当内存被分为很多碎片以后，其实本身可能有很大的空间，只是没有足够的连续空间即大的 Block 而已。如果此时 Out of Memory，使用 pack 命令可以很好地解决这个问题。

（3）使用稀疏矩阵或将矩阵转化成稀疏形式 sparse。

（4）如果矩阵中有大量的 0，最好存储成稀疏形式。稀疏形式的矩阵使用内存更少，执行时间更短。

（5）尽量避免产生大的瞬时变量，把没必要的变量 clear 掉或当它们不用的时候及时 clear。

（6）减少变量，尽量重复使用变量（与不用的 clear 是一个意思）。

（7）把有用的变量先 save，后 clear 掉，需要时再读出来。

（8）使用单精度 single 短整数替代双精度 double。

第 **6** 章

常用数学函数

    MATLAB 具有功能强大、简便、直观的特点。在科学研究和工程应用中，存在着大量的科学计算问题，MATLAB 正是这样一个解决大型运算问题的平台。要运用这个平台，必须首先掌握一些 MATLAB 的基础知识，掌握 MATLAB 的一些常用数学函数。本章介绍 MATLAB 的三角函数、多项式函数、指数和对数函数、复数处理函数、离散数学函数以及特殊数学函数。

本章要点（已掌握的在方框中打钩）

☐ 三角函数的使用方法
☐ 指数和对数函数的使用方法
☐ 复数处理函数的使用方法
☐ 离散数学函数的使用方法
☐ 特殊数学函数的使用方法

▶6.1 初等数学函数

在进行数学分析与计算时，常需要使用各种数学函数。MATLAB 提供了一系列的函数，用来支持基本和复杂的数学运算，这些函数中的大多数调用格式与我们平时的书写习惯一致。且这些数学函数按功能及领域进行分类，十分清晰。这些函数在 MATLAB 中可以直接调用，下面分别进行介绍。

6.1.1 ▶ 三角函数

MATLAB 中常用的三角函数如表 6.1 所示。

表 6.1   三角函数

函数分类	函数名	说明	函数分类	函数名	说明
三角函数	sin	正弦函数	三角函数	asech	反双曲正割函数
	sinh	双曲正弦函数		cot	余切函数
	asin	反正弦函数（返回弧度）		coth	双曲余切函数
	asinh	反双曲正弦函数		acot	反余切函数（返回弧度）
	cos	余弦函数		acoth	反双曲余切函数
	cosh	双曲余弦函数		asind	反正弦函数（返回角度）
	acos	反余弦函数（返回弧度）		acosd	反余弦函数（返回角度）
	acosh	反双曲余弦函数		atand	反正切函数（返回角度）
	tan	正切函数		acotd	反余切函数（返回角度）
	tanh	双曲正切函数			
	atan	反正切函数（返回弧度）			
	atanh	反双曲正切函数			

📝 **范例 6-1**   三角函数的使用

在命令行窗口中输入如下命令。
第一段：

```
x=0:0.01:4*pi;
y1=cos(x);
y2=sin(x);
plot(x,y1,x,y2)
```

第二段：

```
x=-5*pi:pi/27:5*pi;
y1=sin(x);
y2=cos(x);
y3=tan(x);
plot(x,y1,'r',x,y2,'g',x,y3,'b')
```

两段命令的执行结果如图 6.1 所示。

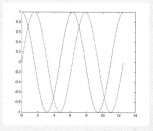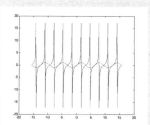

图 6.1   三角函数图像

范例 6-2　已知三角形的三条边长度分别2、3、4，求长度为2和4的两条边的夹角大小

利用三角函数中的余弦定理进行求解。在命令行窗口中输入如下命令：

```
x=2;
y=4;
z=3;
cos_alpha=(x^2+y^2-z^2)/(2*x*y)
alpha=acos(cos_alpha)
alpha=alpha*180/pi
cos_alpha =
    0.6875
alpha =
    0.8128
alpha =
    46.5675
```

该范例中首先计算夹角的余弦，然后通过反余弦函数求出该角的大小。

提示

使用 acos 函数返回的是弧度，使用 acosd 函数返回的是角度。使用的函数不同返回的结果也不同。其他函数的使用方法相同。

可以将上面的程序改为：

```
clear alpha;
alpha=acosd(cos_alpha)
alpha =
    46.5675
```

6.1.2 指数和对数函数

指数函数和对数函数是非常重要的两个函数，所以 MATLAB 提供了专门的运算函数。对于矩阵的指数运算和对数运算，分别使用 expm 和 logm 函数来实现。MATLAB 中常用的指数和对数函数如表 6.2 所示。

表 6.2　指数函数和对数函数

函数分类	函数名	说明
指数函数	exp	指数函数
	log	自然对数
	log2	以 2 为底的对数和分割浮点数
	logl0	常用对数
	nextpow2	下一个以 2 为底的更高次幂
	pow2	以 2 为底的幂和比例浮点数
	expm	矩阵指数函数
	logm	矩阵对数函数

范例 6-3　函数使用实例

具体程序如下：

```
>> a=2;
```

```
>> exp(a)
ans =
    7.3891
>> log(a)
ans =
    0.6931
>> log2(a)
ans =
    1
>> log10(a)
ans =
    0.3010
>> nextpow2(a)
ans =
    1
>> pow2(a)
ans =
    4
>> sqrt(a)
ans =
    1.4142
```

📝 范例 6-4　　矩阵的指数运算和对数运算

具体程序如下：

```
>> A=rand(3)
A =
    0.9501    0.4860    0.4565
    0.2311    0.8913    0.0185
    0.6068    0.7621    0.8214
>> expm(A)
ans =
    3.1250    1.7453    1.1993
    0.6360    2.6358    0.1796
    1.8010    2.2981    2.6663
>> logm(A)
ans =
   -0.2977    0.3399    0.6044
    0.2874   -0.1588   -0.0604
    0.6696    0.8173   -0.3901
```

6.1.3 复数处理函数

　　复数处理函数在一些工程科学领域里具有非常重要的地位，复数由实部和虚部组成。在 MATLAB 中，可以通过复数构造函数 complex 来构造一个复数，也可以通过直接赋值语句生成复数。但是要对复数进行运算和操作必须借助于 MATLAB 函数来完成。MATLAB 中常用的复数处理函数如表 6.3 所示。

表 6.3　常用的复数处理函数

函数分类	函数名	说明
复数处理函数	abs	绝对值或者复数的模
	angle	相角
	complex	由实部和虚部构造复数
	conj	复共轭
	cplxpair	在复共轭对中加入有序数
	imag	复数虚部
	isreal	判断数组是否为实型数组
	real	复数实部
	unwrap	不展开相位角

范例 6-5　复数处理函数综合实例

具体程序如下：

```
>> a=complex(3,4)
a =
   3.0000 + 4.0000i
>> real(a)
ans =
    5
>> imag(a)
ans =
    7
>> abs(a)
ans =
   8.6023
>> angle(a)
ans =
   0.9505
>> conj(a)
ans =
   5.0000 - 7.0000i
```

6.1.4　离散函数

在 MATLAB 中使用 stem 和 stairs 函数绘制离散数据，并分别生成火柴棍图像和二维阶梯图像。

stem 函数用于画火柴棍图。该图用线条显示数据点与 x 轴的距离。其参数的格式有下面几种情况。

stem(Y)：用于画火柴棍图。

stem(X,Y)：X 指出横轴坐标，Y 为 X 对应的值。

stem(X,Y,'fill')：fill 表示给指定的数据点着色。

stem(X,Y,'linespec')：指定线条的颜色、线型和标记符号。

范例 6-6　绘制函数示意图

具体程序如下：

```
>> x = 0:0.1:2;
stem(exp(-x.^2),'fill','r-.');
```

命令的执行结果如图 6.2 所示。

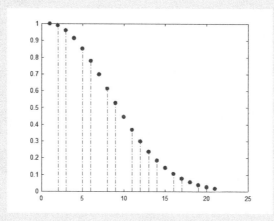

图 6.2   stem 函数绘制火柴棍图像 1

stem(exp(-x.^2),'fill','b-*');

该命令的执行结果如图 6.3 所示。

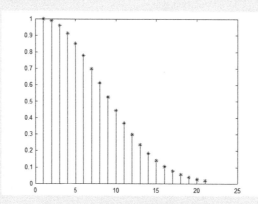

图 6.3   stem 函数绘制火柴棍图像 2

调用 stairs 函数绘制阶梯图。

stairs(exp(-x.^2));

该命令的执行结果如图 6.4 所示。

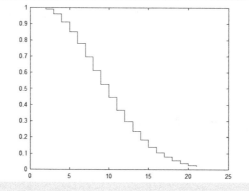

图 6.4   stairs 函数绘制阶梯图 1

同样，可以设置参数对线条的颜色和线型进行修改。

```
stairs(exp(-x.^2),'r-');
```

该命令的执行结果如图 6.5 所示。

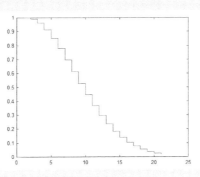

图 6.5　stairs 函数绘制阶梯图 2

▶6.2　特殊数学函数

除了基本的数学运算函数外，MATLAB 还提供了一些特殊函数，通过这些特殊函数可以实现坐标系的变换、特殊数学函数曲线的绘制、误差处理以及特定积分运算等。部分特殊数学函数及其功能如表 6.4 所示。

表 6.4　特殊数学函数

函数名	功能	函数名	功能
airy	Airy 函数	erf	误差函数
besselj	第一类 Bessel 函数	erfc	余误差函数
bessely	第二类 Bessel 函数	erfcinv	余误差函数的逆函数
besselh	第三类 Bessel 函数	erfcx	erfcx(x)=exp(x^2)*erfc(x)
besseli	第一类 Bessel 函数	erfinv	误差函数的逆函数
besselk	第二类改进的 Bessel 函数	expint	指数积分函数
beta	Beta 函数	gamma	Gamma 函数
betainc	不完全 Beta 函数	gammainc	不完全 Gamma 函数
betaln	对数 Beta 函数	gammaln	对数 Gamma 函数
ellipj	Jacobi 椭圆函数	psi	Psi 函数
ellipke	完全椭圆函数	legendre	连带勒让德函数
cart2pol	直角坐标变为柱（或极）坐标	pol2cart	柱（或极）坐标变为直角坐标
cart2sph	直角坐标变为球坐标	sph2cart	球坐标变为直角坐标

下面以 Airy 函数和误差函数为例，对常用函数进行说明。Airy 函数的调用格式如下：

```
W=airy(z)
W=airy(k,z)
[w,ierr]=airy(k,z)
```

其中，k、z 为输入变量，w 为得到的结果，ierr 为完成标准。求误差函数 erf 的调用格式如下：

```
Y=erf(x)
```

其中，*x* 为输入变量，*Y* 为输出值。

范例 6-7　特殊函数使用实例一

在命令行窗口输入：

```
[X,Y] = meshgrid(-10:0.02:2,-3:0.02:3);
BH = besselh(0,1,X+i*Y);
contour(X,Y,abs(BH),0:0.2:10), hold on
contour(X,Y,(180/pi)*angle(BH),-180:10:180); hold off
format rat
B=beta((0:10),3)
BC=betainc(.5,(0:10),3)
PSI=psi(1,2)
```

命令的执行结果如图 6.6 所示。

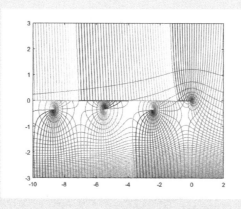

图 6.6　特殊函数图像

坐标变换函数的使用方法如下。

cart2pol 将笛卡尔转换为极坐标。函数使用方法：[TH，R] = cart2pol（X，Y），转换相应的数据元素，将笛卡尔坐标 *X*、*Y* 转换为极坐标（角度 *TH* 和半径 *R*）。数组 *X* 和 *Y* 的大小必须相同（可以是标量）。*TH* 以弧度返回。[TH，R，Z] = cart2pol（X，Y，Z）转换相应的元素，以笛卡尔坐标 *X*、*Y*、*Z* 存储的数据为圆柱形坐标（角度 *TH*，半径 *R* 和高度 *Z*）。阵列 *X*、*Y* 和 *Z* 必须是相同的大小（或者它们中的任何一个都可以是标量的），并以弧度返回。*X*、*Y*、*Z* 的数据类型支持 float、double、single。

cart2sph 将笛卡尔转换成球面坐标。函数使用方法：[TH，PHI，R] = cart2sph（X，Y，Z）转换相应的元素，数据以笛卡尔坐标 *X*、*Y*、*Z* 存储为球面，坐标（方位角 *TH*，仰角 *PHI* 和半径 *R*）。阵列 *X*、*Y* 和 *Z* 必须是相同的大小（或者任何一个都可以是标量）。*TH* 和 *PHI* 以弧度返回。*TH* 是从 *xy* 平面测得的逆时针角度正 *x* 轴。*PHI* 是从 *xy* 平面的仰角。*X*、*Y*、*Z* 的数据类型支持 float、double、single。

sph2cart 将球面变换为直角坐标。函数使用方法：[X，Y，Z] = sph2cart（TH，PHI，R）转换相应的元素，将球面坐标（方位角 *TH*，仰角 *PHI*，半径 *R*）转换为笛卡尔坐标 *X*、*Y*、*Z*。阵列 *TH*、*PHI* 和 *R* 必须是相同的大小（或者任何一个都可以是标量）。*TH* 和 *PHI* 必须是弧度。*TH* 是从 *xy* 平面测得的逆时针角度正 *x* 轴。*PHI* 是从 *xy* 平面的仰角。*TH*、*PHI*、R 的数据类型支持 float、double、single。

pol2cart 将极坐标转换为笛卡尔坐标。函数使用方法：[X，Y] = pol2cart（TH，R）转换数据的相应元素，将极坐标（角度 *TH*，半径 *R*）转换为笛卡尔坐标 *X*，*Y*。阵列 *TH* 和 *R* 必须具有相同的大小（或可以是标量）。*TH* 必须是弧度。[X，Y，Z] = pol2cart（TH，R，Z）转换相应的元素数据存储在圆柱坐标（角度 *TH*，半径 *R*，高度 *Z*），到笛卡尔坐标 *X*、*Y*、*Z*。阵列 *TH*、*R* 和 *Z* 必须是相同的大小（或任何一个可以标量）。*TH* 必须是弧度。*TH*、*PHI*、*R* 的数据类型支持 float、double、single。

> 📝 **范例 6-8**   **将球面坐标转换为笛卡尔坐标**

在命令行窗口输入：

```
r=1;
theta=linspace(0,pi);
phi=linspace(0,2*pi);
[tt,pp]=meshgrid(theta,phi);
[x,y,z] = sph2cart(pp,pi/2-tt,r);
subplot(1,2,1)
mesh(x,y,z)
shading flat
axis square
```

命令的执行结果如图 6.7 所示。

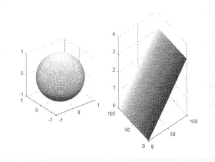

图 6.7   sph2cart 运行图

▶6.3 综合应用

许多时候希望将特定的代码（算法）书写成函数的形式，以提高代码的可封装性与重复性，简化代码设计，提高执行效率！下面简单介绍 MATLAB 中的函数定义与使用。

首先，建立 M 文件或选择 "File → New → Function" 建立函数文件，其中函数文件的格式为：

```
function [ 输出变量 ] = 函数名称 ( 输入变量 )
% 注释
% 函数体
```

如下所示，是编写的一个求 1 到 *n* 之和的求和函数 eg_sum，按照上述格式，编写代码如下并保存文件。注意，文件命名时不能以数字开头。

```
function [s]=eg_sum(n)
% calculate the sum of 1..n
s=0;
for i=1:n
    s=s+i;
end
```

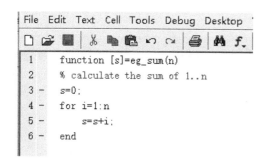

图 6.8   函数定义

回到控制台 Command Window（主界面），注意要使用之前保存的函数文件名来调用函数，如下所示：

```
>> clear
>> a=eg_sum(10)
```

运行结果：a=55，如图 6.9 所示。

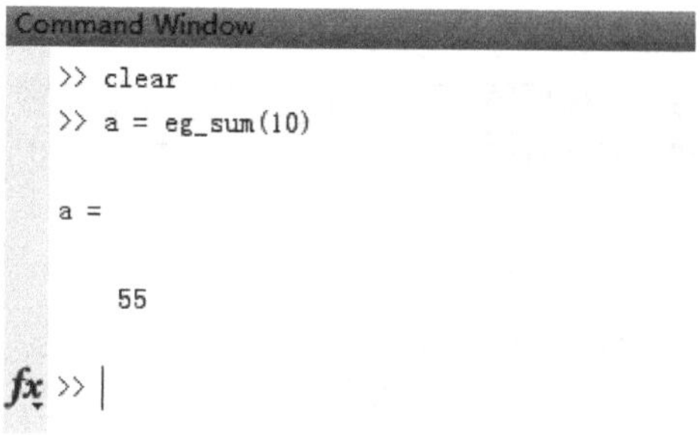

图 6.9   函数运行

许多人说函数名一定要与函数文件名一致，其实不是这样子的，只要知道调用函数时是通过函数文件名调用的这点即可。比如，即使文件名仍然是 eg_sum，但可以修改函数名为 my_sum，调用时用文件名调用即可：

```
>> b=eg_sum(10)
```

运行结果：b=55。

在调用函数时，应确保已将 MATLAB 当前目录切换到函数文件所在处，不然会报错：Undefined function 'eg_sum' for input arguments of type 'double'。

▶ 6.4 疑难解答

读者在实际中利用 MATLAB 程序进行三角函数运算时，经常遇到求反三角函数这类问题。下面给出求反三角函数问题的 MATLAB 程序及其应用举例。

MATLAB 反三角函数命令 asin（）、acos（）、atan（）、acot()生成的值为弧度值，即 rad；asind（）、acosd（）、atand（）、acotd()生成的值为角度值；将弧转换为角度的命令为 rad2deg（），deg2rad（）的作用则将角度转换为弧度。

上述函数的调用格式举例如下：

asin（n），asind（n）

例如：

```
>> asin(0.5) % 返回弧度
ans =
  0.5236
>> asind(0.5) % 返回角度
ans =
  30.0000
>> deg2rad(30) % 将角度转换为弧度
ans =
  0.5236
>> rad2deg(0.5236) % 将弧转换为角度
ans =
  30.0001
```

第 7 章

符号运算

科学计算可分为两类：一类是纯数值的计算，例如求函数的值、求方程的数值解等；另一类是符号运算，又称代数运算，这是一种智能化的计算，处理的是符号。符号可以代表整数、有理数、实数和复数，也可以代表多项式、函数，还可以代表数学结构，如集合、群等。

MATLAB 中的符号数学工具箱（Symbolic Math Toolbox）集成了丰富的符号运算功能。基本的符号数学工具箱包含 100 多个 MATLAB 函数，包括的内容有微积分、线性代数、化简代数表达式、方程求解、特殊的数学函数、变量精度算法和数学变换等。

工具箱中所有符号表达式的计算都是在 Maple 内核下执行的。Maple 是一种功能强大、通用的数学和工程软件，是世界上最值得信赖、最完整的数学软件之一。其中的符号运算功能尤为突出。Maple 系统最先主要由加拿大的沃特卢大学 (University of Waterloo) 开发，后来由瑞士的一个技术部门发展，最终由 Waterloo Maple 公司商业化运作。

本章要点（已掌握的在方框中打钩）

☐ 符号变量的基本操作
☐ 符号表达式的基本操作
☐ 符号矩阵的生成和运算方法
☐ 符号微分、符号积分运算方法
☐ 符号方程的求解方法

▶7.1 符号变量、符号表达式和符号方程的生成

符号数学工具箱定义了 MATLAB 的一个新的数据类型：符号对象（symbolic object），其类型名标识为"sym"。符号对象内部的储存内容是字符串，用来表示符号变量、符号表达式以及矩阵等。生成符号变量和符号表达式的函数是 sym 和 syms。

7.1.1 使用 sym 函数生成符号变量和符号表达式

sym 函数可以生成单个的符号数值、符号变量和符号表达式。格式为：

S=sym(x)

它生成了一个符号对象 S。x 可以是字符、字符串、表达式或字符表达式等。如果 x 是一个数值，则得到该数值的符号表示；如果 x 是一个字符串，则可生成一个符号变量或符号表达式。例如：

```
>> sqrt(2)
ans =
   1.4142
>> aa=sqrt(sym(2))
ans =
2^(1/2)
```

sqrt(2) 是对数值 2 进行开方运算；而在式 aa=sqrt(sym(2)) 中，将 2 用 sym 命令转化为符号对象，这样就得到了使用字符串形式表示的"根号 2"。可使用 double 命令获取符号对象 aa 对应的数值运算结果。

```
>> double(aa)
ans =
   1.4142
```

如果表达式里面的元素都定义为符号对象，则表达式之间还可以按代数规则进行运算。比如：

```
>> sym(2)/sym(5) + sym(1)/sym(3)
ans =
11/15
```

📝 范例 7-1　使用sym函数创建符号变量和符号表达式

分别输入以下语句：

```
x=sym('x')
y=sym('hello')
z=sym('(1+sqrt(5))/2')
f= sym ('a*x^2+b*x+c')
f-a
```

返回结果依次为：

```
x =
x
y =
hello
z =
(1+sqrt(5))/2
f =
a*x^2+b*x+c
??? Undefined function or variable 'a'.
```

范例中，虽然符号表达式 $a.x^2+b.x+c$ 创建成功并将其赋予变量 f，但并没有定义符号变量 a，因此系统不能进行 $f\text{-}a$ 运算，给出了错误信息。

7.1.2 使用 syms 函数定义符号变量和符号表达式

syms 函数可以一次创建多个符号变量，调用格式为： syms var1,var2,var3……变量名之间的间隔也可以是空格。

范例 7-2　　使用syms函数定义符号变量和符号表达式

输入以下语句：

```
syms a b c x
f=a*x^2+b*x+c
f-a
```

返回结果为：

```
f=
a*x^2+b*x+c
ans=
a*x^2+b*x+c-a
```

与范例 7-1 相比，本范例中 **f-a** 运算成功。

7.1.3 符号方程的生成

方程与函数的区别在于函数是由数字和变量组成的代数式，而方程则是包含了函数的等式。在 MATLAB 中，生成符号方程的方法与使用 sym 函数生成符号表达式类似。

范例 7-3　　用sym生成符号方程$ax^2+bx+c=0$

输入以下语句：

```
>>e1=sym('a*x^2+b*x+c= 0')
```

返回结果为：

```
e1=
a*x^2+b*x+c=0
```

▶7.2 符号变量的基本操作

本节介绍与符号变量相关的一些函数。

7.2.1 Findsym 函数：寻找符号变量

findsym 可以实现对表达式中所有自由变量或指定数量的独立自变量的自动认定。具体如下。

findsym(s) 寻找表达式 s 中所有符号变量。

findsym(s, n) 从表达式 s 中找出最靠近字母 x 的 n 个符号变量。若 s 中有两个符号变量与 x 的距离相等，则 ASCII 码大者优先。常量 pi、i、j 不作为符号变量。

范例 7-4　　创建符号变量 *a*、*b*、*n*、*x* 和*t*，建立函数*f=ax^n+bt*，然后求*f*的默认自变量

输入以下语句：

```
syms a b n t x
f=a*x^n+b*t
findsym(f,1)
findsym(f,2)
findsym(f,5)    % 找出表达式 f 中按最接近字母 x 的顺序排列的 5 个默认自变量
findsym(f)      % 找出表达式 f 中按最接近字母顺序排列的全部自变量
```

返回结果依次为：

```
f =
a*x^n+b*t
ans =
x
ans =
x,t
ans =
x,t,n,b,a
ans =
a,b,n,t,x
```

7.2.2　符号运算的精度确定

　　MATLAB 提供了 digits 和 vpa 函数，用以控制符号运算的精度。digits(n) 用于设置符号计算以 *n* 位精度（小数位数）进行，其默认精度为 32 位。vpa 函数取 "variable precision arithmetic" 之意，其中 xs=vpa(x) 以当前 digits 函数指定的精度计算 *x*，结果赋给 *xs*；xs=vpa(x, n) 在 *n* 位精度下，给出 *x* 的数值运算结果 *xs*。注意，经过 vpa 函数转换后的变量 *xs* 仍然是 sym 类型。

范例 7-5　　vpa函数使用方法实例

输入以下语句：

```
digits(25)
q = vpa(sin(sym('pi')/6))
p = vpa(pi)
w = vpa('(1+sqrt(5))/2')
```

返回结果为：

```
q =
.5000000000000000000000000
p =
3.141592653589793238462643
w =
1.618033988749894848204587
```

▶ 7.3 符号表达式的基本操作

用户可以对符号表达式进行各种操作，包括四则运算、合并同类项、多项式分解和简化等。

7.3.1 ▶ 四则运算

符号表达式也与通常的算术表达式一样，可以进行加、减、乘、除四则运算。

📝 范例 7-6　　符号表达式的四则运算

输入以下语句：

```
syms x y a b
fun1=sin(x)+cos(y)
fun2=a+b
fun3=fun1*fun2
```

转换结果为：

```
fun1=
sin(x)+cos(y)
fun2=
a+b
fun3=
(sin(x)+cos(y))*(a+b)
```

7.3.2 ▶ 符号多项式的因式分解与展开

MATLAB 提供了对符号多项式进行因式分解与展开的函数，函数的调用格式如下。

factor(S)：对符号多项式 S 分解因式。

expand(S)：对符号多项式 S 进行展开。

collect(S)：对符号多项式 S 按照默认变量 x 合并同类项。

collect(S,v)：对符号多项式 S 按变量 v 合并同类项。

horner(f)：将一般的符号多项式 f 转换成嵌套形式。

📝 范例 7-7　　对表达式f=a^3-1进行因式分解

输入以下语句：

```
f = sym('a^3-1');
factor(f)
```

返回结果为：

```
ans =
(a-1)*(a^2+a+1)
```

范例 7-8   展开表达式f=(x+1)⁵和f=sin(x+y)

输入以下语句：

```
syms x y
f=(x+1)^5;
expand(f)
f=sin(x+y);
expand(f)
```

返回结果为：

```
ans =
x^5+5*x^4+10*x^3+10*x^2+5*x+1
ans =
sin(x)*cos(y)+cos(x)*sin(y)
```

范例 7-9   符号多项式的同类项合并

输入以下语句：

```
f =sym('(exp(x)+x)*(x+2)*(y+1)');
c1=collect(f)
c2=collect(f, y)
c3=collect(f, exp(x))
```

返回结果为：

```
c1 =
(y+1)*x^2+(exp(x)+2)*(y+1)*x+2*exp(x)*(y+1)
c2 =
(exp(x)+x)*(x+2)*y+(exp(x)+x)*(x+2)
c3 =
(x+2)*(y+1)*exp(x)+x*(x+2)*(y+1)
```

我们分别按不同的变量进行同类项合并，得到了不同的结果。

范例 7-10   将符号多项式重写为嵌套形式

输入以下语句：

```
sym x
f=x^3-6*x^2+11*x-6;
horner(f)
```

返回结果为：

```
ans =
-6+(11+(-6+x)*x)*x
```

7.3.3 提取有理式的分子和分母

如果符号表达式是一个有理分式或可以展开为有理分式，则可利用 numden 函数来提取符号表达式 *S* 中的分子和分母。其一般调用格式为：

[n,d]=numden(S)

该函数提取符号表达式 *S* 的分子（numerator）和分母（denominator），分别将它们存放在 *n* 与 *d* 中。

📝 范例 7-11　　求有理式 *f=x/y+y/x* 分子和分母

输入以下语句：

```
syms x y
f=x/y+y/x;
[n,d]=numden(f)
```

返回结果为：

```
n =
x^2+y^2
d =
y*x
```

7.3.4 符号表达式的化简

在 MATLAB 中，使用 simplify 函数和 simple 函数对符号表达式进行化简。下面分别对它们进行介绍。

01 simplify 函数

simplify 函数利用 Maple 的化简规则对符号表达式进行化简。其中用到大量的代数恒等式以及大量的函数恒等式，包括求和、整数幂、开方、分数幂、三角函数、指数函数、对数函数、贝塞尔函数、超几何分布函数、伽马函数等，力求得到最简结果。

📝 范例 7-12　　用simplify函数化简符号表达式

输入以下语句：

```
f = sym('sin(x)^2+cos(x)^2');
S=sym('exp(c*log(sqrt(a+b)))');
simplify(f)
simplify(S)
```

返回结果为：

```
ans =
1
ans =
(a+b)^(1/2*c)
```

02 simple 函数

simple(f) 也是一种化简的函数，它尝试用多种不同的化简算法对符号表达式进行化简，以找到对应的最简形式，其格式如下：

[r,how]=simple(f)

返回的 r 为化简后的符号表达式，how 为所采用的简化方法。如果不指定输出项 r 和 how，则会输出尝试的所有化简方法名称及对应的化简结果。

📝 范例 7-13   用simple(f)函数化简符号表达式14x²/(22xy)

输入以下语句：

```
S = sym('14*x^2/(22*x*y)')
[r,how]=simple(S)
```

返回结果为：

```
r =
7/11*x/y
how =
simplify
```

7.3.5 符号表达式的替换

MATLAB 的符号数学工具箱提供了符号表达式的替换函数 subs 和 subexpr。subs 函数是用指定符号替换符号表达式中的某一特定符号，调用格式为：

R=subs(S,old,new)

它可用新的符号变量 new 替换原来符号表达式 S 中的 old。当 new 为数值形式时，还可得到符号表达式对应的数值解。old 和 new 在特定情况下可省略。

subexpr 函数用于将符号表达式中重复出现的字符串用符号变量代替，从而使符号表达式得到简化。

📝 范例 7-14   subs函数用于替换求值操作

具体程序如下：

```
>>syms a b
>>subs(a+b,a,4)                    % 用 4 替代 a+b 中的 a
ans =
4+b
>>subs(cos(a)+sin(b),{a,b},{sym('alpha'),2})        % 多重替换
ans =
cos(alpha)+sin(2)
>>f=sym('x^2+3*x+2')
f =
x^2+3*x+2
>>subs(f, 'x', 2)                  % 求解 f 在 x=2 时的数值解
ans =
  12
```

7.3.6 反函数的求解

finverse 函数用来求解符号函数对应的反函数，格式为：

finverse(f,v)

它返回自变量为 v 的符号函数 f 的反函数，若 v 省略，得到的反函数自变量与原函数相同。

范例 7-15　　用finverse求解反函数

具体程序如下：

```
>>syms x y
>>finverse(1/tan(x))        % 求反函数，自变量为 x
ans =
atan(1/x)
>>f = x^2+y;
>>finverse(f,y)             % 求反函数，自变量为 y
ans =
-x^2+y
```

7.3.7 复合函数

在科学计算中，经常要遇到求解复合函数的情况。复合函数的求解用 compose 函数，compose 函数的格式如下：

compose(f,g)，返回 $f=f(x)$ 和 $g=g(y)$ 的复合函数 $f(g(y))$，以 y 为自变量。

compose(f,g,z)，返回 $f=f(x)$ 和 $g=g(y)$ 的复合函数 $f(g(z))$，以 z 为自变量。

compose(f,g,x,z)，返回复合函数 $f(g(z))$，并使 x 成为 f 函数的独立变量。例如，设 $f=cos(x/t)$，则 compose(f,g,x,z) 返回复合函数 $cos(g(z)/t)$，而 compose(f,g,t,z) 返回 $cos(x/g(z))$。

compose(f,g,x,y,z)，返回复合函数 $f(g(z))$，并且使 x 与 y 分别成为 f 与 g 函数的独立变量。假设 $f=cos(x/t)$，$g=sin(y/u)$，compose(f,g,x,y,z) 返回 $cos(sin(z/u)/t)$，而 compose(f,g,x,u,z) 返回 $cos(sin(y/z)/t)$。

范例 7-16　　复合函数的运算

输入下列语句：

```
syms x y z t u
f=1/(1+x^2);
g=sin(y);
h=x^t;
p=exp(-y/u);
```

然后执行以下函数复合操作：

```
>>compose(f,g)
ans =
1/(1+sin(y)^2)
>>compose(f,g,t)
ans =
1/(1+sin(t)^2)
>>compose(h,g,x,z)
ans =
sin(z)^t
>>compose(h,g,t,z)
ans =
x^sin(z)
```

```
>>compose(h,p,x,y,z)
ans =
exp(-z/u)^t
>>compose(h,p,t,u,z)
ans =
x^exp(-y/z)
```

7.4 符号矩阵的生成和运算

本节介绍符号矩阵的生成和相关运算问题。

7.4.1 符号矩阵的生成

在 MATLAB 中，符号矩阵的生成与数值矩阵的相关操作很相似。创建符号矩阵的方法有以下几种：用 sym 命令直接创建符号矩阵；用类似创建普通数值矩阵的方法创建符号矩阵；由数值矩阵转换为符号矩阵。符号矩阵的输出格式与数值矩阵有所不同，其每一行都用 "[]" 标记。

01 用 sym 命令直接创建符号矩阵

这时 sym 命令的使用方法与前面创建符号表达式及方程的方法类似。所创建的符号矩阵的元素可以是任何符号对象，且元素的长度允许不同。在输入格式上，矩阵行之间以 "；" 分割，各矩阵元素之间用 "，" 或空格分隔。

范例 7-17   用sym函数创建符号矩阵

具体程序如下：

```
>>A=sym('[a,b;c,d]')
A =
[ a, b]
[ c, d]
>>B=sym('[x+3*x,5*z+6*z;y-y,z/z]')
B =
[  x+3*x, 5*z+6*z]
[   y-y,    z/z]
```

02 以类似创建普通数值矩阵的方法创建符号矩阵

用这种方法创建符号矩阵之前，需要预先定义所有需要的符号变量。

范例 7-18   用生成数值矩阵的方法创建符号矩阵

具体程序如下：

```
>>syms x y z
>>B=[x+3*x,5*z+6*z;y-y,z/z]
B =
[ 4*x, 11*z]
[   0,    1]
```

03 由数值矩阵转换为符号矩阵

由于数值型对象和符号型对象分属于两个不同的数据类型，它们之间不能直接运算，但可以相互转换。将数值对象 M 转化为符号对象 S 时，可以应用 sym 函数，格式为：

S=sym(M)

📝 **范例 7-19**　　**使用sym函数将3阶Hilbert矩阵转换为符号矩阵**

具体程序如下：

```
>>h=hilb(3)
h =
    1.0000    0.5000    0.3333
    0.5000    0.3333    0.2500
    0.3333    0.2500    0.2000
>>h1=sym(h)
h1 =
[  1, 1/2, 1/3]
[ 1/2, 1/3, 1/4]
[ 1/3, 1/4, 1/5]
```

从范例可以看出，不管原来数值矩阵 M 是以分数还是浮点数形式赋值的，当它被转化为符号矩阵后，都将以最接近原数的精确有理式给出。

7.4.2 符号矩阵的运算

符号矩阵的运算方法与数值矩阵类似，常见的运算类型概述如下（设 A 和 B 是已存在的两个符号矩阵）：

（1）$A+B$、$A-B$，符号阵列的加法与减法。

若 A 与 B 为同型阵列时，$A+B$、$A-B$ 分别对对应元素进行加减；若 A 与 B 中至少有一个为标量，则把标量扩大为与另外一个同型的阵列，再按对应的元素进行加减。

（2）$A*B$，符号矩阵乘法。

为线性代数中定义的矩阵乘法。按乘法定义要求，必须有矩阵 A 的列数等于矩阵 B 的行数，或者至少有一个为标量时，方可进行乘法操作，否则将返回一出错信息。

（3）$A.*B$，对应元素相乘。

$A.*B$ 为按参量 A 与 B 对应的元素进行相乘。A 与 B 必须为同型阵列，或至少有一个为标量。

（4）$A\backslash B$，符号矩阵的左除法。

$X=A\backslash B$ 为符号线性方程组 $A*X=B$ 的解。$A\backslash B$ 相当于 inv(A)*B。

（5）$A.\backslash B$，对应元素左除法。

（6）A/B，符号矩阵的右除法。

$X=B/A$ 为符号线性方程组 $X*A=B$ 的解。B/A 相当于 $B*$inv(A)。

（7）$A./B$，对应元素右除法。

（8）$A\wedge B$，矩阵的方幂。

计算矩阵 A 的整数 B 次方幂。若 A 为标量而 B 为方阵，$A\wedge B$ 用方阵 B 的特征值与特征向量计算数值。若 A 与 B 同时为矩阵，则返回一错误信息。

（9）$A.\wedge B$，对应元素的方幂。

（10）A'，符号矩阵转置。

若 A 为复数矩阵，则 A' 为复数矩阵的共轭转置。

（11）$A.'$，符号阵列转置，对复数阵也不涉及共轭运算。

$A.'$为真正的矩阵转置，其没有进行共轭转置。

范例 7-20   符号矩阵的运算

输入下列语句：

```
syms a b c d e f g h
A = [a b; c d];
B = [e f; g h];
C1 = A.*B
C2 = A.^B
C3 = A*B/A
C4 = A.*A-A^2
syms a11 a12 a21 a22 b1 b2;
A = [a11 a12; a21 a22];
B = [b1 b2];
X = B/A; % 求解符号线性方程组 X*A=B 的解
x1 = X(1)
x2 = X(2)
```

返回结果为：

```
C1 =
[ a*e, b*f]
[ c*g, d*h]
C2 =
[ a^e, b^f]
[ c^g, d^h]
C3 =
[  -(a*c*f+c*b*h-a*e*d-b*d*g)/(a*d-b*c), (a*b*h-b^2*g+a^2*f-b*a*e)/(a*d-b*c) ]
[-(-c*e*d+c*d*h+c^2*f-d^2*g)/(a*d-b*c),  (a*d*h+a*c*f-b*c*e-b*d*g)/(a*d-b*c)]
C4 =
[     -b*c, b^2-a*b-b*d]
[ c^2-a*c-d*c,    -b*c]
x1 =
 (-a22*b1+b2*a21)/(a12*a21-a11*a22)
x2 =
-(-a12*b1+a11*b2)/(a12*a21-a11*a22)
```

▶ 7.5 符号微积分

微积分是高等数学的基础，MATLAB 的符号数学工具箱提供了许多关于微积分计算的功能。

7.5.1 符号极限

limit 函数用来求符号函数的极限。其格式如下：

limit(F,x,a)，计算符号表达式 F 在 $x \to a$ 条件下的极限；

limit(F,a)，计算符号表达式 F 中由默认自变量趋向于 a 条件下的极限；

limit(F)，计算符号表达式 F 在默认自变量趋向于 0 条件下的极限；

limit(F,x,a,'right') 和 limit(F,x,a,'left')，计算符号表达式 F 在 $x \to a$ 条件下的右极限和左极限。

范例 7-21   计算表达式

表达式如下：

$$\lim_{x \to 0}\frac{\sin(x)}{x}, \quad \lim_{x \to 0+}(\frac{1}{x}), \quad \lim_{x \to 0_-}(\frac{1}{x}), \quad \lim_{x \to \infty}(1+\frac{a}{x})^x, \quad \lim_{x \to \infty}e^{-x}$$

分别输入下列语句：

```
syms x a
limit(sin(x)/x)
limit(1/x,x,0,'right')
limit(1/x,x,0,'left')
v=[(1+a/x)^x, exp(-x)];
>> limit(v,x,inf,'left')
```

返回结果依次为：

```
ans =
1
ans =
inf
ans =
-inf
ans =
[ exp(a), 0]
```

7.5.2 符号微分

diff 函数用来求符号微分，其格式如下：

diff(S)，求符号表达式 S 对于默认自变量的微分；

diff(S,'v')，求符号表达式 S 对于自变量 v 的微分；

diff(S,n)，求符号表达式 S 对于默认自变量的 n 次微分；

diff(S, 'v', n)，求符号表达式 S 对于自变量 v 的 n 次微分。

范例 7-22   符号表达式的微分运算

具体程序如下：

```
>>S1 = sym('6*x^3-4*x^2+b*x-5');
>>S2 = sym('sin(a)');
>>S3 = sym('(1 - t^3)/(1 + t^4)');
>>diff(S1)
ans=
18*x^2-8*x+b
>>diff(S1,2)
ans=
36*x-8
>>diff(S1,'b')
ans=
```

```
x
>>diff(S2)
ans=
cos(a)
>>diff(S3)
ans=
-3*t^2/(1+t^4)-4*(1-t^3)/(1+t^4)^2*t^3
>>simplify(diff(S3))
ans=
t^2*(-3+t^4-4*t)/(1+t^4)^2
```

7.5.3 符号积分

int 函数用来求解符号积分，其格式如下：

int(S)，求符号表达式 S 对于默认自变量的不定积分；

int(S,'v')，求符号表达式 S 对于自变量 v 的不定积分；

int(S,a,b)，求符号表达式 S 对于默认自变量从 a 到 b 的定积分；

int(S,'v', a, b)，求符号表达式 S 中自变量 v 计算从 a 到 b 的定积分。

📝 范例 7-23   计算积分表达式

表达式如下：

$$\int \frac{-2x}{(1+x^2)^2}dx \; , \; \int \frac{x}{(1+z)^2}dx \; , \; \int \frac{x}{(1+z)^2}dz \; , \; \int_0^1 x\log(1+x)dx$$

依次输入以下语句：

```
syms x z
f=-2*x/(1+x^2)^2;
int(f)
f=x/(1+z^2);
int(f)
int(f,z)
f=x*log(1+x);
int(f,0,1)
```

返回结果为：

```
ans =
1/(1+x^2)
ans =
1/2*x^2/(1+z^2)
ans =
x*atan(z)
ans =
1/4
```

▶ 7.6 符号积分变换

在科学计算和各种实际工程中，常常要用到各种积分变换，比较常见的有 Fourier 变换、Laplace 变换和 z 变换等。下面分别对这些变换进行介绍。

7.6.1 Fourier 变换及其逆变换

01 Fourier 变换

Fourier 变换定义为 $F(w) = \int_{-\infty}^{\infty} f(x)e^{-jwx}dx$。MATLAB 的符号数学工具箱中，fourier 函数用来求 Fourier 变换。其格式如下：

F = fourier(f)

对单值函数 f 中的默认变量 x 求解其 Fourier 变换，默认的输出结果 F 是变量 w 的函数，即有 $f(x) \Rightarrow F(w)$，若 $f=f(w)$，则 fourier(f) 返回变量为 t 的函数 $F=F(t)$。

F = fourier(f, v)，指定 Fourier 变换结果 F 是变量 v 的函数，函数 f 的自变量为 x，即有：

$$f = f(x) \Rightarrow F = F(v) = \int_{-\infty}^{\infty} f(x)e^{-ivx}dx$$

F = fourier(f, u, v)，指定函数 f 为变量 u 的函数，而 F 为变量 v 的函数：

$$f = f(u) \Rightarrow F = F(v) = \int_{-\infty}^{\infty} f(u)e^{-ivu}dx$$

📝 范例 7-24 Fourier变换的实现

依次输入以下语句：

```
syms x
f = sin(x)*exp(-x^2);
F1 = fourier(f)
syms w
g = exp(-abs(w));
F2 = fourier(g)
syms u
h = x*exp(-abs(x));
F3 = fourier(h,u)
```

返回结果为：

```
F1 =
-i*pi^(1/2)*sinh(1/2*w)*exp(-1/4*w^2-1/4)
F2 =
2/(1+t^2)
F3 =
-4*i/(1+u^2)^2*u
```

02 逆 Fourier 变换

逆 Fourier 变换定义为 $f(x) = \frac{1}{2\pi}\int_{-\infty}^{\infty} F(w)e^{jwx}dx$。ifourier 函数用来求逆 Fourier 变换，其格式如下：

f = ifourier(F)

函数 $f = f(x)$ 为函数 $F(w)$ 的逆 Fourier 变换，即 $F = F(w) \rightarrow f = f(x)$。若 $F = F(x)$，ifourier(F) 返回变量 t 的函数，即 $F = F(x) \rightarrow f = f(t)$。

f = ifourier(F,u)，使函数 f 为变量 u（u 为标量符号对象）的函数，f = ifourier(F,v,u) 使 F 为变量 v 的函数，f 为变量 u 的函数。

📝 范例 7-25　逆Fourier变换的实现

依次输入以下语句：

```
syms w x
f = sin(w);
IF1 = ifourier(f)
g = exp(-abs(x));
IF2 = ifourier(g)
```

返回结果为：

```
IF1 =
1/2*i*(-dirac(x+1)+dirac(x-1))
IF2 =
1/(1+t^2)/pi
```

7.6.2　Laplace 变换及其逆变换

01 Laplace 变换

Laplace 变换定义为 $L(s) = \int_0^\infty F(t)e^{-sx}\,dt$ 。laplace 函数用来求 Laplace 变换。其格式如下：

```
L = laplace(F)
```

输出参量 L = L(s) 为有默认符号自变量 t 的标量符号对象 F 的 Laplace 变换，即 F = F(t) → L = L(s)。若 F = F(s)，则 fourier(F) 返回变量为 t 的函数 L，即 F = F(s) → L = L(t)。

laplace(F, t)，使函数 L 为变量 t（t 为标量符号自变量）的函数。

laplace(F,w,z)，使函数 L 为变量 z 的函数，函数 F 为变量 w 的函数。

📝 范例 7-26　Laplace变换的实现

依次输入以下语句：

```
syms x s t v
f1= sqrt(t);
L1 = laplace(f)
f2 = 1/sqrt(s);
L2 = laplace(f2)
f3 = exp(-a*t);
L3 = laplace(f3,x)
f4 = 1 - sin(t*v);
L4 = laplace(f4,v,x)
```

返回结果为：

```
L1 =
1/(s-1/s^2)
L2 =
(pi/t)^(1/2)
```

```
L3 =
1/(x+a)
L4 =
1/x-t/(x^2+t^2)
```

02 逆 Laplace 变换

逆 Laplace 变换定义为 $F(t) = \int_{c-j\infty}^{c+j\infty} L(s)e^{st}\,dt$。ilaplace 函数用来求逆 Laplace 变换。其格式如下：

F = ilaplace(L)

输出参量 $F = F(t)$ 为默认变量 s 的标量符号对象 L 的逆 Laplace 变换，即 $F = F(w) \to f = f(x)$。若 $L = L(t)$，则 ifourier(L) 返回变量为 x 的函数 F，即 $F = F(x) \to f = f(t)$。

F = ilaplace(L,y)，使函数 F 为变量 y（y 为标量符号对象）的函数。

F = ilaplace(L,y,x)，使函数 F 为变量 x 的函数，函数 L 为变量 y 的函数。

📝 范例 7-27　　逆Laplace变换的实现

依次输入以下语句：

```
syms a s t u v x
f = 1/s^2;
IL1 = ilaplace(f)
g = 1/(t-a)^2;
IL2 = ilaplace(g)
k = 1/(u^2-a^2);
IL3 = ilaplace(k,x)
y = s^3*v/(s^2+v^2);
IL4 = ilaplace(y,v,x)
```

返回结果为：

```
IL1 =
t
IL2 =
x*exp(a*x)
IL3 =
1/a*sinh(a*x)
IL4 =
s^3*cos(s*x)
```

7.6.3 ▶ z 变换及其逆变换

01 z 变换

函数 f 的 z 变换定义为 $F(z) = \sum_{n=0}^{\infty} \dfrac{f(n)}{z^n}$。ztrans 函数用来求 z 变换。其格式如下：

F = ztrans(f)

对默认自变量为 n 的函数 f 计算 z 变换。输出参量 F 为变量 z 的函数，即 $f = f(n) \to F = F(z)$。若函数 $f = f(z)$，

则 ztrans(f) 返回一变量为 w 的函数，即 $f = f(z) \rightarrow F = F(w)$。

F = ztrans(f,w)，用符号变量 w 代替默认的 z 作为函数 F 的自变量。

F = ztrans(f,k,w)，对函数 f 中指定的符号变量 k 计算 z 变换。

📑 范例 7-28   z变换的实现

依次输入以下语句：

```
syms a k w x n z
f1= n^4;
ZF1 = ztrans(f1)
f2 = a^z;
ZF2 = ztrans(f2)
f3 = sin(a*n);
ZF3 = ztrans(f3,w)
f4 = exp(k*n^2)*cos(k*n);
ZF4 = ztrans(f4,k,x)
```

返回结果为：

```
ZF1 =
z*(z^3+11*z^2+11*z+1)/(z1)^5
ZF2 =
w/a/(w/a-1)
ZF3 =
w*sin(a)/( w^2-2*w*cos(a)+1)
ZF4 =
(x/exp(n^2)-cos(n))*x/exp(n^2)/(x^2/exp(n^2)^2-2*x/exp(n^2)*cos(n)+1)
```

🔢 逆 z 变换

逆 z 变换定义为 $f(n) = \dfrac{1}{2\pi i} \oint\limits_{|z|=R} F(z)z^{n-1}dz$，$n = 1$，2，3，…。iztrans 函数用来求逆 z 变换。其格式如下：

---

f = iztrans(F)

输出参量 $f = f(n)$ 为有默认变量 z 的单值符号函数 F 的逆 z 变换，即 $F = F(z) \rightarrow f = f(n)$。若 $F = F(n)$，则 iztrans(F) 返回变量为 k 的函数 $f(k)$，即 $F = F(n) \rightarrow f = f(k)$。

f = iztrans(F,k)，使函数 f 为变量 k（k 为标量符号对象）的函数 $f(k)$。

f = iztrans(F,w,k)，使函数 F 为变量 w 的函数，函数 f 为变量 k 的函数。

📑 范例 7-29   逆z变换的实现

依次输入以下语句：

```
syms a n k x z
f1= 2*z/(z-2)^2;
IZ1 = iztrans(f1)
f2 = n/(n+1);
IZ2 = iztrans(f2)
f3 = z/(z-a);
IZ3 = iztrans(f3,k)
```

返回结果为：

```
IZ1 =
2^n*n
IZ2 =
(-1)^k
IZ3 =
a^k
```

▶ 7.7 符号方程的求解

本节介绍代数方程求解和微分方程求解两部分内容。

7.7.1 ▶ 代数方程求解

MATLAB 的符号数学工具箱提供了 solve 函数对代数方程求解，其格式如下：

g=solve(eq)，求解代数方程 $eq=0$，自变量为默认自变量；

g=solve(eq,var)，求解代数方程 $eq=0$，自变量为 var；

g=solve(eq1,eq2,…,eqn,var1,var2,…,varn))，求解符号表达式 eq1，eq2，…，eqn 组成的代数方程组，自变量分别为 var1，var2，…，varn。方程组的解将存入结构变量 g。

📝 范例 7-30   求一元二次方程$ax^2+bx+c=0$的根

具体程序如下：

```
>>f=sym('a*x^2+b*x+c');
>>solve(f)          % 以 x 为自变量，求解方程 f=0
ans =
 1/2/a*(-b+(b^2-4*a*c)^(1/2))
 1/2/a*(-b-(b^2-4*a*c)^(1/2))
>>solve(f, a)       % 以 a 为自变量，求解方程 f=0
ans=
-(b*x+c)/x^2
```

📝 范例 7-31   求解由方程$x^2-y^2+z=10$, $x+y-5z=0$, $2x-4y+z=0$构成的线性方程组

依次输入以下语句：

```
syms x y z
f=x^2-y^2+z-10;
g=x+y-5*z;
h=2*x-4*y+z;
[x,y,z]=solve(f,g,h)      % 以数值数组形式输出求解结果
S=solve(f,g,h)           % 方程组的解存放在结构变量 S 中
```

返回结果为：

```
x =
[ -19/80+19/240*2409^(1/2)]
[ -19/80-19/240*2409^(1/2)]
```

```
y =
[ -11/80+11/240*2409^(1/2)]
[ -11/80-11/240*2409^(1/2)]
z =
[ -3/40+1/40*2409^(1/2)]
[ -3/40-1/40*2409^(1/2)]
S =
  x: [2x1 sym]
  y: [2x1 sym]
  z: [2x1 sym]
```

7.7.2 微分方程求解

dsolve 函数用来求解微分方程，其格式如下：

r=dsolve('eq1,eq2,···','cond1,cond2,···', 'v')

求解由 "eq1，eq2，···" 指定的微分方程的符号解，参数 "cond1，cond2，···" 为指定常微分方程的边界条件或初始条件，v 为指定的自变量，若不指定，将采用 "t" 为默认自变量。

微分方程中用 D 表示一次微分，D2 和 D3 分别表示二次及三次微分，D 后的字符为因变量。

范例 7-32   求微分方程dy/dx=ay的通解和当y(0)=b时的特解

具体程序如下：

```
>> dsolve('Dy=a*y')
ans =
C1*exp(a*t)           % 通解
>> dsolve('Dy=a*y','y(0)=b','x')
ans =
b*exp(a*x)            % 特解
```

范例 7-33   求微分方程特解（一）

求微分方程 $\dfrac{d^2y}{dx^2}$ =-a^2y，当 y(0)=1 及 $\dfrac{dy}{dx}\left(\dfrac{\pi}{a}\right)=0$ 时的特解。具体程序如下：

```
>> dsolve('D2y=-a^2*y','y(0)=1','Dy(pi/a)=0')
ans =
cos(a*t)
```

范例 7-34   求微分方程特解（二）

求微分方程 $\begin{cases} y''=x+y' \\ y(0)=1\ y'(0)=0 \end{cases}$ 的特解。具体程序如下：

```
>> dsolve('D2y=x+Dy', 'y(0)=1', 'Dy(0)=0', 'x')
ans =
-1/2*x^2+exp(x)-x
```

范例 7-35 **求微分方程通解**

求微分方程组 $\begin{cases} x'=y+x \\ y'=2x \end{cases}$ 的通解。具体程序如下：

```
>> [x,y]=dsolve('Dx=y+x, Dy=2*x')
x =
C1*exp(2*t)-1/2*C2*exp(-t)
y =
C1*exp(2*t)+C2*exp(-t)
```

▶7.8 综合应用

假设有一个信号，它含有 5V 的直流分量，频率为 15Hz、相位为 -30° 、幅度为 7V 的交流信号以及一个频率为 40Hz、相位为 90° 、幅度为 3V 的交流信号。数学表达式为：

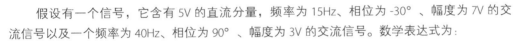

x = 5 + 7*cos(2*pi*15*t - 30*pi/180) + 3*cos(2*pi*40*t - 90*pi/180)

以 128Hz 的采样率对这个信号进行采样，总共采样 256 点。按照上面的分析，Fn=(n-1)*Fs/N，可以知道，每两个点之间的间距就是 0.5Hz。我们的信号有 3 个频率：0Hz、15Hz、40Hz。

出于编程方便，因为直流分量的幅值 A1/N，其他点幅值为 An/(N/2)，故直流分量最后要除以 2 才是正确的。

一般 FFT 所用数据点数 N 与原含有信号数据点数 L 相同，这样的频谱图具有较高的质量，可减小因补零或截断而产生的影响。处理程序如下。添加噪声的信号如图 7.1 所示；经过处理得到的幅值和相位频谱如图 7.2 所示。

```
Fs = 128;      % 采样频率
T = 1/Fs;      % 采样时间
L = 256;       % 信号长度
t = (0:L-1)*T; % 时间
x = 5 + 7*cos(2*pi*15*t - 30*pi/180) + 3*cos(2*pi*40*t - 90*pi/180);  %cos 为底原始信号
y = x + randn(size(t));    % 添加噪声
figure;
plot(t,y)
title(' 加噪声的信号 ')
xlabel(' 时间 (s)')
N = 2^nextpow2(L); % 采样点数，采样点数越大，分辨的频率越精确，N>=L，超出的部分信号补为 0
Y = fft(y,N)/N*2;  % 除以 N 乘以 2 才是真实幅值，N 越大，幅值精度越高
f = Fs/N*(0:1:N-1); % 频率
A = abs(Y);     % 幅值
P = angle(Y);   % 相值
figure;
subplot(211);plot(f(1:N/2),A(1:N/2));  % 函数 fft 返回值的数据结构具有对称性 , 因此只取前一半
```

```
title(' 幅值频谱 ')
xlabel(' 频率 (Hz)')
ylabel(' 幅值 ')
subplot(212);plot(f(1:N/2),P(1:N/2));
title(' 相位谱频 ')
xlabel(' 频率 (Hz)')
ylabel(' 相位 ')
```

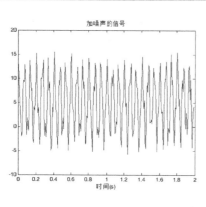

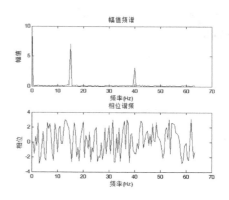

图 7.1   加噪信号   图 7.2   频谱图

▶7.9 疑难解答

读者在实际中利用 MATLAB 程序进行符号运算时，经常遇到对无穷级数求和这类问题进行求解编程。下面给出对无穷级数求和运算问题的 MATLAB 程序及其应用举例。

对无穷级数求和运算，函数 sum 是无能为力的，需要使用符号表达式求和函数 symsum，其调用格式为：

symsum(a,v,m,n)

其中，a 表示一个级数的通项，是一个符号表达式。v 是求和变量，m、n 分别是求和的开始项和末项。对于无穷级数求和来说，末项显然是 inf（无穷为 inf）。

例：（1）求级数 $\sum\limits_{n=1}^{\infty} n^3 x^{n-1}$ 的和函数；（2）求级数 $\sum\limits_{n=1}^{\infty} \dfrac{n^3}{5^n}$ 的和。

求解程序如下。

（1）在 MATLAB 命令行窗口中输入以下语句：

```
>> syms n x
>> s=symsum((n^3)*x^(n-1),n,1,inf)
```

运行结果为：

```
s =
(x^2+4*x+1)/(x-1)^4
```

（2）在 MATLAB 命令行窗口中输入以下语句：

```
>> syms n x
>> s=symsum((n^3)/(5^n),n,1,inf)
```

运行结果为：

```
s =
115/128
```

第 **8** 章

数值运算

在科学研究和工程应用中，存在着大量的科学计算问题。许多科学计算问题，用其他程序语言求解往往比较麻烦，并且需要具有专门的数学知识和一定的编程技能。MATLAB 语言不但具有强大的科学计算能力，而且编程效率高、使用方便，使其成为科学计算与应用方面的重要工具。本章主要介绍 MATLAB 在科学计算与应用方面的有关内容。

本章要点（已掌握的在方框中打钩）

☐ 多项式基本运算方法
☐ 极限运算方法
☐ 线性方程组的求解方法
☐ 非线性方程组的求解方法
☐ 数值积分和微分

▶8.1 多项式计算

8.1.1 多项式的表示

MATLAB 中多项式用行向量表示，向量中的元素为该多项式的系数，按照降序排列。多项式 $P(x)=a_0n+a_1(n-1)+\cdots+a_{n-1}x+a_n$ 用系数向量表示为 $P=[a_0 a_1 \cdots a_{n-1} a_n]$。

8.1.2 多项式的运算

01 roots 函数

roots 函数求多项式的根，即多项式为零的值。root 函数的语法为：

r=roots(p)

MATLAB 中无论是一个多项式，还是多项式的根，都用向量表示。MATLAB 规定，多项式是行向量，根是列向量。

02 poly、polyval、polyvalm 函数

poly 函数用于求矩阵的特征多项式或构造以指定向量为根的多项式。poly 函数的语法为：

p = poly(A)
p = poly(r)

polyval 函数用于求多项式在某一点的值。polyval 函数的语法为：

y = polyval(p,x)

polyvalm 函数用于求多项式在矩阵意义上的值。polyvalm 函数的语法为：

Y = polyvalm(p,X)

其中，p 为多项式系数向量，X 为方阵。

📝 范例 8-1   多项式的运算

具体程序如下：

```
>> p = [1 0 -2 -5];
>> r = roots(p)
r =
    2.0946
   -1.0473 +    1.1359i
   -1.0473 -    1.1359i
>> p2 = poly(r)
p2 =
    1  8.8818e-16  -2  -5
>> polyval(p,[5 7 9])
ans =
   110  324  706
>> X = [2 4 5; -1 0 3; 7 1 5];
>> Y = polyvalm(p,X)          % P(X)=X3-2X-5I, 其中 I 为单位矩阵。
Y =
   377  179  439
```

```
    111   81  136
    490  253  639
>> poly(X)
ans =
   1.0000  -7.0000  -24.0000  -93.0000
```

⑬ 多项式的四则运算

MATLAB 不提供直接的函数用于多项式的加减法。如果两个多项式向量大小相同，标准的数组加减法有效。当两个多项式阶次不同时，低阶的多项式必须用零项填补，使其与高阶多项式有相同的阶次。

多项式的乘法和除法对应于向量的卷积和解卷积。函数 conv 和 deconv 用于完成向量的卷积和解卷积，它们的语法为：

```
w = conv(u,v)
[q,r] = deconv(v,u)
```

其中，*q* 为多项式 *u* 除 *v* 的商，*r* 为余项。

⑭ 多项式的求导

polyder 函数用于计算单个多项式的导数、两个多项式乘积的导数和两个多项式的商的导数。polyder 函数的语法为：

k = polyder(p)，用于计算多项式 *p* 的导数。

k = polyder(a,b)，用于计算多项式 *a*、*b* 乘积的导数。

[q,d] = polyder(b,a)，用于计算多项式 *a*、*b* 的商的导数，并以 *q/d* 表示。

📝 范例 8-2　多项式的四则运算和求导

具体程序如下：

```
>> a = [1 2 3 4];
>> b = [1 4 9 16];
>> d = a+b
d =
    2    6   12   20
>> c=[1 -5 0 1 -5];
>> e=c+[0 d]
e =
    1   -3    6   13   15
>> w = conv(a,b)
w =
    1    6   20   50   75   84   64
>> [q,r] = deconv(w,a)
q =
    1    4    9   16
r =
    0    0    0    0    0    0    0
>> q = polyder(a)
q =
    3    4    3
```

```
>> [q,d] = polyder(a,b)
q =
    2   12   42   32   12
d =
    1    8   34  104  209  288  256
```

05 多项式的部分分式展开

residue 函数可以将两个多项式的比值展开为部分分式之和的形式，也可以将部分分式之和形式表示的多项式转化为多项式的比值形式。如果多项式 $a(x)$ 和 $b(x)$ 都没有重根，则可把 $a(x)$ 和 $b(x)$ 的比值表示为：

$$\frac{b(x)}{a(x)} = \frac{b_1 x^m + b_2 x^{m-1} + b_3 x^{m-3} + \cdots + b^{m+1}}{a_1 x^n + a_2 x^{n-1} + a_3 x^{n-3} + \cdots + b^{n+1}}$$

多项式展开为部分分式之和表示为：

$$\frac{b(x)}{a(x)} = \frac{r_1}{x - p_1} + \frac{r_2}{x - p_2} + \cdots + \frac{r_n}{x - p_n} + x(k)$$

residue 函数的语法如下所示。

[r,p,k] = residue(b,a)，求多项式之比 $b(x)/a(x)$ 的部分分式展开。其中，r 是部分分式的留数，p 是部分分式的极点，k 是直接项。

[b,a] = residue(r,p,k)，从部分分式得到多项式向量。

📝 范例 8-3   多项式部分分式展开

具体程序如下：

```
>> b = [ 5 3 -2 7];
>> a = [-4 0 8 3];
>> [r, p, k] = residue(b,a)
r =
   -1.4167
   -0.6653
    1.3320
p =
    1.5737
   -1.1644
   -0.4093
k =
   -1.2500
>> [b,a] = residue(r,p,k)
b =
   -1.2500  -0.7500   0.5000  -1.7500
a =
    1.0000  -0.0000  -2.0000  -0.7500
```

多项式表示为：

$$\frac{b(x)}{a(x)} = \frac{-1.25 x^3 - 0.75 x^2 + 0.5x - 1.75}{x^3 - 2x - 0.75}$$

▶8.2 极限运算

极限运算使用 limit 函数计算。limit 函数的格式如下：

limit(F,x,a)，计算符号表达式 F 在 $x \rightarrow a$ 条件下的极限；

limit(F,a)，计算符号表达式 F 中由默认自变量趋向于 a 条件下的极限；

limit(F)，计算符号表达式 F 在默认自变量趋向于 0 条件下的极限；

limit(F,x,a,'right') 和 limit(F,x,a,'left')，计算符号表达式 F 在 $x \rightarrow a$ 条件下的右极限和左极限。

📝 范例 8-4　　计算表达式的极限值

表达式如下：

$$\lim_{x \to 0} \frac{\sin(x)}{x} \quad , \quad \lim_{x \to 0+} \left(\frac{1}{x}\right) \quad , \quad \lim_{x \to 0-} \left(\frac{1}{x}\right) \quad , \quad \lim_{x \to \infty} \left(1+\frac{a}{x}\right)^x \quad , \quad \lim_{x \to \infty} e^{-x}$$

分别输入下列语句：

```
syms x a
limit(sin(x)/x)
limit(1/x,x,0,'right')
limit(1/x,x,0,'left')
v=[(1+a/x)^x, exp(-x)];
>> limit(v,x,inf,'left')
```

返回结果依次为：

```
ans =
1
ans =
inf
ans =
-inf
ans =
[ exp(a),     0]
```

▶8.3 线性方程组求解

MATLAB 最初是基于矩阵构建的一种工具，这使得它在多元线性方程组求解方面具有独特的优势。

8.3.1 利用左除运算求解线性方程组

对于线性方程组 $Ax=b$，可以利用左除运算符 "\" 求解：

$$x=A\backslash b$$

当系数矩阵 A 为 $n \times n$ 的方阵时，MATLAB 会自行用高斯消元法求解线性方程组。若右端项 b 为 $n \times 1$ 的列向量，则 $x=A\backslash b$ 可获得方程组的数值解 x（$n \times 1$ 的列向量）；若右端项 b 为 $n \times m$ 的矩阵，则 $x=A\backslash b$ 可同时获得系数矩阵 A 相同的 m 个线性方程组的数值解 x（为 $n \times m$ 的矩阵），即 $x(:,j)=A\backslash b(:,j)$，$j=1$，2，$\cdots$，$m$。注意，如果矩阵 A 是奇异或接近奇异的，则 MATLAB 会给出警告信息。

范例 8-5　用左除运算符求解下列相同系数矩阵的两个线性代数方程组的解

两个线性方程组如下：

$$（1）\begin{pmatrix} 1 & -1 & 1 \\ 5 & -4 & 3 \\ 2 & 1 & 1 \end{pmatrix} \cdot \begin{pmatrix} x_1 \\ x_2 \\ x_3 \end{pmatrix} = \begin{pmatrix} 2 \\ -3 \\ 1 \end{pmatrix}$$

$$（2）\begin{pmatrix} 1 & -1 & 1 \\ 5 & -4 & 3 \\ 2 & 1 & 1 \end{pmatrix} \cdot \begin{pmatrix} y_1 \\ y_2 \\ y_3 \end{pmatrix} = \begin{pmatrix} 3 \\ 4 \\ -5 \end{pmatrix}$$

解法一：分别解线性方程组。
具体程序如下：

```
A=[1,-1,1; 5,-4,3; 2,1,1];
b1=[2; -3; 1];
b2=[3; 4; -5];
x=A\b1
x=
  -3.8000
   1.4000
   7.2000
y=A\b2
y=
  -3.6000
  -2.2000
   4.4000
```

解法二：将两个线性方程组联在一起求解。
具体程序如下：

```
A=[1,-1,1; 5,-4,3; 2,1,1];
b=[2,3; -3,4; 1,-5];
xy=A\b
xy=
  -3.8000   -3.6000
   1.4000   -2.2000
   7.2000    4.4000
```

很明显，这里得到的解矩阵 xy 中的两列便是前面分别求得的 x 和 y 两组解。

8.3.2　利用矩阵求逆求解线性方程组

将包含 n 个未知数、由 n 个方程构成的线性方程组表示为：

$$\begin{cases} a_{11}x_1 + a_{12}x_2 + \cdots + a_{1n}x_n = b_1 \\ a_{21}x_1 + a_{22}x_2 + \cdots + a_{2n}x_n = b_2 \\ \qquad\cdots\cdots \\ a_{n1}x_1 + a_{n2}x_2 + \cdots + a_{nn}x_n = b_n \end{cases}$$

其矩阵表示形式为：

$$Ax = b$$

其中：

$$A = \begin{bmatrix} a_{11} & a_{12} & \cdots & a_{1n} \\ a_{21} & a_{22} & \cdots & a_{2n} \\ \vdots & & \ddots & \vdots \\ a_{n1} & a_{n2} & \cdots & a_{nn} \end{bmatrix}$$

在线性方程组 $Ax = b$ 两边各左乘 A^{-1} 有：

$$A^{-1}Ax = A^{-1}b$$

由于 $A^{-1}A = E$ ，故得：

$$x = A^{-1}b$$

所以，通过求系数矩阵 A 的逆矩阵，可以求解线性方程组。

📝 范例 8-6　　用求逆矩阵的方法解线性方程组

线性方程组如下：

$$\begin{cases} x + 2y + 3z = 5 \\ x + 4y + 9z = -2 \\ x + 8y + 27z = 6 \end{cases}$$

具体程序如下：

```
A=[1,2,3;1,4,9;1,8,27];
b=[5,-2,6]';
x=inv(A)*b
x =
  23.0000
 -14.5000
   3.6667
```

也可以运用左除运算符 "\" 求解线性代数方程组。例如，本例也可以用下面的命令求解：

```
A=[1,2,3;1,4,9;1,8,27];
b=[5,-2,6]';
x=A\b
```

8.3.3 利用矩阵分解求解线性方程组

矩阵分解是指根据一定的原理用某种算法将一个矩阵分解成若干个矩阵的乘积。常见的矩阵分解有 LU 分解、QR 分解、Cholesky 分解以及 Schur 分解、Hessenberg 分解、奇异分解等。

01 LU 分解

矩阵的 LU 分解就是将一个矩阵表示为一个交换下三角矩阵和一个上三角矩阵的乘积形式。线性代数中已经证明，只要矩阵 A 是非奇异的，LU 分解就总是可以进行的。

MATLAB 提供的 lu 函数用于对矩阵进行 LU 分解，其调用格式为：

[L,U]=lu(X)

这个命令产生一个上三角矩阵 U 和一个变换形式的下三角矩阵 L（行交换），使之满足 $X=LU$。注意，这里的矩阵 X 必须是方阵。

[L,U,P]=lu(X)

这个命令产生一个上三角矩阵 U 和一个下三角矩阵 L 以及一个置换矩阵 P，使之满足 $PX=LU$。当然，矩阵 X 同样必须是方阵。

实现 LU 分解后，线性方程组 $Ax=b$ 的解 $x=U\backslash(L\backslash b)$ 或 $x=U\backslash(L\backslash Pb)$，这样可以大大提高运算速度。

📝 范例 8-7   用LU分解求解下列线性方程组

线性方程组如下：

$$\begin{cases} 3x + y - 4z + w = 12 \\ x - 3y + 2w = -6 \\ 2y + z - w = 4 \\ x + 6y - z - 3w = 0 \end{cases}$$

具体程序如下：

```
>> A=[3,1,-4,1;1,-3,0,2;0,2,1,-1;1,6,-1,-3];
>> b=[12,-6,4,0]';
>> [L,U]=lu(A);
>>x=U\(L\b)
x =
   -16.4444
    20.6667
    -1.1111
    36.2222
```

或采用 LU 分解的第 2 种格式，程序如下：

```
>> [L,U ,P]=lu(A);
>> x=U\(L\P*b)
x =
-16.4444
   20.6667
   -1.1111
   36.2222
```

02 QR 分解

对矩阵 X 进行 QR 分解，就是把 X 分解为一个正交矩阵 Q 和一个上三角矩阵 R 的乘积形式。QR 分解只能对方阵进行。MATLAB 的 qr 函数可用于对矩阵进行 QR 分解，其调用格式为：

[Q,R]=qr(X)

这个命令产生一个正交矩阵 Q 和一个上三角矩阵 R，使之满足 $X=QR$。

[Q,R,E]=qr(X)

这个命令产生一个正交矩阵 Q、一个上三角矩阵 R 以及一个置换矩阵 E，使之满足 $XE=QR$。

实现 QR 分解后，线性方程组 $Ax=b$ 的解 $x=R\backslash(Q\backslash b)$ 或 $x=E(R\backslash(Q\backslash b))$。

范例 8-8　　用QR分解求解范例8-10的线性方程组

具体程序如下：

```
>> A=[3,1,-4,1;1,-3,0,2;0,2,1,-1;1,6,-1,-3];
>> b=[12,-6,4,0]';
>> [Q,R]=qr(A);
x=R\(Q\b)
x =
   -16.4444
    20.6667
    -1.1111
    36.2222
```

或采用 QR 分解的第 2 种格式，程序如下：

```
>> [Q,R,E]=qr(A);
>>x=E*(R\(Q\b))
x =
   -16.4444
    20.6667
    -1.1111
    36.2222
```

---

03 Cholesky 分解

如果矩阵 X 是对称正定的，则 Cholesky 分解将矩阵 X 分解成一个下三角矩阵和上三角矩阵的乘积。设上三角矩阵为 R，则下三角矩阵为其转置，即 $X=R'R$。MATLAB 函数 chol(X) 用于对矩阵 X 进行 Cholesky 分解，其调用格式为：

R=chol(X)

这个命令产生一个上三角矩阵 R，使 $R'R=X$。若 X 为非对称正定，则输出一个出错信息。

[R,p]=chol(X)

这个命令格式将不输出出错信息。当 X 为对称正定的，则 $p=0$，R 与上述格式得到的结果相同；否则 p 为一个正整数。如果 X 为满秩矩阵，则 R 为一个阶数为 $q=p-1$ 的上三角矩阵，且满足 $R'R=X(1{:}q,\ 1{:}q)$。

实现 Cholesky 分解后，线性方程组 $Ax=b$ 变成 $R'Rx=b$，所以 $x=R\backslash(R'\backslash b)$。

范例 8-9　　用Cholesky分解求解范例8-7的线性方程组

具体程序如下：

```
>> A=[3,1,-4,1;1,-3,0,2;0,2,1,-1;1,6,-1,-3];
>> b=[12,-6,4,0]';
>>R=chol(A)
??? Error using ==> chol
Matrix must be positive definite
```

程序执行时，出现错误信息提示，说明矩阵 A 为非正定矩阵。

▶8.4 非线性方程组求解

非线性方程组一般需要用迭代的方法求解，本节介绍 MATLAB 在非线性方程组求解方面的一些函数及求解过程。

8.4.1 单变量非线性方程的求解

在 MATLAB 中提供了一个 fzero 函数，可以用来求单变量非线性方程的根。该函数的调用格式为：

z=fzero('fname',x_0,tol,trace)

其中，fname 是待求根的函数文件名，x_0 为搜索的起点。一个函数可能有多个根，但 fzero 函数只给出离 x_0 最近的那个根。tol 控制结果的相对精度，默认取 tol=eps。trace 由于指定迭代信息是否在运算中显示，为 1 时显示，为 0 时不显示，默认取 trace=0。

📝 范例 8-10   求 $f(x)=x-10^x+2=0$ 在 $x_0=0.5$ 附近的根

步骤如下：
（1）建立函数文件 funx.m。

```
function fx=funx(x)
    fx=x-10.^x+2;
```

（2）调用 fzero 函数求根。

```
z=fzero('funx',0.5)
z = 0.3758
```

8.4.2 非线性方程组的求解

对于非线性方程组 $F(X)=0$，用 fsolve 函数求其数值解。fsolve 函数的调用格式为：

X=fsolve('fun',X_0,option)

其中，X 为返回的解，fun 是用于定义需求解的非线性方程组的函数文件名，X_0 是求根过程的初值，option 为最优化工具箱的选项设定。最优化工具箱提供了 20 多个选项，用户可以使用 optimset 命令将它们显示出来。如果希望改变其中某个选项，则可以调用 optimset() 函数来完成。例如，Display 选项决定函数调用时中间结果的显示方式，其中 'off' 表示不显示，'iter' 表示每步都显示，'final' 表示只显示最终结果。optimset('Display ', 'off') 将设定 Display 选项为 'off'。

📝 范例 8-11   用 fsolve 函数求解以下非线性方程组

非线性方程组如下：

$$\begin{cases} x-0.6\sin x-0.3\cos y=0 \\ y-0.6\cos x+0.3\sin y=0 \end{cases}$$

程序如下：

```
>> clear
>> syms x y
>> [x y]=solve('x-0.6*sin(x)-0.3*cos(y)=0','y-0.6*cos(x)+0.3*sin(y)=0')
```

运行结果为:

```
x =
.63544484177145551626547645901970
y =
.37343882780459099172411623201236
```

▶ 8.5 数值积分与微分

MATLAB 有强大的数学运算功能,其体现之一就是其拥有完善的进行各种数值微分和积分的函数。

8.5.1 数值微分

一般来说,函数的导数依然是一个函数。设函数 $f(x)$ 的导函数 $f'(x)=g(x)$,高等数学关心的是 $g(x)$ 的形式和性质,而数值分析关心的是怎样计算 $g(x)$ 在一串离散点 $x=(x_1, x_2, \cdots, x_n)$ 的近似值 $G=(g_1, g_2, \cdots, g_n)$ 以及所计算的近似值有多大误差。

01 数值分离与差商

任意函数 $f(x)$ 在点 x 处的导数是通过极限定义的:

$$f'(x) = \lim_{h \to 0} \frac{f(x+h) - f(x)}{h}$$

$$f'(x) = \lim_{h \to 0} \frac{f(x) - f(x-h)}{h}$$

$$f'(x) = \lim_{h \to 0} \frac{f(x+h/2) - f(x-h/2)}{h}$$

上述式子中,均假设 $h>0$,如果去掉上述等式右端的 $h \to 0$ 的极限假设过程,并引进记号:

$$\Delta f(x) = f(x+h) - f(x)$$

$$\nabla f(x) = f(x) - f(x-h)$$

$$\delta f(x) = f(x+h/2) - f(x-h/2)$$

称 $\Delta f(x)$、$\nabla f(x)$ 及 $\delta f(x)$ 分别为函数在 x 点处以 $h(h>0)$ 为步长的向前差分、向后差分和中心差分。当步长 h 充分小时,有:

$$f'(x) \approx \frac{\Delta f(x)}{h}$$

$$f'(x) \approx \frac{\nabla f(x)}{h}$$

$$f'(x) \approx \frac{\delta f(x)}{h}$$

h 与差分一样，称 $\triangle f(x)/h$、$\nabla f(x)/h$ 及 $\delta f(x)/h$ 分别为函数在点 x 处以 $h(h>0)$ 为步长的向前差商、向后差商和中心差商。当步长 $h(h>0)$ 充分小时，函数 f 在点 x 处的微分接近于函数在该点的任意种差分，而 f 在点 x 处的导数接近于函数在该点的任意种差商。

02 数值微分的实现

有两种方式计算任意函数 $f(x)$ 在给定点 x 处的数值导数。第一种方式是用多项式或样条函数 $g(x)$ 对 $f(x)$ 进行逼近（插值或拟合），然后用逼近函数 $g(x)$ 在点 x 处的导数作为 $f(x)$ 在点 x 处的导数。第二种方式是用 $f(x)$ 在点 x 处的某种差商作为其导数。在 MATLAB 中，没有直接提供求数值导数的函数，只有计算向前差分的函数 diff，其调用格式为：

DX=diff(X)

计算向量 X 的向前差分，$DX(i)=X(i+1)-X(i)$，$i=1$，2，$\cdots$，n-1。

DX=diff(X,n)

计算 X 的 n 阶向前差分。例如，diff(X，2)= diff(diff(X))。

DX=diff(A,n,dim)

计算矩阵 A 的 n 阶差分。dim=1(默认状态)，按列计算差分；dim=2，按行计算差分。

📝 范例 8-12   设x由[0,2π]区间均匀分布的10个点组成，求sinx的1～3阶差分

具体程序如下：

```
X=linspace(0,2*pi,10);
Y=sin(X);
DY=diff(Y);      % 计算 Y 的一阶差分
D2Y=diff(Y,2);   % 计算 Y 的二阶差分，也可用命令 diff(DY) 计算
D3Y=diff(Y,3);   % 计算 Y 的三阶差分，也可以用 diff(D2Y) 或者 diff(DY,2)
```

输出结果分别为：

```
X =
     0    0.6981   1.3963   2.0944   2.7925   3.4907   4.1888   4.8869   5.5851   6.2832
Y =
     0    0.6428   0.9848   0.8660   0.3420  -0.3420  -0.8660  -0.9848  -0.6428  -0.0000
DY =
  0.6428   0.3420  -0.1188  -0.5240  -0.6840  -0.5240  -0.1188   0.3420   0.6428
D2Y =
 -0.3008  -0.4608  -0.4052  -0.1600   0.1600   0.4052   0.4608   0.3008
D3Y =
 -0.1600   0.0556   0.2452   0.3201   0.2452   0.0556  -0.1600
```

范例 8-13　**求函数的数值导数，并绘制图形**

设：

$$f(x) = \sqrt{x^3 + 2x^2 - x + 12} + \sqrt[6]{x+5} + 5x + 2$$

用不同的方法求函数 $f(x)$ 的数值导数，并在同一个坐标系中画出 $f'(x)$ 的图像。

为确定计算数值导数的点，假设在 [-3,3] 区间内以 0.01 为步长求数值导数。下面用 3 种方法求 $f(x)$ 在这些点的导数。首先用一个 5 次多项式 $p(x)$ 拟合函数 $f(x)$，并对 $p(x)$ 求一般意义下的导数 $dp(x)$，求出 $dp(x)$ 在假设点的值；第二种方法直接求 $f(x)$ 在假设点的数值导数；第三种方法求出 $f'(x)$：

$$f'(x) = \frac{3x^2 + 4x - 1}{2\sqrt{x^3 + 2x^2 - x + 12}} + \frac{1}{6\sqrt[6]{(x+5)^5}} + 5$$

然后直接求 $f'(x)$ 在假设点处的导数。最后在同一个坐标轴显示这 3 条曲线。

具体程序如下：

```
f=inline('sqrt(x.^3+2*x.^2-x+12)+(x+5).^(1/6)+5*x+2');
g=inline('(3*x.^2+4*x-1)./sqrt(x.^3+2*x.^2-x+12)/2+1/6./(x+5).^(5/6)+5');
x=-3:0.01:3;
p=polyfit(x,f(x),5);                        % 用 5 次多项式 p 拟合 f(x)
dp=polyder(p);                              % 对拟合多项式 p 求导数 dp
dpx=polyval(dp,x);                          % 求 dp 在假设点处的函数值
dx=diff(f([x,3.01]))/0.01;                  % 直接对 f(x) 求数值导数
gx=g(x);                                    % 求函数 f 的导函数 g 在假设点处的导数
plot(x,dpx,x,dx,'-',x,gx,'.');      % 作图
```

程序运行后，得到如图 8.1 所示的图形。结果表明，用 3 种方法求得的数值导数比较接近。

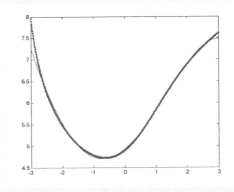

图 8.1　用不同方法求得的数值导数

8.5.2　数值积分

01 数值积分的基本原理

数值积分研究积分的数值求解方法。设：

$$I_1 = \int_a^b f(x)dx$$

$$I_2 = \int_a^b p(x)dx$$

从高等数学中知道，当 $|f(x)-p(x)|<\varepsilon$ 时，$|I_1-I_2|<\varepsilon(b-a)$。这说明，当 ε 充分小时，可用 I_2 近似地代替 I_1，所以，求任意函数 $f(x)$ 在 $[a,b]$ 上的定积分时，如果难以使用解析的方法求出 $f(x)$ 的原函数，则可以寻找一个在 $[a,b]$ 上与 $f(x)$ 逼近，但形式上却简单且易于求积分的函数 $p(x)$，用 $p(x)$ 在 $[a,b]$ 上的积分值近似地代替 $f(x)$ 在 $[a,b]$ 上的积分值。一般选择被积函数的插值多项式充当这样的替代函数。选择的插值多项式的次数不同，就形成了不同的数值积分公式。选择一次多项式时，称为梯形公式；选择二次多项式时，称为辛普森（Simpson）公式，

如果把积分区间 $[a,b]$ 划分为 n 个等长的子区间：

$$[a,b]=[a,a_1]\bigcup[a_1,a_2]\bigcup\cdots\bigcup[a_{n-1},b]$$

则在每个子区间 $[a_i,a_{i+1}]$ 上用 $f(x)$ 的插值多项式 $p(x)$ 代替 $f(x)$，其逼近效果一般会比在整个区间上使用一个统一的插值多项式时更好。这样就形成了数值积分复合公式。对被积函数 $f(x)$ 采用一、二次多项式插值，然后对插值多项式求积分，就可以得到如下常见的数值积分公式：

$$S_1=\frac{b-a}{2}\big[f(a)+f(b)\big]$$

$$S_2=\frac{b-a}{6}\left[f(a)+4f(\frac{a+b}{2})+f(b)\right]$$

$$S_3=\frac{h}{2}\left[f(a)+f(b)+2\sum_{i=1}^{n-1}f(a+ih)\right]$$

$$S_4=\frac{h}{6}\sum_{i=0}^{n-1}\left[f(a+ih)+4f(a+\frac{i+1}{2}h)+f(a+(i+1)h)\right]$$

S_1、S_2 是基本梯形和基本辛普森求积公式，S_3、S_4 是复合梯形和复合辛普森求积公式。计算数学中已经证明，对一般工程问题，复合辛普森积分公式具有足够的精度。

02 数值积分的实现

被积函数一般是用一个解析式给出，但也有很多情况下用一个表格形式给出。在 MATLAB 中，为这两种给定被积函数的方法，提供了不同的数值积分函数。

（1）被积函数是一个解析式。

MATLAB 提供了 quad 函数和 quadl 函数来求定积分。它们的调用格式为：

```
quad(filename,a,b,tol,trace)
quadl(filename,a,b,tol,trace)
```

其中，filename 是被积函数名。a 和 b 分别是定积分的下限和上限。tol 用来控制积分精度，默认时取 tol=10^{-6}。trace 控制是否展现积分过程，若取非 0 则展现积分过程，取 0 则不展现，默认时取 trace=0。

📝 范例 8-14   用两种不同的方法求 $I=\int_0^1 e^{-x^2}dx$

先建立一个函数文件 ex.m：

```
function ex=ex(x)
ex=exp(-x.^2);
```

然后在 MATLAB 命令行窗口输入命令：

```
I=quad('ex',0,1)    % 注意函数名应加字符引号
I =
   0.74682418072642
I=quadl('ex',0,1)
I =
   0.74682413398845
```

也可不建立关于被积函数的函数文件，而使用语句函数（内联函数）求解，命令如下：

```
g=inline('exp(-x.^2)');
I=quadl(g,0,1)
I =
   0.74682413398845
format short
```

读者可试着用解析方法计算本例，并与本例所显示的结果进行比较。

（2）被积函数由一个表格定义。

在科学实验和工程应用中，函数关系往往是不知道的，只有实验测定的一组样本点和样本值，这时就无法使用 quad 函数计算其定积分。在 MATLAB 中，对由表格形式定义的函数关系的求定积分问题用 trapz(X,Y) 函数。其中向量 X、Y 定义函数关系 $Y=f(X)$。X、Y 是两个等长的向量：$X=(x_1, x_2, \cdots, x_n)$，$Y=(y_1, y_2, \cdots, y_n)$，并且 $x_1 < x_2 < \cdots < x_n$，积分区间是 $[x_1, x_n]$。

范例 8-15　用 trapz 函数计算 $I = \int_0^1 e^{-x^2} dx$

在 MATIAB 命令行窗口输入命令：

```
X=0:0.01:1;
Y=exp(-X.^2);
trapz(X,Y)
ans =
   0.7468
```

（3）二重积分数值求解。

考虑下面的二重定积分问题：

$$I = \int_a^b \int_c^d f(x, y)dxdy$$

使用 MATLAB 提供的 dplquad 函数就可以直接求出上述二重积分的数值解。该函数的调用格式为：

```
I=dplquad(f,a,b,c,d,tol,trace)
```

该函数为 $f(x,y)$ 在 $[a, b] \times [c, d]$ 区域上的二重定积分。参数 tol、trace 的用法与函数 quad 完全相同。

注意

本函数不允许返回被积函数的调用次数，如果需要，可以在被积函数中设置一个记数变量，从而统计出被积函数的调用次数。

範例 8-16   计算二重定积分 $I = \int_{-1}^{1}\int_{-2}^{2} e^{-x^2/2}\sin(x^2+y)dxdy$

（1）建立一个函数文件 fxy.m。

```
function f=fxy(x,y)
global ki;
ki=ki+1;        %ki 用于统计被积函数的调用次数
f=exp(-x.^2/2).*sin(x.^2+y);
```

（2）调用 dplquad 函数求解。

```
global ki;ki=0;
I=dblquad('fxy',-2,2,-1,1)
I =
    1.57449318974494
ki
ki =
    1050
```

如果使用 inline 函数，则命令如下：

```
f=inline('exp(-x.^2/2).*sin(x.^2+y)','x','y');
I=dblquad(f,-2,2,-1,1)
I =
    1.57449318974494
```

8.6 综合应用

求非齐次线性方程组的通解，需要先判断方程组是否有解，若有解，再去求通解。因此，
步骤为：

第一步：判断 AX=b 是否有解，若有解则进行第二步。

第二步：求 AX=b 的一个特解。

第三步：求 AX=0 的通解。

第四步：AX=b 的通解等于 AX=0 的通解加 AX=b 的一个特解。

範例 8-17   求解方程组

方程组如下：

$$\begin{cases} x_1 - 2x_2 + 3x_3 - x_4 = 1 \\ 3x_1 - x_2 + 5x_3 - 3x_x = 2 \\ 2x_1 + x_2 + 2x_3 - 2x_4 = 3 \end{cases}$$

解：在 MATLAB 中建立 M 文件如下：

```
A=[1 -2 3 -1;3 -1 5 -3;2 1 2 -2];
b=[1 2 3]';
B=[A b];
n=4;
```

```
R_A=rank(A)
R_B=rank(B)
format rat
if R_A==R_B&R_A==n % 判断有唯一解
X=A\b
elseif R_A==R_B&R_A<n % 判断有无穷解
  X=A\b % 求特解
  C=null(A,'r') % 求 AX=0 的基础解系
else X='equition no solve' % 判断无解
end
```

运行后结果显示：

```
R_A =
    2
R_B =
    3
X =
equition no solve
```

说明该方程组无解。

▶ 8.7　疑难解答

在方程组求解过程中，使用了大量的矩阵运算。一种是矩阵的分解，另一种是矩阵的读取。下面分别对常用的矩阵分解以及矩阵的读取进行介绍。

01 矩阵的分解

• Cholesky 分解

如果矩阵 X 是对称正定的，则 Cholesky 分解将矩阵 X 分解成一个下三角矩阵和上三角矩阵的乘积。设上三角矩阵为 R，则下三角矩阵为其转置，即 $X=R'R$。MATLAB 函数 chol(X) 用于对矩阵 X 进行 Cholesky 分解。

函数 chol 调用格式为：

R=chol(X)，产生一个上三角矩阵 R，使 $R'R=X$。若 X 为非对称正定，则输出一个出错信息。

[R,p]=chol(X)，这个命令格式将不输出出错信息。当 X 为对称正定的，则 $p=0$，R 与上述格式得到的结果相同；否则 p 为一个正整数。如果 X 为满秩矩阵，则 R 为一个阶数为 $q=p-1$ 的上三角矩阵，且满足 $R'R=X(1:q,1:q)$。

实现 Cholesky 分解后，线性方程组 $Ax=b$ 变成 $R'Rx=b$，所以 $x=R\backslash(R'\backslash b)$。

• LU 分解

矩阵的三角分解又称 LU 分解，它的目的是将一个矩阵分解成一个下三角矩阵 L 和一个上三角矩阵 U 的乘积，即 $A=LU$。

函数 lu 命令格式为：

[L, U]=lu(X)

说明：U 矩阵为上三角矩阵，满足 $X=L*U$。

[L,U,P]=lu(X)

说明：返回的矩阵 P 是置换矩阵，矩阵 U 是上三角矩阵，矩阵 L 满秩矩阵，满足 $L*U=P*X$。

- QR 分解

将矩阵 A 分解成一个正交矩阵与一个上三角矩阵的乘积。

函数 qr 调用格式为：

[B,C]=qr(A)

说明：返回的矩阵 C 为上三角矩阵，矩阵 B 为满秩矩阵。

[Q,R,E]=qr(A)

说明：返回的矩阵 E 是置换矩阵，矩阵 R 是上三角矩阵，矩阵 Q 是满秩矩阵，上述矩阵满足关系 $A*E=Q*R$。

- Schur 分解

函数 schur 调用格式为：

[b,c]=schur(A)

说明：矩阵 c 为 Schur 矩阵。

- 特征值分解

MATLAB 中求矩阵特征值的函数是 eig 和 eigs，其中函数 eigs 主要用于稀疏矩阵。函数 eig 主要有以下几种调用格式：

D=eig(A)

说明：矩阵 D 为矩阵 A 的特征向量矩阵。

D=eig(A,B)

说明：矩阵 D 为矩阵 A、B 的广义特征向量矩阵。

[V,D]=eig(A)

说明：矩阵 V、D 为矩阵 A 的特征值矩阵和特征向量矩阵。

[V,D]=eig(A,'nobalance')

说明：'nobalance' 表示在求矩阵 A 的特征值矩阵和特征向量矩阵时禁止"平衡"程序的运行。当矩阵 A 中有元素小到与截断误差相当时，这样做可以减少计算的误差。

[V,D]=eig(A,B)

说明：矩阵 V、D 为矩阵 A、B 的广义特征值矩阵和特征向量矩阵，满足 $A*V=B*V*D$。

[V,D]=eig(A,B,flag)

说明：使用某种确定的分解算法来计算矩阵的特征值和特征向量，参数 flag 可以取"chol"或"qz"。当参数 flag 取"chol"时，表示对 B 使用 Cholesky 分解算法来计算矩阵 A、B 的特征值和特征向量，若矩阵 A 为对称矩阵，矩阵 B 为对称正定矩阵，此算法为默认算法；当参数 flag 取"qz"时，则忽略对称性。

说明：一般特征值问题是求解方程 $Ax=\lambda x$ 解的问题。广义特征值问题是求方程 $Ax=\lambda Bx$ 解的问题。

- 奇异值分解

函数 svd 调用格式为：

[b,c,d]=svd(A)

说明：返回的矩阵 b 为左奇异矩阵，矩阵 d 为右奇异矩阵，矩阵 c 为奇异值矩阵。

02 矩阵的读取

矩阵比较大的时候使用起来比较麻烦，可以借助文件将矩阵写入到文件中，也可以从文件中读取矩阵数据。文件操作是一种重要的输入输出方式，即从数据文件读取数据或将结果写入数据文件。MATLAB 提供了一系列低层输入输出函数，专门用于文件操作。

（1）文件的打开与关闭。

① 打开文件 fopen 在读写文件之前，必须先用 fopen 函数打开或创建文件，并指定对该文件进行的操作方式。fopen 函数的调用格式为 fid=fopen(文件名，' 打开方式 ')。其中，fid 用于存储文件句柄值，如果返回的句柄值大于 0，则说明文件打开成功。文件名用字符串形式，表示待打开的数据文件。常见的打开方式如下。

'r'：只读方式打开文件（默认的方式）。该文件必须已存在。

'r+'：读写方式打开文件，打开后先读后写。该文件必须已存在。

'w'：打开后写入数据。该文件已存在则更新，不存在则创建。

'w+'：读写方式打开文件。先读后写。该文件已存在则更新，不存在则创建。

'a'：在打开的文件末端添加数据。文件不存在则创建。

'a+'：打开文件后，先读入数据再添加数据。文件不存在则创建。

另外，在这些字符串后添加一个 "t"，如 'rt' 或 'wt+'，则将该文件以文本方式打开；如果添加的是 "b"，则以二进制格式打开，这也是 fopen 函数默认的打开方式。

② 关闭文件。文件在进行完读、写等操作后，应及时关闭，以免数据丢失。关闭文件用 fclose 函数，调用格式为 sta = fclose(fid)。该函数关闭 fid 所表示的文件。sta 表示关闭文件操作的返回代码，若关闭成功，返回 0，否则返回 -1。如果要关闭所有已打开的文件，用 fclose('all')。

（2）二进制文件的读写操作。

① 写二进制文件。fwrite 函数按照指定的数据精度将矩阵中的元素写入到文件中。其调用格式为：

COUNT = fwrite（fid,A,precision）

其中，COUNT 返回所写的数据元素个数（可默认），fid 为文件句柄，A 用来存放写入文件的数据变量，precision 代表数据精度，常用的数据精度有 char、uchar、int、long、float、double 等。默认数据精度为 uchar，即无符号字符格式。

示例：将一个二进制矩阵存入磁盘文件中。

```
>> a=[1 2 3 4 5 6 7 8 9];
>> fid=fopen('d:\test.bin','wb') % 以二进制数据写入方式打开文件
fid =
3     % 其值大于 0，表示打开成功
>> fwrite(fid,a,'double')
ans =
9 % 表示写入了 9 个数据
>> fclose(fid)
ans =
0    % 表示关闭成功
```

② 读二进制文件。fread 函数可以读取二进制文件的数据，并将数据存入矩阵。其调用格式为：

[A,COUNT]=fread(fid,size,precision)

其中，A 是用于存放读取数据的矩阵，COUNT 是返回所读取的数据元素个数，fid 为文件句柄，size 为可选项。若不选用 size，则读取整个文件内容；若选用，则它的值可以是 N（读取 N 个元素到一个列向量）、

inf（读取整个文件）或 [M，N]（读数据到 M×N 的矩阵中，数据按列存放）。 precision 用于控制所写数据的精度，其形式与 fwrite 函数相同。

（3）文本文件的读写操作。

① 读文本文件。fscanf 函数可以读取文本文件的内容，并按指定格式存入矩阵。其调用格式为：

[A,COUNT]=fscanf(fid,format,size)

其中，A 用来存放读取的数据，COUNT 返回所读取的数据元素个数，fid 为文件句柄，format 用来控制读取的数据格式，由 % 加上格式符组成，常见的格式符有 d（整型）、f（浮点型）、s（字符串型）、c（字符型）等，在 % 与格式符之间还可以插入附加格式说明符，如数据宽度说明等。size 为可选项，决定矩阵 A 中数据的排列形式，它的值可以取 N（读取 N 个元素到一个列向量）、inf（读取整个文件）或 [M，N]（读数据到 M×N 的矩阵中，数据按列存放）。

② 写文本文件。fprintf 函数可以将数据按指定格式写入到文本文件中。其调用格式为：

fprintf(fid,format,A)

其中，fid 为文件句柄，指定要写入数据的文件；format 是用来控制所写数据格式的格式符，与 fscanf 函数相同；A 是用来存放数据的矩阵或变量。

示例： 创建一个字符矩阵并存入磁盘，再读出赋值给另一个矩阵。

```
>> a=›string›;
>> fid=fopen('d:\char1.txt','w');
>> fprintf(fid,›%s›,a);
>> fclose(fid);
>> fid1=fopen('d:\char1.txt','rt');
>> fid1=fopen('d:\char1.txt','rt');
>> b=fscanf(fid1,'%s')
b = string
```

示例： MATLAB 读 txt 文件。

```
fid=fopen('fx.txt','r');  % 得到文件号
[f,count]=fscanf(fid,'%f %f',[12,90]);
```

% 表示把文件号 1 的数据读到 f 中。其中 f 是 [12 90] 的矩阵。

'%f %f' 表示读取数据的形式，它是按原始数据型读出的。

fclose(fid) 表示关闭文件。

另外，有的 txt 文件还可以用 load 来打开，其语句为 f=load('fx.txt') 。

第9章

9

第　　章

数据分析

　　数据分析是指用适当的统计方法对收集来的大量资料进行详细研究，提取有用信息并形成结论，以求最大化地开发数据资料的功能和发挥数据的作用。数据分析的目的是利用数据来研究一个领域的具体问题。数据分析的过程包括确定数据分析的目标、研究设计、收集数据、分析数据、解释结果等。

　　MATLAB 是一套高性能的数值计算和可视化的软件，它集矩阵运算、数值分析、信号处理和图形显示于一体，构成了一个界面友好、使用方便的用户环境，是实现数据分析与处理的有效工具。其中，MATLAB 统计工具箱更为人们提供了强有力的统计分析工具。

本章要点（已掌握的在方框中打钩）

☐ 插值和拟合的定义和基本操作
☐ 最优化问题的求解方法
☐ 概率统计与分析方法
☐ 常用的小波分析方法

▶ 9.1　插值与拟合

在解决实际问题的生产（或工程）实践和科学实验过程中，通常需要通过研究某些变量之间的函数关系来帮助我们认识事物的内在规律和本质属性，而这些变量之间的未知函数关系又常常隐含在从试验、观测得到的一组数据之中。因此，能否根据一组试验观测数据找到变量之间相对准确的函数关系就成为解决实际问题的关键。这就是数据分析问题。本节主要介绍一阶和二阶的线性插值和拟合问题。MATLAB 中常用的插值和拟合函数如表 9.1 所示。

表 9.1　常用的插值和拟合函数

插值和拟合函数	
interp1(x,y,xo)	1 维线性插值
interp1(x,y,xo,'spline')	1 维 3 次样条插值
interp1(x,y,xo,'cubic')	1 维 3 次插值
interp2(x,y,Z,xi,yi)	2 维线性插值
interp2(x,y,Z,xi,yi,'cubic')	2 维 3 次插值
interp2(x,y,Z,xi,yi,'nearest')	2 维最近邻插值
polyfit(x,y,n)	对描述 n 阶多项式 $y=f(x)$ 的数据进行最小二乘曲线拟合

9.1.1　插值

01　一维插值

一维插值问题的数学描述: 已知某一函数 $g(x)$ 的解析表达式可能十分复杂（也可以是未知的），在区间 $[a, b]$ 上 n 个互异点 x_i 处的函数值为 y_i，$i = 0, 1, \cdots, n$，还知道 $g(x)$ 在 $[a, b]$ 上有若干阶导数，如何求出 $g(x)$ 在 $[a, b]$ 上任一点 x 的近似值。

---

y=interp1(x0,y0,x,'method')

其中，method 指定插值的方法，默认为线性插值，其值可为 'nearest' 最近项插值、'linear' 线性插值、'spline' 立方样条插值，'cubic' 立方插值。所有的插值方法要求 x0 是单调的。当 x0 为等距时可以用快速插值法，使用快速插值法的格式为 '*nearest'、'*linear'、'*spline'、'*cubic'。

📝 范例 9-1　　实现一维插值

具体程序如下：

```
>>x = 0:0.1:10; y = sin(x); xi = 0:.25:10;
>>yi = interp1(x,y,xi); plot(x,y,'o',xi,yi)
```

程序运行结果如图 9.1 所示。

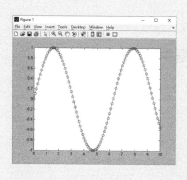

图 9.1　一维插值

02 二维插值

二维插值问题的数学描述：已知二元函数 $g(x, y)$ 在某矩形区域 $R[a, b] \times [c, d]$ 上互异节点 (xi, yj) 的函数值 zij，如何求出在 R 上任一点 (x, y) 处的函数值 $g(x, y)$ 的近似值。

z=interp2(x0,y0,z0,x,y,'method')

其中，$x0$、$y0$ 分别为 m 维和 n 维向量，表示节点；$z0$ 为 $n \times m$ 维矩阵，表示节点值；x、y 为一维数组，表示插值点，x 与 y 应是方向不同的向量，即一个是行向量，另一个是列向量；z 为矩阵，表示得到的插值；'method' 的用法与上面的一维插值相同。

9.1.2 拟合

函数拟合问题的数学描述：已知一组（二维）数据 (xi, yi)，$i = 1, 2, \cdots, n$（即平面上的 n 个点 (xi, yi)，$i = 1, 2, \cdots, n$），xi 互不相同。寻求一个函数（即曲线）$y=f(x)$，使 $f(x)$ 在某种准则下与所有数据点最为接近，即曲线拟合得最好。表 9.1 给出了常用的拟合和插值函数。

在 MATLAB 中，函数 polyfit 可解决最小二乘曲线拟合问题。函数 polyfit 采用最小二乘法对给定数据进行多项式拟合，最后给出多项式的系数，polyfit 函数的语法为：

p = polyfit(x,y,n)

采用 n 次多项式 p 来拟合数据 x 和 y，从而使 $p(x)$ 与 y 最小均方差最小。其中输入变量 x、y 为要拟合的数据，n 为拟合多项式的次数，输出变量 p 为拟合多项式：
$y=p_m x_m+\cdots+p_1 x+p_0$；系数 $p=[p_m, \cdots, p_1, p_0]$。
多项式在 x 处的值 y 可用函数 polyval 计算。

范例 9-2　多项式的拟合

具体程序如下：

```
>> x = (0: 0.1: 2.5)';
>> y = erf(x);
>> p = polyfit(x,y,6)
p =
   0.0084 -0.0983 0.4217 -0.7435 0.1471 1.1064 0.0004
>> x = (0: 0.1: 5)';
>> y = erf(x);
>> f = polyval(p,x);
>> plot(x,y,'o',x,f,'-')
>> axis([0 5 0 2])
```

程序的执行结果如图 9.2 所示。

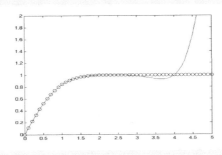

图 9.2　利用六阶多项式拟合 erf 函数

范例 9-3   **某乡镇企业1990—1996年的生产利润如下表**

年份	1990	1991	1992	1993	1994	1995	1996
利润（万元）	70	122	144	152	174	196	202

试预测 1997 年和 1998 年的利润。
作已知数据的散点图。

```
>>x0=[1990 1991 1992 1993 1994 1995 1996];
>>y0=[70 122 144 152 174 196 202];
>>plot(x0,y0,'*')
```

发现该乡镇企业的年生产利润几乎直线上升。因此，可以用 y=ax+b 作为拟合函数来预测该乡镇企业未来的年利润。编写程序如下：

```
>>x0=[1990 1991 1992 1993 1994 1995 1996];
>>y0=[70 122 144 152 174 196 202];
>>a=polyfit(x0,y0,1)
>>y97=polyval(a,1997)
>>y98=polyval(a,1998)
```

求得 a=20，b=-40705，进一步可知，1997 年的生产利润 y97=233.4286，1998 年的生产利润 y98=253.9286。

▶ 9.2 最优化计算

最优化问题是利用 MATLAB 求得在多种约束条件下的最佳目标方案的问题，MATLAB 提供了很多求解优化问题的方法，包括线性规划、非线性规划、最小二乘法问题等。

9.2.1 优化问题的求解过程

MATLAB 中的求解优化问题的求解过程都必须遵守一定的规则，首先要确定求解优化目标方程的类型，再根据目标方程的类型选择求解器，并且设置变量将其写入目标函数，编写必要的约束条件，设置好求解器的参数即可求解，最后需要改善优化结果。在此仅对求解过程进行介绍，具体的实现方法可参阅本章其他章节内容。

01 类型的确定

优化问题的第一步是类型确定，类型的确定包括两种。第一，确定目标方程的类型，类型包括线性、二次、最小二乘、平滑非线性、非平滑。第二，优化问题约束方程的类型包括无约束、边界、线性、平滑、离散值。

02 求解器的选择

部分常见可以用于优化问题求解的求解器如表 9.2 所示，包括有约束、无约束、线性约束以及多目标规划和方程求解器等类型。

表 9.2 求解器类型

约束条件	目标类型				
	Linear	Quadratic	Least Squares	Smooth nonlinear	Nons mooth
None	n/a	quadprog	lsqcurvefit,lsqnonlin	fminsearch,fminunc	fminsearch
Bound	linprog	quadprog	lsqcurvefit,lsqlin,lsqnonlin,lsqnonneg	linprog	quadprog
Linear	linprog	quadprog	lsqlin fmincon	fmincon,fseminf	—
General smooth	fmincon	fmincon		fmincon,fseminf	—
Discrete	bintprog	—	—	—	—

除表中所示的求解器外，还有一些类型的常用多目标规划和方程求解器，如目标获取求解器（fgoalattain）、最大最小化求解器（fminimax）、单变量非线性方程求解器（fzero），线性方程求解器（fsolve）等。

03 设置变量

设置变量主要包括：

（1）确定优化的目标和约束；

（2）根据目标和约束确定所有变量；

（3）将变量写入向量中。

04 目标函数

一般目标函数包括常见的变量目标函数、向量和矩阵目标函数组、线性规划或二次规划目标函数。具体的实现方法可参阅本章其他章节内容。

05 约束条件

在 MATLAB 中提供了 4 种类型的约束条件。

边界约束——为参数的上下边界进行约束（例如：$a \geqslant 10$ 并且 $a \leqslant 30$）。

线性不等式约束——$Ax \leqslant b$。

线性等式约束——$Aeq\,x=beq$。

非线性不等式 / 等式约束——$c(x) \leqslant 0$ 或者 $ceq(x)=0$。

06 参数设置

在 MATLAB 中提供了优化函数用于设置求解器参数，该函数的调用格式如下：

```
options=optimset('param1','value1','param2','value2',…)
optimset
options=optimset
options=optimset(optimfun)
options=optimset(oldopts,'param1','calue1',…)
options=optimset(oldopts,newopts)
```

其中，options=optimset('param1','value1','param2','value2',…) 用于创建 options 的优化选项参数，使用特定参数 'paramN'、valueN 进行设置；未设置的参数都设置为空矩阵。optimset 函数没有输入输出变量时显示完整的带有有效值的参数列表；options=optimset(optimfun) 创建含有所有参数名和与优化函数 optimfun 相关的默认值的选项结构 options；options=optimset(oldopts,'param1','calue1',…) 创建 oldopts 的拷贝，并用指定的数值修改参数；options=optimset(oldopts,newopts) 将 oldopts 与新的选项结构 newopts 进行合并。newopts 参数中的元素将覆盖 oldopts 参数中的对应元素。

07 求解并检查结果

使用求解函数对设置好的优化模型进行求解，并对求解器输出和迭代过程进行检查：

（1）对于求解器输出，需要检查输出参数的结构和正确性。

（2）对于迭代过程，可以在需要的时候通过设置 optimset 函数的 'Display' 选项为 'iter' 来进行显示。

08 优化结果

改善求解优化结果一般包括以下几个方面：

（1）使得结果更加可靠；

（2）如果求解失败，则改善求解方案，再次求解；

（3）确定求得的最小值是在值域范围内的最小值还是小区域范围内的最小值；

（4）对于时间开销过大的求解过程，应该改善求解条件，降低时间开销。

9.2.2 线性规划

线性规划问题是目标函数和约束条件均为线性函数的问题，MATLAB 解决的线性规划问题的标准形式为：

$$\min \ f'x \qquad x \in R^n$$

约束条件：

$$A \cdot x \leqslant b$$
$$Aeq \cdot x = beq$$
$$lb \leqslant x \leqslant ub$$

其中，f、x、b、beq、lb、ub 为向量，A、Aeq 为矩阵。

其他形式的线性规划问题都可经过适当变换化为此标准形式。

在 MATLAB 中，线性规划问题（Linear Programming）已用函数 linprog 取代了 MATLAB 5.x 版中的 lp 函数。当然，由于版本的向下兼容性，一般说来，低版本中的函数在高版本中仍可使用。

01 函数 linprog

该函数主要有以下用法。

x = linprog(f,A,b)，求 min f'x 在约束条件 $A \cdot x \leqslant b$ 下线性规划的最优解。

x = linprog(f,A,b,Aeq,beq)，等式 $Aeq \cdot x = beq$，若没有不等式约束 $A \cdot x \leqslant b$，则 A=[]，b=[]。

x = linprog(f,A,b,Aeq,beq,lb,ub)，指定 x 的范围 $lb \leqslant x \leqslant ub$，若没有等式约束 $Aeq \cdot x = beq$ ，则 Aeq=[]，beq=[]。

x = linprog(f,A,b,Aeq,beq,lb,ub,x0)，设置初值 x0。

x = linprog(f,A,b,Aeq,beq,lb,ub,x0,options)，options 为指定的优化参数。

[x,fval] = linprog(…)，返回目标函数最优值，即 fval= f'*x。

[x,lambda,exitflag] = linprog(…)，lambda 为解 x 的 Lagrange 乘子。

[x, lambda,fval,exitflag] = linprog(…)，exitflag 为终止迭代的错误条件。

[x,fval, lambda,exitflag,output] = linprog(…)，output 为关于优化的一些信息。

说明：若 exitflag>0 表示函数收敛于解 x，exitflag=0 表示超过函数估值或迭代的最大数字，exitflag<0 表示函数不收敛于解 x；若 lambda=lower 表示下界 lb，lambda=upper 表示上界 ub，lambda=ineqlin 表示不等式约束，lambda=eqlin 表示等式约束，lambda 中的非 0 元素表示对应的约束是有效约束；output=iterations 表示迭代次数，output=algorithm 表示使用的运算规则，output=cgiterations 表示 PCG 迭代次数。

📝 范例 9-4　　优化问题，求表达式 $-5x_1 - 4x_2 - 6x_3$ 的最小值

约束条件：

$$\begin{cases} x_1 - x_2 + x_3 \leqslant 20 \\ 3x_1 + 2x_2 + 4x_3 \leqslant 42 \\ 3x_1 + 2x_2 \leqslant 30 \\ 0 \leqslant x_1, 0 \leqslant x_2, 0 \leqslant x_3 \end{cases}$$

解：

```
f=[-5;-4;-6];
A=[1 -1 1;3 2 4;3 2 0];
b=[20;42;30];
lb=zeros(3,1);
[x,fval,exitflag,output,lambda]=linprog(f,A,b,[],[],lb) 结果为：
x =     % 最优解
   0.0000
  15.0000
   3.0000
fval =    % 最优值
```

```
 -78.0000
exitflag =     % 收敛
    1
output =
    iterations: 6   % 迭代次数
algorithm: 'large-scale: interior point'
   cgiterations: 0
     message: 'Optimization terminated.'

lambda =
   ineqlin: [3x1 double]
    eqlin: [0x1 double]
    upper: [3x1 double]
    lower: [3x1 double]
>> lambda.ineqlin
ans =
   0.0000
   1.5000
   0.5000
>> lambda.lower
ans =
   1.0000
   0.0000
   0.0000
```

表明：不等约束条件 2 和 3 以及第 1 个下界是有效的。

02 foptions 函数

对于优化控制，MATLAB 提供了 18 个参数，这些参数的具体意义如下。

options(1)：参数显示控制（默认值为 0）。等于 1 时显示一些结果。

options(2)：优化点 x 的精度控制（默认值为 1e-4）。

options(3)：优化函数 F 的精度控制（默认值为 1e-4）。

options(4)：违反约束的结束标准（默认值为 1e-6）。

options(5)：算法选择，不常用。

options(6)：优化程序方法选择，为 0 则为 BFCG 算法，为 1 则采用 DFP 算法。

options(7)：线性插值算法选择，为 0 则为混合插值算法，为 1 则采用立方插算法。

options(8)：函数值显示（目标—达到问题中的 Lambda）

options(9)：若需要检测用户提供的梯度，则设为 1。

options(10)：函数和约束估值的数目。

options(11)：函数梯度估值的个数。

options(12)：约束估值的数目。

options(13)：等约束条件的个数。

options(14)：函数估值的最大次数（默认值是 100 × 变量个数）

options(15)：用于目标 — 达到问题中的特殊目标。

options(16)：优化过程中变量的最小有限差分梯度值。

options(17)：优化过程中变量的最大有限差分梯度值。

options(18)：步长设置 (默认为 1 或更小)。

foptions 已经被 optimset 和 optimget 代替，详情可查函数 optimset 和 optimget。

通常在使用 MATLAB 优化工具箱中的函数时，需要根据不同要求修改优化选项，例如最大迭代次数、x 处的终止容限等。可通过 optimset 语句来修改优化选项参数：

```
options=optimset('optionName','optionValue');
```

例如：

```
options=optimset('tolx',1e-100);
options=optimset(options,'tolfun',1e-100);
```

后面还可以依此法添加很多选项信息。

📝 范例 9-5   求解下面的超定方程组

方程组为：

$$Cx=d$$

其中，

$$C = \begin{pmatrix} 1 & -1/2 & 1/3 & -1/4 \\ -1/4 & 1 & -1/2 & 1/3 \\ 1/3 & -1/4 & 1 & -1/2 \\ -1/2 & 1/3 & -1/4 & 1 \\ 1 & -1/2 & 1/3 & -1/4 \\ -1/4 & 1 & -1/2 & 1/3 \\ 1/3 & -1/4 & 1 & -1/2 \\ -1/2 & 1/3 & -1/4 & 1 \end{pmatrix}, \quad d = \begin{pmatrix} 3 \\ 2 \\ 1 \\ 0 \\ -1 \\ -2 \\ -3 \\ -4 \end{pmatrix}$$

所有变量的上下界均为 2 和 -0.1。

解：编写如下语句。

```
n=4;
x=(-1).^((1:n)-1)./(1:n);
C=gallery('circul',x); % 利用向量 x 生成循环矩阵
C=repmat(C,2,1); % 复制矩阵 C
d=n-1:-1:-n; % 构造向量 d
lb = -0.1*ones(n,1);
ub = 2*ones(n,1);
options=optimset('LargeScale','off'); % 设置不使用大型算法
[x,resnorm,residual] = lsqlin(C,d,[],[],[],[],lb,ub,[],options) % 线性最小二乘问题求解
```

运行结果如下。

```
x =
    1.3985
    0.3326
   -0.1000
   -0.1000
resnorm =39.2272
residual =
```

```
-1.7761
-2.0003
-0.6670
-0.6634
2.2239
1.9997
3.3330
3.3366
```

9.2.3 非线性规划

非线性规划在定义域范围内求解最小值，包括有约束问题和无约束问题两大类。

范例 9-6　　表面积为36平方米的最大长方体体积

建立数学模型：
设 x、y、z 分别为长方体的三个棱长，f 为长方体体积。

max f = x y (36-2 x y)/(2 (x+y))

范例 9-7　　投资决策问题

某公司准备用 5000 万元投资 A、B 两个项目，设 x_1、x_2 分别表示配给项目 A、B 的投资。预计项目 A、B 的年收益分别为 20% 和 16%。同时，投资后总的风险损失将随着总投资和单位投资的增加而增加，已知总的风险损失为 $2x_1^2+x_2^2+(x_1+x_2)^2$，问应如何分配资金，才能使期望的收益最大，同时使风险损失为最小。

建立数学模型：

max f=20x_1+16x_2- λ [2x_1^2+x_2^2+(x_1+x_2)^2]
s.t　x_1+x_2 ≤ 5000
　　 x_1 ≥ 0,x_2 ≥ 0

目标函数中的 λ ≥ 0 是权重系数。

由以上实例去掉实际背景，其目标函数与约束条件至少有一处是非线性的，称其为非线性问题。非线性规划问题可分为无约束问题和有约束问题。实例 1 为无约束问题，实例 2 为有约束问题。

01 无约束非线性规划问题：

求解无约束最优化问题的方法主要有直接搜索法 (Search method) 和梯度法 (Gradient method) 两类，单变量用 fminbnd、fminsearch、fminunc，多变量用 fminsearch、minnuc。

（1）fminunc 函数。

调用格式：　x=fminunc(fun,x0)
　　　　　　x=fminunc(fun,x0,options)
　　　　　　x=fminunc(fun,x0,options,P1,P2)
　　　　　　[x,fval]=fminunc(…)
　　　　　　[x,fval, exitflag]=fminunc(…)
　　　　　　[x,fval, exitflag,output]=fminunc(…)

```
[x,fval, exitflag,output,grad]=fminunc(…)
[x,fval, exitflag,output,grad,hessian]=fminunc(…)
```

说明：fun 为需最小化的目标函数，x0 为给定的搜索的初始点。options 指定优化参数。

返回的 x 为最优解向量；fval 为 x 处的目标函数值；exitflag 描述函数的输出条件；output 返回优化信息；grad 返回目标函数在 x 处的梯度。hessian 返回在 x 处目标函数的 Hessian 矩阵信息。

📋 **范例 9-8** 　　**求** $\min f = 8x - 4y + x^2 + 3y^2$

程序：通过绘图确定一个初始点。

```
[x,y]=meshgrid(-10:.5:10);
z= 8*x-4*y +x.^2+3*y.^2;
surf(x,y,z)
```

命令的执行结果如图 9.3 所示。

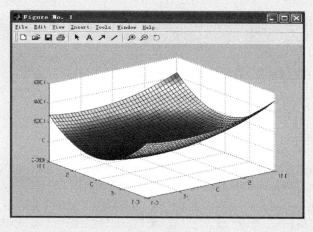

图 9.3　函数图像

选初始点：x0=(0,0)

```
x0=[0,0];
[x,fval,exitflag]=fminunc('8*x(1)-4*x(2) +x(1)^2+3*x(2)^2',x0)
```

结果：

```
x =
                -4.0000    0.6667
fval =
                -17.3333
exitflag =
      1
```

📋 **范例 9-9** 　　**求** $\min f = 4x^2 + 5xy + 2y^2$

程序：取初始点 x0=(1,1)。

```
x0=[1,1];
[x,fval,exitflag]=fminunc('4*x(1)^2+5*x(1)*x(2)+2*x(2)^2',x0)
```

结果：

```
x =
        1.0e-005 *
        0.2490  -0.4397
fval =
        8.7243e-012
exitflag =
        1
```

（2）minsearch 函数。

调用格式：x=fminsearch(fun,x0)

```
x=fminsearch(fun,x0,options)
x=fminsearch(fun,x0,options,P1,P2)
[x,fval]=fminsearch(…)
[x,fval, exitflag]=fminsearch(…)
[x,fval, exitflag,output]=fminsearch(…)
[x,fval, exitflag,output,grad]=fminsearch(…)
[x,fval, exitflag,output,grad,hessian]=fminsearch(…)
```

说明：参数及返回变量同上一函数。对求解二次以上的问题，fminsearch 函数比 fminunc 函数有效。

（3）fminbnd 函数。

调用格式： [x,fval]=fminbnd(fun,x1,x2,options)

```
x=fminbnd(…)
```

📝 **范例 9-10**　**求min（e⁻ˣ+x²），搜索区间为（0，1）**

```
[x,fval]=fminbnd('exp(-x)+x.^2',0,1)
x =
    0.3517
fval =
    0.8272
```

（4）多元非线性最小二乘问题。

非线性最小二乘问题的数学模型为：

$$\min f(x) = \sum_{i=1}^{m} f_i(x)^2 + L$$

其中，L 为常数。

调用格式：x=lsqnonlin(fun,x0)

```
x=lsqnonlin(fun,x0,lb,ub)
x=lsqnonlin(fun,x0,options)
x=lsqnonlin(fun,x0,options,P1,P2)
[x,resnorm]=lsqnonlin(…)
```

[x,resnorm, residual,exitflag]=lsqnonlin(…)

[x,resnorm, residual , exitflag,output]=lsqnonlin(…)

[x,resnorm, residual,exitflag, output,lambda]=lsqnonlin(…)

[x,resnorm, r esidual,exitflag, output,lambda,jacobian]=lsqnonlin(…)

说明：x 返回解向量；resnorm 返回 x 处残差的平方范数值 sum(fun(x).^2)；residual 返回 x 处的残差值 fun(x)；lambda 返回包含 x 处拉格朗日乘子的结构参数；jacobian 返回解 x 处的 fun 函数的雅可比矩阵。

lsqnonlin 默认时选择大型优化算法。lsqnonlin 通过将 options.LargeScale 设置为"off"来做中型优化算法。其采用一维搜索法。

范例 9-11 求 $\min f=4(x_2-x_1)^2+(x_2-4)^2$，选择初始点 $x_0(1,1)$

程序：

```
f ='4*(x(2)-x(1))^2+(x(2)-4)^2';
[x,reshorm]=lsqnonlin(f,[1,1])
x =
    3.9987    3.9987
reshorm =
    3.0563e-12
```

02 有约束非线性规划问题

数学模型：

$$\min F(x)$$

约束条件：

$$(s.t) G_i (x) \leq 0 \qquad i=1，\cdots，m$$
$$G_j (x) =0 \qquad j=m+1，\cdots，n$$
$$xl \leq x \leq xu$$

其中，$F(x)$ 为多元实值函数，$G(x)$ 为向量值函数。

在有约束非线性规划问题中，通常要将该问题转换为更简单的子问题，这些子问题可以求解并作为迭代过程的基础。其基于 K-T 方程解的方法。它的 K-T 方程可表达为：

$$f(x^*) + \sum_{i=1}^{n} \lambda_i^* \cdot \nabla G_i(x^*) = 0$$

$$\nabla G_i(x^*) = 0 \quad i = 1, \cdots, m$$

$$\lambda_i^* \geq 0 \quad i = m+1, \cdots, n$$

方程第一行描述了目标函数和约束条件在解处梯度的取消。由于梯度取消，需要用拉格朗日乘子 λ_i 来平衡目标函数与约束梯度间大小的差异。

调用格式：x=fmincon(f,x0,A,b)

x=fmincon(f,x0,A,b,Aeq,beq)

x=fmincon(f,x0,A,b,Aeq,beq,lb,ub)

x=fmincon(f,x0,A,b,Aeq,beq,lb,ub,nonlcon)

x=fmincon(f,x0,A,b,Aeq,beq,lb,ub,nonlcon,options)

[x,fval]=fmincon(⋯)

[x, fval, exitflag]=fmincon(⋯)

[x, fval, exitflag, output]=fmincon(⋯)

[x, fval, exitflag, output, lambda]=fmincon(⋯)

　　说明：x=fmincon(f,x0,A,b) 返回值 x 为最优解向量。其中，x0 为初始点，A，b 为不等式约束的系数矩阵和右端列向量。

　　x=fmincon(f,x0,A,b,Aeq,beq) 作有等式约束的问题。若没有不等式约束，则令 A=[]、b=[]。

　　x=fmincon(f, x0,A,b,Aeq,beq,lb,ub, nonlcon ,options) 中 lb、ub 为变量 x 的下界和上界；nonlcon=@fun, 由 M 文件 fun.m 给定非线性不等式约束 c(x) ≤ 0 和等式约束 g(x)=0；options 为指定优化参数进行最小化。

　　MATLAB 中非线性规划的数学模型写成以下形式：

$$\min f(x)$$

约束条件：

$$\begin{cases} Ax \le B \\ Aeq \cdot x = Beq \\ C(x) \le 0 \\ Ceq(x) = 0 \end{cases},$$

　　其中，$f(x)$ 是标量函数，A、B、Aeq、Beq 是相应维数的矩阵和向量，$C(x)$、$Ceq(x)$ 是非线性向量函数。

　　MATLAB 中的命令：

X=FMINCON(FUN,X0,A,B,Aeq,Beq,LB,UB,NONLCON,OPTIONS)

　　它的返回值是向量 x，其中 FUN 是用 M 文件定义的函数 $f(x)$；X0 是 x 的初始值；A、B、Aeq、Beq 定义了线性约束 $A \cdot x \le B, Aeq \cdot x = Beq$，如果没有等式约束，则 A=[]，B=[]，Aeq=[]，Beq=[]；LB 和 UB 是变量 x 的下界和上界，如果上界和下界没有约束，则 LB=[]，UB=[]，如果 x 无下界，则 LB=-inf，如果 x 无上界，则 UB=inf；NONLCON 是用 M 文件定义的非线性向量函数 $C(x),Ceq(x)$；OPTIONS 定义了优化参数，可以使用 Matlab 默认的参数设置。

📝 范例 9-12　求下列非线性规划问题

　　具体问题如下：

$$\begin{cases} \min f(x) = x_1^2 + x_2^2 + 8 \\ x_1^2 - x_2 \ge 0 \\ -x_1 - x_2^2 + 2 = 0 \\ x_1, x_2 \ge 0 \end{cases}$$

　　（1）编写 M 文件 fun1.m：

```
function f=fun1(x);
f=x(1)^2+x(2)^2+8;
编写 M 文件 fun2.m
function [g,h]=fun2(x);
g=-x(1)^2+x(2);
```

h=-x(1)-x(2)^2+2; % 等式约束

（2）在 MATLAB 的命令行窗口依次输入：

```
options=optimset;
[x,y]=fmincon('fun1',rand(2,1),[],[],[],[],zeros(2,1),[],
'fun2',options)
```

就可以求得当 x_1=1，x_2=1 时，最小值 y=10。

📝 范例 9-13   求解 $\min 100(x_2 - x_2^2)^2 + (1 - x_1)^2$

约束条件：

$$x_1 \leqslant 2;$$
$$x_2 \leqslant 2$$

程序：首先建立 ff6.m 文件。

```
function f=ff6(x)
f=100*(x(2)-x(2)^2)^2+(1-x(1))^2;
```

然后在工作区输入程序：

```
x0=[1.1,1.1];
A=[1 0;0 1];
b=[2;2];
[x,fval]=fmincon(@ff6,x0,A,b)
```

结果：

```
x =
          1.0000   1.0000
fval =
          3.1936e-011
```

📝 范例 9-14   求解inf=exp(x(1))*(6*x(1)^2+3*x(2)^2+2*x(1)*x(2)+4*x(2)+1)

约束条件：

$$x(1)*x(2)-x(1)-x(2)+1 \leqslant 0$$
$$-2*x(1)*x(2)-5 \leqslant 0$$

程序：首先建立目标函数文件 ff8.m 文件。

```
function  f=ff8(x)
f=exp(x(1))*(6*x(1)^2+3*x(2)^2+2*x(1)*x(2)+4*x(2)+1);
```

再建立非线性的约束条件文件 ff8g.m 文件：

```
function  [c,ceq]=ff8g(x)
c(1)=x(1)*x(2)-x(1)-x(2)+1;
c(2)=-2*x(1)*x(2)-5;
```

```
ceq=[];
```

然后在工作区输入程序：

```
x0=[1,1];
nonlcon=@ff8g
[x, fval] =fmincon(@ff8,x0,[],[],[],[],[],[], nonlcon)
```

结果：

```
x =
            -2.5000    1.0000
fval =
            3.3244
exitflag =
            1
```

当有等式约束时，要放在矩阵 g 的位置，如上例中加等式约束：

```
x(1)+2*x(1)=0
```

程序：首先建立 fun1.m 文件。

```
function[c,g]=ff8g1(x)
c(1)=x(1)*x(2)-x(1)-x(2)+1;
c(2)=-2*x(1)*x(2)-5;
g(1)=x(1)+2*x(2);
```

然后在工作区输入程序：

```
x0=[-1,1];
nonlcon=ff8g1;
[x, fval,exitflag] =fmincon(@ff8,x0,[],[],[],[],[],[], nonlcon)
```

结果：

```
x =
            -2.2361    1.1180
fval =
            3.6576
exitflag =
            1
```

9.2.4 最小二值问题

使用最小二乘法时，首先进行的步骤就是求二乘法的最小值。本节主要介绍使用线性二乘法和非线性二乘法在 MATLAB 中求最小值的方法。线性最小二乘优化问题的一般数学描述为：

$$\min \quad \frac{1}{2}\|\boldsymbol{Cx}-\boldsymbol{d}\|_2^2$$

$$s.t.\begin{cases} \boldsymbol{Ax} \leqslant \boldsymbol{b} & \text{（线性不等式约束）} \\ \boldsymbol{Aeq} \cdot \boldsymbol{x} = \boldsymbol{beq} & \text{（线性等式约束）} \\ \boldsymbol{lb} \leqslant \boldsymbol{x} \leqslant \boldsymbol{ub} \end{cases}$$

01 约束线性最小二乘

函数 lsqlin 的使用方法如下。

x=lsqlin(C,d,A,b)：求在约束条件下，方程 $Cx=d$ 的最小二乘解 x。

x=lsqlin(C,d,A,b,Aeq,beq)：Aeq、beq 满足等式约束，若没有不等式约束，则设 $A=[\ ]$、$b=[\ ]$。

其中，C、A、Aeq 为矩阵，d、b、beq、lb、ub、x 是向量。

x=lsqlin(C,d,A,b,Aeq,beq,lb,ub)：lb、ub 满足，若没有等式约束，则 $Aeq=[\ ]$，$beq=[\ ]$。

x=lsqlin(C,d,A,b,Aeq,beq,lb,ub,x0)：x0 为初始解向量，若 x 没有界，则 $lb=[\ ]$，$ub=[\ ]$。

x=lsqlin(C,d,A,b,Aeq,beq,lb,ub,x0,options)：options 为指定优化参数。

[x,resnorm] = lsqlin($\cdots$)：resnorm=norm(C*x-d)^2，即 2- 范数。

[x,resnorm,residual] = lsqlin($\cdots$)：residual=C*x-d，即残差。

[x,resnorm,residual,exitflag] = lsqlin($\cdots$)：exitflag 为终止迭代的条件。

[x,resnorm,residual,exitflag,output] = lsqlin($\cdots$)：output 表示输出优化信息。

[x,resnorm,residual,exitflag,output,lambda] = lsqlin($\cdots$)：lambda 为解 x 的 Lagrange 乘子。

02 非线性数据（曲线）拟合

非线性曲线拟合是已知输入向量 xdata 和输出向量 ydata，并且知道输入与输出的函数关系为 ydata=F(x, xdata)，但不知道系数向量 x。下面进行曲线拟合，求 x 使得 ydata=F(x, xdata) 成立。

在 MATLAB 中，使用函数 curvefit 解决这类问题。

函数 lsqcurvefit 的格式为：

```
x = lsqcurvefit(fun,x0,xdata,ydata)
x = lsqcurvefit(fun,x0,xdata,ydata,lb,ub)
x = lsqcurvefit(fun,x0,xdata,ydata,lb,ub,options)
[x,resnorm] = lsqcurvefit(…)
[x,resnorm,residual] = lsqcurvefit(…)
[x,resnorm,residual,exitflag] = lsqcurvefit(…)
[x,resnorm,residual,exitflag,output] = lsqcurvefit(…)
[x,resnorm,residual,exitflag,output,lambda] = lsqcurvefit(…)
[x,resnorm,residual,exitflag,output,lambda,jacobian] =lsqcurvefit(…)
```

参数说明：

x0 为初始解向量；xdata、ydata 为满足关系 ydata=F(x, xdata) 的数据。

lb、ub 为解向量的下界和上界，若没有指定界，则 $lb=[\ ]$，$ub=[\ ]$。

options 为指定的优化参数。

fun 为拟合函数，其定义方式为：

```
x = lsqcurvefit(@myfun,x0,xdata,ydata),
```

其中，myfun 可以定义为 function F = myfun(x,xdata)，用于计算 x 处的拟合函数值；

resnorm=sum ((fun(x,xdata)-ydata).^2)，即在 x 处残差的平方和；

residual=fun(x,xdata)-ydata，即在 x 处的残差；

exitflag 为终止迭代的条件；

output 为输出的优化信息；

lambda 为解 x 处的 Lagrange 乘子；

jacobian 为解 x 处拟合函数 fun 的 jacobian 矩阵。

范例 9-15   根据观测点生成拟合曲线

根据要求在 MATLAB 中建立拟合函数的 M 文件 fun.m，代码如下：

```
function f=fun(x,xdata)
n=length(xdata);
for i=1:n
  f(i)=x(1)+x(2)*xdata(i)+x(3)*sin(xdata(i))+x(4)*exp(xdata(i));
end
```

其实现的 MATLAB 代码如下：

```
>> clear all;
>> xdata=[0.1 0.4 0.5 0.7 0.7 0.9];
>> ydata=[0.61 0.92 0.99 1.52 1.47 2.03];
>> x0=[1 1 1 1]';
>> [x,resnorm,residual]=lsqcurvefit('fun',x0,xdata,ydata)
```

运行程序，输出如下：

```
x =

  -1.2970
  -0.7988
  -0.6162
   1.8476
resnorm =
   0.0076
residual =

     -0.0064   -0.0201    0.0644   -0.0524   -0.0024    0.0159
```

从而拟合函数为：

$f(x)=-1.2970-0.7988*x+0.6162\sin x+1.8476e^x$

绘制拟合曲线的代码如下：

```
>> plot(xdata,ydata,'ro');
>> xi=0:0.1:1.0;
>> y=fun(x,xi);
>> grid on;
>> hold on;
>> plot(xi,y);
>> legend(' 观测数据点 ',' 拟合数据点 ');
>> xlabel(' 数据 ');
>> ylabel(' 拟合 ');
```

运行程序，效果如图 9.4 所示。

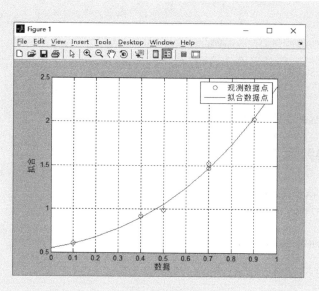

图 9.4   拟合图像

▶9.3 概率统计与分析

MATLAB 所带的统计工具箱几乎涵盖了诸如参数估计、假设检验、方差分析、回归分析等数理统计的所有领域，并且统计工具箱的命令调用格式极其简单。

9.3.1 统计量操作

统计工具箱有图形演示程序 disttool ，可以直观演示常见分布的函数图像以及概率密度函数的图像，通过该界面可以对各种分布的相关参数的作用有一个直观的印象。在 MATLAB 命令窗中输入 disttool 并按回车，将弹出图形窗口，如图 9.5 所示。

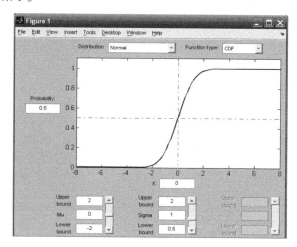

图 9.5   统计工具箱有图形演示

其中的参数可以调整以获不同的分布函数。

R = binornd(N，P)，N、P 为二项分布的两个参数，返回服从参数为 N、P 的二项分布的随机数，N、P 大小相同。

R = binornd(N，P，m)，*m* 为指定随机数的个数，与 *R* 同维数。

R = binornd(N，P，m，n)，*m*、*n* 分别表示 *R* 的行数和列数。

表 9.3 给出了可以产生常见分布的随机数产生函数。

表 9.3　常见分布的随机数产生函数

函数名	调用格式	注释
unifrnd	unifrnd (A,B,m,n)	[A,B] 上均匀分布 (连续) 随机数
unidrnd	unidrnd(N,m,n)	均匀分布 (离散) 随机数
exprnd	exprnd(Lambda,m,n)	参数为 Lambda 的指数分布随机数
normrnd	normrnd(MU,SIGMA,m,n)	参数为 MU、SIGMA 的正态分布随机数
chi2rnd	chi2rnd(N,m,n)	自由度为 N 的卡方分布随机数
trnd	trnd(N,m,n)	自由度为 N 的 t 分布随机数
frnd	frnd(N1, N2,m,n)	第一自由度为 N1、第二自由度为 N2 的 F 分布随机数
gamrnd	gamrnd(A, B,m,n)	参数为 A、B 的伽玛分布随机数
betarnd	betarnd(A, B,m,n)	参数为 A、B 的贝塔分布随机数
lognrnd	lognrnd(MU, SIGMA,m,n)	参数为 MU、SIGMA 的对数正态分布随机数
nbinrnd	nbinrnd(R, P,m,n)	参数为 R、P 的负二项式分布随机数
ncfrnd	ncfrnd(N1, N2, delta,m,n)	参数为 N1、N2、delta 的非中心 F 分布随机数
nctrnd	nctrnd(N, delta,m,n)	参数为 N、delta 的非中心 t 分布随机数
ncx2rnd	ncx2rnd(N, delta,m,n)	参数为 N、delta 的非中心卡方分布随机数
raylrnd	raylrnd(B,m,n)	参数为 B 的瑞利分布随机数
weibrnd	weibrnd(A, B,m,n)	参数为 A、B 的韦伯分布随机数
binornd	binornd(N,P,m,n)	参数为 N、p 的二项分布随机数
geornd	geornd(P,m,n)	参数为 p 的几何分布随机数
hygernd	hygernd(M,K,N,m,n)	参数为 M、K、N 的超几何分布随机数
poissrnd	poissrnd(Lambda,m,n)	参数为 Lambda 的泊松分布随机数

9.3.2　统计分析

（1）对于常用随机变量的数学期望和方差，MATLAB 提供了相对应的函数。

MATLAB 提供了计算常见分布的均值和方差的函数，如表 9.4 所示。

表 9.4　常见分布的均值和方差

函数名	调用形式	注　释
unifstat	[m,v]=unifstat (a, b)	均匀分布 (连续) 的期望和方差 ,m 为期望 ,v 为方差
unidstat	[m,v]]=unidstat (n)	均匀分布 (离散) 的期望和方差
expstat	[m,v]]=expstat (p, Lambda)	指数分布的期望和方差
normstat	[m,v]=normstat(mu,sigma)	正态分布的期望和方差
chi2stat	[m,v]]=chi2stat (x, n)	卡方分布的期望和方差
tstat	[m,v]]=tstat (n)	t 分布的期望和方差
fstat	[m,v]]=fstat (n1, n2)	F 分布的期望和方差
gamstat	[m,v]]=gamstat (a, b)	伽玛分布的期望和方差
betastat	[m,v]=betastat (a, b)	贝塔分布的期望和方差
lognstat	[m,v]]=lognstat (mu, sigma)	对数正态分布的期望和方差
nbinstat	[m,v]]=nbinstat (R, P)	负二项式分布的期望和方差
ncfstat	[m,v]]=ncfstat (n1, n2, delta)	非中心 F 分布的期望和方差
nctstat	[m,v]]=nctstat (n, delta)	非中心 t 分布的期望和方差
ncx2stat	[m,v]]=ncx2stat (n, delta)	非中心卡方分布的期望和方差
raylstat	[m,v]]=raylstat (b)	瑞利分布的期望和方差
weibstat	[m,v]=weibstat (a, b)	韦伯分布的期望和方差
binostat	[m,v]]=binostat (n,p)	二项分布的期望和方差
geostat	[m,v]=geostat (p)	几何分布的期望和方差
hygestat	[m,v]]=hygestat (M,K,N)	超几何分布的期望和方差
poisstat	[m,v]]=poisstat (Lambda)	泊松分布的期望和方差

范例 9-16 随机变量X在(-1，3)服从均匀分布，求数学期望与方差

具体程序如下：

```
>> [m,v]=unifstat(-1,3)
m =
    1
v =
1.3333
```

（2）参数估计。

设已知总体的分布，但是其中的一个或几个参数是未知的，怎样根据抽取的样本估计未知的参数，这就是参数估计问题。

MATLAB 提供了丰富的参数估计函数。

参数估计函数表如表 9.5 所示。

表 9.5　参数估计函数表

函数名	调用形式	函数说明
binofit	PHAT= binofit(X,N) [PHAT,PCI] = binofit(XN) [PHAT,PCI]= binofit (X,N,ALPHA)	二项分布的概率的最大似然估计 置信度为 95% 的参数估计和置信区间 返回水平 α 的参数估计和置信区间
poissfit	Lambdahat=poissfit(X) [Lambdahat,Lambdaci] = poissfit(X) [Lambdahat,Lambdaci]= poissfit (X,ALPHA)	泊松分布的参数的最大似然估计 置信度为 95% 的参数估计和置信区间 返回水平 α 的 λ 参数和置信区间
normfit	[muhat,sigmahat,muci,sigmaci] =normfit(X) [muhat,sigmahat,muci,sigmaci] =normfit(X,ALPHA)	正态分布的最大似然估计，置信度为 95% 返回水平 α 的期望、方差值和置信区间
betafit	PHAT =betafit (X) [PHAT,PCI]= betafit (X,ALPHA)	返回贝塔分布参数 a 和 b 的最大似然估计 返回最大似然估计值和水平 α 的置信区间
unifit	[ahat,bhat] = unifit(X) [ahat,bhat,ACI,BCI] = unifit(X) [ahat,bhat,ACI,BCI]=unifit(X,ALPHA)	均匀分布参数的最大似然估计 置信度为 95% 的参数估计和置信区间 返回水平 α 的参数估计和置信区间
expfit	muhat =expfit(X) [muhat,muci] = expfit(X) [muhat,muci] = expfit(X,alpha)	指数分布参数的最大似然估计 置信度为 95% 的参数估计和置信区间 返回水平 α 的参数估计和置信区间
gamfit	phat =gamfit(X) [phat,pci] = gamfit(X) [phat,pci] = gamfit(X,alpha)	伽玛分布参数的最大似然估计 置信度为 95% 的参数估计和置信区间 返回最大似然估计值和水平 α 的置信区间
weibfit	phat = weibfit(X) [phat,pci] = weibfit(X) [phat,pci] = weibfit(X,alpha)	韦伯分布参数的最大似然估计 置信度为 95% 的参数估计和置信区间 返回水平 α 的参数估计及其区间估计
mle	phat = mle('dist',data) [phat,pci] = mle('dist',data) [phat,pci] = mle('dist',data,alpha) [phat,pci] = mle('dist',data,alpha,p1)	分布函数名为 dist 的最大似然估计 置信度为 95% 的参数估计和置信区间 返回水平 α 的最大似然估计值和置信区间 仅用于二项分布，pl 为试验总次数

范例 9-17 一批数据550 542 539 560 544 543 551 552 547 548 近似服从正态分布，试求总体均值及总体方差的0.95 的置信区间

具体程序如下：

```
>> x=[550 542 539 560 544 543 551 552 547 548];
>> [mu,sigma,muci,sigmaci]=normfit(x)
mu =
      547.6000
sigma =
      6.0590
muci =
      543.2657
      551.9343
sigmaci =
      4.1676
      11.0613
```

结果显示 μ 的置信度 95% 的置信区间为 [543.2657 551.9343]，σ 的置信度 95% 的置信区间为 [4.1676 11.0613]。

（3）假设检验。

对总体 X 的分布律或分布参数作某种假设，根据抽取的样本观测值，运用数理统计的分析方法，检验这种假设是否正确，从而决定接受假设还是拒绝假设，这就是假设检验问题。

范例 9-18 假设检验应用

某车间用一台包装机包装食品，食品重量是一个随机变量，它服从 N(0.5,0.0152)。某日开工后为检验包装机是否正常，随机地抽取它所包装的食品 9 袋，称的净重为 (kg)0.497 0.5.6   0.524 0.498 0.511 0.520 0.515 0.512，试求在 α =0.05 的显著性水平下检验该机器工作是否正常？

```
>> x=[0.497 0.506 0.518 0.524 0.498 0.511 0.520 0.515 0.512];
>> h=ztest(x,0.5,0.015)
h =
      1
```

结果显示拒绝零假设，即认为工作不正常。

9.3.3 概率密度与分布

函数 pdf 可以计算概率 $P\{X=x\}$（若 X 为连续型随机变量，则是计算密度函数的值 $f(x)$），利用通用函数 cdf 可计算概率 $P\{X \leqslant x\}$。

Y=pdf(name，K，A)

Y=pdf(name，K，A，B)

Y=pdf(name，K，A，B，C)

说明：返回在 $X=K$ 处，参数为 A、B、C 的概率密度值，对于不同的分布，参数个数是不同；name 为分布函数名，其取值如表 9.6 所示。

表 9.6　常见分布函数表

name 的取值			函数说明
'beta'	或	'Beta'	贝塔分布
'bino'	或	'Binomial'	二项分布
'chi2'	或	'Chisquare'	卡方分布
'exp'	或	'Exponential'	指数分布
'f'	或	'F'	F 分布
'gam'	或	'Gamma'	伽玛分布
'geo'	或	'Geometric'	几何分布
'hyge'	或	'Hypergeometric'	超几何分布
'logn'	或	'Lognormal'	对数正态分布
'nbin'	或	'Negative Binomial'	负二项式分布
'ncf'	或	'Noncentral F'	非中心 F 分布
'nct'	或	'Noncentral t'	非中心 t 分布
'ncx2'	或	'Noncentral Chi-square'	非中心卡方分布
'norm'	或	'Normal'	正态分布
'poiss'	或	'Poisson'	泊松分布
'rayl'	或	'Rayleigh'	瑞利分布
't'	或	'T'	T 分布
'unif'	或	'Uniform'	均匀分布
'unid'	或	'Discrete Uniform'	离散均匀分布
'weib'	或	'Weibull'	Weibull 分布

范例 9-19　设随机变量 $X \sim N(0, 1)$，求概率 $P\{X \leqslant 0.4\}$

具体程序如下：

```
>> cdf('norm',0.4,0,1)
ans =
0.6554
```

▶9.4　小波分析

小波分析（Wavelets Analysis）是 20 世纪 80 年代中后期逐渐发展起来的一种新的数学分析方法，它既具有丰富的数学理论意义，又具有广泛的工程应用价值。小波分析广泛应用在信号处理、图像处理、语音分析以及其他非线性科学领域。

9.4.1　小波分析基础

MATLAB 小波分析工具箱提供了一个可视化的小波分析工具，是一个很好的算法研究和工程设计、仿真和应用平台，特别适合于信号和图像分析、综合、去噪、压缩等领域的研究人员。

小波分析工具箱的 7 类函数是常用的小波基函数、连续小波变换及其应用、离散小波变换及其应用、小波包变换、信号和图像的多尺度分解、基于小波变换的信号去噪、基于小波变换的信号压缩。其中，常用的小波基函数如表 9.7 所示。

表 9.7　常用的小波基函数

参数表示	小波基的名称
morl	Morlet 小波
mexh	墨西哥草帽小波
meyr	Meyer 小波
haar	Haar 小波
dbN	紧支集正交小波
symN	近似对称的紧支集双正交小波
coifN	Coifmant 小波
biorNr.Nd	双正交样条小波

下面介绍常用的几种小波分析工具箱函数指令及其最常用的语法格式。

（1）waveinfo 函数。

语法格式：waveinfo('wname')。

实现功能：查询小波函数的基本信息。

例如，查询 Haar 小波函数，在命令行窗口输入：

```
>> waveinfo('haar')
```

程序输出的结果如下：

```
General characteristics: Compactly supported
wavelet, the oldest and the simplest wavelet.
scaling function phi = 1 on [0 1] and 0 otherwise.
wavelet function psi = 1 on [0 0.5[, = -1 on [0.5 1] and 0 otherwise.
```

其他小波函数信息查询同样使用此命令，比如查询 Morlet 小波函数和 Mexihat 函数，可以输入 >> waveinfo('morl') 和 >> waveinfo‹mexh›。通过此命令，可以访问到小波函数的表达式、有效支撑等基本性质。

（2）wfilters 函数。

语法格式：[Lo_D,Hi_D,Lo_R,Hi_R]= wfilters ('wname')。

```
[F1,F2]= wfilters ('wname','type')
```

实现功能：小波滤波器。第一种格式用来计算正交小波或双正交小波 'wname' 相关的 4 个滤波器。这 4 个滤波器分别如下。

Lo_D——分解低通滤波器。

Hi_D——分解高通滤波器。

Lo_R——重构低通滤波器。

Hi_R——重构高通滤波器。

第二种格式返回以下滤波器。

如果 'type'='d'，则返回分解滤波器 Lo_D 和 Hi_D。

如果 'type'='r'，则返回重构滤波器 Lo_R 和 Hi_R。

如果 'type'='l'，则返回低通滤波器 Lo_D 和 Lo_R。

如果 'type'='h'，则返回高通滤波器 Hi_D 和 Hi_R。

📋 范例 9-20　　wfilters函数应用程序

具体程序如下：

```
% 本例需要重点掌握 wfilters 函数、stem 函数的用法和底层绘图技法的属性设置。
clc;clear all;clf;% 清屏、清内存以及清除当前图形
%'db1','db2',,,,,'db5','haar' 小波都是正交小波
[Lo_D,Hi_D,Lo_R,Hi_R]=wfilters('db45');%stem 函数用于绘制杆状图
subplot(221);stem(Lo_D,'color','r');xlim([0 95]);title(' 分解低通滤波器 ','fontsize',10);
axis tight;xlabel('x');ylabel('y');
subplot(222);stem(Hi_D,'color','r');xlim([0 95]); title(' 分解高通滤波器 ','fontsize',10);
axis tight;xlabel('x');ylabel('y');
subplot(223);stem(Lo_R,'color','r');xlim([0 95]);title(' 重构低通滤波器 ','fontsize',10);
axis tight;xlabel('x');ylabel('y');
subplot(224);stem(Hi_R,'color','r');xlim([0 95]);title(' 重构高通滤波器 ','fontsize',10);
axis tight;xlabel('x');ylabel('y');
```

程序输出的结果如图 9.6 所示。

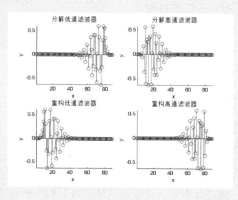

图 9.6　滤波器

（3）dwt 函数。

语法格式：[cA,cD]=dwt(X,'wname') 或 [cA,cD]=dwt(X, Lo_D,Hi_D) 。

实现功能：dwt 命令使用特定的小波 'wname' 或者特定的小波分解滤波器 Lo_D 和 Hi_D 执行单层一维小波分解。

📋 范例 9-21　　dwt函数的应用程序实例

具体程序如下：

```
% 本程序需要重点掌握 dwt 函数用法以及图像分区画法的窍门
clc;clear all;close all;clf;
a=randn(1,256);
b=1.5*sin(1:256);
s=a+b;
[ca1,cd1]=dwt(s,'haar');
subplot(311);plot(s,'k-');title(' 原始信号 ','fontsize',10);
axis tight;xlabel('x');ylabel('y');
subplot(323);plot(ca1,'k-');title('haar 低频系数 ','fontsize',10);
```

```
axis tight;xlabel('x');ylabel('y');
subplot(324);plot(cd1,'k-');title('haar 高频系数 ','fontsize',10);
axis tight;xlabel('x');ylabel('y');
% 计算两个相关的分解滤波器，并直接使用该滤波器计算低频和高频系数
[Lo_D,Hi_D]=wfilters('haar','d');
[cal,cd1]=dwt(s,Lo_D,Hi_D);
% 进行单尺度 db2 离散小波变换并观察最后系数的边缘效果
[ca2,cd2]=dwt(s,'db2');%db2 也是一种小波函数
subplot(325);plot(ca2,'k-');title('db2 低频系数 ','fontsize',10);
axis tight;xlabel('x');ylabel('y');
subplot(326);plot(cd2,'k-');title('db2 高频系数 ','fontsize',10);
axis tight;xlabel('x');ylabel('y');
```

程序输出的结果如图 9.7 所示。

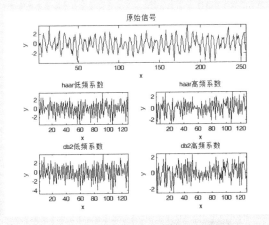

图 9.7　原始信号及系数

dwt2 函数实现单尺度二维离散小波分解的功能，语法格式为：

[cA, cH , cV cD]=dwt2(X,'wname') 或 [cA, cH , cV cD]=dwt2(X, Lo_D,Hi_D)

idwt 函数实现单尺度一维小波重构，语法格式为：

X=idwt(cA,cD, 'wname') 或 X=idwt(cA,cD, Lo_R,Hi_R)

idwt2 函数实现单尺度二维小波重构，语法格式为：

X=idwt2(cA, cH , cV cD, 'wname') 或 X=idwt2(cA, cH , cV cD, Lo_R,Hi_R)

（4）wavedec 函数。
语法格式：[C,L]= wavedec (X,N,'wname')。

[C,L]= wavedec (X,N, Lo_D,Hi_D)

实现功能：使用给定的小波 'wname' 或者滤波器 Lo_D 和 Hi_D 进行多尺度一维小波分解。第一种格式返回信号 X 在 N 层的小波分解。N 必须是正整数。输出的结果包含分解向量 C 和相应的记录向量 L。第二种格式使用指定的低通和高通分解滤波器，返回分解结构。

📑 范例 9-22   wavedec函数的应用实例

具体程序如下：

```
% 本程序需要重点掌握 wavedec 函数和 wavread 函数的用法
clear all;clc;close all;
% 函数 wavread 读入声音文件，扩展名 .wav 不能省略。6144 为采样点数量。
s=wavread('SoundTest.wav',6144);
%bhk_med.wav 放在当前默认 work 文件目录下
% 函数 subplot(2,1,1) 与 subplot(211) 实现效果相同
figure;subplot(2,1,1);plot(4000:length(s),s(4000:length(s)),'k-');
xlim([4000 6200]);ylim([-0.08 0.08]);
xlabel(' 信号序列 ');ylabel(' 信号值 ');
title(' 原始声音图像 ','fontsize',11);
[c,l]=wavedec(s(4000:length(s)),2,'db2');% 使用 db2 小波进行两层分解
subplot(212);plot(c,'k-');xlim([0 2200]);ylim([-0.17 0.17]);
title(' 小波分解结构 ','fontsize',11);
xlabel(' 低频系数 & 第二层及第一层高频的信号序列 ','fontsize',11);
ylabel(' 信号值 ');
```

程序输出的结果如图 9.8 所示。

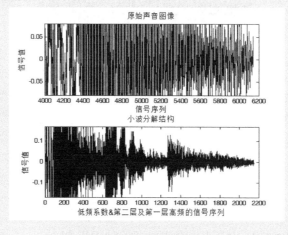

图 9.8   小波分解

wavedec2 函数实现二维多尺度分解，语法格式为：

[C,S]=wavedec2(X,N,'wname') 或 [C,S]=wavedec2(X,N,Lo_D,Hi_D)

格式一使用小波 'wname' 返回矩阵 X 尺度为 N 时的小波分解。输出是分解向量 C 和相应的记录矩阵 S。N 必须是正整数。

waverec 函数实现一维小波重构，语法格式为：

X=waverec(C,L,'wname') 或 X= waverec(C,L,Lo_R,Hi_R)

waverec 使用指定小波 'wname' 或者重构滤波器 Lo_R 和 Hi_R 进行一维多尺度小波重构，它返回的是原信号 X。

waverec2 函数实现二维小波重构，语法格式为：

X=waverec2(C,S,'wname') 或 X= waverec2(C,S,Lo_R,Hi_R)

wrcoef 函数用法与 waverec 类似。

语法格式：X=wrcoef('type',C,L,'wname',N) 。

X=wrcoef('type',C,L,Lo_R,Hi_R,N)

实现功能：wrcoef 基于小波分解结构 [C,L]，以及指定的小波 'wname' 或者重构滤波器 Lo_R 和 Hi_R 进行一维小波系数的单支重构。第一种格式基于小波分解结构 [C,L] 在 N 层计算重构系数向量。N 为正整数。'type' 决定重构的系数是低频（'type'='a'）还是高频（'type'='d'）。第二种格式必须根据指定的重构滤波器进行系数重构。

📑 范例 9-23　　wrcoef函数应用实例

具体程序如下：

```
% 本程序需要重点掌握 wrcoef 函数的用法和分段函数的图形画法
clc;close all;clear all;
N=1000;t=1:N;sig1=sin(0.3*t);% 生成正弦信号
sig2(1:500)=((1:500)-1)/500;sig2(501:N)=(1000-(501:1000))/500;% 生成三角波信号
x=sig1+sig2;[c,l]=wavedec(x,2,'db6');% 进行两层小波分解
a2=wrcoef('a',c,l,'db6',2);a1=wrcoef('a',c,l,'db6',1);% 重构第 1~2 层逼近系数
d2=wrcoef('d',c,l,'db6',2);d1=wrcoef('d',c,l,'db6',1);% 重构第 1~2 层细节系数
subplot(511);plot(x,'linewidth',2);ylabel(' 原始信号 ');xlabel(' 信号序列 ');
subplot(512);plot(a2,'linewidth',2);ylabel('a2');xlabel(' 信号序列 ');
subplot(513);plot(a1,'linewidth',2);ylabel('a1');xlabel(' 信号序列 ');
subplot(514);plot(d2,'linewidth',2);ylabel('d2');xlabel(' 信号序列 ');
subplot(515);plot(d1,'linewidth',2);ylabel('d1');xlabel(' 信号序列 ');
```

程序输出的结果如图 9.9 所示。

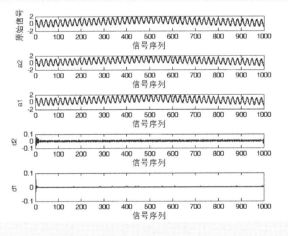

图 9.9　信号序列

wrcoef2 函数实现二维小波系数的单支重构，用法与 wrcoef 类似，语法格式为 X =wrcoef 2('type',C,S,'wname',N) 或 X =wrcoef2 ('type',C,S, Lo_R,Hi_R,N)。

9.4.2　去噪与压缩

（1）图像去噪。

噪声可以理解为妨碍人的视觉器官或系统传感器对所接收图像源进行理解或分析的各种因素。一般噪声

是不可预测的随机信号，它只能用概率统计的方法去认识。噪声对图像处理十分重要，它影响图像处理的输入、采集、处理的各个环节以及输出结果的全过程。特别是图像的输入、采集的噪声是个十分关键的问题，若输入伴有较大噪声，必然影响处理全过程及输出结果。因此一个良好的图像处理系统，不论是模拟处理还是计算机处理，无不把减少最前一级的噪声作为主攻目标。去噪已成为图像处理中极其重要的步骤。

二维信号用二维小波分析的去噪步骤有 3 步。

（1）二维信号的小波分解。选择一个小波和小波分解的层次 N，然后计算信号 s 到第 N 层的分解。

（2）对高频系数进行阈值量化。对于从 1 到 N 的每一层，选择一个阈值，并对这一层的高频系数进行软阈值量化处理。

（3）二维小波的重构。根据小波分解的第 N 层的低频系数和经过修改的从第一层到第 N 层的各层高频系数计算二维信号的小波重构。

在这 3 个步骤中，重点是如何选取阈值和阈值的量化 。下面给出一个二维信号（文件名为 detfinger. mat），并利用小波分析对信号进行去噪处理。MATLAB 的去噪函数有 ddencmp、wdencmp 等，其去噪过程可以按照如下程序进行。

📝 范例 9-24　程序清单

具体程序如下：

```
% 装入图像
load tire
% 下面进行噪声的产生
init=3718025452;
rand('seed',init);
Xnoise=X+18*(rand(size(X)));% 显示原始图像及它的含噪声的图像
colormap(map);
subplot(2,2,1);image(wcodemat(X,192));
title(' 原始图像 X')
axis square
subplot(2,2,2);image(wcodemat(X,192));
title(' 含噪声的图像 Xnoise');
axis square
% 用 sym5 小波对图像信号进行二层的小波分解
[c,s]=wavedec2(X,2,'sym5');
% 下面进行图像的去噪处理
% 使用 ddencmp 函数来计算去噪的默认阈值和熵标准
% 使用 wdencmp 函数来实现图像的压缩
[thr,sorh,keepapp]=ddencmp('den','wv',Xnoise);
[Xdenoise,cxc,lxc,perf0,perfl2]=wdencmp('gbl',c,s,'sym5',2,thr,sorh,keepapp);
% 显示去噪后的图像
subplot(223);image(Xdenoise);
title(' 去噪后的图像 ');
axis square
```

输出结果从图 9.10 中 3 个图像的比较可以看出，MATLAB 中的 ddencmp 和 wdencmp 函数可以有效地进行去噪处理。

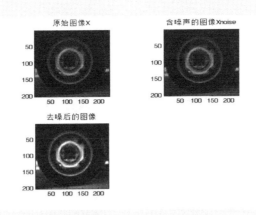

图 9.10　图像去噪

再给定一个有较大白噪声的 delmontl.mat 图像。由于图像所含的噪声主要是白噪声，而且主要集中在图像的高频部分，所以我们可以通过全部滤掉图像中的高频部分实现图像的去噪。具体去噪过程可按照如下程序进行。

范例 9-25　程序清单

具体程序如下：

```
% 下面装入原始图像,X 中含有被装载的图像
load wmandril;% 画出原始图像
subplot(221);image(X);colormap(map);
title(' 原始图像 ');
axis square
% 产生含噪图像
init=2055615866;randn('seed',init);
x=X+38*randn(size(X));
% 画出含噪图像
subplot(222);image(x);colormap(map);
title(' 含噪声图像 ');
axis square;
% 下面进行图像的去噪处理
% 用小波函数 sym4 对 x 进行 2 层小波分解
[c,s]=wavedec2(x,2,'sym4');
% 提取小波分解中第一层的低频图像,即实现了低通滤波去噪
a1=wrcoef2('a',c,s,'sym4');% 画出去噪后的图像
subplot(223);image(a1);
title(' 第一次去噪图像 ');
axis square;
% 提取小波分解中第二层的低频图像,即实现了低通滤波去噪
% 相当于把第一层的低频图像经过再一次的低频滤波处理
a2=wrcoef2('a',c,s,'sym4',2);
% 画出去噪后的图像
subplot(224);image(a2);title(' 第二次去噪图像 ');
axis square;
```

输出结果如图 9.11 所示。

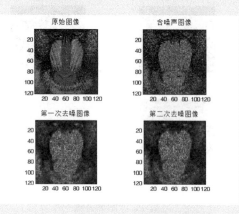

图 9.11   图像去噪

从上面的输出结果可以看出，第一次去噪已经滤去了大部分的高频噪声，但从去噪图像与原始图像相比可以看出，第一次去噪后的图像中还是含有不少的高频噪声；第二次去噪是在第一次去噪的基础上，再次滤去其中的高频噪声。从去噪的结果可以看出，它具有较好的去噪效果。

（2）图像压缩。

基于小波分析的图像压缩方法很多，比较成功的有小波包、小波变换零树压缩、小波变换矢量量化压缩等。

下面给出一个图像信号（即一个二维信号，文件名为 wbarb.mat），利用二维小波分析对图像进行压缩。一个图像作小波分解后，可得到一系列不同分辨率的子图像，不同分辨率的子图像对应的频率是不相同的。高分辨率（即高频）子图像上大部分点的数值接近于 0，越是高频这种现象越明显。对一个图像来说，表现一个图像最主要的部分是低频部分，所以一个最简单的压缩方法是利用小波分解，去掉图像的高频部分而只保留低频部分。图像压缩可按如下程序进行处理。

📋 范例 9-26   图像压缩

具体程序如下：

```
% 装入图像
load wbarb;
% 显示图像
subplot(221);image(X);colormap(map)
title(' 原始图像 ');
axis square
disp(' 压缩前图像 X 的大小：');
whos('X')
% 对图像用 bior3.7 小波进行 2 层小波分解
[c,s]=wavedec2(X,2,'bior3.7');
% 提取小波分解结构中第一层低频系数和高频系数
ca1=appcoef2(c,s,'bior3.7',1);
ch1=detcoef2('h',c,s,1);
cv1=detcoef2('v',c,s,1);
cd1=detcoef2('d',c,s,1);
% 分别对各频率成分进行重构
a1=wrcoef2('a',c,s,'bior3.7',1);
```

```
h1=wrcoef2('h',c,s,'bior3.7',1);
v1=wrcoef2('v',c,s,'bior3.7',1);
d1=wrcoef2('d',c,s,'bior3.7',1);
c1=[a1,h1;v1,d1];
% 显示分解后各频率成分的信息
subplot(222);image(c1);
axis square;
title(' 分解后低频和高频信息 ');
% 下面进行图像压缩处理
% 保留小波分解第一层低频信息，进行图像的压缩
% 第一层的低频信息即为 ca1, 显示第一层的低频信息
% 首先对第一层信息进行量化编码
ca1=appcoef2(c,s,'bior3.7',1);
ca1=wcodemat(ca1,440,'mat',0);
% 改变图像的高度
ca1=0.5*ca1;
subplot(223);image(ca1);colormap(map);
axis square
title(' 第一次压缩 ');
disp(' 第一次压缩图像的大小为： ');
whos('ca1')
% 保留小波分解第二层低频信息，进行图像的压缩，此时压缩比更大
% 第二层的低频信息即为 ca2, 显示第二层的低频信息
ca2=appcoef2(c,s,'bior3.7',2);
% 首先对第二层信息进行量化编码
ca2=wcodemat(ca2,440,'mat',0);
% 改变图像的高度
ca2=0.25*ca2;
subplot(224);image(ca2);colormap(map);
axis square
title(' 第二次压缩 ');
disp(' 第二次压缩图像的大小为： ');
whos('ca2')
```

输出结果如下。

压缩前图像 X 的大小为：

Name	Size	Bytes	Class
X	256x256	524288	double array

Grand total is 65536 elements using 524288 bytes

第一次压缩图像的大小为：

Name	Size	Bytes	Class
ca1	135x135	145800	double array

Grand total is 18225 elements using 145800 bytes

第二次压缩图像的大小为：

Name	Size	Bytes	Class
ca2	75x75	45000	double array

Grand total is 5625 elements using 45000 bytes

图像对比如图 9.12 所示。可以看出，第一次压缩提取的是原始图像中小波分解第一层的低频信息，此时压缩效果较好，压缩比较小（约为 1/3）；第二次压缩是提取第一层分解低频部分的低频部分（即小波分解第二层的低频部分），其压缩比较大（约为 1/12），压缩效果在视觉上也基本可以。这是一种最简单的压缩方法，只保留原始图像中低频信息，不经过其他处理即可获得较好的压缩效果。在上面的例子中，我们还可以只提取小波分解第 3、4 层的低频信息。从理论上说，我们可以获得任意压缩比的压缩图像。

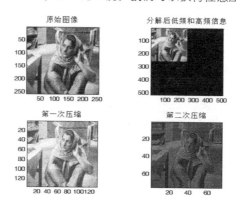

图 9.12　图像压缩

▶9.5　综合应用

在 MATLAB 中，假设检验问题都提出原假设和备择假设两种假设。对于正态总体均值的假设检验给出了检验函数。

ztest：已知 σ^2，检验正态总体均值 μ。

ttest: 未知 σ^2，检验正态总体均值 μ。

ttest2：两个正态总体均值比较。

对于一般连续型总体一致性的检验，给出了检验方法——秩和检验，由函数 ranksum 实现。

（1）单个正态总体 $N(\mu, \sigma^2)$ 的假设检验。

σ^2 已知，对期望 μ 的假设检验——U 检验法。

函数：ztest。

格式：H = ztest (X, m, sigma)。

H = ztest (X, m, sigma, alpha)

[H, sig, ci] = ztest (X, m, sigma, alpha, tail)

说明如下。

● X——样本。

● m——假设均值。

● sigma——正态总体标准差。

● alpha——假设检验显著性水平检验水平（默认为 0.05）。

● tail——备选假设的选项，有以下 3 种情况。

tail = 0（默认）——检验总体均值是否等于 m。

tail = 1——检验总体均值是否大于 m。

tail = -1——检验总体均值是否小于 m。

也就是说，tail = 0 为双边检验，其余为单边检验问题。

- H——检验结果，有以下两种情况。

H = 0——在水平 α 下，接受原假设，或假设相容。

H = 1——在水平 α 下，拒绝原假设，或假设不相容。

- sig——当原假设为真时（即 $\mu = m$ 成立），得到观察值的概率，当 sig 为小概率时，则对原假设提出质疑。

- ci——均值 μ 的置信度为 $1 - \alpha$ 的置信区间。

📝 范例 9-27　假设检验综合应用1

　　某车间用一台包装机包装葡萄糖，包装袋装的糖重是一个随机变量，它服从正态分布。当机器正常时，其均值为 0.5kg，标准差为 0.015。某日开工后检验包装机是否正常，随机地抽取所包装的糖 9 袋，称得净重为（kg）：

　　0.497 0.506 0.518 0.524 0.498 0.511 0.52 0.515 0.512

　　问机器工作是否正常?

　　解：

　　（1）分析。

　　总体 μ 和 σ 已知，则可设样本的 $\sigma = 0.015$，于是 X~N（μ,0.015^2），问题就化为根据样本值来判断 μ =0.5 还是 $\mu \neq 0.5$。为此，提出假设

　　原假设：　H$_0$: $\mu = \mu_0 = 0.5$

　　备择假设：　H$_1$: $\mu \neq \mu_0$

　　（2）MATLAB 实现。

```
>> X=[0.497 0.506 0.518 0.524 0.498 0.511 0.52 0.515 0.512];
% 注意：此处数据 X 只能为向量而非矩阵
>> [H,sig]=ztest(X,0.5,0.015,0.05,0)
H =
     1
sig =
    0.0248
```

　　结果 H =1，说明在 0.05 的水平下，可拒绝原假设，即认为这天包装机工作不正常。

　　（2）σ^2 未知，对期望 μ 的假设检验——t 检验法。

函数：ttest。

格式：H = ttest (X, m, alpha)。

[H, sig, ci] = ttest (X, m, alpha, tail)

说明如下。

- X——样本。

- m——假设均值。

- alpha——假设检验显著性水平检验水平（默认为 0.05）。

- tail——备选假设的选项，有以下 3 种情况。

tail = 0（默认）——检验总体均值是否等于 m。

tail = 1——检验总体均值是否大于 m。

tail = -1——检验总体均值是否小于 m。

也就是说，tail = 0 为双边检验，其余为单边检验问题。

- H——检验结果，有以下两种情况。

H = 0——在水平 α 下，接受原假设，或假设相容。

H=1——在水平α下，拒绝原假设，或假设不相容。

- sig——当原假设为真时（即$\mu \neq m$成立），得到观察值的概率，当sig为小概率时，则对原假设提出质疑。
- ci——均值μ的置信度为1-α的置信区间。

📝 范例9-28   假设检验综合应用2

某种电子元件的寿命x（以小时计）服从正态分布，μ和σ均未知，测得16只元件的寿命如下：
159、280、101、212、224、379、179、264、222、362、168、250、149、260、485、170。
问是否有理由认为元件的平均寿命大于225小时？
解：σ未知，按题意作如下假设。
$$H0 : \mu < \mu_0 = 225, H1 : \mu > \mu_0 = 225$$
取$\alpha = 0.05$。在MATLAB实现如下程序。

```
>> X=[159 280 101 212 224 379 179 264 222 362 168 250 149 260 485 170]; % 注意，此处数据 X 只能为
向量而非矩阵
>> [h,sig]=ttest(X,225,0.05,1)
h =
    0
sig =
    0.2570
```

结果表明，h = 0，即在显著水平为0.05的情况下，不能拒绝原假设，认为元件的平均寿命不大于225小时。

▶ 9.6 疑难解答

在数据分析中利用到大量的数据，大规模的数据处理有很多技巧，否则不但会造成计算机资源的浪费，而且会增加程序的冗余度，导致执行效率低。大数据处理有如下几个技巧。

（1）系统内存 = 物理内存 + 磁盘空间（交换区和页面文件）。建议增加内存，如果数据量过大，计算机会出现颠簸现象。

（2）操作系统分32位和64位操作系统，建议使用64位操作系统。

（3）预分配数组，特别对大矩阵优先分配。

（4）及时清除不用的变量。

（5）检查可用的内存，检查方法如下：

```
>>memory
    MATLAB 启动选项控制连续内存空间的大小
>>matlab.exe-shield medium
```

（6）数据复制，当输出变量名和输入变量名相同，执行逐元素计算，并且使用最小数据复制方法。

（7）选择合适的数据类型，使用合适的数据存储方式，以减小容器开销，比如稀疏矩阵、定序数组等。

第 **10** 章

图形句柄

什么是图形句柄？图形句柄是对底层图形函数集合的总称，它实际上是进行图形生成的工作。这些函数一般隐藏于 M 文件内部，但是它们非常重要，因为程序员可以利用它们对图形的外观进行控制。MATLAB 用户指南给人的一种印象是图形句柄非常复杂，只对熟练的高级用户才有用，但实际上不是这样的。图形句柄可以被任何人用来改变 MATLAB 生成图形的方式，不论是只希望在一幅图里做一点小变动，还是希望做影响所有图形输出的全局变动。图形句柄允许用户定制图形的许多特性，而这用高级命令和前几章里描述的函数是无法实现的。例如，如果希望绘制橘黄色的线条，而不是 plot 命令中可用的任何一种颜色，该怎么做呢？使用图形句柄就可以完成绘制。还有，图形句柄可以帮助程序员为程序创建用户图形界面，我们将在后面的章节介绍。在本章中，我们主要介绍 MATLAB 图形句柄、对象属性，以及图形句柄创建和使用的实例。

本章要点（已掌握的在方框中打钩）

□ 理解并掌握句柄对象
□ 对象属性的操作方法
□ 图形句柄创建方法

▶ 10.1 句柄对象

01 图形对象

MATLAB 图形、图像系统是建立在图形对象的等级系统之上的，每个图形对象都有一个独立的名字，这个名字叫作句柄。每个图形对象都有它的属性，我们可以通过修改它的属性来修改图形的表现。例如，一条曲线是图形对象的一种。曲线对象有 x 数据、y 数据、颜色、线的类型、线宽、符号类型等属性。修改其中的一个属性就会改变图形的表现形式。

由图形命令产生的每一件东西都是图形对象。例如，图形中的每一条曲线，坐标轴和字符串是独立的对象（拥有独立的句柄，还有形式）。所有的图形对象按子对象和父对象的形式管理，如图 10.1 所示。当一个子对象被创建时，它可能继承了父对象的许多属性。

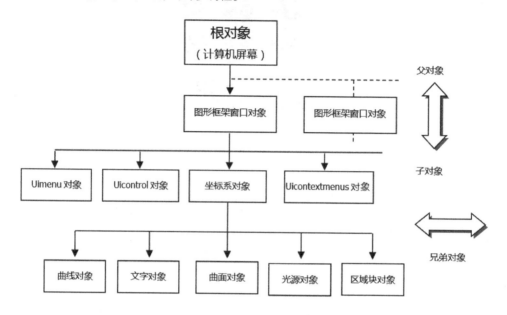

图 10.1 图形对象的层次结构

在 MATLAB 中最高层次的图形对象称为根对象，我们可以通过它对整个计算机屏幕进行控制。当启动 MATLAB 时，根对象会被自动创建，它一直存在到 MATLAB 关闭。与根对象相关的属性是应用于所用 MATLAB 窗口的默认属性。

在根对象下，有多个图形窗口。每个图形在用于显示图形数据的计算机屏幕上都有一个独立的窗口，每个图形都有它独立的属性。与图形相关的属性有颜色、图形底色、纸张大小、纸张排列方向、指针类型等。

每个图形可包括 Uimenu 对象、Uicontrol 对象、坐标系对象和 Uicontextmenus 对象 4 个对象。Uimenu 对象，Uicontrol 对象和 Uicontextmenus 对象是专门用来创建用户图形界面的对象。坐标系对象是指用于显示图形的窗口中的区域。在一个图形窗口中，它可能含有一个或多个坐标系。每个坐标系对象可能包括曲线对象、文字对象、曲面对象等，还有其他的所需要的图形对象。

02 图形对象句柄

每个图形对象在被创建时都有一个独一无二的名字，这个名字叫作句柄。MATLAB 都为该对象句柄分配了唯一的值。句柄在 MATLAB 中是一个独一无二的整数或实数，用于指定对象的身份。句柄是图形对象的唯一标识符，不同对象的句柄不可能重复和混淆。计算机屏幕作为根对象由系统自动建立，其句柄值为 0，而图形窗口对象的句柄值为一正整数，并显示在该窗口的标题栏中，其他图形对象的句柄为浮点数。我们可以利用 MATLAB 函数获取已有图形、坐标系和其他对象的句柄。例如：

gcf 函数是获取当前图形窗口的句柄；

gca 函数是获取当前坐标轴的句柄；

gco 函数是获取最近被单击的图形对象的句柄。

为了以后对图形对象进行操作，可以在建立该对象时保存其句柄。例如，命令 hf = figure 是创建一个图形窗口的命令，会自动地返回一个句柄，并将其句柄赋给变量 hf 保存，以后就可以通过该句柄对图形窗口进行操作。

▶ 10.2 对象属性

01 属性名与属性值

对象属性是一些特殊值，它可以控制图形对象表现的某些方面。每个属性都有一个属性名和属性值。MATLAB 给每种对象的每一个属性规定了一个名字，称为属性名，而属性名的取值称为属性值。例如，LineStyle 是曲线对象的一个属性名，它的取值决定了线型，取值可以是 -、: 、-、-. 、-- 或 none。属性名是用大小写混合格式写成的字符串，在属性名的写法中，不区分字母的大小写，而且在不引起歧义的前提下，属性名不必写全。例如，lines 就代表 LineStyle。此外，属性名要用单撇号括起来。

02 属性的操作

当创建一个对象时，必须给对象的各种属性赋予必要的属性值，否则系统会自动使用默认属性值。用户可以通过 set 函数重新设置对象属性，同时也可以通过 get 函数获取这些属性值。

set 函数的调用格式为：

set(句柄 , 属性名 1, 属性值 1, 属性名 2, 属性值 2,…)

其中，句柄用于指明要操作的图形对象。如果在调用 set 函数时省略全部属性名和属性值，则将显示出句柄所有的允许属性。

get 函数的调用格式为：

V=get(句柄 , 属性名)

其中，V 是返回的属性值。如果在调用 get 函数时省略属性名，则将返回句柄所有的属性值。

03 对象的公共属性

图形对象具有多种属性，有些属性是所有对象共同具备的，有些则是各对象所特有的。在这里先介绍对象常用的公共属性。对象常用的公共属性有 Children 属性、Parent 属性、Tag 属性、Type 属性、UserData 属性、Visible 属性、ButtonDownFcn 属性、CreateFcn 属性、DeleteFcn 属性。各对象所特有的有关属性将在下一节介绍。

（1）Children 属性。该属性的取值是该对象所有子对象的句柄组成的一个向量。

（2）Parent 属性。该属性的取值是该对象的父对象的句柄。显然，图形窗口对象的 Parent 属性总是 0。

（3）Tag 属性。该属性的取值是一个字符串，它相当于给该对象定义了一个标识符。定义了 Tag 属性后，在任何程序中都可以通过 findobj 函数获取该标识符所对应图形对象的句柄。

（4）Type 属性。表示该对象的类型。显然，该属性的值是不可改变的。

（5）UserData 属性。该属性的取值是一个矩阵，默认值为空矩阵。在程序设计中，可以将一个图形对象有关的比较重要的数据存储在这个属性中，借此可以达到传递数据的目的。具体做法是，先用 set 函数给某一句柄添加一些附加数据（一个矩阵），如果希望使用这个矩阵，则用 get 函数调用出来。

（6）Visible 属性。该属性的取值是 on（默认值）或 off。它决定着图形窗口是否在屏幕上显示出来。当它的值为 off 时，可以用来隐藏该图形窗口的动态变化过程，如窗口大小的变化、颜色的变化等。注意，对象是否存在与对象是否可见是两回事，对象可以存在，同时又是不可见的。

（7）ButtonDownFcn 属性。该属性的取值是一个字符串，一般是某个 M 文件名或一小段 MATLAB 语句。图形对象决定了一个作用区域，当单击该区域时，MATLAB 自动执行该程序段。

（8）CreateFcn 属性。该属性的取值是一个字符串，一般是某个 M 文件名或一小段 MATLAB 语句。当创建该对象时，MATLAB 自动执行该程序段。

（9）DeleteFcn 属性。该属性的取值是一个字符串，一般是某个 M 文件名或一小段 MATLAB 语句。当取消该对象时，MATLAB 自动执行该程序段。

📝 范例 10-1   在同一坐标下画蓝、绿两条不同颜色的曲线，要求获得绿色曲线的句柄，并对其进行设置

输入以下语句：

```
clear
x=0:pi/60:2*pi;
y=sin(x);
z=cos(3*x);
plot(x,y,'b',x,z,'g');
hf=get(gca,'Children');          % 获取两条曲线的句柄
for k=1:size(hf)
    if get(hf(k),'Color')==[0 1 0]    %[0 1 0] 代表绿色
        hfg=hf(k);
    end
end
set(hfg,'LineStyle',':');          % 对绿色曲线进行设置
```

程序运行的结果如图 10.2 所示。

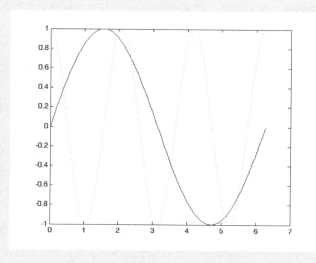

图 10.2 通过句柄设置图形对象属性

▶10.3 图形句柄创建实例

除根对象外，所有图形对象都可以由与之同名的低层函数创建。所创建的对象置于适当的父对象中，当父对象不存在时，MATLAB 会自动创建它。例如，用 line 函数画一条曲线，如果在画线之前，坐标轴、图形窗口不存在，则 MATLAB 会自动创建它们。假如在画线之前，坐标轴、图形窗口已经存在，则将在当前坐标轴上画线，且不影响该坐标轴上已有的其他对象。这一点与高层绘图函数完全不同，需要特别注意。

创建对象的各低层函数调用格式类似，关键是要了解对象句柄的属性及其取值。前面介绍了各对象的公共属性，下面介绍常用图形句柄的创建方法及特有属性。

01 图形窗口对象

创建图形窗口对象，使用 figure 函数，其调用格式为：

句柄变量 =figure(属性名 1, 属性值 1, 属性名 2, 属性值 2,…)

MATLAB 通过对属性的操作来改变图形窗口的形式。也可以使用 figure 函数按 MATLAB 默认的属性值创建图形窗口：

figure 或句柄变量 =figure

要关闭图形窗口，使用 close 函数，其调用格式为：

close(窗口句柄)

另外，close all 命令可以关闭所有的图形窗口，clf 命令则是清除当前图形窗口的内容，但不关闭窗口。

MATLAB 为每个图形窗口提供了很多属性，这些属性及其取值控制着图形窗口对象。除公共属性外，其他常用属性包括 MenuBar 属性、Name 属性、NumberTitle 属性、Resize 属性、Position 属性、Units 属性、Color 属性、Pointer 属性、KeyPressFcn（键盘键按下响应）、WindowButtonDownFcn（鼠标键按下响应）、WindowButtonMotionFcn（鼠标移动响应）及 WindowButtonUpFcn（鼠标键释放响应）等。这些特有属性的具体含义读者可以参看 MATLAB 的 help 文档。

> 📝 **范例 10-2**　创建一个图形窗口。该图形窗口没有图形编号，标题名为"我的图形窗口"，起始于屏幕[50，50]，宽度和高度分别为700像素点和500像素点

具体程序如下：

```
Hf=figure('NumberTitle','off','name',' 我的图形窗口 ','Position',[50,50,700,500])
get(Hf,'position')
ans =
 50  50  700  500
```

程序运行结果如图 10.3 所示。

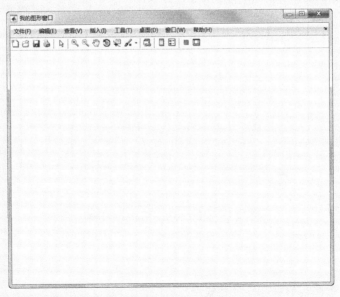

图 10.3　创建图形窗口对象

02 坐标轴对象

创建坐标轴对象，使用 axes 函数，其调用格式为：

句柄变量 =axes(属性名 1, 属性值 1, 属性名 2, 属性值 2,…)

调用 axes 函数用指定的属性在当前图形窗口创建坐标轴，并将其句柄赋给左边的句柄变量。也可以使用 axes 函数按 MATLAB 默认的属性值在当前图形窗口创建坐标轴：

axes 或句柄变量 =axes

使用 axes 函数创建坐标轴之后，还可以调用 axes 函数将之设定为当前坐标轴，且坐标轴所在的图形窗口自动成为当前图形窗口：

axes(坐标轴句柄)

MATLAB 为每个坐标轴对象提供了很多属性。除公共属性外，其他常用属性包括 Box 属性、GridLineStyle 属性、Position 属性、Units 属性、Title 属性等。这些特有属性的具体含义读者可以参看 MATLAB 的 help 文档。

📝 范例 10-3   创建一个图形中的坐标轴，并对其进行设置

具体程序如下：

```
clear
t=1:20
plot(t,sin(t))
set(gca,'ytick',[-1 0 0.2 0.4 1])
set(gca,'yticklabel','-1|0|cutoff|0.4|1')
```

程序运行结果如图 10.4 所示。

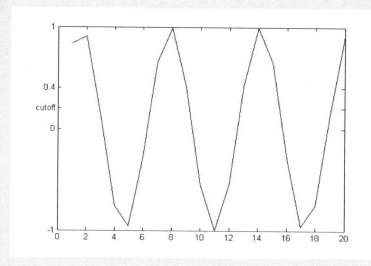

图 10.4   创建坐标轴并对其进行设置

03 曲线对象

创建曲线对象，使用 line 函数，其调用格式为：

句柄变量 =line(x,y,z, 属性名 1, 属性值 1, 属性名 2, 属性值 2,…)

    其中，对 x、y、z 的解释与高层曲线函数 plot 和 plot3 等一样，其余的解释与前面介绍过的 figure 和 axes 函数类似。

    每个曲线对象也具有很多属性。除公共属性外，其他常用属性包括 Color 属性、LineStyle 属性、LineWidth 属性、Marker 属性、MarkerSize 属性等。这些特有属性的具体含义读者可以参看 MATLAB 的 help 文档。

📝 范例 10-4   创建图形中的一条曲线，并对其进行设置

    具体程序如下：

```
clear
x=[-2:0.01:2]*pi;
y=cos(x);
H_cos=line(x,y);
set(H_cos,'color',[1 0.2 0],'linewidth',10);
```

    程序运行结果如图 10.5 所示。

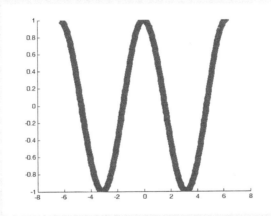

图 10.5   创建曲线并对其进行设置

---

04 文字对象

    使用 text 函数可以根据指定位置和属性值添加文字说明，并保存句柄。该函数的调用格式为：

句柄变量 =text(x,y,z,'说明文字',属性名 1,属性值 1,属性名 2,属性值 2,…)

    其中，说明文字中除使用标准的 ASCII 字符外，还可以使用 LATEX 格式的控制字符。

    除公共属性外，文字对象的其他常用属性包括 Color 属性、String 属性、Interpreter 属性、FontSize 属性、Rotation 属性。这些特有属性的具体含义读者可以参看 MATLAB 的 help 文档。

📝 范例 10-5   创建图形中的文字说明，并对其进行设置

    具体程序如下：

```
clear
t=0:0.1:4*pi;
alpha=0:0.1:4*pi;
plot(t,sin(t),'r-');
hold on
```

```
plot(alpha,3*exp(-0.5*alpha),'b:');
xlabel('t(deg)');
ylabel('magnitude');
title('\it{sine wave and {itAe}^{-\alpha{itt}}wav from zero to 4\pi}');
text(6,sin(6),['\fontname{times}Value=',num2str(sin(6)),'at{\itt}=6\rightarrow\bullet'],'HorizontalAlignment','right');
text(2,3*exp(-0.5*2),['\bullet\leftarrow\fontname{times}The{\it3e}^{-0.5\itt}at{\itt}=2'],'HorizontalAlignment','left');
legend('sin(t)','{\itAe}^{-\alphat}');
```

程序运行结果如图 10.6 所示。

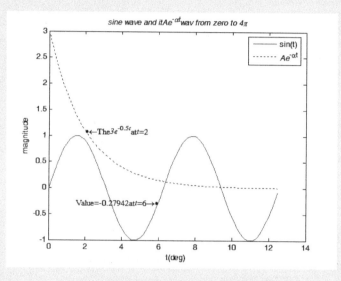

图 10.6　创建文字说明并对其进行设置

05 曲面对象

创建曲面对象，使用 surface 函数，其调用格式为：

句柄变量 =surface(x,y,z, 属性名 1, 属性值 1, 属性名 2, 属性值 2,…)

其中，对 x、y、z 的解释与高层曲面函数 mesh 和 surf 等一样，其余的解释与前面介绍过的 figure 和 axes 等函数类似。

每个曲面对象也具有很多属性。除公共属性外，其他常用属性包括 EdgeColor 属性、FaceColor 属性、LineStyle 属性、LineWidth 属性、Marker 属性、MarkerSize 属性等。这些特有属性的具体含义读者可以参看 MATLAB 的 help 文档。

📝 范例 10-6　利用曲面对象，绘制三维曲面z=sin(x)cos(y)，并对其进行设置

具体程序如下：

```
clear
x=0:0.1:3*pi;
[x,y]=meshgrid(x);
```

```
z=sin(x).*cos(y);
axes('view',[-38,30]);
hs=surface(x,y,z,'FaceColor','w','EdgeColor','flat');
grid on
xlabel('x axis'),ylabel('y axis'),zlabel('z axis');
title('mesh - surf');
set(hs,'FaceColor','flat');
```

程序运行结果如图 10.7 所示。

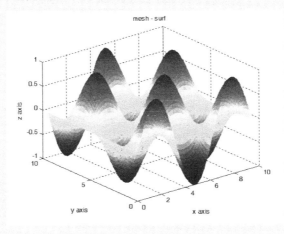

图 10.7　绘制三维曲面并对其进行设置

▶10.4　综合应用

制作个性化双坐标系：制作一个双坐标系用来表现高压和低温两个不同量的过渡过程。
该综合应用中，建立曲面对象使用 surface 函数，其调用格式为：

句柄变量 =surface(x,y,z, 属性名 1, 属性值 1, 属性名 2, 属性值 2,…)

其中，对 x、y、z 的解释与高层曲面函数 mesh 和 surf 等一样，其余的解释与前面介绍过的 figure 和 axes 等函数类似。

每个曲面对象也具有很多属性。除公共属性外，其他常用属性包括 dgeColor 属性、FaceColor 属性、LineStyle 属性、LineWidth 属性、Marker 属性、MarkerSize 属性等。

📝 范例 10-7　　制作个性双坐标

具体程序如下：

```
tp=(0:100)/100*5;yp=8+4*(1-exp(-0.8*tp).*cos(3*tp));
tt=(0:500)/500*40;yt=120+40*(1-exp(-0.05*tt).*cos(tt));
clf reset,h_ap=axes('Position',[0.13,0.13,0.7,0.75]);
set(h_ap,'Xcolor','b','Ycolor','b','Xlim',[0,5],'Ylim',[0,15]);% 使纵坐标轴以 0 为下限。
nx=10;ny=6;% 保证两套坐标轴刻度位置一致的技术。
pxtick=0:((5-0)/nx):5;pytick=0:((15-0)/ny):15;% 保证两套坐标轴刻度位置一致的技术。
set(h_ap,'Xtick',pxtick,'Ytick',pytick,'Xgrid','on','Ygrid','on')% 绘制分格线。
```

h_linet=line(tp,yp,'Color','b');% 保证两套坐标轴刻度位置一致的技术。
set(get(h_ap,'Xlabel'),'String',' 时间 \rightarrow（分）')
set(get(h_ap,'Ylabel'),'String',' 压力 \rightarrow(\times10^{5}Pa)')
h_at=axes('Position',get(h_ap,'Position'));% 保证两套坐标的轴位框重合的技巧。
set(h_at,'Color','none','Xcolor','r','Ycolor','r');% 保证重合坐标系图形都可看的技术，设置 'Color' 的属性值为 'none' 是必须的。
set(h_at,'Xaxislocation','top')% 保证两套坐标轴刻度位置一致的技术。
set(h_at,'Yaxislocation','right','Ydir','rev')
set(get(h_at,'Xlabel'),'String','\fontsize{15}\fontname{ 隶书 } 时间 \rightarrow（分）')
set(get(h_at,'Ylabel'),'String','({\circ}C)\fontsize{15}\leftarrow\fontname{ 隶书 } 零下温度 ')
set(h_at,'Ylim',[0,210])% 使纵坐标轴以 0 为下限。
line(tt,yt,'Color','r','Parent',h_at)% 保证温度曲线被绘制在 h_at 坐标系中。
xpm=get(h_at,'Xlim');% 获取 h_at 坐标系横轴的取值范围。
txtick=xpm(1):((xpm(2)-xpm(1))/nx):xpm(2);% 保证两套坐标轴刻度位置一致的技术。
tytick=0:((210-0)/ny):210;% 保证两套坐标轴刻度位置一致的技术。
set(h_at,'Xtick',txtick,'Ytick',tytick)% 保证两套坐标轴刻度位置一致的技术。

程序运行结果如图 10.8 所示。

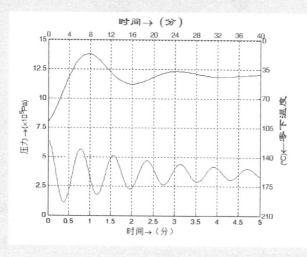

图 10.8   双色坐标系

▶ 10.5 疑难解答

在 MATLAB 绘图中，经常用到一些问题，比如图形的保持与刷新、自适应参数的绘制等。这些技巧可以使得绘图更方便、效果更理想。

（1）figure 命令及图形的保持与刷新。

figure 命令可以新建一个绘图窗口，接下的绘图命令可以将图画在它里面。当有多个 figure 窗口时，在命令行窗口中执行如 plot 等命令将覆盖当前 figure 窗口中的对象。所谓的当前 figure 窗口，也就是最后一次查看的窗口（可以用命令 gcf 得到）。figure(N) 将编号为 N 的窗口置为当前 figure，出现在所有窗口的最前面，如果该窗口不存在，则新建一个编号为 N 的空白 figure。

如果希望在已存的图形上继续添加新的图形，可以使用图形保持命令 hold。hold on/hold off 命令是保持原有图形或者刷新原有图形，不带 on 或者 off 的 hold 命令在两种状态之间切换。

（2）自适应采样绘图。

为了提高精度，绘制出比较真实的曲线，不能使用等间隔采样的方法。必须采样在变换率大的区段密集采样，以充分反映函数的实际变换规律，进而能够更好地反映函数的变换。

该函数的调用格式为：

Fplot(function,lims,tol, 选项)

其中，function 是函数名，以字符串形式出现。lims 为 x、y 的取值范围。tol 为相对允许误差，其系统默认值为 2e-3。选项定义和 plot 函数相同。

📝 范例 10-8　自适应采样绘图示例1

具体程序如下：

```
subplot(2,1,1);
fplot('sin(x)','[0,2*pi]','*')
subplot(2,1,2);
fplot('[sin(x),cos(x)]','[0,2*pi,-1.5,1.5]',1e-3,'r.')
```

程序运行结果如图 10.9 所示。

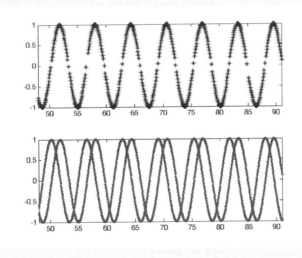

图 10.9　自适应采样绘图

由图 10.9 可以看出，曲线变换率大的曲段，采样点比较密集。

📝 范例 10-9　自适应采样绘图示例2

具体程序如下：

```
fplot('cos(tan(pi*x))','[-0.4,1.4],1e-4)
```

程序运行结果如图 10.10 所示。

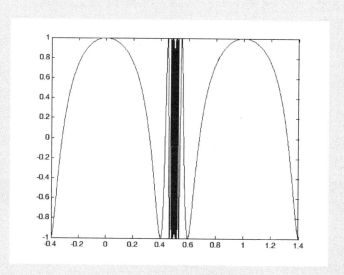

图 10.10   自适应采样绘图

第 III 篇

数据可视化

第11章

11

二维数据可视化

与数值计算和符号计算相比，图形的可视化技术是数学计算人员所追求的一种更高级的技术，因为对于数值计算和符号计算来说，不管计算结果是多么的准确，人们往往无法直接从大量的数据和符号中体会它们的具体含义。而图形处理技术则给人们提供了一种更直接的表达方式，可以使人们更直接、更清楚地了解事物的结果和本质。MATLAB语言除了有强大的矩阵处理功能之外，绘图功能也是相当强大的。MATLAB语言提供了一套功能强大的绘图命令，可以根据输入的数据自动完成图形的绘制，为计算过程和结果的可视化提供了极佳的手段。本章主要介绍用MATLAB绘制二维图形，以及使用不同线型、色彩、数据点标记和标注来修饰图形，同时介绍一些特殊图形的绘制。

本章要点（已掌握的在方框中打钩）

☐ 图形绘制
☐ 二维图形绘制
☐ 二维特殊图形函数

MATLAB 有很强的绘图功能，不仅可以绘制普通函数的二维、三维甚至四维图形，而且可以绘制专业图像，如直方图、饼图等。本章介绍绘制二维图形的绘制方法和技巧。

▶ 11.1　图形绘制基础

11.1.1　离散数据及离散函数

一个二元实数标量对（x_0, y_0）可以用平面上的点来表示，一个二元实数标量组 $[(x_1, y_1)(x_2, y_2)\cdots(x_n, y_n)]$ 可以用平面上的一组点来表示。对于离散函数 $y=f(x)$，当 x 为一维标量数组 $[x_1, x_2, x_3, \cdots, x_n]$ 时，根据函数关系可以求出相应的一维标量 $[y_1, y_2, y_3, \cdots, y_n]$。当把这两个向量数组在直角坐标系中用点序列来表示时，就实现了离散函数的可视化。当然，这些图形上的离散序列所反映的只是 x 所限定的有限点上或者有限区间内的函数关系，MATLAB 无法对无限区间上的数据可视化。

📝 **范例 11-1**　**用图形表示离散函数** $y=\sin(x)$

具体程序如下：

```
x=0:12;                    % 产生一组自变量数据
y=sin(x);                  % 计算相应点的函数值
plot(x,y,'r*','MarkerSize',20)      % 用红花标出数据点
grid on                    % 画坐标方格
```

绘制的图形如图 11.1 所示。

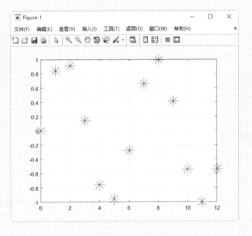

图 11.1　离散数据的可视化

图 11.1 中，将离散的数据对用特定的标识和颜色显示出来。

11.1.2　连续函数

MATLAB 中无法画出真正的连续函数，因此在实现连续函数的可视化时，首先必须将连续函数用在一组离散自变量上计算函数结果，然后将自变量数组和结果数组在图形中表示出来。

当然，这些离散的点还是不能表现函数的连续性，为了更形象地表现函数的规律及其连续变化，通常采用以下两种方法。

（1）对离散区间进行更细的划分，逐步趋近函数的连续变化特性，直到达到视觉上的连续效果。

（2）把每两个离散点用直线连接，以每两个离散点之间的直线来近似表示两点间的函数特性。

📝 **范例 11-2   绘制正弦曲线**

具体程序如下：

```
x=1:0.01:10;
y=sin(x);
plot(x,y)
```

绘制的图形如图 11.2 所示。

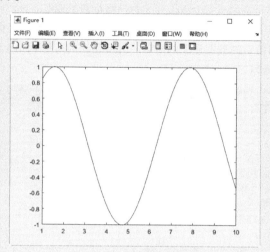

图 11.2　绘制正弦曲线

由图 11.2 可见，绘制出的正弦曲线有"连续"的效果。实际上，这种"连续"的效果是由于数据点对比较密集的原因。

11.1.3 图形绘制的基本步骤

利用 MATLAB 绘制图形大致分为以下 5 个步骤。

（1）曲线数据准备。

对于二维曲线，需要准备横坐标和纵坐标数据；对于三维曲面，需要准备矩形参变量和对应的 Z 坐标轴。

（2）指定图形窗口和子图位置。

可以使用 figure 命令指定图形窗口，默认时打开 Figure 1 窗口，或使用 subplot 命令指定当前子图（即在大图中的小图）。

（3）调入绘图命令绘制图形。

根据数据绘制曲线后，设置曲线的绘制方式包括线型、色彩、数据点标记形状等。

（4）设置坐标轴的图形注释。

设置坐标轴包括坐标的范围、刻度和坐标分格线等，图形注释包括图名、坐标名、图例、文字说明等。

（5）按指定格式保存或导出图形。

将绘制的图形窗口保存为 .fig 文件，或转换成其他图形文件。

其中步骤 1 到步骤 3 是最基本的绘图步骤，如果利用 MATLAB 的默认设置通常只需要这 3 个基本步骤就可以绘制出图形。

11.1.4 图形绘制示例

下面来绘制一个稍微复杂的图形。

范例 11-3　设函数$y=\sin(x^2)$，绘制在$x \in [0,5]$之间的图形

具体程序如下：

```
x=0:0.05:5;
y= sin(x.^2);
plot(x,y,'--rs','LineWidth',2, 'MarkerEdgeColor','k',
    'MarkerFaceColor','g', 'MarkerSize',10);
```

绘制图形如图 11.3 所示。

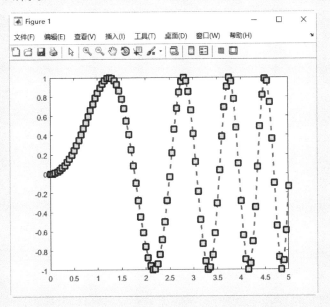

图 11.3　函数 $y=\sin(x^2)$ 图形

图 11.3 不仅定义了曲线的线型（--）、颜色（r，红色），而且定义了离散点标记的形状（s，方形）、大小（10）、边框颜色（k，黑色）、前景颜色（g，绿色）。有关 plot 指令的详细用法见第 11.2 节。

▶11.2　二维图形绘制

二维图形是 MATLAB 图形的基础，也是应用最广泛的图形种类之一。MATLAB 提供的二维图形绘制函数是绘制二维图形的有力帮手。

11.2.1 plot 指令

plot 是最基本的二维绘图命令，在二维绘图中只要输入 plot(a, b) 这个命令，就可以画出一个以 a 为 x 轴、b 为 y 轴的图形。

plot 的基本调用格式有 3 种。

01 plot(x)

该命令中的 x 可以是向量、实数矩阵或复数矩阵。若 x 为实向量，则以 x 元素值为纵坐标，以相应元素下标为横坐标值，以直线段顺序连接各点；若 x 为复数向量，则以 x 元素值的实部为横坐标，虚部值为纵坐标，在坐标系中得到的所有点以直线段顺序连接；若 x 为实数阵，则按列绘制每列元素值相对其下标的连线图，同时绘制出多条曲线，条数等于 x 阵的列数；若 x 为复数阵，则分别以 x 实部阵和虚部阵的对应列元素为横纵坐标绘制多条连线图。

02 plot(x,y)

若 x、y 是同维向量，则绘制以 x、y 元素为横纵坐标的连线图；若 x 是向量，y 是一个与 x 等维的矩阵，则绘制出多条不同色彩的连线图，条数等于 y 阵的另一个维数；若 x、y 是等维矩阵，则以 x、y 对应列元素为横纵坐标分别绘制曲线，曲线的条数等于矩阵的行数。

03 plot(x1,y1,x2,y2,···)

每个二元对（即 x1 和 y1，x2 和 y2，···）之间的作用与 plot(x,y) 相同，不同二元对之间没有约束关系。

📝 范例 11-4　用plot函数绘制多条曲线

具体程序如下：

```
x=0:0.05:5    %x 坐标
y1=0.2*x-0.8   %y1 坐标
y2=sin(x.^2)   %y2 坐标
figure
plot(x,y1,x,y2)
```

绘制结果如图 11.4 所示。

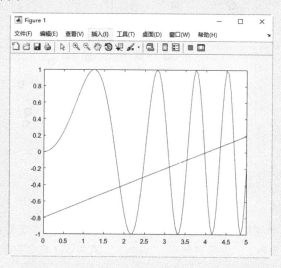

图 11.4　用 plot 函数绘制多条曲线

📝 范例 11-5　当参数为矩阵时，用函数plot绘图示例

具体程序如下：

```
x=0:pi/180:2*pi;    % 产生向量 x
y1=sin(x) ;         % 产生向量 y1
y2=sin(2*x);        % 产生向量 y2
y3=sin(3*x) ;       % 产生向量 y3
X=[x;x;x]' ;        % 产生矩阵 X
Y=[y1;y2;y3]' ;     % 产生矩阵 Y
plot(X,Y,x,cos(x))  % 共画 4 条曲线。x--sin(x), x--sin(2x), x--sin(3x), x--cos(x)
```

绘制结果如图 11.5 所示。

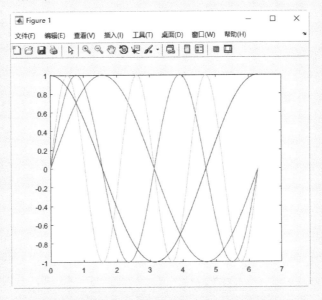

图 11.5　输入变量为矩阵时，用函数 plot 绘图

📝 范例 11-6　　绘制以y为纵坐标的锯齿波

具体程序如下：

```
y=[2 0 2 0 2 0];
plot(y)
```

绘制结果如图 11.6 所示。

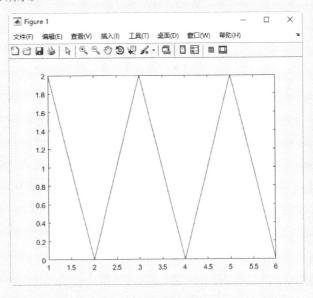

图 11.6　锯齿波图

范例 11-7　绘制正弦曲线

具体程序如下:

```
x=1:0.01:10;
y=sin(x);
plot(x,y)
```

绘制结果如图 11.7 所示。

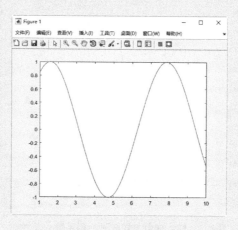

图 11.7　正弦曲线图

范例 11-8　用plot(x,y)绘制双矩阵

具体程序如下:

```
x=[1 2 3;4 5 6;7 8 9;2 3 4;5 6 7];
y=[2 4 5;3 6 7;4 6 8;1 3 5;2 6 3];
plot(x,y)
```

绘制结果如图 11.8 所示。

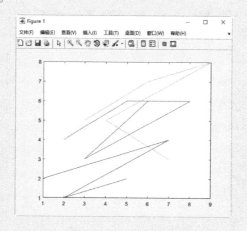

图 11.8　x 和 y 分别是矩阵是绘出的图形

11.2.2 格栅

格栅能起到类似刻度或标尺的作用。当图像需要对具体数值有更加清楚的展示时,在图形中添加格栅是十分有效的方法。在 MATLAB 中，grid on 命令可以在当前图形的单位标记处添加格栅，grid off 命令可以取消格栅的显示，单独使用 grid 命令则可以在 on 与 off 状态下交替转换，即起到触发的作用。

有关格栅的效果在下一小节展示，此处不再单独举例。

11.2.3 文字说明

通常，曲线所表示的函数或数据的规律都需要进行一些文字说明或标注，MATLAB 中的文字说明主要包括以下几种。

（1）添加图形标题命令 title。

格式一：title('string')。

功能：在当前坐标系的顶部加一个文本串 string，作为该图形的标题。

格式二：title('text','property Name', 'property Value', …)。

功能：'property Name'、'property Value' 用于设置标题名属性，包括字体大小、字体名和字体粗细等。

（2）添加坐标轴标志函数 xlabel，ylabel，zlabel。

格式一：xlabel('text') 或 ylabel('text') 或 zlabel('text')。

功能：给当前 x 轴或 y 轴或 z 轴标注文本标注。

格式二：xlabel('text', 'property1',property value1,'property2',property value2,…) 或 ylabel('text', 'property1', property value1,'property2',property value2,…) 或 zlabel('text', 'property1',property value1,'property2',property value2,…)。

功能：对 x 轴、y 轴、z 轴分别进行属性设置，包括字体大小、字体名和字体粗细等。

（3）图形标注函数 legend。

格式一：legend(string1,string2,string3,…)。

功能：在当前图中添加图例。

格式二：legend off。

功能：撤销当前坐标图上的图例。

（4）文本注释函数 text, gtext。

格式一：text（X,Y,'string'）。

功能：在二维图形（X，Y）位置处标注文本注释 'string'。

格式二：text(X,Y,Z,'string')。

功能：在三维图形中（X，Y，Z）位置处标注文本注释 'string'。

格式三：gtext('string')。

功能：用鼠标拖动来确定标注文字 'string' 的位置，用起来比较方便。

读者可以通过下面的例子来理解图形的标注、网格及图例说明等函数命令的使用。

📝 范例 11-9　使用不同的线型和颜色绘制图形

具体程序如下：

```
x=0:pi/50:2*pi;
y=sin(x);y2=cos(x);
figure(1); plot(x,y,'k*-',x,y2, ' bo-');
grid on;                    % 设置网格线
legend('sin(\alpha)','cos(\alpha)');        % 添加图形标注
text(pi,0,'\leftarrow sin(\alpha)');        % 自动添加 sin 曲线文本注释及箭头
gtext('cos(\alpha)\rightarrow');        % 添加 cos 曲线文本注释及箭头，具体位置由用户指定
title('sin(\alpha) 和 cos(\alpha)');        % 添加图形标题
xlabel('\alpha');            % 添加 X 轴标志
ylabel('sin(\alpha) 和 cos(\alpha)')        % 添加 X 轴标志
```

该程序的运行结果如图 11.9 所示，在本范例中，字符串 string 中采用了 tex 字符集，这样可大大方便用户对图形的标注。tex 字符集不仅给出了常用的希腊字母，而且可以使用一些数学符号。另外，字符串中还可以使用各种字体。

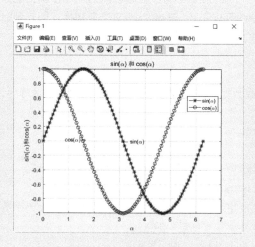

图 11.9　使用不同的颜色和线型绘制图形

11.2.4 线型、标记和颜色

绘制曲线时为了使曲线更具有可读性，需要对图形曲线的线型、颜色及数据点型进行设置，用户只需在 plot 的输入变量组后面加一个引号，在引号内部放入线型、颜色及标记符号的标识符即可完成，基本的设置格式为：

plot(x,y,' 字符串 ')

其中，线型、颜色及标记符号的标识符如表 11.1 所示。下面通过实例对这些操作进行简要的介绍。

📝 范例11-10　　线型、颜色及数据点型的设置

具体程序如下：

```
x=0:0.1:10;
y=sin(x);
z=cos(x);
plot(x,y,'d-',x,z,'x:')
```

设置结果如图 11.10 所示。

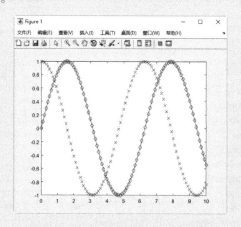

图 11.10　线型、颜色及数据点型的设置

表 11.1　线型、颜色及符号标识符

颜色标识符		符号标识符		线型标识符	
b	蓝	.	点	-	实线
g	绿	o	圆圈	:	点线
r	红	x	× 号	-.	点划线
c	青	+	+ 号	--	虚线
m	品红	*	星号		
y	黄	s	平方号		
k	黑	d	钻石符号		
		v	三角符号（向下）		
		^	三角符号（向上）		
		<	三角符号（向左）		
		>	三角符号（向右）		
		p	五角星符号		
		h	六角星符号		

11.2.5 坐标轴设置

在绘图时如果没有指定坐标轴的形式与刻度，MATLAB 系统会认为是默认模式，即图形窗口中显示坐标轴，采用直角坐标系，并自动标记刻度。除此之外，用户在绘图过程中，也可根据自己的需要，自行设定坐标比例，选择图形边界范围以及坐标轴的形式。

设置坐标轴刻度的函数为 axis。

坐标轴控制指令 axis 的用途很多，表 11.2 列出常用的坐标轴控制命令。

表 11.2　常用的坐标轴控制命令

命令	含义	命令	含义
axis auto	使用默认设置	axis equal	纵、横采用等长刻度
axis manual	使当前坐标范围不变，以后图形都在当前坐标范围显示	axis off	取消轴背景
axis fill	在 manual 方式下起作用，使坐标充满整个绘图区	axis tight	把数据范围直接设为坐标范围
axis vis3d	保持高宽不变，三维旋转时避免图形大小变化	axis on	使用轴背景
axis ij	矩阵式坐标，原点在左上方	axis square	产生正方形坐标系
axis xy	普通直角坐标，原点在左下方	axis normal	默认矩形坐标系
axis([xmin,xmax,ymin,ymax])	设定坐标范围，必须满足 xmin<xmax，ymin<ymax，可以去 inf 或 -inf	axis image	纵、横轴采用等长刻度，且坐标框紧贴数据范围

范例11-11　坐标轴使用默认设置

具体程序如下：

```
z=0:0.1:2*pi;
x=sin(z);y=cos(z);
plot(x,y);
axis auto
```

图形显示如图 11.11 所示。

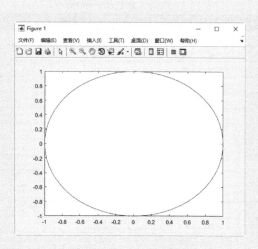

图 11.11   坐标轴使用默认设置

📝 **范例11-12   设置曲线的坐标轴**

具体程序如下：

```
z=0:0.1:2*pi;
x=sin(z);y=cos(z);
plot(x,y);
axis square
```

图形显示如图 11.12 所示。

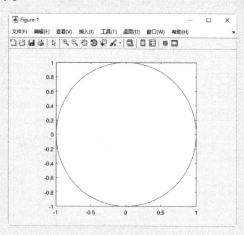

图 11.12   设置坐标轴

对比图 11.11 和图 11.12，可以明显看出两图中不同的坐标轴的设置效果。

范例11-13　设置曲线的坐标轴

具体程序如下：

```
z=0:0.1:2*pi;
x=sin(z);y=cos(z);
plot(x,y);
axis([-2,2,-2,2]);
```

图形显示如图 11.13 所示。

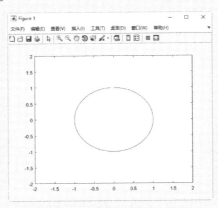

图 11.13　坐标轴使用默认设置

范例11-14　设置曲线的坐标轴

具体程序如下：

```
z=0:0.1:2*pi;
x=sin(z);y=cos(z);
plot(x,y);
axis([-2,2,-2,2]);
axis off
```

图形显示如图 11.14 所示。

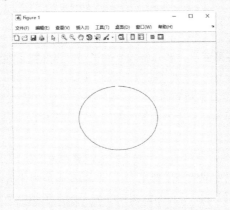

图 11.14　关闭坐标轴显示

11.2.6 图形叠绘

在实际应用中会遇到在已经存在的图上再绘制一条或多条曲线的情况。为此，MATLAB 提供了以下指令：

hold on，使当前轴及图形保持而不被刷新，准备接受此后将绘制的新曲线；

hold off，使当前轴及图形不再具备不被刷新的性质；

hold，当前图形是否具备刷新性质的双向切换开关。

📝 范例11-15　利用hold绘制离散信号通过零阶保持器后产生的波形

具体程序如下：

```
t=2*pi*(0:20)/20;
y=cos(t).*exp(-0.4*t);
stem(t,y,'g');
hold on;
stairs(t,y,'r');
hold off
```

实际上，图 11.15 是两幅图的叠加。

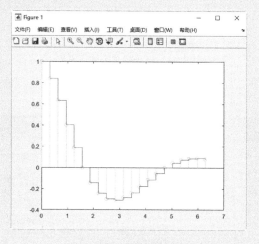

图 11.15　图形的多层重叠

11.2.7 子图绘制

MATLAB 允许用户在同一个图形窗里布置几幅独立的子图。具体指令如下。

（1）subplot(m,n,k)。

subplot(m,n,k) 的含义：图形窗口中将有（$m \times n$）幅子图，k 是子图的编号，使（$m \times n$）幅子图中的第 k 幅成为当前图，子图的序号编排原则是左上方为第 1 幅，向右向下依次排号。

（2）sunplot('postion',[left bottom width height])。

在指定位置上开辟子图，并成为当前图，产生子图的位置由人工指定。指定位置的四元组采用归一化的标称单位，即认为图形窗的宽、高的取值范围都是 [0，1]，而左下角为（0，0）坐标。

subplot 产生的子图彼此之间独立。所有的绘图指令都可以在子图中运用。使用 subplot 之后，如果再希望画整图形窗的独幅图，则应先使用 clf 清图形窗指令。

范例11-16　演示subplot指令对图形窗的分割

具体程序如下：

```
t=(pi*(0:1000)/1000)';
y1=sin(t);
y2=sin(10*t);
y12=sin(t).*sin(10*t);
y13=cos(t);
subplot(2,2,1);plot(t,y1);
axis([0,pi,-1,1]);
subplot(2,2,2),plot(t,y2);
axis([0,pi,-1,1]);
subplot(2,2,3),plot(t,y12);
axis([0,pi,-1,1])
subplot(2,2,4),plot(t,y13);
axis([0,pi,-1,1])
```

subplot 指令对图形窗分割的演示如图 11.16 所示。

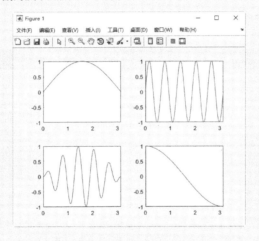

图 11.16　演示 subplot 指令对图形窗的分割

11.2.8　交互式绘图

MATLAB 中还设置了相应的鼠标操作的图形操作指令，分别是 ginput、gtext 和 zoom 函数。下面首先对这 3 个函数进行一般性的说明。

（1）除了 ginput 函数只能应用于二维图形之外，其余两个函数对二维和三维图形绘制均适用。

（2）ginput 函数与 zoom 函数配合使用，可以从图形中获得较为准确的数据。

（3）在逻辑顺序不十分清晰的情况下，不提倡这几个指令同时使用。

01 ginput 指令

其具体句法格式如下。

[x,y]=ginput(n)

其功能为用鼠标从二维图形中获得 n 个点的数据坐标 (x, y)。

使用 ginput(n) 指令时需要注意的是，指令中的 n 应当赋值为正整数，指令中的 x 和 y 用来存放所取点的坐标。该指令运行之后，会将当前的图像从后台调度到前台，同时鼠标光标变为十字形，用户可以移动鼠标光标，将其定位于待取点的位置处，单击则可获得该点的数据值，然后通过相同的方式取得之后的 n-1 组数据值，当 n 组数据全部取得之后，图形窗便退回后台，回到 ginput 指令执行前的环境中。

02 gtext 指令

具体句法格式如下。

gtext(arg)

其功能为用鼠标把字符串或字符串元胞数组放置到图形中作为文字说明。

使用 gtext 指令需要注意的是，运行该指令后，会将当前的图像从后台调度到前台，同时鼠标光标变为十字形，用户可以移动鼠标光标，将其定位于带放置的位置处，右击，字符串将被放在紧靠十字中心点的"第一象限"位置上。

如果输入的 arg 是单个字符串，单击则可以一次性将所有字符以单行的形式放置在图形之中；如果 arg 中包含多行字符串，则每次单击可将其中的一行字符串放置在图形之中，直到将所有的字符串全部放置在图形之中后，操作才全部完成。

03 zoom 指令

zoom 指令的具体应用句法有几种格式，如表 11.3 所示。

表 11.3   缩放指令格式

指令格式	说明
zoom xon	规定当前图形的 x 轴可以进行缩放
zoom yon	规定当前图形的 y 轴可以进行缩放
zoom on	规定当前图形可以进行缩放
zoom off	规定当前图形不可以进行缩放
zoom	当前图形是否可以缩放状态的切换
zoom out	使图形返回初始状态
zoom(factor)	设置缩放变焦因子，默认值为 2

使用 zoom 指令时需要注意的是，变焦操作方式与标准的 windows 缩放相同，在可变焦的当前图形上，可直接单击进行图形的放大，也可以长按鼠标左键括住需要放大的区域，放开鼠标左键之后，指定的区域则会被放大，单击鼠标右键则可进行图形的缩小。默认的变焦因子是 2，即单击鼠标左键时图形被放大一倍，单击鼠标右键时图形被缩小一半。

11.2.9 双坐标轴绘图

用户在实际应用中常常有这样一种需求：把同一自变量的两个不同量纲、不同数量级的函数量的变化绘制在同一张图上。为了满足这一需要，MATLAB 提供了以下指令：

Plotyy(x1,y1,x2,y2)，以左、右不同纵轴绘制 x1，y1，x2，y2 两条曲线；

Plotyy(x1,y1,x2,y2，FUN)，以左、右不同纵轴把 x1，y1，x2，y2 绘制成 FUN 指定形式的两条曲线；

Plotyy(x1,y1,x2,y2，FUN1,FUN2)，以左、右不同纵轴把 x1，y1，x2，y2 绘制成 FUN 指定形式的两条曲线。

📝 范例11-17   画出函数 y=xsinx 和积分 s=xcosx 在区间[0,4]的曲线

具体程序如下：

```
x=0:0.1:4;
y=x.*sin(x);
s=x.*cos(x);
plotyy(x,y,x,s),
```

text(0.5,0,'\fontsize{14}\ity=xsinx')
text(3,1.5,['\fontsize{14}\its=xcosx'])

图形绘制结果如图 11.17 所示。

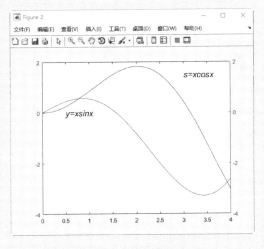

图 11.17   双坐标轴绘图

11.2.10 fplot 绘图指令

之前应用到的 plot 指令，均是针对用户指定的或者计算而得的数据转换为图形。而在实际应用中，函数随着自变量的变化趋势是未知的，此时在 plot 指令下，如果自变量的离散间隔不合理，则无法反映函数的变化趋势。

fplot 指令可以很好地解决这个问题。该指令通过 MATLAB 内部设置的自适应算法来动态决定自变量的离散间隔，当函数值变化缓慢时，离散间隔取大一些；当函数值变化剧烈时，离散间隔取小一些。fplot 指令的具体句法格式如下。

fplot（fun,limits）：在 limits 定义的自变量取值范围 [$x$min，$x$max] 内，或者在自变量与因变量的取值范围 [xmin,xmax；ymin,ymax] 内，绘制 fun 函数。

fplot(fun,limits,linespec): 在 limits 定义的取值范围内，在 linespec 所规定的线型、颜色、标记等属性下，绘制 fun 函数。

fplot（fun,limits,tol）：在 limits 定义的取值范围内，在 linespec 所规定的线型、颜色、标记等属性下，在 tol 所规定的相对误差允许范围内，绘制 fun 函数。

fplot（fun,limits，n）：在 limits 定义的取值范围内绘制 fun 函数，至少绘制 n+1 个点。

范例11-18   使用fplot函数绘图示例

具体程序如下：

```
subplot(2,2,1);fplot(@sin,[0 4*pi],'-o')
subplot(2,2,2);fplot(@(x) sin(1./x),[0.01,0.1],'-o')
subplot(2,2,3);fplot(@(x) abs(exp(-j*x*(0:9))*ones(10,1)),[0 2*pi],'-o')
subplot(2,2,4);fplot(@(x) [sin(x),cos(x),tan(x)],[-2*pi 2*pi],'-o')
```

图形绘制演示如图 11.18 所示。

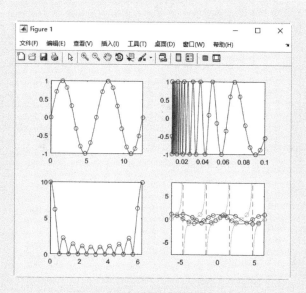

图 11.18   fplot 绘图演示

对比图 11.18 中的 4 幅图形可看出，绘图的数据点是自适应产生的。在函数平坦处，所取数据点比较稀疏；在函数变化剧烈处，将自动取较密的数据点。

11.2.11 ezplot 绘图指令

ezplot 指令用于绘制函数在某一自变量区域内的图形。该函数的英文意思是 Easy-to-use function plotter，即无须数据准备，直接画出函数图形。基本调用格式为 ezplot(f)，其中 f 是字符串或代表数学函数的符号表达式，只有一个符号变量。因为形如 $f(x, y)=0$ 的隐函数不能转换成像 $y=f(x)$ 的函数的图形，所以 plot 和 fplot 都无法画出。

ezplot(f,[min,max])：设置 x 方向的变量范围为 [min，max]，y 方向按 MATLAB 默认方式绘制函数。

ezplot(f,[xmin,xmax,ymin,ymax])：设置 x 方向的变量范围为 [min，max]，y 方向的变量范围为 [$y$min，$y$max] 绘制函数。

ezplot(x,y)：按 MATLAB 默认方式（自变量范围为 $-2\pi<x<2\pi$）绘制函数 x，y。

ezplot(x,y,[min,max])：按自变量范围为 [min，max] 绘制函数函数。

范例11-19   ezplot绘图指令演示

具体程序如下：

```
ezplot('sin(x)^2+4*cos(y)^2'=4',[-5 5 -1 1]);
axis square
```

图形绘制演示如图 11.19 所示。

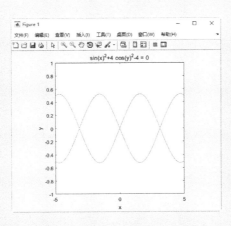

图 11.19 ezplot 绘图指令演示

11.2.12 特殊坐标轴绘图

01 对数坐标轴命令 semilogx、semilogy、loglog

格式：semilogx(…)。

功能：在 x 轴上采用常用对数进行标定。该命令的调用格式与 plot 函数的调用格式相同。

格式：semilogy(…)。

功能：在 y 轴上采用常用对数进行标定。该命令的调用格式与 plot 函数的调用格式相同。

格式：loglog(…)。

功能：在 x、y 轴上分别采用常用对数进行标定。该命令的调用格式与 plot 函数的调用格式相同。

范例11-20 绘制半对数图

具体程序如下：

```
t=0.001:0.002:20;
y=5+log(t)+t;
semilogx(t,y,'b')
hold on
semilogx(t,t+5,'r')
```

图形绘制结果如图 11.20 所示。

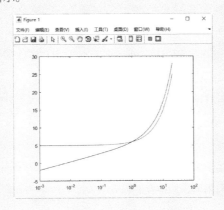

图 11.20 绘制半对数图

📝 **范例11-21**   **绘制$y=x^3$的函数图、对数坐标图、半对数坐标图**

具体程序如下：

```
x=[1:1:100];
subplot(2,3,1);
plot(x,x.^3);
grid on;
title 'plot-y=x^3';

subplot(2,3,2);
loglog(x,x.^3);
grid on;
title 'loglog-logy=3logx';

subplot(2,3,3);
plotyy(x,x.^3,x,x);
grid on;
title 'plotyy-y=x^3,logy=3logx';

subplot(2,3,4);
semilogx(x,x.^3);
grid on;
title 'semilogx-y=3logx';
subplot(2,3,5);
semilogy(x,x.^3);
grid on;
title 'semilogy-logy=x^3';
```

图形绘制结果如图 11.21 所示。

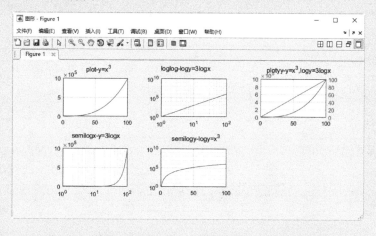

图 11.21   绘制 $y=x^3$ 的函数图、对数坐标图、半对数坐标图

02 极坐标函数 polar

格式一：polar(theta,rho)。

功能：绘制极角为 theta、极径为 rho 的极坐标图形。

格式二：polar(theta, rho, s)。

功能：绘制由 s 指定样式、颜色的极坐标图形。

范例11-22 使用红色虚线创建简单的极坐标图.

具体程序如下：

```
t = 0:.01:2*pi;
polar(t,sin(2*t).*cos(2*t),'--r')
```

图形创建结果如图 11.22 所示。

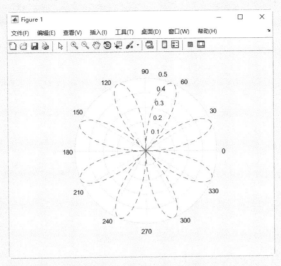

图 11.22 使用红色虚线创建简单的极坐标图

▶ 11.3 二维特殊图形函数

在实际应用中，还有很多特殊图形经常需要绘制，如数据统计中的饼形图、柱状图和面积图等，在 MATLAB 中绘制这些特殊图形非常方便。在 MATLAB 的 Workspace 窗口中，如果选择了 Workspace 窗口中的某个内存变量，单击工具栏中的"绘图"选项卡中的各类图形按钮，就可以绘制各种不同的特殊图形。如图 11.23 所示。另外，也可以通过执行绘制特殊图形的相关函数实现绘图工作。

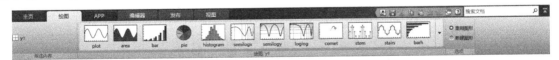

图 11.23 绘图选项卡

11.3.1 柱状图

柱状图常用于对统计的数据进行显示，以便于观察在一定时间段中数据的变化趋势，比较不同组数据集以及单个数据在所有数据中的分布情况，特别适合于少量且离散的数据。MATLAB 使用 bar 函数来绘制柱状图，命令格式如下：

```
bar(x,y,width, 参数 )
```

说明：x 是横坐标向量，省略时默认值是 $1:m$，m 为 y 的向量长度。y 是纵坐标，可以是向量或矩阵，当为向量时每个元素对应一个竖条，当为 $m \times n$ 的矩阵时，将画出 m 组竖条，每组包含 n 条。width 是竖条的宽度，省略时默认宽度是 0.8，如果宽度大于 1，则条与条之间将重叠。参数有 grouped(分组式) 和 stacked

（累加式），省略时默认为 grouped。bar 柱状图函数有如表 11.4 所示的几种格式。

表 11.4　柱状图函数格式

函数	功能	函数	功能
bar	二维垂直柱状图	bar3	三维垂直柱状图，参数除了 grouped 和 stacked 外还有 detached(分离式)
barh	水平柱状图	bar3h	三维水平柱状图

📝 范例11-23　分别用分组式、累加式演示柱状图函数功能

具体程序如下：

```
Y = round(rand(5,3)*10);
subplot(2,2,1)
bar(Y,'group')
title 'Group'
subplot(2,2,2)
bar(Y,'stack')
title 'Stack'
subplot(2,2,3)
barh(Y,'stack')
title 'Stack'
subplot(2,2,4)
bar(Y,1.5)
title 'Width = 1.5'
```

显示结果如图 11.24 所示。

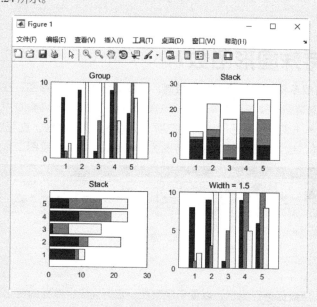

图 11.24　绘制柱状图

11.3.2 面积图

面积图与柱状图相似，只不过是将一组数据的相邻点连接成曲线，然后在曲线与横轴之间填充颜色，适合于连续数据的统计显示。面积图使用函数 area 绘制，只适用于二维数组，命令格式如下：

```
area(x,y)
```

说明：x 是横坐标，可省略，当 x 省略时则横坐标为 1：size(y，1)。y 可以是向量或矩阵，如果 y 是向量，则绘制的曲线与 plot 命令相同，只是曲线和横轴之间填充了颜色；如果 y 是矩阵，则每列向量的数据构成面积叠加起来。

📋 范例11-24　绘制面积图

具体程序如下：

```
Y = [1, 5, 3;
    3, 2, 7;
    1, 5, 3;
    2, 6, 1];
area(Y)
grid on
colormap summer
set(gca,'Layer','top')
title 'Stacked Area Plot'
```

绘制面积图的结果如图 11.25 所示。

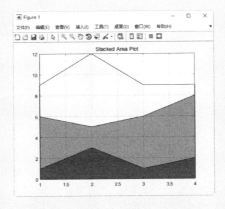

图 11.25　绘制面积图

11.3.3 实心图

实心图是将数据的起点和终点连成多边形，并填充颜色。绘制实心图的函数是 fill，其调用格式为

```
fill(x1,y1,选项1,x2,y2,选项2,…)
```

fill 函数按向量元素下标渐增次序依次用直线段连接 x、y 对应元素定义的数据点。如果这样连接所得折线不封闭，则 MATLAB 将自动把该折线的首尾连接起来，构成封闭的多边形，然后将多边形内部涂满指定的颜色。

📋 范例11-25　绘制一个蓝色的六边形实心图

具体程序如下：

```
n=6; dt=2*pi/n;
```

```
st=0:dt:2*pi;
t=[st,st(1)];% 数据向量的首尾重合，使图形封闭。
x= sin(t);y=cos(t);
fill(x,y,'b');
axis([-1.5 1.5 -1.5 1.5])
```

实心图绘制结果如图 11.26 所示。

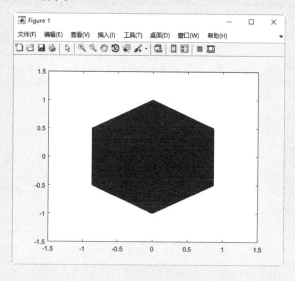

图 11.26　绘制实心图

11.3.4 向量图

MATLAB 中除可以用 plot 函数绘制复数向量图外，还可用 compass 和 feather 函数。compass 函数绘制围绕原点的罗盘图，feather 函数绘制围绕 x 轴的羽毛图，其调用格式为：

```
compass（z）或 compass（u，v）
feather（z）或 feather（u，v）
```

其中，z 为复数向量，u、v 分别为复数向量的实部和虚部。

范例11-26　绘制向量图

具体程序如下：

```
theta=(-120:10:60)*pi/180;
r=2*ones(size(theta));
[u,v]=pol2cart(theta,r);
subplot(1,2,1); compass(u,v);title('compass')
subplot(1,2,2); feather(u,v);title('feather')
```

绘制复数向量图结果如图 11.27 所示。

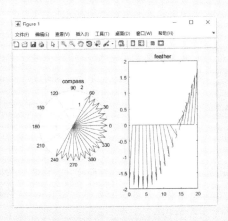

图 11.27　绘制复数向量图

11.3.5 饼图

饼图适用于显示向量或矩阵中各元素占总和的百分比，可以用 pie 函数绘制二维饼图，命令格式如下：

pie(x,explode,'label')

说明：x 是向量，用于绘制饼形图，elplode 是与 x 同长度的向量，用来决定是否从饼图中分离对应的一部分块，非零元素表示该部分需要分离。label 是用来标注饼图的字符串数据。

三维饼图使用 pie3 函数来绘制，格式与 pie 相同。

范例11-27　绘制饼形图，显示统计结果

具体程序如下：

```
x = [1 3 0.5 2.5 2];
explode = [0 1 0 0 0];
pie(x,explode)
colormap jet
```

绘制饼形统计图结果如图 11.28 所示。

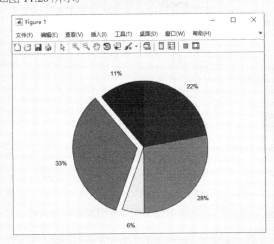

图 11.28　绘制饼形统计图

11.3.6 直方图

直方图又称为频数直方图，适于显示数据集的分布情况并具有统计的功能。绘制直方图的函数是 hist，直方图和柱状图的形状相似但功能不同，直方图的横坐标将数据范围划分成若干段，每个柱的高度显示该区间内分布的数据个数。格式如下：

```
hist(y,n)
N=hist(y,x)
```

说明：n 表示分段的个数，n 省略时则默认为分成 10 段；x 是向量，用于指定所分每个数据段的中间值；y 可以是向量或矩阵，如果是矩阵则按列分段；N 是每段元素个数，N 可省略，省略时默认为绘制图形。

范例11-28　绘制直方图统计并显示数据

具体程序如下：

```
x=randn(100,1)
subplot(2,1,1)
hist(x,20)
subplot(2,1,2)
hist(x,-3:1:3)
sum((x<=2.5)&(x>1.5))
```

绘制直方统计图结果如图 11.29 所示。

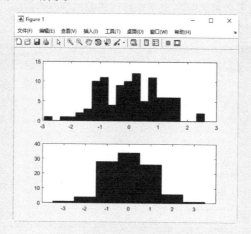

图 11.29　绘制直方统计图

▶11.4 疑难解答

figure 命令新建一个绘图窗口，figure 可以打开一个空的绘图窗口，接下来的绘图命令可以将图画在它里面，而不会覆盖以前的绘图窗口。当有多个 figure 窗口时，在命令行窗口中执行如 plot 等命令将覆盖当前 figure 窗口中的对象。所谓的当前 figure 窗口，也就是最后一次查看的窗口（可以用命令 gcf 得到）。figure(N) 将编号为 N 的窗口置为当前 figure，出现在所有窗口的最前面，如果该窗口不存在，则新建一个编号为 N 的空白 figure。

第 **12** 章

三维数据可视化

在 MATLAB 中，三维图形包括三维曲线、三维网格图和三维曲面图，分别采用函数 plot3()、mesh() 和 surf() 进行绘制。本章还将介绍一些特殊的三维图形绘制，重点讲解三维图形的视角、色彩和光照等控制工具。

本章要点（已掌握的在方框中打钩）

□ 三维图形绘制
□ 三维隐函数绘图方法
□ 三维图形的修饰处理方法

▶12.1 三维图形绘制

MATLAB 软件提供一些用于画三维图像的相关函数，使用这些函数可以很方便地画出希望得到的图形，非常直观好用。

12.1.1 曲线图绘制

与二维绘图命令类似，在三维坐标下有三维的基本绘图命令 plot3，其使用方法与 plot 相仿。plot3 的调用格式如下。

格式一：plot3(x,y,z)。

功能：若 x，y，z 为相同长度的向量，则根据向量 x，y，z 绘制空间三维曲线。如果 x，y，z 为同阶矩阵，则绘制对应列的多条曲线。

格式二：plot3(x,y,z,'s')。

功能：按字符串 s 设置的线型、颜色、标记符号绘制三维空间曲线。字符串 s 的设置与 plot 命令的设置相同。

📝 范例 12-1   绘制三维螺柱线

具体程序如下：

```
t=0:pi/10:10*pi;
x=cos(t);y=sin(t);
plot3(x,y,t,'bo-');    %bo- 规定图形中曲线为蓝色、圆圈 + 直线的线型
xlabel('x=cos(t)');
ylabel('y=sin(t)');
zlabel('z');
title(' 三维螺柱线 ');
```

绘制图形如图 12.1 所示。

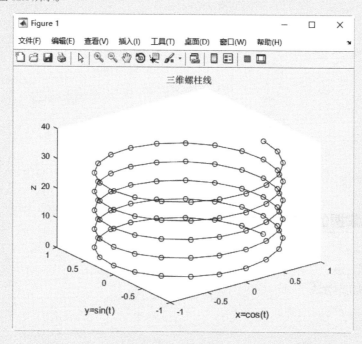

图 12.1   三维螺柱线

12.1.2 三维网线图绘制

MATLAB 提供的函数 mesh 用来绘制三维网线图。该命令与 plot3 不同的是，它可以绘出在某一区间内完整的曲面，而不是单根曲线。其基本调用格式如下：

```
mesh(x,y,z)
```

功能：根据矩阵 x，y 和 z 绘制彩色的空间三维网线图。x，y 和 z 中对应的元素为三维空间上的点，点与点之间用线连接。其中网线的颜色随网点高度的改变而改变。

在绘制二元函数 $z=f(x，y)$ 的三维网线时，首先应通过 $[x，y]$=meshgrid$(x，y)$ 语句在 xy 平面上建立网格坐标，然后利用 x 和 y 计算每一个网格点上 z 坐标的大小，该坐标就定义了曲面上的点。最后由 mesh(z) 命令完成三维网线图的绘制。

📝 **范例 12-2**　　**绘制函数 $z=xe^{-x^2-y^2}$ 的三维网线图**

具体程序如下：

```
x=-2:0.2:2;
y=x;
[x,y]=meshgrid(x,y);
z=x.*exp(-x.^2-y.^2);
mesh(x,y,z);
```

绘制图形如图 12.2 所示。

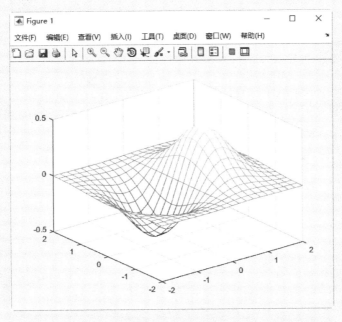

图 12.2　三维网线图

meshz 函数在 mesh 函数的基础上增加了绘制边界面的功能，其调用格式与 mesh 一样。图 12.3 是运行 "meshz(x,y,z)" 的结果。

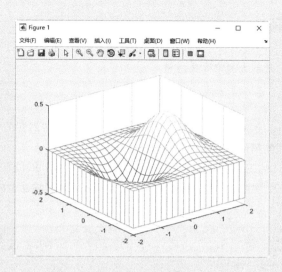

图 12.3   三维网线图 2

范例 12-3   绘制函数z=xe^(-x²-y²)的三维网线图

具体程序如下：

```
x=-2:0.2:2;
y=x;
[x,y]=meshgrid(x,y);
z=x.*exp(-x.^2-y.^2);
meshz(x,y,z);
```

还有一个函数是 meshc，它是在 mesh 的基础上，在 xy 平面绘制三维曲线图的等高线。把范例 12-3 的绘图语句改为 meshc（x,y,z），图形绘制结果如图 12.4 所示。

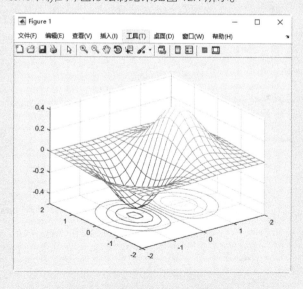

图 12.4   带等高线的三维网线图

12.1.3 曲面图的绘制

在三维网线上，对网线之间的网线元进行颜色填充就成了三维曲面图。MATLAB 提供的 surf 函数具有这样的功能。其调用格式如下：

surf(x,y,z)

功能：最常用的曲面图调用格式，绘制由 3 个矩阵所指定的带色参数的网状表面图，轴的刻度决定于 x、y、z 的范围，或当前对轴的设定，颜色与网的高度成正比。

📝 范例 12-4　用曲面图表现函数 $z=x^2+y^2$

具体程序如下：

```
x=-5:5;y=x;[x,y]=meshgrid(x,y);
z=x.^2+y.^2;
surf(x,y,z);hold on,colormap(hot); % 所绘制曲面的调色板设为 hot
stem3(x,y,z,'bo');            % 在原图基础上再绘制三维柱状图
```

绘制图形如图 12.5 所示。

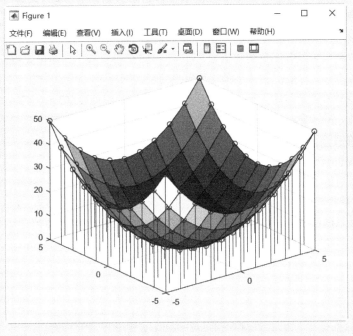

图 12.5　三维曲面图

与 mesh 函数类似，与 surf 函数对应的也有 surfl 和 surfc 函数，surfl 函数在绘制好的曲面上基于当前调色板颜色进行光照处理，surfc 函数在绘制好的曲面图下加等高线。将范例 12-4 中的 surf(x,y,z) 分别替换为 surfl(x,y,z) 和 surfc(x,y,z) 后运行程序的结果如图 12.6 和图 12.7 所示。

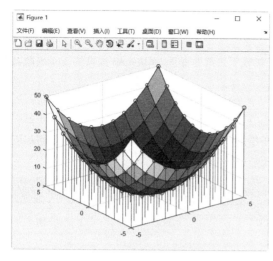

图 12.6　三维曲面图（光照处理）

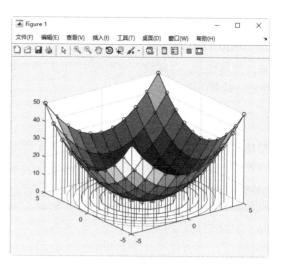

图 12.7　三维曲面图（带等高线）

▶12.2 三维隐函数绘图

　　MATLAB 是一款功能强大的通用数学工程软件。利用 MATLAB 的绘图功能可以轻而易举地绘制出各种复杂函数图形。利用 ezplot 函数甚至可以直接绘制隐函数 $F(x, y)=0$ 的曲线，而无须将其写成 $y=f(x)$ 的形式。然而与之对应的 ezsurf 和 ezmesh 函数却对三维隐函数 $F(x, y, z)=0$ 曲面的绘制无能为力。那么 MATLAB 究竟有没有用来绘制诸如 $F(x, y, z)=0$ 的命令呢？答案毫无疑问是肯定的。事实上利用 MATLAB 的等值面函数 isosurface，并在 patch 函数的配合之下就可以轻松完成。其中 patch 函数是个底层的图形函数，用来创建补片图形对象。一个补片对象是由其顶点坐标确定的一个或多个多边形区域，用户可以设定补片对象的颜色、灯光等。有关 isosurface 函数和 patch 函数的调用格式介绍如下。

🔢 isosurface 等值面函数

　　调用格式：fv = isosurface(X,Y,Z,V,isovalue)。

　　作用：返回某个等值面（由 isovalue 指定）的表面（faces）和顶点（vertices）数据，存放在结构体 fv 中（fv 由 vertices、faces 两个域构成）。X、Y 和 Z 的取值构成立体空间的一些栅格节点，V 对应的是这些栅格点上的函数值数据。如果是画隐函数 $v = f(x, y, z) = 0$ 的三维图形，则等值面的数值为 isovalue = 0。

🔢 patch 函数

　　调用格式：

patch(X,Y,C)

此格式以平面坐标 (X, Y) 为顶点，构造平面多边形，C 是 RGB 颜色向量。

patch(X,Y,Z,C)

此格式以空间三维坐标 (X, Y, Z) 为顶点，构造空间三维曲面，C 是 RGB 颜色向量。

patch(fv)

此格式通过包含 vertices、faces 两个域的结构体 fv 来构造三维曲面，fv 可以直接由等值面函数 isosurface 得到，例如 patch(isosurface(X,Y,Z,V,0))。

　　MATLAB 中，三维隐函数曲面是通过等值面函数 isosurface 和 patch 函数进行绘制的。基本步骤如下：

　　（1）坐标范围确定；

　　（2）使用 meshgrid 函数产生网格点；

（3）隐函数定义，可利用 @ 符号获取其函数句柄，实现对函数的操作；

（4）计算坐标空间范围内的格点函数值 val；

（5）调用 p=isosurface（x,y,z,val,0）函数计算隐函数等值点的位置并返回到 p；

（6）调用 patch 函数对曲面进行修饰。

📝 范例 12-5　绘制由隐函数 $f(x,y,z) = x^2+y^2+z^2-1= 0$ 的三维球面

执行下面的程序，绘图结果如图 12.8 所示。

```
clear;
% 描绘球面 x.^2+y.^2+z.^2=1;
xlimit=[-2 2]; %x 坐标范围
ylimit=[-2 2]; %y 坐标范围
zlimit=[-2 2]; %z 坐标范围
gd=[30,30,30]; %x,y,z 坐标轴的格点数，当然越多越精细。
f=@(x,y,z) x.^2+y.^2+z.^2-1; % 隐函数 f(x,y,z)=0，如果 f 中不含某个变量一定要加上诸如 0*y 的项。
                         %@，在匿名函数中表示函数句柄。
x=linspace(xlimit(1),xlimit(2),gd(1)); %x 坐标轴的格点
y=linspace(ylimit(1),ylimit(2),gd(2));
z=linspace(zlimit(1),zlimit(2),gd(3));
[x,y,z]=meshgrid(x,y,z);          % 产生三维的立体栅格点
val=f(x,y,z);     % 根据网格点计算函数值
%isosurface( ) 将利用等值点绘制曲面。
[f,v]=isosurface(x,y,z,val,0);
%x,y,z 是网格点（坐标点），val 的函数值与网格点一样多，0 是要求作 f(x,y,z)=0 的等值线。
p=patch('Faces',f,'Vertices',v,'CData',v(:,3),'facecolor','none','EdgeColor','flat'); view(3);grid on
%face 指面元 f；Vertices 指面元顶点 v；CData 指颜色，在 v( ) 中设置；facecolor 设定面元颜色；flat 方式
把 CData 平铺在面元上；EdgeColor 设定边界线颜色。
```

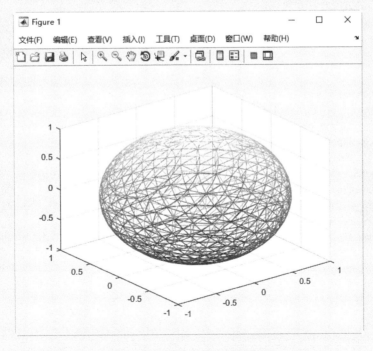

图 12.8　绘制隐函数的三维球面

▶12.3 三维图形的修饰处理

利用 MATLAB 既可以绘制各种三维图形，也可以对图形进行修饰和控制，以增强图形的表现效果。通过高层绘图和低层绘图的操作可以对三维图形进行视点、色彩及图形的剪裁等处理。

12.3.1 三维图形的视点处理

从不同的角度观察物体，所看到的物体形状是不一样的。同样，从不同视点绘制的三维图形的形状也是不一样的。视点位置可由方位角和仰角表示。下面将讲到的 view 函数的参数有 az 和 el，az 是 azimuth（方位角）的缩写，el 是 elevation（仰角）的缩写。它们均以度为单位。当 x 轴平行观察者身体、y 轴垂直于观察者身体时，az=0；以此点为起点，绕着 z 轴顺时针运动，az 为正，逆时针为负。EL 为观察者眼睛与 xy 平面形成的角度。当观察者的眼睛在 xy 平面上时，el=0；向上 el 为正，向下为负。系统默认的视点定义为方位角-37.5°、仰角 30°。

使用函数 view 可以设置观察三维图形的视点位置。有两种设置视点位置的方法，一种是设置观察的方位角和仰角，另一种是指它的一个观察点。具体调用格式如下。

格式一：view(az,el) 或 view([az,el])。

功能：设置观察者观察三维图形的视点位置，由方位角 az 和仰角 el 来指定。

格式二：view(2) 或 view(3)。

功能：设置观察者观察三维图形的特殊视点位置。view(2) 时指定 az=0，el=90，view(3) 时指定 az=-37，el=30。

格式三：view([x,y,z])。

功能：将直角坐标系中的一点 [x，y，z] 设置为视点位置，[x，y，z] 向量的长度大小被忽略。

格式四：[az,el]=view。

功能：返回当前的方位角和视角。

📝 范例 12-6   绘制不同视角的peaks网线图

具体程序如下：

```
subplot(2,2,1);mesh(peaks);
view(-37.5,30);        % 指定子图 1 的视点
title('azimuth=-37.5,elevation=30')
subplot(2,2,2);mesh(peaks);
view(0,90);            % 指定子图 2 的视点
title('azimuth=0,elevation=90')
subplot(2,2,3);mesh(peaks);
view(90,0);            % 指定子图 3 的视点
title('azimuth=90,elevation=0')
subplot(2,2,4);mesh(peaks);
view(-7,-10);          % 指定子图 4 的视点
title('azimuth=-7,elevation=-10')
```

绘制图形如图 12.9 所示。

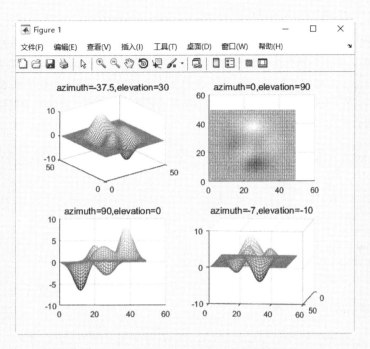

图 12.9   不同视角的 peaks 网线图

📝 范例 12-7   旋转观察多峰函数曲面

编写以下程序并运行，将会看到一个随视角旋转连续变化的多峰函数曲面。

```
close all; figure; mesh(peaks);  % 在新建图形窗口绘制多峰函数
 el=30;  % 设置仰角为 30°  。
for az=0:1:360  % 让方位角从 0 变到 360，绕 z 轴一周
    view(az,el);
drawnow;  % 更新图形窗口
end
az= 0;   % 设置方位角为 0
for el=0:1:360   % 仰角从 0 变到 360
    view(az,el);
    drawnow;
end
```

12.3.2 色彩处理

在上述所绘制的三维图形中，我们看到整个图形的网格片或网格线包含了各种色彩，这是因为前述的 mesh 和 surf 等函数已经以默认的着色方式为绘制的图形添加了颜色。实际上，MATLAB 提供了另一个函数 shading，它可以自由设置图形的表面颜色。

shading 函数的调用格式有以下 4 种。

（1）shading flat。

（2）shading faceted。

（3）shading interp。

（4）shading(axes_handle,…)。

shading flat 将图形中每个网格片和网格线用同一种颜色进行着色，从而使图形表面显得更为光滑。shading faceted 将图形中每个网格片用与其高度对应的颜色进行着色，但网格线保持黑色。这是系统默认的着色方式。shading interp 在网格片内采用插值处理的方式进行着色，从而使得图形表面颜色非常光滑。shading(axes_handle,…) 是对句柄指定的坐标系内的三维图形目标进行着色，而非对当前坐标系内的对象。

下面通过一个例子演示不同的着色效果。

📝 范例 12-8　　不同着色方式的效果展示

具体程序如下：

```
[x,y,z]=sphere(20);
colormap(copper);
subplot(1,3,1); surf(x,y,z); axis equal;
subplot(1,3,2); surf(x,y,z); shading flat; axis equal;
subplot(1,3,3); surf(x,y,z); shading interp; axis equal;
```

程序运行结果如图 12.10 所示。

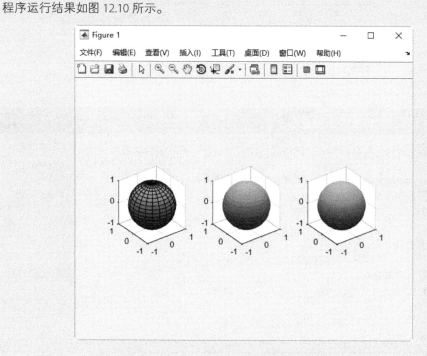

图 12.10　shading 函数的着色效果

12.3.3 光照处理

在实际当中，三维图形呈现在我们眼前的是什么效果，很大程度上是受光照的影响。MATLAB 提供了设置灯光的函数 light。light 函数的调用格式为：

```
light('color',option1,'style',option2,'position',option3)  % 定光设置
```

关于 light 指令的说明如下：

option1 可采用 RGB 三元组或相应的色彩字符，如 [1 0 0] 或 'r' 都代表红光；option2 有两个取值，'infinite' 表示无穷远光，'local' 表示近光；option3 为直角坐标系下的点 [x，y，z] 表示的向量形式。对于远光，option3 表示光线穿过该点射向原点；对于近光，option3 表示光源所在位置。

该函数的任何"一组输入量对"都可以空缺，空缺时采用默认设置替代。该指令不包含任何输入量时，默认为白光、无穷远、穿过 [1，0，1] 射向坐标原点。应该指出，在 light 使用前，图形各处采用相等强度的漫射光。一旦 light 被执行，图形的"面"等对象的所有与"光"有关的属性（如背景光、边缘光）都将被激活，但光源本身不出现在图形窗口中。

下面通过一个例子来了解灯光设置前后的效果对比。

📋 范例 12-9　　光照处理效果对比

具体程序如下：

```
[x,y,z]=sphere(20);
subplot(1,2,1);  surf(x,y,z);  axis equal;
light('position', [0, 1, 1]);
shading interp; hold on;
plot3(0,1,1, 'p'); text(0,1,1, 'light');
subplot(1,2,2);  surf(x,y,z);  axis equal;
light('position', [1, 0, 1]);
shading interp; hold on;
plot3(1,0,1, 'p'); text(1,0,1, 'light');
```

程序执行的结果如图 12.11 所示。可见，图中左右两个球体由于光照设置不同而有明显的差异。

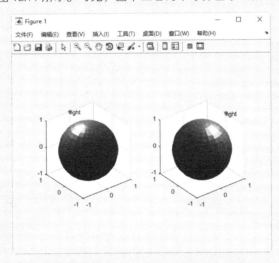

图 12.11　　光照处理效果对比

▶12.4　疑难解答

用颜色图编辑器（colormap editor）对三维图形再加工。

在 MATLAB R2016b 主页的命令行窗口输入 colormapeditor，可以打开颜色图编辑器，利用它可以对当前的二维和三维图形进行色图的重新设置、润色和加工，从而使用户的绘图显得与众不同。颜色图编辑器如图 12.12 所示。

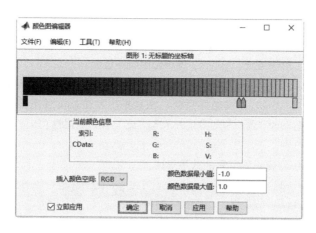

图 12.12　颜色图编辑器界面

　　颜色图编辑器将当前图形的色图用一条由不同颜色组成的颜色条带表示，条带下面有一些节点指针，可指向当前图形中的任一种色彩。当左右移动节点指针时，实际上是改变了 R、G 和 B 三种颜色在图形中的变化率。例如，执行下面一段程序后，可得到一个三维图形如图 12.13 所示。通过移动颜色图编辑器下的节点指针，可以发现三维图形的某部分颜色随之改变，还可以通过改变色图类型，改善图形显示的不同效果。图 12.14 是色图经过编辑的三维图形，二者差别显而易见。我们选择的颜色图是 "copper"。

```
[x,y]=meshgrid(-2:0.1:2);
z=x.*exp(-x.^2-y.^2);
surf(x,y,z,gradient(z));
shading interp;
colormapeditor;
```

运行结果如图 12.14 所示。

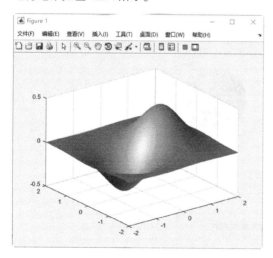

图 12.13　原图

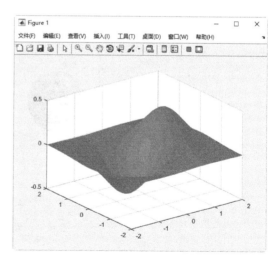

图 12.14　经颜色图编辑器处理后的图形

第 **IV** 篇

编程设计

第

13

章

图形用户界面设计

　　图形用户界面 (Graphical User Interface，GUI) 是指人与计算机或计算机软件之间的图形化的交互方式。一个设计良好的 GUI，能够极大地方便用户操作，用户可以通过窗口、菜单、图标、按钮等方式操作计算机和运行软件。在 GUI 中，计算机画面上显示的窗口、菜单、按钮等图形表示不同目的和动作，用户通过键盘、鼠标等设备进行选择或变量输入。

　　利用 MATLAB 进行各类科学研究的用户，如果需要向其他人提供应用程序，或进行某种技术、方法的演示，或制作一个供反复使用且操作简单的专用工具，设计图形用户界面是一项必不可少的工作。

　　MATLAB 为表现其基本功能而设计的演示程序 demo，是使用图形界面的良好范例。在命令行窗口中运行 demo 打开图形用户界面后，只要用鼠标进行选择和单击，就可以浏览其丰富多彩的内容。

本章要点（已掌握的在方框中打钩）

☐ 使用 GUIDE 创建 GUI
☐ GUI 编程

▶13.1　使用 GUIDE 创建 GUI

　　MATLAB 提供的图形用户界面开发环境是 GUIDE（Graphical User Interface Development Environment），它提供了一组丰富的图形用户界面创建工具。用户可以利用 GUIDE 对图形用户界面进行布局和编程。此外，MathWorks 公司从 R2016a 版本起正式推出了 GUIDE 的替代产品 App 设计工具（App Designer），它旨在顺应 Web 的潮流，帮助用户利用新的图形系统方便地设计更加美观的 GUI，但从整体功能上，它只支持二维图形，这一点是比不上 GUIDE 的；另一个层面，App Designer 采用了现代并且友好的界面，用户更容易自己学习和探索。也就是说，在掌握 GUIDE 的基础上学习新的 App Designer，是易如反掌的事情。

　　本节对 GUIDE 的使用方法进行初步介绍。

13.1.1　GUIDE 编辑界面简介

　　进入到 GUIDE 开发环境通常有如下两种方法。

　　（1）在 MATLAB 主窗口中，选择"新建"按钮，再单击其中的 App 按钮，然后在弹出菜单中选择 GUIDE 选项；

　　（2）在命令行窗口中输入 guide，按"Enter"键。

　　首先会弹出"GUIDE 快速入门"对话框，如图 13.1 所示，其中的两个选项分别为"新建 GUI"和"打开现有 GUI"。"新建 GUI"有以下 GUIDE 模板：

　　Blank GUI(Default)（空 GUI）；

　　GUI with Uicontrols（带用户界面控件 Uicontrols 的 GUI）；

　　GUI with Axes and Menu（带坐标轴和菜单的 GUI）；

　　Model Question Dialog（模板提问对话框）。

　　单击相应的选项时可以在右侧看到相应的预览（Preview）。选择"将新图形另存为"时可选择改变生成文件的默认存储路径。

　　选择第一项 Blank GUI(Default)，并单击"确定"，可得如图 13.2 所示的布局编辑器（Layout Editor）界面，它是一个空的 GUI 模板。选中组件面板（Component Palette）中的某一个组件，按下鼠标左键并拖曳，就可以把它放置在布局工作区（Layout Area）中。

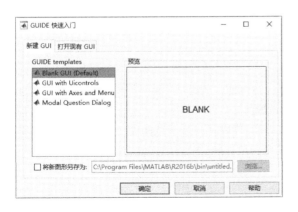

图 13.1　"GUIDE 快速入门"对话框

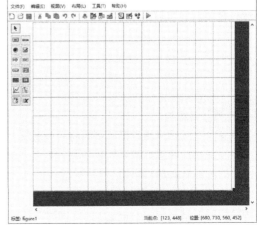

图 13.2　布局编辑器（Layout Editor）界面

　　布局编辑器界面菜单栏（Menu Bar）下面是工具栏（Toolbar），其上是一些常用的快捷按钮，鼠标光标在快捷按钮上方停留片刻后，会弹出提示框提示按钮的名称。下面介绍部分快捷按钮。

　　串：对齐对象。用来调整组件在 GUI 中的分布与排列，单击后界面如图 13.3 所示。

: 菜单编辑器。用于给 GUI 添加并编辑菜单，如图 13.4 所示。

: Tab 键顺序编辑器。用于设置在 GUI 处于运行状态时，按 "Tab" 键依次选择组件的顺序。

: 工具栏编辑器。用于设置在建立的 GUI 工具栏中包含的工具按钮。

: M 文件编辑器。设计好的 GUI 运行后一般会对应生成两个文件，一个是图形（.fig）文件，另一个是程序（.m）文件。M 文件编辑器可以打开程序文件进行编辑。

: 属性编辑器。用于设置用户设计当中各组件的各种属性，如名称、背景、颜色等。

: 对象浏览器。用于浏览工作区中所有对象的层次结构。

: 运行图形。

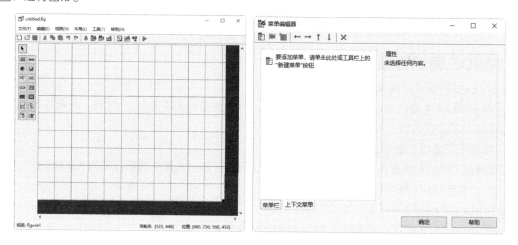

图 13.3   对齐对象   图 13.4   菜单编辑器

13.1.2 菜单设计实例

下面先介绍 GUI 中 "菜单" 的设计方法。菜单一般置于 GUI 的最上方，应用程序的几乎全部功能都可包含在其中。

按下 按钮，进入菜单编辑器，如图 13.4 所示，菜单编辑器的快捷按钮从左至右依次如下。

: 新建菜单。

: 新建菜单项。

: 新建上下文菜单（右键菜单）。

: 后移选定项。

: 前移选定项。

: 上移选定项。

: 下移选定项。

: 删除选定项。

其中第 4~7 项用来更改菜单项的前后级别及上、下位置。

单击菜单编辑器工具条中的 （新建菜单）创建父菜单。如果要创建子菜单项，可先选中父菜单项，然后单击 （新建菜单项）按钮。

假设我们创建了如图 13.5 所示的菜单。

单击鼠标左键选定 "Untitled 2"，同时勾选右侧的选项 "在此菜单项前添加选中标记"；选定 "Untitled 3"，同时勾选右侧的 "分隔符位于此菜单项上"。关闭菜单编辑器并单击 "运行" 按钮，得到如图 13.6 所示的结果（之前会弹出一个对话框，选择 "是"，并为设计的界面取一个文件名 untitled.fig）。单击菜单项 "Untitled 1" 时出现如图 13.7 所示的结果。

图 13.5　菜单设计实例 -1

图 13.6　菜单设计实例 -2

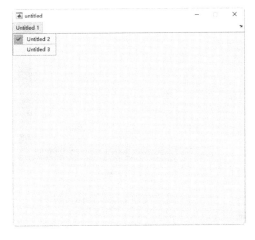

图 13.7　菜单设计实例 -3

注意"Untitled 2"之前的对号和"Untitled 3"上方的分割线。细心的读者可能会发现，在菜单编辑器中还有一个选项"上下文菜单"，意思是右键菜单。我们可以给 GUI 中的某个对象定义上下文菜单。GUI 处于运行状态时，当用户单击鼠标右键定义了上下文菜单的对象后，会弹出相应的菜单，进而可选择菜单中的选项执行对应操作。

单击菜单编辑器工具条中的　（新建上下文菜单）创建右键菜单。注意之前要选择菜单编辑器的"上下文菜单"标签界面。子菜单项的创建方法同前。通过修改 GUI 窗口某一组件的"UiContextMenu"属性的值，可以建立组件和右键菜单之间的联系。

GUI 除了包含菜单之外，还有一些其他的组件，如文本框、按钮、滑动条等，让用户进行某些操作。这些组件属于图形对象，通常又被称为控件。13.1.3 节将介绍向 GUI 中添加控件的方法。

13.1.3　包含控件的 GUI 设计实例

本小节通过一个实例介绍 GUI 设计界面中的组件，如图 13.8 所示，组件面板中包含的控件如下。

：选择，用来指示在 GUIDE 中控件的选中状态。严格意义上说它不是一个独立的控件。

：按钮，其作用是对用户的鼠标单击操作做出反应并触发相应的操作，其上的文本标识按钮的名称（下同）。

：切换按钮，又称开关按钮，它有压下和复原两种状态，对应触发两种不同的操作。

：单选按钮，一般是成组出现的，具有互斥的性质，即同组单选按钮中只能有一个是被选中的。当单选按钮处于选择状态时，会在圆圈中显示一个黑色实心圆。

：复选框，通常用来标示一种选择状态，可以有选中、不选中两种状态。当一个选择框处于选择状态时，在小方框内会出现一个"√"。

□：静态文本，用于在 GUI 中显示特定的标识文本。

□：文本编辑框，用户可在其中输入文本。

□：滚动条，包括 3 个独立的部分，分别是滑槽、滑块和滑槽两端的箭头。使用该控件，用户可以沿着滚动槽拖动滑块来选择一个值。一般用于滚动其他控件，比如列表框、文本框等。

□：面板，用于将其他控件分组，面板内的控件将成为面板的子对象；可以给面板设定自己的名称和边界。

□：按钮组，类似于面板，但通常只用于容纳一组互斥的单选或切换按钮。

□：列表框，其内容一般是一组选项的列表，用户可以从列表中进行选择一项或多项。

□：弹出式菜单，当单击箭头时，会弹出一组互斥的选项清单，供用户选择其中的一项。

□：坐标轴框，可以在其中绘制二维或三维图形。

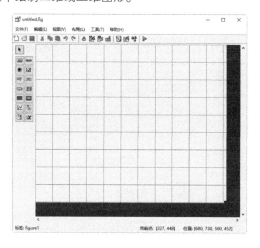

图 13.8　包含控件的 GUI 设计实例 -1

向 GUI 窗口中添加控件有两种方法：

（1）从组件面板选择一个控件，按住鼠标左键不放，把它拖曳到设计工作区的合适位置，松开鼠标；

（2）单击鼠标左键选中组件面板的一个控件，松开鼠标左键，这时光标变为十字形状，移动光标到合适位置，单击鼠标左键。

控件放置好后，选中它，可以通过拖曳控件大小缩放句柄改变控件所占区域的大小。

下面创建一个简单的带控件的 GUI。首先分别添加一个切换按钮■、一个复选框☑、一个单选按钮●，并将它们同时选中，如图 13.9 所示。然后选择"对齐对象"按钮 ⊞，出现图 13.10 所示的对话框。把这 3 个控件呈垂直居中对齐排列，如图 13.11 所示。

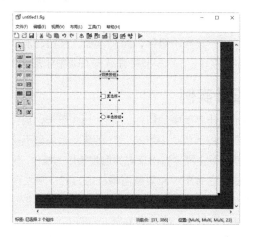

图 13.9　包含控件的 GUI 设计实例 -2

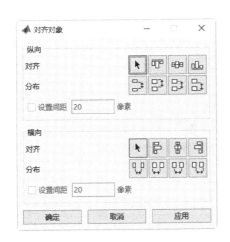

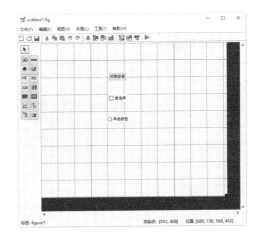

图 13.10　包含控件的 GUI 设计实例 -3　　　　图 13.11　包含控件的 GUI 设计实例 -4

接下来双击切换按钮（或先选择切换按钮，再单击属性检查器按钮），会弹出属性检查器（Property Inspector）。将其中的 BackgroundColor 属性值改为黄色，并将 String 属性的值改为"toggle_first"（如图 13.12 中矩形框框选的部分）。再来看设计工作区，可以发现切换按钮的标识字符及背景颜色都发生了变化，如图 13.13 所示。

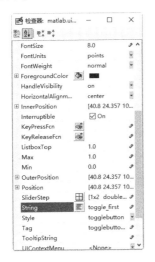

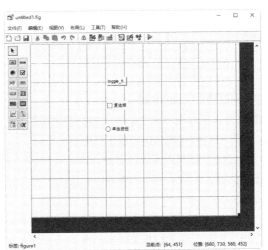

图 13.12　包含控件的 GUI 设计实例 -5　　　　图 13.13　包含控件的 GUI 设计实例 -6

单击运行按钮，可以看到运行后的 GUI 效果（如图 13.14 所示）。

图 13.14　包含控件的 GUI 设计实例 -7

每一个控件都有自己的属性。常规属性包括以下方面。

01 控件风格和外观

（1）BackgroundColor：设置控件背景颜色，通过 3 元素的 RGB 向量或 MATLAB 一个预先定义的颜色名称设置。默认为浅灰色。

（2）CData：在控件上显示的真彩色图像，使用矩阵表示。

（3）ForegroundColor：控件前景（文本）颜色，默认为黑色。

（4）String 属性：控件上的文本内容，以及列表框和弹出菜单的各个选项。

（5）Visible：控件是否可见。

02 对象的常规信息

（1）Enable 属性：表示此控件的使能状态。设置为"on"，表示可选；设置为"off"，表示不可选。

（2）Style：控件对象类型，即常用的控件名称。

（3）Tag：控件标识，相当于给每一个控件起的个性化的名字，由用户定义。

（4）TooltipString：为控件设置的提示信息。当鼠标光标停留在某一控件上时，显示设置的提示信息。

（5）UserData：用户定义的与控件关联的数据，可通过命令"set"和"get"访问。

（6）Position：控件对象的尺寸和位置，通常用一个四元向量 [left bottom width height] 表示。

（7）Units：计量单位。可设置为 pixels、normalized、inches、centimeters、points、characters 等，Guide 环境下默认为 normalized。normalized 为相对单位，规定父对象（如设计工作区窗体）左下角点坐标为（0,0）、右上角点坐标为（1.0, 1.0）；其他单位为绝对单位（1 point = 1/72 inch）。

（8）有关字体的属性，如 FontAngle（字体倾斜）、FontName（字体名称）、FontSize（字体大小）和 FontUnits（字体大小计量单位）等。

03 控件回调函数（Callback Routine）

回调函数是指对控件施加一个动作时被执行的函数（对应一段程序），例如单击按钮、用鼠标移动滚动条的滑块等。经常用到的回调函数有以下几个。

（1）BusyAction：回调中断响应函数。当控件的另一个回调函数正在执行时，又对此控件有触发动作，对此动作的相应处理，它属于一种中断响应。该函数有 Cancel（取消中断事件）和 queue（排队）两个选项，后者为默认设置。

（2）ButtonDownFcn：当在控件周围 5 个像素范围内按下鼠标键时执行的回调函数。

（3）CallBack：与控件密切相关的标准回调函数，实现的功能因控件的不同而有不同的定义。当对控件施加标准的动作时，执行该函数。

（4）CreateFcn：在创建对象过程中执行的回调函数。

（5）DeleteFcn：在删除对象过程中执行的回调函数。

（6）Interruptible 属性：指定当前的回调函数在执行时是否允许中断而去执行其他的函数。

04 控件当前状态信息

（1）ListboxTop：当鼠标光标指向列表框中最顶层的列表项时显示的提示信息。

（2）Max：控件的最大值。

（3）Min：控件的最小值。

（4）Value：控件的当前值。

这些属性都可以通过属性编辑器进行设置。

对图 13.14 中的 GUI，虽然我们可以单击 toggle_first 按键，也可以选中 Checkbox 和 Radio Button，但到目前，它们还没有意义，因为对它们的触发并没有激起任何响应，这是因为对应的回调函数还没有实际的执行语句。因此，要设计出可用的 GUI，还要进一步学习 GUI 的编程知识。

13.1.4 M 文件和 FIG 文件

通过以上的操作我们知道了如何去创建一个简单的菜单。第一次运行 GUI 时会提示文件的存储位置，而当我们按存储路径打开文件夹时，我们发现的不是一个文件，而是两个：后缀名为 ".m" 的文件（简称为 M 文件）和后缀名为 ".fig" 的文件（简称为 FIG 文件）。

M 文件：该文件包括 GUI 设计、控制函数以及定义为子函数的用户控件回调函数，主要用于控制 GUI 展开时的各种特征。这个 M 文件包含 GUI 初始化和控件回调函数两个组成部分，用户控件的回调函数根据用户与 GUI 的具体交互行为分别调用。

FIG 文件：该文件包括 GUI 图形窗口及其所有子对象的完全描述，包括所有对象的属性值。FIG 文件包含所有的图形窗口对象，在用户打开 GUI 时，MATLAB 能够通过读取 FIG 文件重新构造图形窗口及其所有子对象。

需要特别注意的一点是，GUI 运行后得到的 M 文件和 fig 文件，是同一个文件名。初学者不可以随意改变文件名，更不可把两个文件的文件名改得不一致；否则，将出现程序运行错误的情况。

▶13.2 GUI 编程

GUI 包含许多组件，通过这些组件，用户可以与计算机之间进行交互。GUI 的实现任务之一就是决定这些组件如何响应用户的操作，完成这种控制的机制就是要进行 GUI 编程。实际上，在 GUIDE 环境下创建的 GUI，运行后已经建立了一个框架，这个框架包含在生成的 M 文件中；另一方面，这个框架还不完整，GUI 编程的目的就在于完善这个框架，把对应的 M 文件补充完整，以实现用户通过 GUI 与计算机之间的交互。

M 文件中的回调函数是根据组件的属性值自动命名的。GUIDE 还将 Callback 属性值设置为一个字符串，使用户激活该组件时对应的回调函数能够被调用。当用户在 GUI 界面中添加一个组件时，GUIDE 为该组件的 Tag（标签）属性指定一个默认的值，用户可以自行修改；回调函数名依据 Tag 属性值自动生成，当用户保存或运行 GUI 时，GUIDE 在应用程序 M 文件中自动添加相应的回调函数。

例如在 13.1.3 节中，在 GUI 编辑界面中双击 "toggle_first"，打开其属性检查器，我们可以看到 "Tag" 属性的值为 "togglebutton1"，如图 13.15 所示（注意，这是我们在写书过程中运行实例的结果，togglebutton1 实际上表示这是我们添加的第一个切换按钮，读者模仿此实例时，其属性值未必是 togglebutton1）。

图 13.15　包含控件的 GUI 设计实例 -8

在图 13.13 的 GUI 设计窗口，先选择切换按钮 "toggle_first，单击鼠标右键，在弹出的菜单中选择并单击

"查看回调→callback"，看到该 GUI 的 M 文件中 "toggle_first" 对应的回调函数 togglebutton1_Callback，其相应的代码如下：

```
% --- Executes on button press in togglebutton1.
function togglebutton1_Callback(hObject, eventdata, handles)
% hObject    handle to togglebutton1 (see GCBO)
% eventdata  reserved - to be defined in a future version of MATLAB
% handles    structure with handles and user data (see GUIDATA)
% Hint: get(hObject,'Value') returns toggle state of togglebutton1
```

其中，"%"之后的都是注释的部分。下面我们来编写简单的代码，以对 GUI 编程有一个初步的了解。首先，在 togglebutton1_Callback 函数下添加如下两行代码：

```
set(handles.checkbox1, 'Visible', 'off');
set(handles.radiobutton1, 'String', 'Rbutton_first');
```

其中，checkbox1、radiobutton1 是其他两个控件的 Tag 属性值，Visible 和 String 分别是它们的属性。set 命令用来修改现有对象属性值。保存 M 文件，我们预期 GUI 的运行结果是单击切换按钮 toggle_first 之后复选框变为不可见，而单选按钮的 String 属性值变为 "Rbutton_first"。运行 GUI，结果如图 13.16 所示。单击 toggle_first，结果如图 13.17 所示。与我们预料的相同。

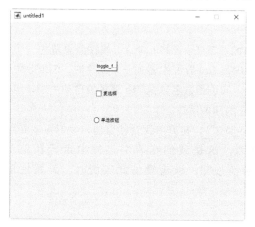
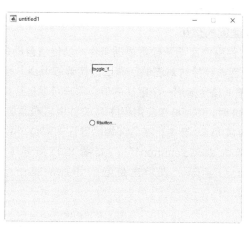

图 13.16　包含控件的 GUI 设计实例 -9　　　图 13.17　包含控件的 GUI 设计实例 -10

本例中的控件都可以看作是图形对象。图形对象是用以显示图形和 GUI 组件的基本元素。表 13.1 列出了各种图形对象。

表 13.1　各种图形对象

对象	描述
Root	对计算机屏幕最高级的对象
Figure	用来显示图形和用户界面的窗口
Axes	在窗口中显示图形的轴
Uicontrol	用户界面控制。执行一个对用户交互作用的函数
Uimenu	用户定义窗口菜单
Uicontextmenu	右键单击对象时弹出的菜单
Image	二维像素基础图
Light	影响斑点和表面对象着色的光源
Line	用于诸如 plot、plot3、semilogx 等函数的线
Patch	带边缘的填充多边形

续表

对象	描述
Rectangle	二维形状，从矩形到椭圆
Surface	由 xy 平面以上的数据值所作图创建的矩阵数据的三维表示
Text	字符串

每个对象都有一个关联函数，这些函数与所创建的对象有相同名称。例如，text 函数用于创建文本对象，figure 函数创建 figure 窗口对象。

对对象的操作有一些常用的命令，如表 13.2 所示。

表 13.2　操作对象常用命令

函数	目的
copyobj	复制图形对象
delete	删除对象
findobj	查找具有指定属性值的对象句柄
gca	返回当前轴的句柄
gcf	返回当前窗口的句柄
gco	返回当前对象的句柄
get	询问对象属性值
set	设置对象属性值

以上我们了解了 GUI 编程的初步知识，限于篇幅，我们没有进行更加细致的讲解。下一节将通过几个具体的例子来进一步学习 GUI 编程。

▶13.3　实例解析

本节通过几个实例讲解 MATLAB 中 GUI 的设计过程。

13.3.1　实例 1：peaks 函数的轮廓图绘制

本例讲解如何实现弹出菜单，以及如何单击命令按钮控件以在坐标系中画出图形。

（1）用 GUIDE 创建一个空的 GUI，添加一个坐标轴控件匾和两个按钮匾控件，如图 13.18 所示。

（2）把第一个按钮控件的 Sring 属性改为"plot_first"，Tag 属性改为"plot_first"。注意更改后应单击其他选项后再关闭属性窗口，否则改变不会生效。同时把第二个按钮控件的 String 属性该为"shading_interp"，Tag 属性改为"shading_interp_first"。注意用鼠标拉长两个按钮控件的长度，以使 String 属性的值能够完全显示。然后使这两个控件对齐，如图 13.19 所示。

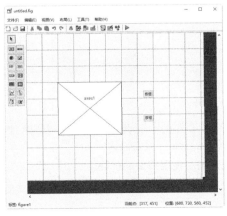
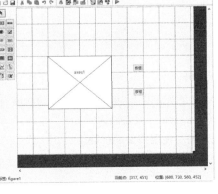

图 13.18　实例 1-1　　　　　　　　　　　　　图 13.19　实例 1-2

（3）保存文件，将文件命名为"plot_first"，单击"确定"按钮。这时生成了两个文件，一个 M 文件和一个 fig 文件。这时会看到 M-file 的编辑框。查看其包括的函数，我们会发现其中有"plot_first_Callback"和"shading_interp_first_Callback"两个，它们分别对应两个控件，是两个控件的回调函数。

（4）再次回到 GUIDE 环境，使用"菜单编辑器" 来编辑菜单。首先添加一个一级菜单 help，如图 13.20 所示；再添加一个二级菜单 about，如图 13.21 所示。

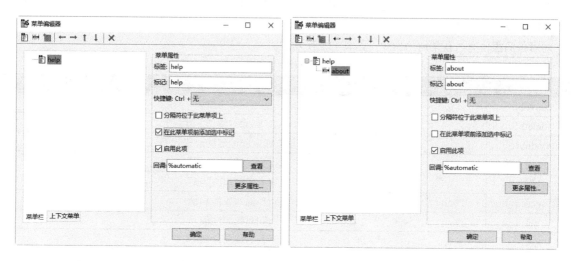

图 13.20　实例 1-3　　　　　　　　　　　　　　　图 13.21　实例 1-4

打开 M_file 编辑框，这时我们发现又多了"help_Callback"和"about_Callback"两个函数，分别是这两个菜单项的回调函数。此时单击运行按钮，结果如图 13.22 所示。

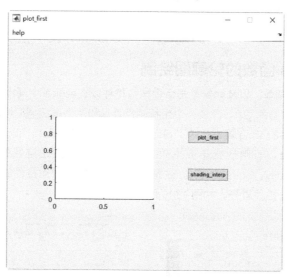

图 13.22　实例 1-5

单击 help 会弹出二级菜单。到目前位置初步的工作已经做好了，现在我们希望这个 GUI 实现如下功能：

单击"plot_first"时左侧的坐标轴描绘出一个 peaks 函数的轮廓图，单击"shading_interp"时在该图像中添加伪彩色图。但是 shading_interp 开始时是不可用的（"Enable"属性值为"off"），只有单击 plot_first 后才会变为可用。接下来我们为 M 文件编辑、添加要实现这些功能所需的代码。

（5）首先，在 function plot_first_OpeningFcn 函数的最后一行添加如下代码：

```
set(handles.shading_interp_first, 'Enable', 'off');
```

这样，当运行 GUI 时 shading_interp_first 控件是不可用的。

然后，在 plot_first_Callback 和 shading_interp_first_Callback 下同时添加如下的代码：

```
axes(handles.axes1);
```

这一代码把两个控件与同一坐标轴联系起来。接下来我们在两个回调函数中填入相关的绘图代码。在 plot_first_Callback 下添加如下代码：

```
[x,y,z] = peaks;
contour(x,y,z,20,'k')
set(handles.shading_interp_first, 'Enable', 'on');
```

前两句用来绘图，最后一句用来激活 shading_interp_first 控件。在 shading_interp_first_Callback 下添加如下代码：

```
[x,y,z] = peaks;
contour(x,y,z,20,'k')
hold on
pcolor(x,y,z)    % 伪彩色绘图
shading interp
hold off
```

以上代码重新绘制了 peaks 图形，并在图像中添加了伪彩色图。

接下来，打开菜单编辑器，选择菜单项"about"，在其回调函数右侧单击"查看"，可直接定位到 M 文件中相应的回调函数。在 about_Callback 函数下添加如下代码：

```
helpdlg('Name:Li Ming,StuNo:20180101050','My Infor');
```

helpdlg 的第一个参数是显示的内容，第二个参数是弹出菜单的标题。值得注意的是，这两个参数都应使用英文，因为这样才能避免控件不支持中文所带来的问题。

（6）保存 M_file，现在可以运行 GUI 了，运行结果如图 13.23 所示。

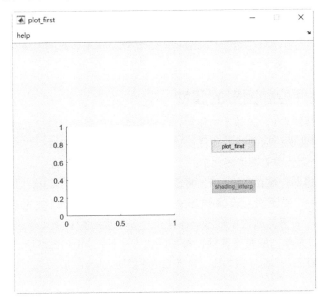

图 13.23　实例 1-6

注意，此时的 shading_interp 按钮是不可用的。单击 plot_first，观察绘出的图形，如图 13.24 所示。此时坐标轴绘出了指定图形，且 shading_interp 按钮变为可用。再单击 shading_interp，结果如图 13.25 所示。

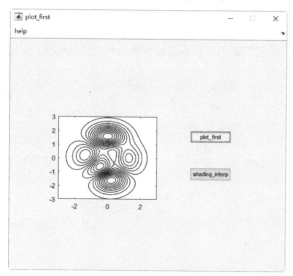
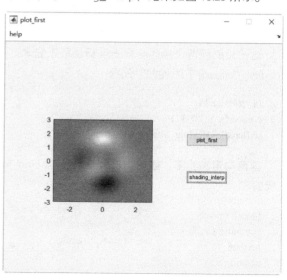

图 13.24 实例 1-7   图 13.25 实例 1-8

接下来单击 help 菜单，单击 about，可以看到界面的正中出现了如图 13.26 所示的窗口。

图 13.26 实例 1-9

阅读 M 文件代码可以发现，单击两个按钮时 GUI 其实都要先绘制没有添加伪彩色图的图形。而编写 M 文件时使第二个按钮不可用，这就造成了一个假象：单击 shading_interp 时，GUI 在单击第一个按钮绘制的图形上添加了色彩。其中的原因就是单击第二个按钮时 GUI 重复绘制无色彩图的速度比较快，以致我们都没有发现，而只看到了添加色彩的一幕。

13.3.2 实例 2：用控件控制图形的属性

本节设计一个稍微复杂的 GUI，其基本功能包括：根据菜单选择绘制相应曲线和曲面，二维曲线形式为 sin（ft）和 cos（ft），三维曲面包括圆球和圆柱；动态显示当前图形的名称；用控件控制图形属性，包括图形的自变量的定义域等。创建步骤简要说明如下。

（1）打开 GUI 布局编辑器，建立空的 GUI，并添加相应的控件，保存为 myGUI.fig，结果如图 13.27 所示。表 13.3 是对各控件属性的简要说明。设置弹出式菜单的所有选项时，首先选中弹出式菜单（此处以 popupmenu1 为例），双击，打开其属性检查器，在其"string"项的 按钮上单击，得到一个 string 编辑框，在编辑框中一次输入弹出式菜单的所有可选项，每项独立占一行，如图 13.28 所示。当打开弹出式菜单选择图 13.28 中 sin(x) 项时，其对应的 Value 值为 1；选择 cos(x) 项时，Value 值为 2，……以此类推。其他 3 个弹出式菜单同理。

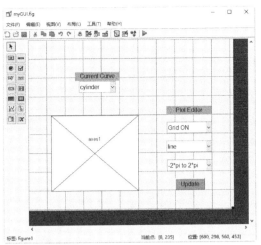

图 13.27　实例 2-1

图 13.28　实例 2-2

表 13.3　实例 2 中各控件属性

Name	Tag	String	Introduction
坐标轴框	axes1		
弹出式菜单	popupmenu1(对应 Current Curve)	sin(x)\cos(x)\sphere\cylinder	指示当前所描绘图形
	popupmenu2(对应 Grid)	Grid On\Grid Off	打开、关闭网格
	popupmenu3(对应 Style)	line\circle	平滑曲线、圈点
	popupmenu4(对应 range)	-2*pi to 2*pi \ 2*pi to 4* pi	自变量 x 的范围
	text1	Current Curve	当前曲线
	text2	Plot Editor	绘图编辑器
按钮	pushbutton1	Update	更新图形

（2）单击编辑菜单按钮，建立如图 13.29 所示的菜单。表 13.4 是各组件名称以及其 Tag 属性的值。

图 13.29　实例 2-3

表 13.4　实例 2 中的菜单组件及其 Tag 值

Name	Tag	Name	Tag
File	file	cox(x)	cosx
Open	OpenMenuItem	3D Plot	threeD_Plot
Print	PrintMenuItem	Sphere	sphere
Close	CloseMenuItem	Cylinder	cylinder
2D Plot	twoD_Plot	Help	help
sin(x)	sinx	About Me	Λbout_Me

（3）编辑 M-file。打开 M 文件编辑器，选择相应的函数。源程序有关回调函数的注释如下（黑体为回调函数，"%"后为注释，且未包含自动生成的注释）。

```matlab
function pushbutton1_Callback(hObject, eventdata, handles)
v1 = get(handles.popupmenu1, 'Value');
%current curve:sin(x),cos(x),sphere or cylinder
%default enable:inactive
v2 = get(handles.popupmenu2, 'Value');%grid:on or off
v3 = get(handles.popupmenu3, 'Value');%style:line or circle
v4 = get(handles.popupmenu4, 'Value');%range:-2*pi to 2*pi,0 to 2*pi or 0 to 4* pi

switch v4
  case 1
    t=-2*pi:pi/50:2*pi;
  case 2
    t=0:pi/50:4*pi;
end

switch v3
  case 1
    switch v1
      case 1
        plot(t,sin(t));
        xlabel('x');
        ylabel('y');
        title('sin(x)(line)');
      case 2
        plot(t,cos(t));
        xlabel('x');
        ylabel('y');
        title('cos(x)(line)');
    end
  case 2
    switch v1
      case 1
        plot(t,sin(t),'o');
        xlabel('x');
        ylabel('y');
        title('sin(x)(circle)');
      case 2
        plot(t,cos(t),'o');
        xlabel('x');
        ylabel('y');
        title('cos(x)(circle)');
    end
end
switch v2
  case 1
    grid on;
  case 2
    grid off;
end

function TwoD_Plot_Callback(hObject, eventdata, handles)
set(handles.popupmenu2, 'Enable', 'on');
```

```
set(handles.popupmenu3, 'Enable', 'on');
set(handles.popupmenu4, 'Enable', 'on');
set(handles.pushbutton1, 'Enable', 'on');

function sinx_Callback(hObject, eventdata, handles)
set(handles.popupmenu1,'Value',1);
%Value 的值 1~4 分别代表 String 里的 4 行字符串，下同
axes(handles.axes1);
t=-2*pi:pi/50:2*pi;
plot(t,sin(t));
title('y=sin(x)');
xlabel('x');
ylabel('y');
grid on;

function cosx_Callback(hObject, eventdata, handles)
set(handles.popupmenu1,'Value',2);
axes(handles.axes1);
t=-2*pi:pi/50:2*pi;
plot(t,cos(t));
title('y=cos(x)');
xlabel('x');
ylabel('y');
grid on;

function sphere_Callback(hObject, eventdata, handles)
set(handles.popupmenu1,'Value',3);
sphere;
xlabel('x'),ylabel('y'),zlabel('z');
grid on;
axis equal;
title('Sphere');

function cylinder_Callback(hObject, eventdata, handles)
% 当 3D Plot 的子菜单 Cylinder 被激活时绘制圆柱曲面
set(handles.popupmenu1,'Value',4);
% 改变 popupmenu1 的 Value 值以使其显示 "cylinder"
t=0:pi/20:2*pi;
x=(sin(t)+1)*5;
y=cos(t)*5;
z=linspace(0,5,length(t));
X=meshgrid(x);
Y=meshgrid(y);
Z=[meshgrid(z)]';
surf(X,Y,Z)
xlabel(,x'),ylabel(,y'),zlabel(,z')
title('Cylinder');
grid on
axis equal
axis([0 10 -5 5])
for k=1:4
view(-37.5,10*k)
end

function ThreeD_Plot_Callback(hObject, eventdata, handles)
% 当 3D Plot 菜单被激活时以下控件的 "Enable" 属性被改变
```

```
set(handles.popupmenu2, 'Enable', 'on');
set(handles.pushbutton1, 'Enable', 'on');
set(handles.popupmenu3, 'Enable', 'off');
set(handles.popupmenu4, 'Enable', 'off');

function file_Callback(hObject, eventdata, handles)
set(handles.popupmenu2, 'Enable', 'off');
set(handles.popupmenu3, 'Enable', 'off');
set(handles.popupmenu4, 'Enable', 'off');
set(handles.pushbutton1, 'Enable', 'off');

function OpenMenuItem_Callback(hObject, eventdata, handles)
file = uigetfile('*.fig');
if ~isequal(file, 0)
    open(file);
end

function PrintMenuItem_Callback(hObject, eventdata, handles)
printdlg(handles.figure1)

function CloseMenuItem_Callback(hObject, eventdata, handles)
selection = questdlg(['Close ' get(handles.figure1,'Name') '?'],...
            ['Close ' get(handles.figure1,'Name') '...'],...
            'Yes','No','Yes');
if strcmp(selection,'No')
    return;
end
delete(handles.figure1)

function help_Callback(hObject, eventdata, handles)
set(handles.popupmenu1, 'Enable', 'off');
set(handles.popupmenu3, 'Enable', 'off');
set(handles.popupmenu4, 'Enable', 'off');
set(handles.pushbutton1, 'Enable', 'off');

function About_Me_Callback(hObject, eventdata, handles)
helpdlg('Name:Li Ming,StuNo:20154140510','My Infor');
```

（4）保存文件，并运行 GUI。

图13.30～图13.35 所示为部分执行结果。

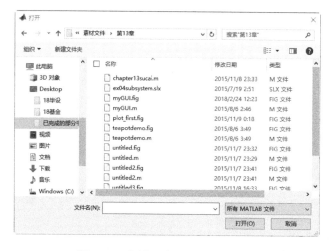

图 13.30　实例 2-4 打开 myGUI.m 文件

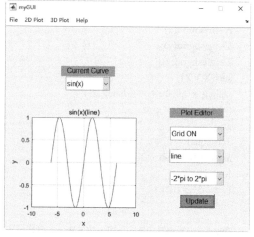

图 13.31　实例 2-5 正弦曲线

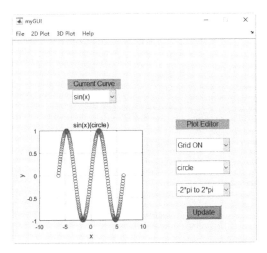

图 13.32　实例 2-6 改变了样式的正弦曲线

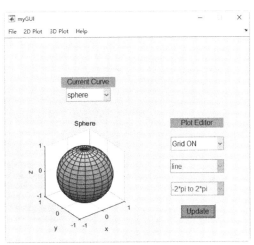

图 13.33　实例 2-7 球形曲面

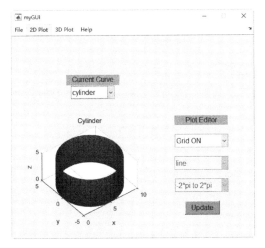

图 13.34　实例 2-8 柱形曲面

图 13.35　实例 2-9 我的信息菜单项

以下是从使用者的角度，对 GUI 实现功能的一些描述。

（1）File 菜单实现打开 fig 文件，打印当前 GUI、关闭当前 GUI 的功能。

（2）2D Plot 可以实现绘制具有默认属性的正弦、余弦曲线；3D Plot 可以实现绘制具有默认属性的球体和柱面；当要改变曲线属性时，要先在 Plot Editor 中选定属性，然后单击 "Update" 按钮。

（3）可以通过 Plot Editor 下的 3 个弹出式菜单和一个按钮改变图形的一些属性。当要改变图形属性时，要先在弹出式菜单中选定属性，然后单击 "Update" 按钮。

（4）Help 菜单包含设计者的有关信息。

（5）显示当前曲线的 popupmenu1 是不可控的（即不可手动选择），但菜单项命令和 popupmenu1 中的曲线类型是一致的，即选择 2D Plot 和 3D Plot 菜单中的某一曲线时，popupmenu1 中的曲线类型随之改变；而且当 File 菜单或 Help 菜单被激活时 Plot Editor 是不可用的；当 2D Plot 菜单被激活时 Plot Editor 完全可用；当 3D Plot 菜单被激活时 Plot Editor 中只有 Grid 项可用。

13.3.3　实例 3：TeapotdemoGUI 的制作过程剖析

MATLAB 的 demo 里含有丰富的实例。下面我们来讲解 demo 里的一个例子。在主页的命令行窗口里输入 demo，然后在左侧菜单中依次点选择并单击 "MATLAB → Graphics → 3-D plot and 4-D Visualization"，在右侧找到 "Displaying Complex Three-Dimensional Objects"，单击该项右下角 "Open Live Script" 按钮，则可以看到如何展示一个复杂三维物体的过程说明和有关指令。实际上，为了更直观地让用户体验，MATLAB 设计了一个相应的图形用户界面，文件名叫作 teapotdemo.fig。执行该文件的结果如图 13.36 所示，界面中有菜单快捷工具栏，包含各种控件。读者可以试着使用这个图形用户界面，相信很容易就能理解各个控件的用处。

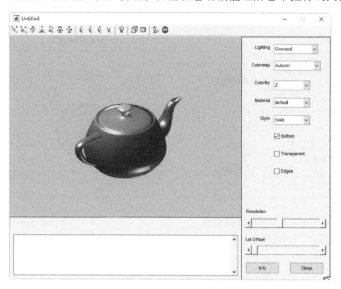

图 13.36   实例 3-1

为了进一步了解这个 demo 的制作过程，可以查看其 M 文件，然而为了更方便地查看它的各个控件以及属性，我们可以按照以下的方法来做。

（1）打开 MATLAB 的安装文件夹。如果把 MATLAB 以默认的方式安装，则 teapotdemo 的 fig 文件在目录 X:\Program Files\MATLAB\R2016b\toolbox\matlab\demos\ 下。

也可以使用搜索文件和文件夹来找到 teapotdemo 下的 teapotdemo.fig。找到此 fig 文件后，接下来用 GUIDE 将其打开，如图 13.37 所示。

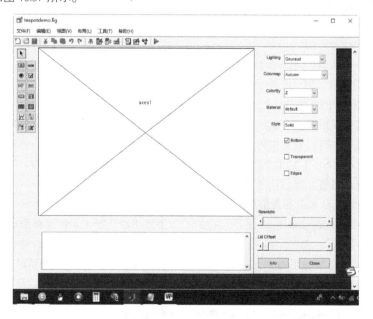

图 13.37   实例 3-2

（2）依次单击"File" "Save as"，将其另存为一个同名的副本。比如，可以将其另存到桌面或任意一个文件夹下，如图 13.38 所示。

图 13.38 实例 3-3

这时就能看到相应的 M 文件和 FIG 文件了。

（3）在打开的 FIG 文件中，我们来看一下其组成控件以及属性，单击"对象浏览器"，如图 13.39 所示。

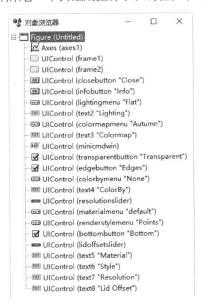

图 13.39 实例 3-4

这时可以看到其所有控件。单击其中某一项时，GUIDE 的编辑界面就会选定相应的控件；双击时，则会显示该控件的属性。

这些控件有一些我们已经在前面的例子中用到过，比如"Static Text""Popup Menu"等，值得注意的是，teapotdemo 里使用了"Frame"控件来分割界面。有兴趣的读者可以自己试验一下其效果。

（4）进行了一些表面的了解后，我们应该将注意力转移到 M_file 上来。查看一下其回调函数。

其中，第一个函数 teapotdemo 是该 GUI 的初始化函数，当用户用 GUIDE 创建一个 GUI 之后，M_file 中就会自动生成一个与 FIG 文件同名的初始化函数。我们需要知道的是，此函数名不能使用一些特殊的字符串，比如 plot，否则就会出错。

我们注意到，有一些函数是用户自定义的，比如 rebuildteapot、teapot、runcmd 等。对比控件的名称，我们很容易发现其对应的回调函数。我们也可以通过有关的注释来帮助我们理解 M_file。比如，我们查看函数 teapot 的注释，其中有一句：

% This is the function that actually creates the teapot

意为此函数正是创建 teapot 图形的函数。我们可以发现，在该 GUI 的初始化函数中引用了此函数。限于篇幅，这个例子就介绍到此，读者可自行进行更深入的研究。

▶ 13.4 疑难解答

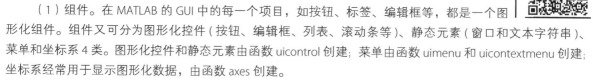

1. 创建 MATLAB 用户图形界面必须有 3 个基本元素

（1）组件。在 MATLAB 的 GUI 中的每一个项目，如按钮、标签、编辑框等，都是一个图形化组件。组件又可分为图形化控件（按钮、编辑框、列表、滚动条等）、静态元素（窗口和文本字符串）、菜单和坐标系 4 类。图形化控件和静态元素由函数 uicontrol 创建；菜单由函数 uimenu 和 uicontextmenu 创建；坐标系经常用于显示图形化数据，由函数 axes 创建。

（2）图像窗口 (Figure)。GUI 的每一个组件都必须安排在图像窗口中，可以用函数 figure 来创建空图像窗口，空图像窗口经常用于放置各种类型的组件。

（3）回应。当用户用单击或用键盘输入一些信息时，程序就要有相应的执行动作。单击或输入信息是一个事件，如果 MATLAB 程序运行相应的函数，那么 MATLAB 函数肯定会有所反应。例如，如果用户单击按钮，这个事件必然引起相应的 MATLAB 语句执行。这些相应的语句称为回应。在执行 GUI 的单个图形组件时必须有一个回应。

2. 编写脚本与函数的注意事项

在命令行通过输入 uimenu 和 uicontrol 来建立编程和回调，这样的效率不高，脚本或函数 M 文件使用更为简便，假定希望实现一个 M 文件，首先确定是否要编写脚本或函数文件。

在脚本中所有的命令都在工作窗口执行，因此随时可以使用所有的 MATLAB 函数和对象，将信息传给回调函数。在这里有几点权衡。首先，当所有的变量都可以利用时，工作区充斥了变量名和变量值，即使它们不再有用。其次，如果用户使用 clear 命令，重要的对象句柄就可能丢失。再次，用脚本文件定义回调字符串可能变得十分复杂。第四，脚本文件比函数文件运行得要慢，脚本文件在第一次运行时要编译。最后，脚本文件没有函数文件灵活。函数可以接受输入参量并返回值。因此，函数可作为其他函数的参变量。

独立的回调函数，建立 GUI 函数的一个有效方法是编写独立的回调函数，专门执行一个或者多个回调。函数使用的对象句柄和其他的变量可以作为参量传递，必要时回调函数可返回值。

3. 递归函数调用

利用单独的 M 文件并递归调用该文件，既可以避免多个 M 文件的复杂性，又可以利用函数的优点。使用 switches 或 if elseif 语句可将回调函数装入调用函数内，通常这样一种函数调用的结构为 functionguifunc（switch）。其中，switch 确定执行哪一个函数开关的参量，它可以是字符串"startup"、"close"、"seccolor"等，也可以是代码或数字。

全局变量可用在函数中，使某些变量对 GUI 函数的所有部分都可用，全局变量是在函数的公共区说明，因此，整个函数以及对函数的递归调用都可以利用全局变量。

4. 调试 GUI 的 M 文件

回调字符串在命令行窗口工作区中计算并执行。这个情况对编写和调用 GUI 函数和脚本文件有着隐含的意义，回调字符串可以很复杂，尤其是在脚本文件中，这为句法错误提供了很多机会，记录单引号、逗号、括号是令人头痛的事。如果出现了句法错误，MATLAB 给出提示，只要对象的 'callback' 属性值是一个真正的文本串，MATLAB 就认可了，只有当对象被激活并将回调字符串传给 eval 时，才检查回调字符串内部的句法错误。

这样让用户定义回调字符串，它涉及未曾定义过的对象句柄和变量，这使编写互相参照的程序更容易。但是每个回调函数必须分别测试，以保证回调字符串是合法的 MATLAB 命令，并且保证回调字符串涉及的所有变量可在命令窗口工作区中是可利用的。将回调函数像 M 文件一样编程或像 GUI 函数本身内的开关一样编程就可以不运行整个 GUI 函数，而对各个回调进行改变或测试。因此，回调字符串是在命令窗口工作区中，而不是在函数本身内计算，在函数和回调函数之间传递数据就变得十分复杂。

第 **14** 章

Simulink 仿真基础

Simulink 是一个用来对动态系统进行建模、仿真和分析的软件包。它提供了一种图形化的交互环境，只需用鼠标拖动的方法便能迅速地建立起系统框图模型，甚至不需要编写一行代码。

本章要点（已掌握的在方框中打钩）

□ Simulink 系统仿真系统的基本使用方法
□ 复杂系统的仿真
□ 子系统与封装

▶14.1 Simulink 简介

Simulink 是一个面向多域仿真并基于模型设计的框模块图环境，它支持系统级设计、仿真、自动代码生成以及嵌入式系统的连续测试和验证。利用 Simulink 进行系统的建模仿真，其优点是易学、易用，并能依托 MATLAB 提供的丰富的仿真资源。这里对 Simulink 的强大功能进行简单介绍。

01 交互式、图形化的建模环境

Simulink 提供了丰富的模块库以帮助用户快速地建立动态系统模型。建模时只需使用鼠标拖放不同模块库中的系统模块并将它们连接起来。

02 交互式的仿真环境

Simulink 框图提供了交互性很强的仿真环境，既可以通过下拉菜单执行仿真，也可以通过命令行进行仿真。菜单方式对于交互工作非常方便，而命令行方式对于运行一大类仿真（如蒙特卡罗仿真）非常有用。

03 专用模块库

作为 Simulink 建模系统的补充，MathWorks 公司还开发了专用功能块程序包，如 DSP Blockset 和 Communication Blockset 等。通过使用这些程序包，用户可以迅速地对系统进行建模、仿真与分析。更重要的是，用户还可以对系统模型进行代码生成，并将生成的代码下载到不同的目标机上。

04 提供了仿真库的扩充和定制机制

Simulink 的开放式结构允许用户扩展仿真环境的功能：采用 MATLAB、FORTRAN 和 C 代码生成自定义模块库，并拥有自己的图标和界面。因此用户可以将使用 FORTRAN 或 C 编写的代码链接进来，或者购买使用第三方开发提供的模块库进行更高级的系统设计、仿真与分析。

05 与 MATLAB 工具箱的集成

由于 Simulink 可以直接利用 MATLAB 的诸多资源与功能，因而用户可以直接在 Simulink 下完成诸如数据分析、过程自动化、优化参数等工作。工具箱提供的高级设计和分析能力可以融入仿真过程。

由于 Simulink 具有强大的功能与友好的用户界面，因此已经被广泛地应用到诸多领域之中，如通信与卫星系统、航空航天、生物系统、船舶系统、汽车系统、金融系统等。

▶14.2 一个简单的 Simulink 仿真示例

📝 范例 14-1   创建一个正弦信号的仿真模型

具体步骤如下。

（1）在 MATLAB 的命令行窗口运行 Simulink 命令，或单击工具栏中的 🔲 图标，就可出现一个 Simulink 开始页窗口（Simulink Start Page），如图 14.1 所示。在其中选择并单击 "Blank Model"，即可打开则模型编辑器窗口，并自动建立一个命名为 "untitled" 的空白模型窗口，如图 14.2 所示。

图 14.1 Simulink 开始页窗口

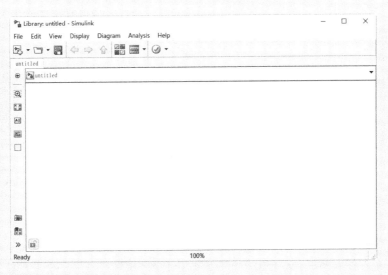

图 14.2　模型编辑器窗口（untitled）

（2）单击工具栏中的 图标，打开 Simulink Library Browser(Simulink 模块库浏览器）窗口，如图 14.3 所示。其左侧是一个 Simulink 模块库窗格，主要内容是一个由所有模块组成的树状结构图，用户可以用鼠标或键盘浏览这些内容；右侧是模块窗格，当选择左侧树状结构的某一项时，模块窗格中展示该项包含的所有模块。

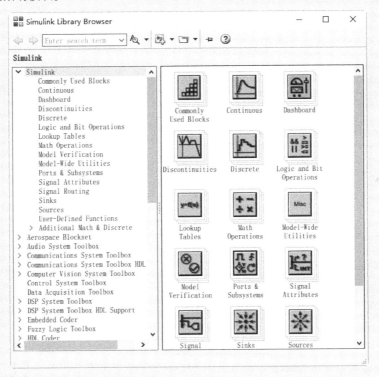

图 14.3　Simulink Library Browser 窗口

（3）在 Simulink Library Browser 窗口左侧的树状结构图中，找到并单击"Sources"，或者在右侧图标中找到并单击"Sources"图标，此时右侧窗口中就可以看到各种输入源模块。

（4）单击选中正弦波信号源模块"Sine Wave"，将其拖放到"untitled"空白模型窗口；也可以选中"Sine Wave"模块，单击鼠标右键，在快捷菜单中选择"add block to model 'untitled'"命令，将"Sine Wave"模块添加 untitled 窗口，如图 14.4 所示。

（5）用同样的方法打开接收模块库"Sinks"，选择其中的"Scope"（示波器）模块，将其添加到"untitled"窗口中。注意，各模块可以用鼠标拖曳调整位置；鼠标光标指向某一模块时，可也通过拖曳模块四角的小矩形框调节其大小。

（6）在"untitled"窗口中，用鼠标光标指向"Sine Wave"右侧的输出端，当光标变为红色十字符时，按住鼠标左键向"Scope"模块的输入端拖曳，松开鼠标左键，就完成了两个模块间的信号线连接，一个简单模型已经建成。如图 14.5 所示。

（7）开始仿真，单击"untitled"模型窗口中"开始仿真"图标 ⏵，或者选择菜单"Simulation"→"Run"，即仿真开始。双击"Scope"模块出现示波器显示屏，可以看到黄色的正弦波形。如图 14.6 所示。

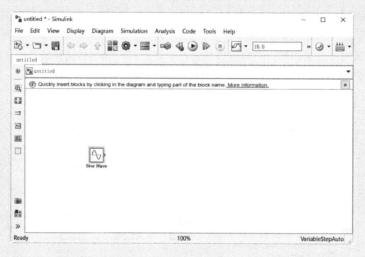

图 14.4　添加了"Sine Wave"模块的"untitled"模型窗口

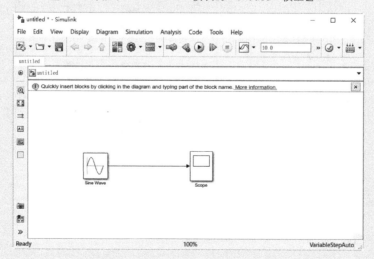

图 14.5　构建完成的一个简单仿真模型

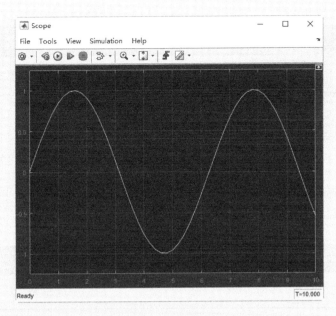

图 14.6 示波器窗口

（8）保存模型，单击工具栏的 ▤ 图标，将该模型保存为 "ex01.slx" 文件。

▶ 14.3 Simulink 的基本模块

本节介绍 Simulink 的基本模块及常用模块的参数设置方法。

14.3.1 Simulink 的基本模块及其功能

Simulink 提供了大量以图形方式给出的内置系统模块，使用这些内置模块可以快速方便地设计出特定的动态系统。为了便于用户对 Simulink 内置模块库的认识与使用，下面简单介绍 Simulink 中几种基本模块库。

01 输入信号源模块库 (Sources)

输入信号源模块是用来向模型提供输入信号的。常用的输入信号源模块如表 14.1 所示。

表 14.1 常用的输入信号源模块表

名称	模块形状	功能说明
Constant	Constant	恒值常数，可设置数值
Step	Step	阶跃信号
Ramp	Ramp	线性增加或减小的信号
Sine Wave	Sine Wave	正弦波输出
Signal Generator	Signal Generator	信号发生器，可以产生正弦、方波、锯齿波和随机波信号

名称	模块形状	功能说明
From File	untitled.mat From File	从文件获取数据
From Workspace	simin From Workspace	从当前工作区定义的矩阵读数据
Clock	Clock	仿真时钟，输出每个仿真步点的时间

02 接收模块库 (Sinks)

接收模块是用来接收模块信号的。常用的接收模块如表 14.2 所示。

表 14.2　常用的接收模块表

名称	模块形状	功能说明
Scope	Scope	示波器，显示实时信号
Display	Display	实时数值显示
XY Graph	XY Graph	显示 X-Y 两个信号的关系图
To File	untitled.mat To File	把数据保存为文件
To Workspace	simout To Workspace	把数据写成矩阵输出到工作区

03 连续系统模块库 (Continuous)

连续系统模块是构成连续系统的环节。常用的连续系统模块如表 14.3 所示。

表 14.3　常用的连续系统模块表

名称	模块形状	功能说明
Integrator	$\frac{1}{s}$ Integrator	积分环节
Derivative	du/dt Derivative	微分环节
State-Space	x' = Ax+Bu y = Cx+Du State-Space	状态方程模型
Transfer Fcn	$\frac{1}{s+1}$ Transfer Fcn	传递函数模型
Zero-Pole	$\frac{(s-1)}{s(s+1)}$ Zero-Pole	零–极点增益模型
Transport Delay	Transport Delay	把输入信号按给定的时间做延时

04 离散系统模块库 (Discrete)

离散系统模块是用来构成离散系统的环节。常用的离散系统模块如表 14.4 所示。

表 14.4　常用的离散系统模块表

名称	模块形状	功能说明
Discrete Transfer Fcn	$\frac{1}{z+0.5}$ Discrete Transfer Fcn	离散传递函数模型
Discrete Zero-Pole	$\frac{(z-1)}{z(z-0.5)}$ Discrete Zero-Pole	离散零极点增益模型
Discrete State-Space	x(n+1)=Ax(n)+Bu(n) y(n)=Cx(n)+Du(n) Discrete State-Space	离散状态方程模型
Discrete Filter	$\frac{1}{1+0.5z^{-1}}$ Discrete Filter	离散滤波器
Zero-Order Hold	Zero-Order Hold	零阶保持器
First-Order Hold	First-Order Hold	一阶保持器
Unit Delay	$\frac{1}{z}$ Unit Delay	采样保持，延迟一个周期

14.3.2　常用模块的参数和属性设置

01 模块参数设置

（1）正弦信号源 (Sine Wave)。

双击 Sine Wave 模块，会出现参数设置对话框，如图 14.7 所示。其中上半部分为正弦信号源的描述及应用说明，下半部分为信号源的具体参数设置，包括正弦类型（Sine type 可选择 Time-based 和 Sample-based）、正弦信号幅值（Amplitude）、幅值偏移值（Bias）、频率（Frequency）、初始相角（Phrase）和采样时间（Sample time）等。

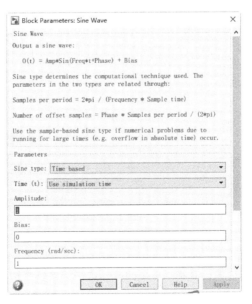

图 14.7　正弦信号源参数设置窗口

（2）阶跃信号源 (Step)。

双击 Step 模块，会出现如图 14.8 所示的参数设置对话框。其中，Step time 为阶跃信号的变化时刻，Initial value 为初始值，Final value 为终止值，Sample time 为采样时间。

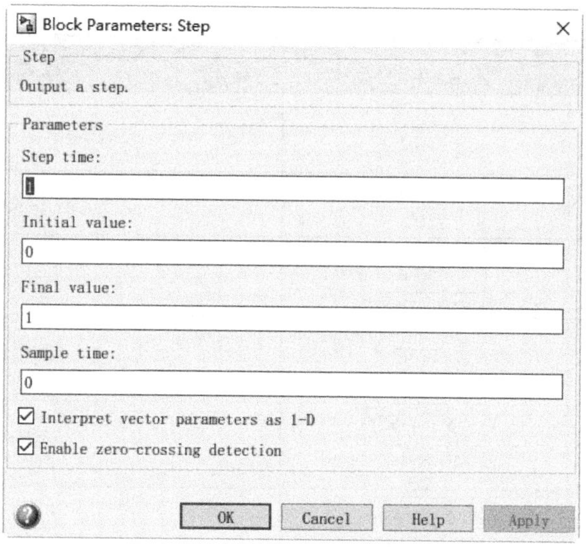

图 14.8　阶跃信号源参数设置窗口

（3）从工作区获取数据 (From workspace)。

从工作区获取数据模块的输入信号源为工作区。双击 From workspace 模块，会出现参数设置对话框，如图 14.9 所示。其中，"Data" 的输入有几种，可以是矩阵、包含时间数据的结构数组。

图 14.9　从工作区获取数据模块参数设置窗口

（4）传递函数 (Transfer function)。

在 Continuous 项里可以找到传递函数模块，其用来构成连续系统结构的模块，形状如表 14.3 所示，模块参数对话框如图 14.10 所示。新建一个空的 simulink 模型，将传递函数模块拖曳到其中，并设置 "Denominator"（分母）为 "[1 0.5 2]"，则在模型窗口中显示的传递函数模块如图 14.11 所示。

（5）示波器 (Scope)。

示波器模块用来接收输入信号并实时显示信号波形曲线，示波器窗口的工具栏可以调整输出波形的显示方式等，如图 14.6 所示。

图14.10　传递函数参数设置窗口　　　　　　　　图14.11　重新定义后的传递函数模块

02 模块属性设置

选中某一模块，选择菜单中"Diagram → Properties"，或者使用鼠标右键单击某一模块，在弹出菜单中选择"Properties"，打开模块的属性设置对话框，如图 14.12 所示。每个模块的属性对话框的内容基本相同，设置内容都包括 General、Block Annotation 和 Callbacks 三个可以切换的选项卡。其中 General 选项卡可以完成以下内容的设置。

（1）说明 (Description)：可以在此输入简单的文字对模块在模型中的用法加以注释。

（2）优先级 (Priority)：规定该模块在整个模型中相对于其他模块执行的优先顺序，通常高优先级的模块先于低优先级模块出现。

（3）标记 (Tag)：用于为模块指定一个特殊的识别标记。

Block Annotation 选项卡用于为模块设置其下方的标注性文字。

Callbacks 选项卡用于创建或编辑模块对应的回调函数。

限于篇幅，本小节仅对常见的模块及其功能和参数设置等进行了介绍，更多的模块及其详细用法留待读者用到时依照本节示例自学。

图 14.12　模块的属性设置

▶ 14.4 Simulink 的基本操作

本节介绍 Simulink 中的文件类型、模块操作、仿真模型构建中的信号线连接和模型文本注释添加等内容。

14.4.1 Simulink 的文件操作

01 新建仿真模型文件

新建仿真模型文件的几种方法如下。

（1）在 MATLAB R2016b 的"主页"界面选择 → Simulink Model 。

（2）在图 14.3 所示的 Simulink 模块库浏览器窗口选择 。

（3）在图 14.2 所示的 Simulink 模型编辑器窗口选择 。

02 打开仿真模型文件

如果已有未完全建好的仿真模型，打开模型文件有以下几种方法。

（1）在 MATLAB R2016b 的"主页"界面单击工具栏的 图标打开仿真模型文件。

（2）在图 14.3 的 Simulink 模块库浏览器窗口选择单击工具栏的 图标打开文件。

（3）在图 14.2 的 Simulink 模型编辑窗口中选择菜单"File → Open"命令打开文件。

14.4.2 模块的操作

01 对象的选定

（1）选定单个对象。

移动鼠标光标指向对象，被指向对象的 4 角处出现 4 个小方框时单击鼠标左键，对象被选定。

（2）选定多个对象。

如果选定多个对象，可以按下 Shift 键，然后再单击所需选定的模块；或者用鼠标拉出矩形虚线框，将所有待选模块框在其中，则矩形框中所有的对象及对象间的连接信号线均被选中。

（3）选定所有对象。

如果要选定所有对象，可以选择菜单"Edit → Select all"，也可用快捷键"CTRL+A"。

02 模块的复制

（1）不同模型窗口之间的模块复制。

①选定模块，用鼠标将其拖到另一模型窗口。

②选定模块，使用菜单栏"Edit"选项下的"Copy"和"Paste"命令。

③选定模块，使用鼠标右键菜单下的"Copy"和"Paste"命令。

（2）在同一模型窗口内的复制模块。

①选定模块，按下鼠标右键，拖动模块到合适的地方，释放鼠标。

②选定模块，按住"Ctrl"键，再按下鼠标左键并拖动对象到合适的地方，释放鼠标。

③使用菜单栏或鼠标右键菜单下的"Copy"和"Paste"命令。

03 模块的移动

选定需要移动模块或模块组合，按下鼠标左键，将模块拖放到合适的地方。

04 模块的删除

选定待删除模块，按"Delete"键；或者用菜单"Edit → Delete"命令。

05 改变模块大小

鼠标光标指向某一模块时，可也通过拖曳模块 4 角的小矩形框调节其大小。

06 模块的翻转

选定模块，选择菜单"Diagram → Rotate & Flip"，也可以在需要反转模块上单击鼠标右键，鼠标光标指向"Rotate & Flip"，此时出现一下级菜单，如图 14.13 所示。

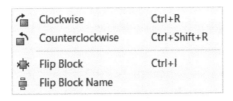

	Clockwise	Ctrl+R
	Counterclockwise	Ctrl+Shift+R
	Flip Block	Ctrl+I
	Flip Block Name	

图 14.13　模块翻转选项菜单

（1）Clockwise：顺时针翻转，单击一次顺时针旋转 90 度。

（2）Counterclockwise：逆时针翻转，单击一次顺逆时针旋转 90 度。

（3）Flip Block：翻转 180 度。

（4）Flip Block Name：移动模块名字，将模块名字从模块下方移动到模块上方，或者从模块左侧移动到右侧。

07 模块名的编辑

（1）修改模块名。

单击模块下面或旁边的模块名，光标出现在单击的位置，此时可借助常规方法对模块名进行修改。

（2）模块名字体设置。

选定模块，选择菜单"Diagram → Format → Font Style"，或者在鼠标光标指向模块时单击鼠标右键，选择"Format → Font Style"，打开字体选择对话框设置字体。

（3）模块名的显示和隐藏。

选定模块，按（2）中的方法选择或者不选择菜单"Format → Show Block Name"复选项，可以显示或隐藏模块名。

14.4.3　信号线的操作

01 模块间连线

假设需要从模块 A 的输出端到模块 B 的输入端连接一根信号线，先将光标指向一个模块的输出端，待光标变为十字丝符号后，按下鼠标左键并拖动，直到另一模块的输入端。

MATLAB 2014 版本还具有自动连线功能，首先选中模块 A，然后按下"Ctrl"键并保持，再用鼠标左键单击模块 B，这时可以发现从 A 到 B 多了一根连线。

02 信号线的分支和折曲

（1）分支信号线的画法。

将光标指向信号线需要分支的地方，按下鼠标右键并保持，拖动鼠标直到分支线的终点，释放鼠标。拖动过程中，光标变为黑色十字符；另一种方法是按住"Ctrl"键，同时按下鼠标左键拖动光标到分支线的终点，然后释放"Ctrl"键和鼠标。如图 14.14 所示，图中的分支线被选中，所以有淡蓝色阴影。

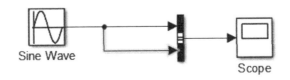

图 14.14　分支的信号线

（2）线段的画法。

图 14.14 中，我们所画的分支线由两条线段构成，那么如何画线段呢？我们继续以图 14.14 中的分支线为

例。当第一根向下的线段画至所需位置时，松开鼠标，可以发现光标首先变成一个圆圈，并有淡蓝色的导向箭头出现，如图 14.15 所示；而沿任一个箭头方向移动鼠标，又可以发现光标变成了一个空的箭头形状，如图 14.16 所示；此时可继续按下鼠标左键拖动光标完成如图 14.14 所示的整条分支线。

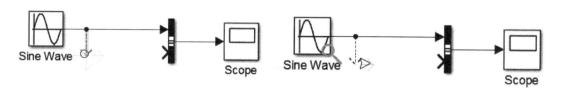

图 14.15　线段的画法 1　　　　　　　　　　　　　　图 14.16　线段的画法 2

（3）信号线的折线。

选中已存在的信号线，将光标指向折点处，此时光标变成小圆圈，如图 14.17 所示。此时按住"Shift"键，同时按下鼠标左键，拖动小圆圈将折点拉至合适处，释放鼠标，则可得到一根折线，如图 14.18 所示。

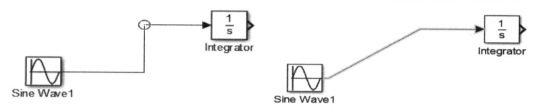

图 14.17　折线的画法 1　　　　　　　　　　　　　　图 14.18　折线的画法 2

03 信号线文本注释

（1）添加文本注释。

双击需要添加文本注释的信号线，则出现一个空的文本框，在其中输入注释文本。

（2）修改文本注释。

单击需要修改的文本注释，出现编辑框即可修改文本。

（3）移动文本注释。

单击文本注释，出现编辑框后，按住鼠标左键拖动即可移动文本注释到合适的位置。

（4）复制文本注释。

单击需要复制的文本注释，按下"Ctrl"键同时拖动需要复制的文本注释到合适位置，此时可以发现原来的文本注释还在，而且复制了一份注释内容到新的位置。也可以用菜单栏或鼠标右键菜单的"复制"和"粘贴"操作完成同样功能。

14.4.4　给模型添加文本注释

（1）添加模型的文本注释。

在需要当作注释区的位置，双击鼠标左键，就会出现编辑框，在编辑框中可以输入文字注释。

（2）注释的移动。

在注释文字处单击鼠标左键，当出现文本编辑框后，用鼠标可以拖动该文本编辑框。

▶14.5 复杂系统的仿真

Simulink 的模型实际上是定义了仿真系统的微分或差分方程组，而仿真则是用数值解算法来求解方程或方程组。

Simulink 适合建立大型复杂系统的模型，它为仿真系统模型的界面组织与设计提供了强大的支持。一般而言，建立复杂系统模型有两种不同的思路。

（1）自下而上的设计思路：如果用户从草图开始建立一个复杂的模型，可以先建底层模型，然后对已经建好的块生成子系统。

（2）自顶向下的设计思路：首先设计系统的总体模型，然后再进行细节设计。采用这种方法，可以在顶层使用空的子系统块，然后再实现具体的细节。

以下先介绍仿真设置的相关内容，然后通过两个示例讲解仿真模型的构建过程。

14.5.1 仿真的设置

在模型窗口选择菜单"Simulation → Model Configuration parameters"，则会打开参数设置对话框，如图 14.19 所示，左侧是设置选项，包含求解器 Solver、数据输入 / 输出 Data Import/Export 等设置选项页。

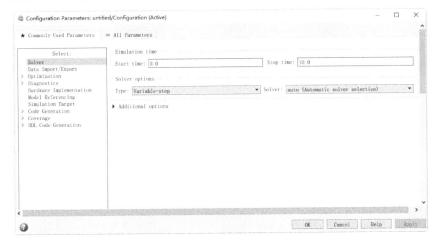

图 14.19　Simulink 的参数设置对话框（Solver）

01 Solver 页的参数设置

（1）仿真的起始和结束时间设置 (Simulation time)。

在此可以设置仿真模型运行的起始时间 (Start time，默认为 0) 和结束时间 (Stop time，默认为 10)。

（2）求解器的选择 (Solver options)。

仿真的过程一般是求解微分方程组，可以在"Solver options"里选择求解微分方程组的方法和参数等内容。

求解器类型（Type）选项可以从下拉菜单中选择变步长 (Variable-step) 求解器和定步长 (Fixed-step) 求解器。可以选择的变步长求解器有 ode45、ode23、ode113、odel5s、ode23s 和 discrete。默认情况下，具有连续状态的系统用的是 ode45；离散状态的系统用的是 discrete。可以选择的定步长求解器有 ode5、ode4、ode3、ode2、ode1 和 discrete。

以 ode45 求解器为例，它是基于显式 Runge-Kutta 公式（Dormand-Prince 对）完成数字积分，是一个单步求解器。也就是说它在计算 y(tn) 时，仅仅利用前一步的计算结果 y(tn-1)。对于大多数问题，在第一次仿真时，可用 ode45 试一下。其他的求解器均有自己的适合情况，限于篇幅在此不一一介绍。

（3）Tasking mode for periodic sample times。

选择周期性采样时间的仿真任务完成模式，有自动（Auto）、单一任务模式（SingleTasking）和多任务模式（MultiTasking）3 个选项。

（4）输出模式。

根据需要选择输出模式 (Output options)，可以达到不同的输出效果。

02 Data Import/Export 页的设置

在该页下可以设置 Simulink 从工作区输入数据、初始化状态模块，也可以把仿真的结果、状态数据输出保存到当前工作区。页面如图 14.20 所示。

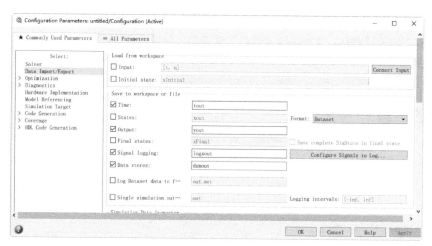

图 14.20　Data Import/Export 页面

（1）从工作区装载数据 (Load from workspace)。

（2）设置如何保存数据到工作区 (Save to workspace)。

① Time 复选框 : 勾选 Time 复选框后，模型将把（时间）变量以在右边空白复选框填写的变量名（默认名为 tout) 存放于工作区。

② States 复选框 : 勾选 States 复选框后，模型将把其状态变量在右边空白复选框填写的变量名（默认名为 xout) 存放于工作区。

③ Output 复选框 : 如果模型窗口中使用输出模块"Out"，则就必须勾选 Output 复选框，并填写在工作区中的输出数据变量名（默认名为 yout)。

④ Final state 复选框 :Final state 复选框的勾选，将向工作区以在右边空白栏填写的名称（默认名为 xFinal) 存放最终状态值。

（3）变量存放选择 (Save options)。

设置数据保存到工作区或从工作区加载数据时的方法选项。

03 Optimization(优化) 选项页

本页可以选择不同的选项用于提高仿真性能和形成代码的性能，设置页面如图 14.21 所示。

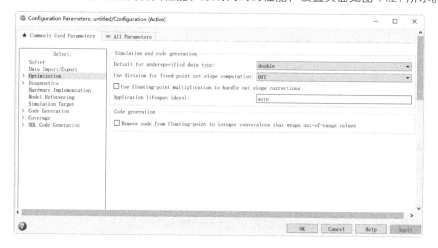

图 14.21　Optimization 设置页

04 诊断页选项（Diagnostics）

页面如图 14.22 所示。该页用于设置模型运行过程中遇到各种问题时采取的措施，一般有 3 种措施可选，分别是 none（不处理）、warning（警告）和 error（报错）。

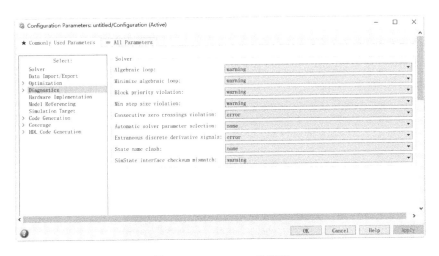

图 14.22　Diagnostics 设置页

14.5.2 连续系统仿真示例

连续系统是指系统输出在时间上连续变化，而非仅在离散的时刻采样取值。

满足如下条件的系统为连续系统。

（1）系统输出连续变化。变化的间隔为无穷小量。

（2）对系统的数学描述来说，存在系统输入或输出的微分项。

（3）系统具有连续的状态。在离散系统中，系统的状态为时间的离散函数，而连续系统的状态为时间连续量。

> **范例14-2**　简单的小车系统运动。假定F=sin(t) 为正弦激励，m=0.5。求0~15s 区间内的系统位移、速度和加速度响应曲线

（1）在 "Sources" 模块库选择一个 "Sine Wave" 模块，在 "Math Operations" 模块库选择一个 "Gain" 模块，在 "Continuous" 模块库选择两个 "Integrator" 模块，在 "Commonly Used Blocks" 模块库选择一个 "Mux" 模块，在 "Sinks" 模块库选择 "Scope"。

（2）设置模块参数，打开 "Gain" 模块参数设置对话框，将 "Gain" 设置为 "0.5"，打开 "Mux" 模块参数设置对话框，将 "Number of inputs" 设置为 "3"。

（3）连接各模块，从信号线引出分支点，则模型如图 14.23 所示。

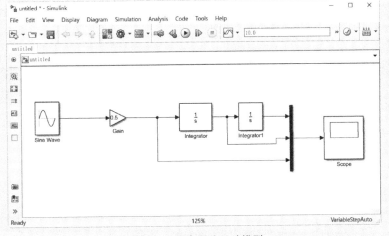

图 14.23　小车系统运动模型

（4）仿真并分析。

单击"untitled"模型窗口中"开始仿真"图标▶，或者选择菜单"Simulation→Run"，则仿真开始。仿真完成后，双击"Scope"模块出现示波器显示屏，可以看到位移（黄色）、速度（蓝色）和加速度（红色）响应曲线。如图 14.24 所示。

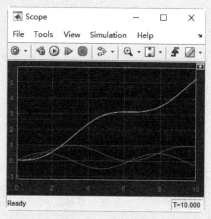

图 14.24　示波器窗口

（5）保存模型。

单击工具栏的▤图标，将该模型保存为"ex02.slx"文件。注意，从 MATLAB R2012b 版本以后，Simulink仿真模型默认的保存文件类型是slx，但也可以下拉选择存储为mdl类型，两种类型可以互转。slx 格式是一种压缩格式的 UTF-8 XML 文件，一般小于 mdl 文件，slx 文件中可以包含中文字符，而 mdl 文件不支持非英文字符。

14.5.3 离散系统仿真示例

离散系统，是指系统的输入与输出仅在离散的时间点上取值，而且两相邻的时间点之间具有相同的时间间隔。

凡是满足如下条件的系统均为离散系统。

（1）系统每隔固定的时间间隔才"更新"一次，即系统的输入与输出每隔固定的时间间隔便改变一次。固定的时间间隔称为系统的"采样"时间。

（2）系统的输出依赖于系统当前的输入、以往的输入与输出，即系统的输出是它们的某种函数。

（3）离散系统具有离散的状态。其中状态指的是系统前一时刻的输出量。

以下通过一个实例介绍离散系统的建模过程。

📝 范例14-3　控制部分为离散环节，被控对象为两个连续环节，其中一个有反馈环，反馈环引入了零阶保持器，输入为阶跃信号

创建模型并仿真：

（1）选择一个"Step"模块，选择两个"Transfer Fcn"模块，选择两个"Sum"模块，选择两个"Scope"模块，选择一个"Gain"模块，在"Discrete"模块库选择一个"Discrete Filter"模块和一个"Zero-Order Hold"模块。

（2）将反馈环的"Gain"模块和"Zero-Order Hold"模块翻转，连接模块。如图 14.25 所示。将"Discrete Filter"和"Zero-Order Hold"的"Sample time"设置为 1s。

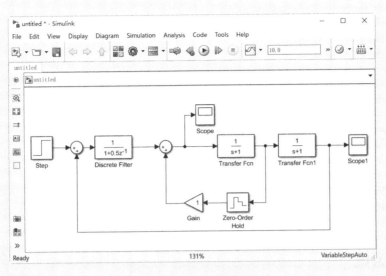

图 14.25　离散系统仿真模型

（3）仿真并分析。单击"untitled"模型窗口中"开始仿真"图标 ▶，或者选择菜单"Simulation→Run"，则仿真开始。仿真结束后，双击"Scope"模块和"Scope1"模块出现示波器窗口如图 14.26 和图 14.27 所示。

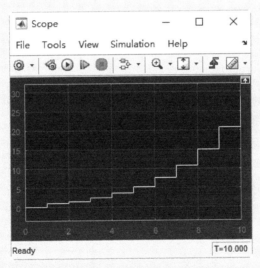

图 14.26　示波器 1 窗口

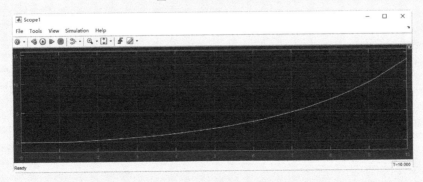

图 14.27　示波器 2 窗口

（4）保存模型。单击工具栏的🖫图标，将该模型保存为"ex03.slx"文件。

此例涉及控制系统学科的相关知识，我们没有从专业方面详细解释，有兴趣的读者可以参考相关书籍。

▶14.6 子系统与封装

对于简单的动态系统而言，用户很容易建立系统模型并分析系统模型中各模块之间的相互关系，以及模块的输入输出关系。但是对于比较复杂的系统，系统模型中包含的模块数量较多，模块之间的输入输出关系比较复杂。这时对于分析与设计系统而言，都会给用户带来诸多的不便，而使用子系统建立及其封装技术则可以较好地解决这一问题。

14.6.1 建立子系统

01 子系统生成

Simulink 提供的子系统功能可以大大增强 Simulink 系统模型框图的可读性。所谓的子系统可以理解为一种"容器"，此容器能够将一组相关的模块封装到一个单独的模块中，并且与原来系统模块组的功能一致。子系统的建立方法有如下两种。

（1）在已有的系统模型中建立子系统。

首先框选待封装的区域，即在模型编辑器背景中单击鼠标左键并拖动，选中需要放置到子系统中的模块与信号线（或在按下 Shift 键的同时，用鼠标左键单击所需模块）；然后在选中的内容上单击鼠标右键，在弹出的菜单中选择"Create Subsystem from Selection"，即可建立子系统。另外，当选中构成子系统的内容后，右下角会出现一个建立子系统的小图标🖻，鼠标光标指向它，还会展开另几种要构建子系统的类型供选择，如图 14.28 和图 14.29 所示。选择其中的一项，即可建立对应类型的子系统。

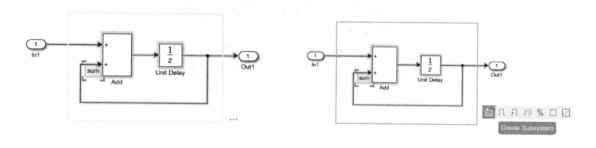

图 14.28　子系统的构建 1　　　　　　　　图 14.29　子系统的构建 2

（2）建立空的子系统。

使用 Subsystems 模块库中的模块建立子系统。这样建立的子系统内容为空，双击子系统对其进行 编辑。

建立此系统模型所需要的系统模块包括 Subsystems 模块库中的 Subsystem 模块、Sources 模块库中的 Sine Wave、Sinks 模块库中的 Scope 模块、Sinks 模块库中的 Out1 模块（Subsystem 模块的默认设置为单输入单输出，使用 Out1 模块可以产生多个输出）、Math 模块库中的 Gain 模块以及 Signals & Systems 模块库中的 Mux 模块等。

02 子系统操作

在生成子系统之后，用户可以对子系统进行各种与系统模块相类似的操作，这时子系统相当于具有一定功能的系统模块，如子系统的命名、子系统视图的修改、子系统的显示颜色等。当然子系统也有其特有的操作，如子系统的显示（用鼠标左键双击子系统模块即可打开子系统）、子系统的封装等。

03 Inport 输入模块与 Outport 输出模块

在系统模型中建立子系统时，Simulink 会自动生成 Inport 模块（Sources 模块库中的 In1 模块）与 Outport 模块（Sinks 模块库中的 Out1 模块）。Inport 模块作为子系统的输入端口，Outport 作为子系统的输出端口，它们被用来完成子系统和主系统之间的通信。

下面通过一具体例子讲解。

打开范例 14-3 建立的模型 (ex03.slx)，将控制对象中的第一个连续环节中的反馈环节建立为一个子系统。

在模型窗口中，将控制对象中的第一个连续环节的反馈环用鼠标拖出的虚线框框住，如图 14.30 所示，将这部分内容建立子系统，则模型变化如图 14.31 所示，即反馈环节成了一个子系统。

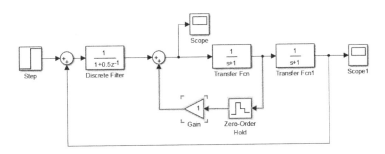

图 14.30　子系统建立 1

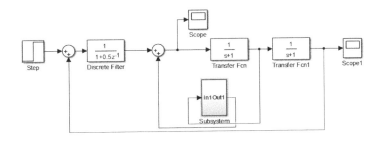

图 14.31　子系统建立 2

双击子系统，则会出现"Subsystem"模型窗口，如图 14.32 所示。可以看到子系统模型除了用鼠标框住的两个环节外，还自动添加了一个输入模块"In1"和一个输出模块"Out1"。

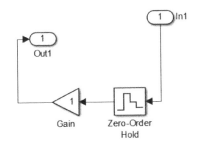

图 14.32　子系统模型窗口

14.6.2　子系统的封装

封装子系统与建立子系统并不相同。建立子系统指的是将具有一定功能的一组模块"容纳"在一个子系统之中，使用单一图形方式的子系统模块来表示一组模块，从而增强系统模型的可读性，在动态系统进行仿真时需要对子系统中各个模块的参数分别进行设置；而封装子系统指的是将已经建立好的具有一定功能的子系统进行封装，封装的目的在于生成用户自定义的模块，此模块与子系统的功能完全一致。

封装子系统具有如下特点。

（1）自定义子系统模块及其图标。

（2）用户双击封装后的图标时显示子系统参数设置对话框。

（3）用户自定义子系统模块的帮助文档。

（4）封装后的子系统模块拥有自己的工作区。

因此，使用封装子系统技术具有以下优点。

（1）向子系统模块中传递参数，屏蔽用户不需要看到的细节。

（2）"隐藏"子系统模块中不需要过多展现的内容。

（3）保护子系统模块中的内容，防止模块实现被随意篡改。

以下介绍子系统封装的步骤。

01 封装子系统

用鼠标将需要组合的功能模块框住，然后建立子系统。鼠标光标指向子系统，单击鼠标右键，在弹出菜单中选择"Mask → Create Mask"，出现"Mask editor"：Subsystem 对话框，如图 14.33 所示，在此即可完成封装子系统的工作。

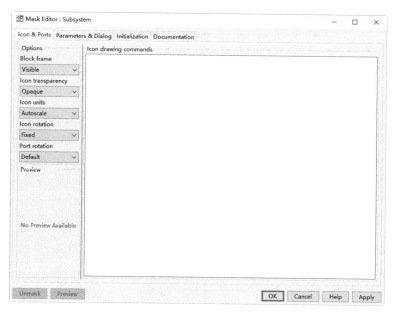

图 14.33　封装子系统参数设置窗口

02 封装子系统设置参数对话框（Mask Editor：Subsystem）

该对话框主要有"Icon & Ports""Parameters & Dialog""Initialization"和"Documentation"共 4 个选项卡，如图 14.33 所示。

（1）"Icon & Ports"选项卡：用于设定封装模块的名字和外观。

① Icon Drawing commands 栏。如图 14.33 所示，用来建立用户自定义的图标，可以在图标中显示文本、图像、图形或传递函数等。

② Options 栏。用于设置封装模块的外观。

（2）"Parameters & Dialog"选项卡：用于输入变量名称和相应的提示，如图 14.34 所示。选项卡包含 Control、Dialog box 和 Property editor 共 3 个栏目。

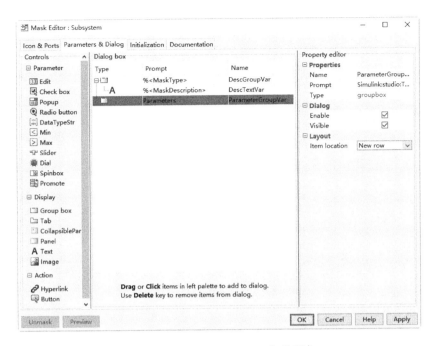

图 14.34　"Parameters & Dialog"选项卡

① Controls 栏。它提供了一些可以用于封装子系统图标的控件，可以单击或者拖曳某一项到 Dialog box 中。

② Dialog box 栏。显示为封装添加的所有内容。其中，Type 项标识控件类型；Prompt 项输入变量的含义，其内容会显示在输入提示中；Name 项指明控件名称。

③ Property editor 栏。编辑选择控件的属性。

（3）Initialization 选项卡。如图 14.35 所示，Initialization 选项卡用于初始化封装子系统。

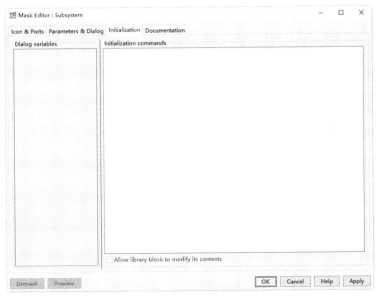

图 14.35　Initialization 选项卡

（4）Documentation 选项卡。如图 14.36 所示，用于编写与该封装模块对应的 Help 和说明文字，分别有"Type""Description"和"Help"栏。

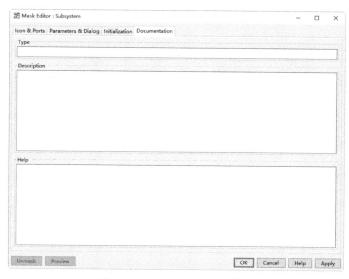

图 14.36   Documentation 选项卡

① Type 栏。用于设置模块显示的封装类型。

② Description 栏。用于输入描述文本。

③ Help 栏。用于输入帮助文本。

▶14.7 疑难解答

下面介绍 Simulink 利用 Scope 输出及绘制仿真波形技巧。

在用 Simulink 做仿真时，我们经常会用到示波器 Scope 来观察波形，它可以对波形进行局部放大，按横、纵坐标放大，非常方便，但是如果我们要保存波形时，就最好别直接复制 Scope 波形了，因为它的背景是黑色的，而且不能进行线形修改和标注，不适合作为文档用图。

一般的做法是将数据输出到工作区，然后用画图指令 Plot 画图。输出到工作区的方法一般有下面几种。

（1）添加 To Workspace 模块。

（2）添加 out 模块。

（3）直接用 Scope 输出。

这里直接选用方法 3。当然不是说放一个 Scope 就能输出数据的，需要对 Scope 进行设置。设置界面如图 14.37、图 14.38 和图 14.39 所示。

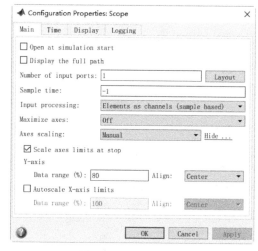

图 14.37   "Scope"参数设置 1

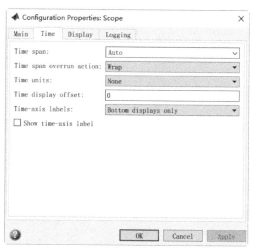

图 14.38 "Scope"参数设置 2

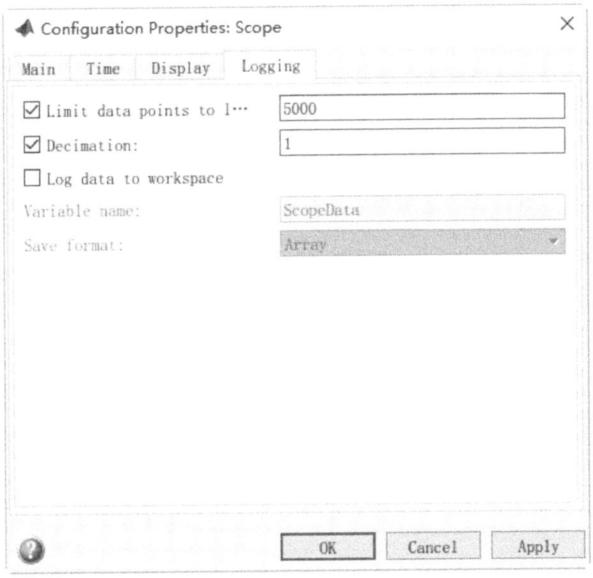

图 14.39　"Scope"参数设置 3

图 14.39 中最好不要勾选"Limit data points to last"，因为很有可能数据会超过 5 000 个。勾选"Log data to Workspace"，变量类型可选 Array、Structure with time、Structure 和 Datasheet。

运行 Simulink，输出完数据，就可以利用 MATLAB 的画图工具随心所欲地画图了。

下面以一个例子分别介绍 3 种变量类型的画图方法。如图 14.40 的简单模型，有一个正弦模块和信号发生器模块，设置 Sine Wave 的"Sample time"为"0.2"，其他参数取默认值；设置 Signal Generator 的"Wave Form"为"Square"，"Frequency"为 10。运行仿真，得到的 Scope 显示波形如图 14.41 所示。

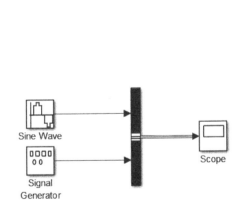

图 14.40　仿真模型

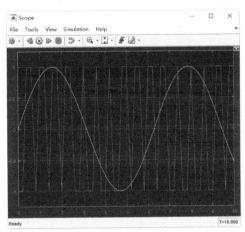

图 14.41　Scope 窗口

（1）输出类型为 Array 形式。从图 14.41 可以看到，输出了两维时间序列，而实际输出到工作区的变量 ScopeData 为三维序列，其中第一列为时间，这正好为我们画图提供了方便。我们可以采用画图命令如下：

```
figure;
plot(ScopeData(:,1),ScopeData(:,2),'LineWidth',1.5);
hold on;
plot(ScopeData(:,1),ScopeData(:,3),'r:','LineWidth',1.5);
legend(' 正弦波 ',' 方波 ');
hold off;
```

绘图输出结果如图 14.42 所示，与图 14.41 的 Scope 窗口相比，显然效果大为改观。

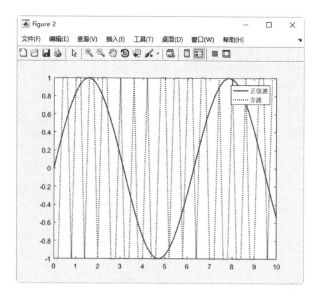

图 14.42　绘图输出结果

（2）输出类型为 Structure with Time，即结构体带时间。我们可以看一下这个结构体包含哪些东西。在 Command Window 里直接输入变量名 ScopeData，结果为：

```
ScopeData =
    time: [51x1 double]
    signals: [1x1 struct]
    blockName: 'untitled/Scope'
```

可见，该结构体包含了时间序列、信号结构体以及框图名。实际上我们的输出信号都包含在 signals 这个结构体里了，我们接着可以再看看 signals 结构体的组成部分，输入 ScopeData.signals（这点与 C 语言是类似的）。

```
ans =
    values: [51x2 double]
    dimensions: 2
        label: ''
        title: ''
    plotStyle: [1 0]
```

可以看到，values 是一个 51x2 的 double 型矩阵，它正好是我们输出的数据。我们采用下面的画图命令即可完成画图。

```
figure;
plot(ScopeData.time,ScopeData.signals.values(:,1),'LineWidth',1.5);
hold on;
plot(ScopeData.time,ScopeData.signals.values(:,2),'r:','LineWidth',1.5);
legend(' 正弦波 ',' 方波 ');
hold off;
```

结果与图 14.42 相同。

（3）对于 Structure 类型，正好是 Structure with time 的精简版，因为它的时间为空，因此必须用其他方式获得时间，这里就不再介绍。

第 15 章

文件读取 I/O

MATLAB 具有对磁盘文件进行访问的功能，其不仅可以进行高层次的程序设计，也可以对低层次的文件进行读写操作，这增加了 MATLAB 程序设计的灵活性和兼容性。本章将介绍 MATLAB 中有关文件输入和文件输出的函数，了解其基本操作原理，并学会使用这些函数实现各种格式的读写工作。

本章要点（已掌握的在方框中打钩）

□ 文件夹的管理
□ 工作区文件
□ 读写文件

▶ 15.1 文件夹的管理

文件夹用来协助用户管理计算机文件，每一个文件夹对应一块磁盘空间，它提供指向对应空间的地址。在对文件夹进行处理的所有工作当中，创建文件夹、删除文件夹以及复制或移动文件夹都是十分基础的操作。在本节中，将介绍如何在 MATLAB 中创建文件夹、删除文件夹以及复制或移动文件夹。

15.1.1 当前文件夹管理

MATLAB 的当前文件夹管理命令如下。

```
d1=pwd; % 当前文件夹
d2=MATLABroot; %MATLAB 安装目录
d3=dir; % 返回结构体，包含文件名称、日期、时间、大小以及是否为目录
d4=ls; % 返回字符串
dir *.m; % 通配符 "*" 代表任意字符串
dir my?.txt; % 通配符 "？" 代表任意单个字符
```

15.1.2 创建文件夹

写 MATLAB 程序时，经常需要创建新的文件夹来分类保存数据。下面介绍 MATLAB 创建文件夹的方法。MATLAB 使用 mkdir 函数实现文件夹创建。其语法为：

```
[status, message, messageid] = mkdir('folderName')
```

其中，%status 状态值，1 成功，0 失败。message 返回错误信息，messageid 返回的错误信息 id 号；folderName 为要创建的文件夹名称。

📝 范例 15-1   创建文件夹

在 **MATLAB** 的命令行窗口中输入如下代码：

```
mkdir('folderName')
```

在输入上面的代码后，文件夹不存在就会被创建。

15.1.3 删除文件夹

MATLAB 使用 rmdir 函数实现文件打开。其语法为：

```
[status, message, messageid] = rmdir('folderName', 's')
```

其中，% s 可选参数，表示移除指定文件夹和文件夹内所有内容；folderName 为要删除的文件夹名称。

📝 范例 15-2   删除文件夹

在 **MATLAB** 的命令行窗口中输入如下代码：

```
rmdir('myfiles')
```

在输入上面的代码后，文件夹存在就会被删除。

15.1.4 复制或移动文件夹

文件夹操作中经常会用到复制或移动命令。其语法为：

[status, message, messageid] = copyfile('source', 'destination')

其中，% 可复制文件或文件夹，若 destination 已存在，直接覆盖；在 source 中可使用通配符 "*"；% 可用于重命名。

▶ 15.2 打开和关闭文件

在对文件进行处理的所有工作当中，打开文件或者关闭文件都是十分基础的操作。在本小节中，将介绍如何在 MATLAB 中打开和关闭文件。根据操作系统的要求，在程序代码中需要使用或创建某个磁盘文件的时候，必须向操作系统发出打开文件的命令；使用完毕后，也必须向操作系统发出关闭文件的命令。

15.2.1 打开文件

MATLAB 使用 fopen 函数实现文件打开。其语法为：

```
fid = fopen(filename,permission)           % 以指定格式打开文件
[fid,message] = fopen(filename,permission)% 返回打开文件的信息
```

其中，fid 为文件的返回指针，如果返回 -1，则表示无法打开文件。message 用来显示打开文件的信息，如果无法打开，则显示错误信息。filename 为文件名，如果文件不在 MATLAB 的搜索路径中，则需要指定文件路径。permission 为指定文件的打开模式，有以下几种模式：'r' 以只读方式打开文件；'r+' 表示读写文件；'w' 以只写方式打开文件并删除已存在文件内容；'w+' 删除已存在文件内容或建立新文件，并读写文件；'a' 以只写方式建立并打开一个新文件或打开一个已存在的文件，只能在文件末尾添加内容；'a+' 表示读写和增补文件。

15.2.2 关闭文件

打开文件进行读写操作后应立即关闭文件，删除文件指针；否则打开的文件就会过多，造成系统资源浪费。在本小节中以一个简单实例来说明如何在 MATLAB 中关闭对应的文件。

MATLAB 使用 fclose 函数实现文件打开。其语法为：

```
status=fclose(fid)                % 关闭文件指针所指的文件
status=fclose('all')              % 关闭所有打开的文件
```

其中，status 为关闭文件指针所指文件的状态，如果成功则返回 0，如果失败则返回 -1；fid 为所打开的文件指针。

📝 范例 15-3　　实现文件的打开和关闭

文本文件 "Text.txt" 的文件内容如下：

```
60 50 40
30 20 10
```

在 MATLAB 的命令行窗口中输入如下代码：

```
[fid,message]=fopen('Text.txt','w+')                         % 打开文件读写
```

在输入上面的代码后，得到的结果如下：

```
fid =
    3
message =
    ''
```

注意，fid 的值为 3（非 0），表示打开文件成功。
继续在 MATLAB 的命令行窗口中输入如下代码：

```
status=fclose(fid)                                    % 关闭文件
```

在输入上面的代码后，得到的结果如下：

```
status =
    0
```

这里 status 的值为 0，表示关闭文件成功。
上面的例子基本演示了 MATLAB 中 fopen 与 fclose 命令的使用方法。

▶15.3 工作区文件——MAT 文件

　　MAT 文件是 MATLAB 使用的一种特有的二进制数据文件。MAT 文件是用户实现 MATLAB 和其他应用程序进行数据交换的重要方式和手段。在 MAT 文件中，不仅保存各变量数据本身，而且同时保存变量名以及数据类型等。当 MATLAB 中载入指定 MAT 文件后，可在当前工作区完全再现当初保存该 MAT 文件时的变量。这是其他文件格式所不能的。为了方便读写 MAT 文件，MATLAB 提供相应的接口函数，MAT 文件应用程序就是利用这些 mat 函数来完成 MAT 数据文件的读写工作。本节将介绍如何使用 C 语言编写 MEX 文件。

15.3.1 ▶ 输出数据到 MAT 文件

　　在 MATLAB 环境中，通常使用 save 命令把当前 MATLAB 工作区的一个或多个变量存写到外部文件。其语法为：

```
save Filename
% 将工作区中的 x、y、z 等指定变量保存到名为 Filename 的 MAT 文件中。
save Filename x y z
% 将工作区中符合表达式要求的变量保存到名为 Filename 的 MAT 文件中。
save Filename -regexp pat1 pat2
% 将工作区中的 x、y、z 等指定变量保存到名为 Filename 的 8 位 ASCII 文件中。
save Filename x y z -ASCII
% 该函数可以从 MAT 文件中读取数据，默认命令则以 MAT 文件格式读取数据，否则将以文本文件读取数据。将工作区中的所有变量保存到名为 Filename 的 MAT 文件中。
save Filename
% 将工作区中的 x、y、z 等指定变量保存到名为 Filename 的 MAT 文件中。
save Filename x y z
% 将工作区中符合表达式要求的变量保存到名为 Filename 的 MAT 文件中。
save Filename -regexp pat1 pat2
% 将工作区中的 x、y、z 等指定变量保存到名为 Filename 的 8 位 ASCII 文件中。
save Filename x y z -ASCII
% 在默认情况下，save 函数以 MAT 格式存写数据。将工作区中的所有变量保存到名为 Filename 的 MAT 文件中。
```

15.3.2 读取 MAT 文件——load 函数

在 MATLAB 环境中，通常使用 load 函数进行 MAT 文件读取。该函数可从 MAT 文件中读取数据，默认命令则以 MAT 文件格式读取数据，否则将以文本文件读取数据。其语法为：

load Filename；
% 将名为 Filename 的 MAT 文件中的所有变量加载到工作区中。
load Filename x y z；将名为 Filename 的 MAT 文件中的 x、y、z 等指定变量加载到工作区中。
%load Filename -regexp pat1 pat2；将名为 Filename 的 MAT 文件中符合表达式要求的变量加载到工作区中。
%load Filename x y z -ASCII；将名为 Filename 的 8 位 ASCII 文件中的 x、y、z 等指定变量加载到工作区中。

load 函数命令中的文件名可以包含单引号，也可以不包含。变量名也可以使用通配符。比如命令 load mymat y*，执行结果就是将文件中所有以 y 开头的变量读取出来。

范例 15-4　　读写MAT文件

MATLAB 环境下读取与保存一个 MAT 文件，以 "regions.mat" 为例进行详解。regions.mat 文件位于 MATLAB2016 的系统目录下 (……\MATLAB\R2016\toolbox\map\mapdisp\private)，具体到本书使用的电脑里，其路径为 D:\Program Files\MATLAB\R2016\toolbox\map\mapdisp\private。 "regions.mat" 存储内容如图 15.1 所示。

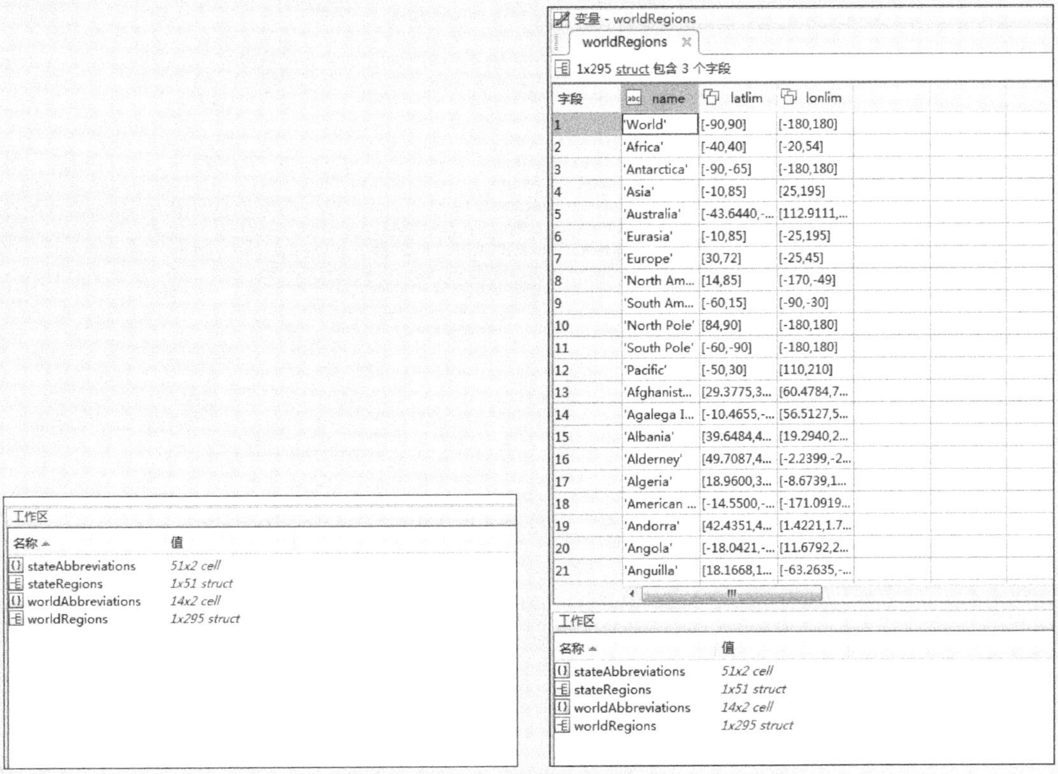

图 15.1　"regions.mat" 文件数据格式

在 MATLAB 的命令行窗口中输入如下代码：

```
load('D:\\Program Files\\MATLAB\\R2016\\toolbox\\map\\mapdisp\\private\\regions.mat');
```

注意，如果 regions.mat 文件已经复制到当前工具目录下，也可在 MATLAB 的命令行窗口中输入如下代码：

```
load regions.mat';
worldRegions(1). name='MATLAB2016';
worldRegions(1). latlim=[-9 9];
worldRegions(1). lonlim=[-60 60];
save new_regions.mat
```

工作区变量结果如图 15.2 所示。

字段	name	latlim	lonlim
1	'matlab20...	[-9,9]	[-60,60]
2	'Africa'	[-40,40]	[-20,54]
3	'Antarctica'	[-90,-65]	[-180,180]
4	'Asia'	[-10,85]	[25,195]
5	'Australia'	[-43.6440,-...	[112.9111,...
6	'Eurasia'	[-10,85]	[-25,195]
7	'Europe'	[30,72]	[-25,45]
8	'North Am...	[14,85]	[-170,-49]
9	'South Am...	[-60,15]	[-90,-30]
10	'North Pole'	[84,90]	[-180,180]
11	'South Pole'	[-60,-90]	[-180,180]
12	'Pacific'	[-50,30]	[110,210]
13	'Afghanist...	[29.3775,3...	[60.4784,7...
14	'Agalega I...	[-10.4655,-...	[56.5127,5...
15	'Albania'	[39.6484,4...	[19.2940,2...
16	'Alderney'	[49.7087,4...	[-2.2399,-2...
17	'Algeria'	[18.9600,3...	[-8.6739,1...
18	'American ...	[-14.5500,-...	[-171.0919...
19	'Andorra'	[42.4351,4...	[1.4221,1.7...
20	'Angola'	[-18.0421,-...	[11.6792,2...
21	'Anguilla'	[18.1668.1...	[-63.2635,-...

变量 - worldRegions — worldRegions — 1x295 struct 包含 3 个字段

工作区

名称	值
stateAbbreviations	51x2 cell
stateRegions	1x51 struct
worldAbbreviations	14x2 cell
worldRegions	1x295 struct

图 15.2   保存后的"new_regions.mat"t 文件数据内容

注意，如果 regions.mat 文件已经复制到当前工具目录下，也可在 MATLAB 的命令行窗口中输入如下代码：

```
load new_regions.mat
```

▶15.4 读 / 写二进制文件

对于 MATLAB 而言，二进制文件是相对比较容易处理的。因此，在本节中还是以具体的实例来说明如何读取和写入二进制文件。

15.4.1 写二进制文件

MATLAB 使用 fwrite 函数实现为写二进制文件打开。其语法为：

count=fwrite(fid,a,precision,skip)
% 写二进制数据

其中，fid 为文件指针；a 为矩阵数据；precision 和 skip 参数含义与 fread 命令相同；count 为成功写入数据的个数。

📋 范例 15-5　　实现写入数据到MAT文件中，并读取数据

在 **MATLAB** 的命令行窗口中输入如下代码：

Score_grade=1:5;
[fid,message]=fopen('student.mat','a')　　　　% 打开文件添加数据

在输入上面的代码后，得到的结果如下：

fid =
　　4
message =
　　' '

注意，**fid** 的值为 4（非 0），表示打开二进制文件成功。
继续在 **MATLAB** 的命令行窗口中输入如下代码：

Num=fwrite(fid, Score_grade)　　　　　　% 写入数据

在输入上面的代码后，得到的结果如下：

Num =
　　5

再继续在 **MATLAB** 的命令行窗口中输入如下代码：

Score_grade1=6:9;
Num1=fwrite(fid, Score_grade1)　　　　% 添加数据

在输入上面的代码后，得到的结果如下：

Num =
　　4

最后在 **MATLAB** 的命令行窗口中输入如下代码：

status=fclose(fid)

在输入上面的代码后，得到的结果如下：

status =
　　0

这里 status 的值为 0，表示关闭文件成功。
我们重新以只读方式打开文件，依次在 **MATLAB** 的命令行窗口中输入如下代码：

fid=fopen('student.mat','r');　　　　　　% 打开文件只读

a=fread(fid,[3,3])	% 读取数据

在输入上面的代码后，得到的结果如下：

```
a =
   1   4   7
   2   5   8
   3   6   9
```

最后我们通过输入 **fclose(fid);** 将二进制文件关闭。

15.4.2 读二进制文件

MATLAB 使用 fread 函数实现为读二进制文件打开。其语法为：

[a,count]=fread(fid,size,precision,skip)
% 读取二进制数据

其中，fid 为文件指针；size 与 fscanf 命令含义相同；precision 用来指定读取数据的精度，即数据类型，有 'uchar'、'schar'、'int8'、'int16'、'int32'、'int64'、'unit8'、'unit16'、'unit32'、'unit64'、'single'、'float32'、'double'、'float64' 等，可省略；a 为矩阵数据；count 为成功读取的数据元素个数（可省略）；skip 为每读取一个数据后跳过的字节数（可省略）。

▶15.5 格式化读写文件

在 MATLAB 中，如果用户希望按照指定的二进制文件格式将举证的元素读入文件中，可以使用 fwrite 命令来完成这样的任务。与前面各节类似，在本节中将使用简单的例子来说明如何使用该命令。

15.5.1 格式化读取

MATLAB 使用 fscanf 函数实现格式化读入数据。其语法为：

[a,count]=fscanf(fid,format,size)
% 读取格式化数据

其中，fid 为文件指针，所指为需要读取的格式化文件；format 指定读取数据格式，指定的格式必须与文件中的数据格式相同，否则读取的数据可能会出现错误，以 "%" 开头，有 %c、%d、%e、%f、%g、%i、%o、%s、%u、%x 等（与 C 语言相同）；count 为成功读取的数据元素个数，可省略；a 返回读取的数据；size 为需要读取的数据个数，如果省略，则读到文件末尾，size 的取值可以有如下几种。

n：读 n 个数据到一个列向量。

inf：读到文件末尾，数据放到一个列向量。

[m，n]：读出的数据个数为 $m \times n$，数据放到矩阵中，读出的数据按列的顺序填充矩阵，不够的数据用 0 填补。

15.5.2 格式化写入

MATLAB 使用 fprintf 函数实现为格式化写入数据。其语法为：

```
count=fprintf(fid,format,a,…)
% 写入格式化数据
```

其中，fid 为文件指针，所指为二进制文件；a 为矩阵数据，将 a 写到 fid 指向的文件；format 为写入的格式，除了包含 fscanf 命令的数据格式外，还有 %E、%G、%X，并具有对齐格式 -(左对齐)、+(右对齐)、0(补齐位数)，还有转义字符；count 为成功写入数据的个数。

范例 15-6 实现格式读取和写入数据

在 MATLAB 的命令行窗口中输入如下代码：

```
a='Hello MATLAB 2016.';
fid=fopen('hello.txt','a')            % 打开文件添加数据
```

在输入上面的代码后，得到的结果如下：

```
fid =
    5
```

注意，fid 的值为 5（非 0），表示打开文件成功。
继续在 MATLAB 的命令行窗口中输入如下代码：

```
fprintf(fid,'%s',a)                   % 写入 a 到文件末尾
```

在输入上面的代码后，得到的结果如下：

```
ans =
   18
```

最后在 MATLAB 的命令行窗口中输入如下代码：

```
fclose(fid)                           % 关闭文件
```

在输入上面的代码后，得到的结果如下：

```
ans =
   0
```

我们重新以只读方式打开文件，依次在 MATLAB 的命令行窗口中输入如下代码：

```
fid=fopen('hello.txt','r');           % 打开 'hello.txt 文件只读
fscanf(fid,'%s')                      % 读取文件所有内容
```

在输入上面的代码后，得到的结果如下：

```
ans =
HelloMATLAB2016.
```

最后我们通过输入 fclose(fid); 将文件关闭。

▶15.6 文件内的位置控制

为了处理文本文件，MATLAB 提供多种处理函数，使用不同的格式读取不同数据类型的文本文件。在本节中将通过实例来介绍。

MATLAB 使用 fseek 函数实现移动文件位置指针。其语法为：

```
status=fseek(fid,offset,origin)
% 移动文件位置指针
```

其中，fid 为文件指针；offset 指定移动的字节数，如果 offset >0，则向后移动，否则向前移动，等于 0 则不移动；status 为返回值，如果移动成功则返回 0，否则返回 -1；origin 指定移动位置指针的参考起点，'bof' 或 -1 表示文件的开头，'cof' 或 0 表示文件的当前位置，'eof' 或 1 表示文件的末尾。

MATLAB 使用 ftell 函数实现移动文件位置指针。其语法为：

```
pos=ftell(fid)
% 获取当前指针位置
```

其中，pos 指字节数，当前位置指针指在此字节数之后。

MATLAB 使用 frewind 函数实现将文件位置指针移到文件的开头。其语法为：

```
frewind(fid)
```

MATLAB 使用 feof 函数测试位置指针是否在文件结束位置。其语法为：

```
feof(fid)
```

其中，如果文件指针在文件结束位置则返回 1，否则返回 0。

📝 范例 15-7   实现文件指针定位

具体功能：创建两个 mat 文件，在 data1.mat 文件中写入 10 ~ 90 的数据，并求和；在 data2.mat 文件中写入 11、22、33、44、55 五个数据，将第四个数据与前面所求的和进行相乘运算。

在 MATLAB 的命令行窗口中输入如下代码：

```
a=[10 20 30 40 50 60 70 80 90];
sum=0;
fp1=fopen('data1.mat','w+')          % 打开文件
fwrite(fp1,a);                        % 写入数据
frewind(fp1);                         % 指针移到文件开头
while feof(fp1)==0                    % 判断是否到文件末尾
    a=fread(fp1,1);                   % 读取数据
    if isempty(a)==0                  % 判断是否为空值
            sum=sum+a;               % 求和
      end
end
fclose(fp1);
b=[11 22 33 44 55];
fp2=fopen('data2.mat','w+')          % 打开文件
fwrite(fp2,b);                        % 写入数据
fseek(fp2,3,'bof');                   % 文件指针到开始处并向后偏移 3 个数据，指向第四个数据
b=fread(fp2,1);                       % 读取数据
sum=sum*b
```

```
        fclose(fp2);
```

在输入上面的代码后，得到的结果如下：

```
sum =
    19800
```

▶ 15.7　综合应用

选用合适的函数，将下面数据写入"原始数据 .txt"文件。然后从文件"原始数据 .txt"读取数据求出每一行的平均值并将平均值追加到每一行最后一列，将增加后的数据写入到"处理数据 .txt"文件；读取数据求出每一行的平均值并将平均值追加到每一行最后一列，将增加后的数据写入到"处理数据 .txt"文件。

81	100	87	68	74
83	100	89	80	83
73	80	75	79	78
63	80	69	69	69
71	100	81	68	72
87	100	92	67	74
79	80	80	75	76
77	100	85	90	88

用 MATLAB 函数编程实现上述功能。在命令行窗口输入以下代码：

```
clear all;
fidin =fopen(' 原始数据 .txt','r')              % 打开文件
fidout=fopen(' 处理数据 .txt','wt')           % 新建文件
formatSpec = '%f %f %f %f %f\n';
for i = 1:8
    A = fscanf(fidin,'%f %f %f %f %f\n',5);
    B=ceil(sum(A)/5);
    fprintf(fidout,'%d %d %d %d %d %d\n',A,B);
end
fclose(fidin); % 关闭文件
fclose(fidout);  % 关闭文件
```

处理结果为：

81	100	87	68	74	82
83	100	89	80	83	87
73	80	75	79	78	77
63	80	69	69	69	70
71	100	81	68	72	79

87	100	92	67	74	84
79	80	80	75	76	78
77	100	85	90	88	88

▶15.8 疑难解答

使用 fopen 语句的时候必须注意指定合适的权限，例如你准备读取数据还是准备写入数据。这样可以避免数据被覆盖的错误。另外，具体编程时还应注意以下情况。

（1）文件打开操作后，必须进行状态检查。当 fid 的值为 -1 时，表明文件打开失败。读者应提示用户解决方法。比如允许用户选择其他文件或退出程序。

（2）文件数据处理完后，一定要使用 fclose 语句关闭文件。

第16章

MATLAB 编译器

前面介绍了 MATLAB 在各方面的具体运用，读者也许已经对其强大的功能有所了解，但是有些用户也许希望 MATLAB 能够更快地运行程序代码，或者希望获得可摆脱 MATLAB 运行环境而独立运行的文件，为了满足用户这方面需求，MATLAB 提供编译器 Complier 组件，其可以使该编译器完成上面的任务。在本章中，将向读者详细介绍 MATLAB 编译器的相关知识。

本章要点（已掌握的在方框中打钩）

□ 编辑器的安装与配置
□ 编译生成独立运行程序

▶16.1 MATLAB 编译器概述

MATLAB R2016b 随带的编译器是 Complier 6.2（简称 M 编译器），该编译器已经全面升级，将用户在 MATLAB 中编写的 M 文件作为输入变量产生可以重新分配并独立运行的应用程序或者软件组件。通过编译器产生的这些应用程序都是与平台相关的，本节将详细介绍关于该编译器的主要功能和注意事项。

在 MATLAB R2016b 中，Complier 6.2 可以产生下面几种应用程序。

创建 C/C++ 源程序，并生成 MEX 文件。其优点包括，第一，提高运行速度；第二，MEX 文件采用二进制代码生成，有较好的封装性，可防止非法修改。

创建 C/C++ 源程序，以便与其他 C/C++ 模块结合形成独立的外部应用程序。运行所产生的应用程序，无需 MATLAB 环境的支持，但往往需要 MATLAB 的数学库。如果调用了 MALTAB 绘图指令，则还需 MATLAB 提供的 C/C++ 图形库。

创建 C 共享库（动态连接库、DLL）或 C++ 静态库，这些共享库可以在没有安装 MATLAB 2016 的机器上运行，但需要 MATLAB 的数学库。

MATLAB 编译器支持所有的 MATLAB 功能和对象，用户不需要对私人的函数或者方法进行特殊的处理，Complier 6.2 都可以直接处理这些文件。限于篇幅，在本章中将主要介绍前面两种类型的应用程序。

▶16.2 编译器的安装与配置

在实现 MATLAB 编译器的各种功能之前，需要首先安装 MATLAB 的编译器以及其他程序语言的编译器。本节主要介绍编译器的安装和配置。

16.2.1 编译器的安装

MATLAB 在第一次使用其编译器之前，将自动对之进行适当的配置。如果用户对程序编译器有特殊的要求，可以自行手动设置编译器的配置。以下是较详细的介绍。

用户计算机上，应事先安装与 MATLAB 兼容的 ANSIC/C++ 编译器。

兼容的 ANSI C/C++ 编译器包括：

（1）8.0、9.0、10.0 及后续版本的 Microsoft Visual C/C++(MSVC)。

（2）5.2、5.3、5.4、5.5、6.0 版本的 Borland C++。

（3）LCC C(MATLAB 自带编译器)。

在默认的情况下，MATLAB R2016b 中的 Complier 6.2 的安装过程包含在 MATLAB 的安装过程中。当用户选择的是 Typical 安装模式时，Complier 会自动选定；当用户选择的是自定义安装模式的时候，Complier 选项也会被默认选中，只要选中该选项，就可以安装 Complier 6.2 组件。

16.2.2 编译器的配置

前面做好了安装编译器的准备工作，在本小节中将主要介绍如何对编译器进行配置。由于编译器的配置与用户使用的系统属性有关，下面仅仅介绍在没有安装其他编译器的情况下，如何正确配置编译器。对于安装了其他编译器的读者，其设置工作与本小节类似。

📝 范例 16-1   在MATLAB中对编译器应用程序MEX进行配置

（1）启动配置，在 **MATLAB** 的命令行窗口中输入 mex -setup，系统出现下面的提示：

Please choose your compiler for building external interface (MEX) files:
Would you like mex to locate installed compilers [y]/n?

（2）启动 **MATLAB** 的自动定位系统。若对于上述提示，选择 "y" 回答，于是 **MEX** 将自动搜索外部编译器的类型、版本以及所在路径。**MATLAB** 将输出搜索结果，即具体系统所安装的所有外部编译器，并提示用户输入相应数字，选择一个作为默认编译器：

```
Select a compiler:
[1] LCC-Win64 compiler in D:\Program Files\MATLAB\R2016a\sys\lcc64
[2] Microsoft Visual C/C++ version 10.0 in "D:\Program Files (x86)\Microsoft Visual Studio 10.0
[0] None
Compiler:
```

注意，上述显示信息取决于读者自身的电脑安装环境，不同的编译软件或者不同安装位置会显示不同信息，这是正常的。

（3）确定选择的编译器类型。由于在笔者的系统中没有安装其他编译器，因此只有两个选项。笔者这里选择 2，最后 **MATLAB** 要求用户对设置进行确认：

```
Please verify your choices:
Microsoft Visual C/C++ version 10.0
Location: D:\Program Files (x86)\Microsoft Visual Studio 10.0
Are these correct?([y]/n):
```

（4）结束配置。如果上面的定位信息没有错误，可以输入"y"，结束编译器的配置工作。若输入 *n*，则导致此次配置失败，用户可以重新进行配置。

注意，以上配置是"永久"的，即它不因退出当前 MATLAB 操作环境而消失。但可随时根据需要修改配置，具体参照上述步骤重新配置。

▶16.3 编译命令 mcc

mcc 函数实现由 MATLAB 的 M 文件转化为 C/C++ 文件。其语法为：

```
mcc[-option]fun[fun2......][mexfile1......][mlifile......]
```

函数作用：将 MATLAB 程序中的 fun.m 转化为 fun.c 或 fun.cpp。

参数设置如下。

mcc － x filename(注意，这个命令在 MATLAB 2008a 中已经去掉了)：将 M 文件 filename.m 翻译成 C 代码，并生成一个可被 MATLAB 直接调用的 C 的 MEX 文件。

mcc － s filename：将 M 文件 filename.m 翻译成 C 代码，并生成一个相应的 simulink S 函数，该函数的输入输出变量的大小可动态改变。

mcc － m filename：将 M 文件 filename.m 翻译成 C 代码，生成的可执行文件能独立于 MATLAB 运行环境。

mcc － p filename：将 M 文件 filename.m 翻译成 C++ 代码，生成的可执行文件能独立于 MATLAB 运行环境。

mcc － B sgl filename：如果 filename.m 中包含了对 MATLAB 图形处理函数的调用，将 filename 转换成为 C 语言，并生成一个能独立于 MATLAB 运行环境的可执行程序。

mcc － B sgl cpp filename：如果 filename.m 中包含了对 MATLAB 图形处理函数的调用，将 filename 转换成为 C++ 语言，并生成一个能独立于 MATLAB 运行环境的可执行程序。

mcc － m － W lib:libfoo － T link:libfoo.m：创建一个 C 函数库。

▶16.4 编译生成独立运行程序

创建独立运行的程序是 MATLAB 编译器的重要功能。MATLAB 编译器使用 mcc 命令将指定的 M 文件翻译成 C/C++ 文件并生成一个相应的包装文件，该包装文件包含了编译器的生成代码以及可执行文件类型接口。利用这些接口，生成的C/C++文件能用在任何编译器所支持的可执行文件类型（如MEX文件、EXE文件、DLL文件）中，这些C/C++文件与最终生成的可执行文件是相互独立的。

16.4.1 编译M文件

M编译器以M文件作为输入，将M文件转化为可独立运行的应用程序（.exe文件），从而大大提高代码的执行效率。尤其是可独立运行的应用程序文件，不需要MATLAB环境支持，甚至没有安装MATLAB也能运行。与MATLAB engine、mex文件相比，它们大大扩展了程序的应用范围。同时，编译器对M文件编译后，运行速度提高了约33%，另一方面隐藏了程序算法，提高了保密性。

下面是一个将两个矩阵相加M文件编译成exe的示例。

范例 16-2   两个矩阵相加的M函数文件

具体程序如下：

```
%%%comp_m.m 文件
function matrix_analysis(type_name)
%%% type_name 类型，例如行列式值、秩、条件数等
A=[1 2 3 ];
B=[2 3 6];
A+B
```

对 comp_m.m 进行编译。在命令行输入：

```
>> mcc -m comp_m
```

在DOS窗口运行编译后的可执行文件 comp_m.exe，运行结果如图16.1所示。

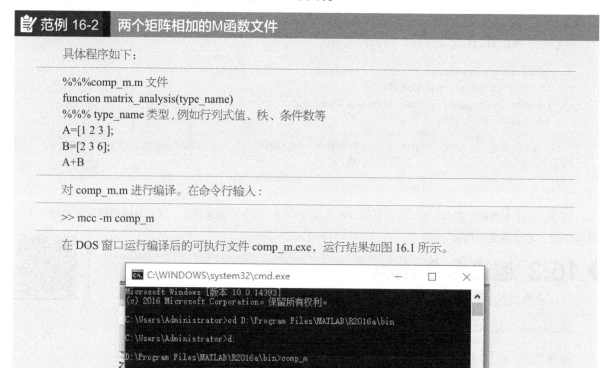

图16.1　彩色图像的相互转换

16.4.2 编译图形绘制M文件

前面安装了MCR，因此MATLAB可以编译绘图命令的M文件。这是因为在安装MCR后，MATLAB会在编译过程中加入图形库。在本小节中，将通过一个简单的例子来说明如何编译包含绘图命令的M文件。在本小节中将使用不同的实例，说明如何在MATLAB中编译创建独立运行的程序代码。

范例 16-3　　**编译Product_num.m文件，该文件的功能主要是绘制sin(3*x*)/cos(3*x*)图形**

（1）查看 Product_num.m 文件的代码，其具体的程序代码如下：

```
function Product_num(n)
%%%% 显示正弦函数和余弦函数
%%%% n 代表图形类型
a=[0, 0.3142,0.6283,0.9425,1.2566,1.5708,1.8850,2.1991,2.5133,2.8274,3.1416,
3.4558,3.7699,4.0841,4.3982,4.7124,5.0265,5.3407,5.6549,5.9690,6.2832];
switch (n)
  case 3
    b=sin(2*a);
    c=cos(2*a);
    plot(a,b);
    hold on;
    plot(a,c);
  case 2
    b=sin(2*a);
    plot(a,b);
  case 1
    c=cos(2*a);
  plot(a,c);
end
grid on;
```

（2）查看程序代码的结果，在 MATLAB 的命令行窗口中输入如下代码：

```
Product_num(3)
```

按"Enter"键，得到的结果如图 16.2 所示。

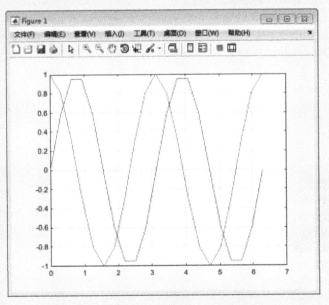

图 16.2　m 程序执行结果

（3）编译 Product_num.m 文件，在 MATLAB 的命令行窗口中输入如下代码：

```
mcc -m Product_num.m;
```

（4）运行编译后的 Product_num.exe 文件。在 DOS 窗口条件下输入如下代码：

Product_num(3)

执行编译后的文件后，MATLAB 得到的流线型图形如图 16.2 所示。具体情况如图 16.3 所示。

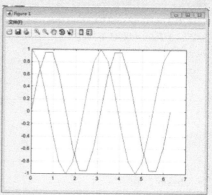

图 16.3　命令行程序执行结果

16.4.3　由含 feval 指令的 M 文件生成 EXE 文件

feval 指令的第一个输入参量是函数名字符串。当 M 文件包含该指令时，将从 M 文件生成 exe 文件。MATLAB R2016b 编译器在编译的过程中需要将函数列表（function_name-list）中的函数均包含进去。

下面是一个生成计算方阵各种特征量的 exe 范例，由 matrix_analysis.m、matrix_rank.m 和 matrix_det.m 三个函数组成。其中 matrix_analysis.m 为被调用文件。

📝 范例 16-4　生成计算方阵各种特征量的exe

具体程序如下：

```
%%%matrix_analysis.m 文件
function matrix_analysis(type_name)
%%% type_name 类型 , 例如行列式值、秩、条件数等
disp(' 待分析矩阵 ')
MM=magic(4)
N=7;
n=size(type_name,2);
type=[type_name blanks(N-n)];
if type==['det' blanks(4)]
    disp('Matrix 的行列式值 = ')
elseif type==['rank' blanks(3)]
    disp('Matrix 的秩 = ')
elseif type==['cond' blanks(3)]
    disp('Matrix 的条件数 = ')
else
    disp(' 您输入的指令，或者不是本函数文件所能解决的，或者是错误的！ ')
end
matrix_rank.m 文件
```

```
function matrix_rank
matrix_analysis('rank')
matrix_det.m 文件
function matrix_det
matrix_analysis('det')
```

对 matrix_rank.m 和 matrix_det.m 进行编译。在 MATLAB 的命令行窗口中依次输入：

```
>> mcc -m matrix_det
>> mcc -m matrix_rank
```

在 DOS 窗口运行编译后的可执行文件 matrix_det.exe 与 matrix_rank.exe 文件，运行结果如图 16.4 所示。

图 16.4　matrix_det.exe 与 matrix_rank.exe 运行结果

▶ 16.5　综合应用

　　选用合适的函数，将下面数据写入"原始数据.mat"文件。然后从文件"原始数据.mat"读取数据求出每一行的平均值并将平均值追加到每一行最后一列，将增加后的数据写入到"处理数据.mat"文件。

81	100	87	68	74
83	100	89	80	83
73	80	75	79	78
63	80	69	69	69
71	100	81	68	72
87	100	92	67	74
79	80	80	75	76
77	100	85	90	88

```
clear all
A=[81    100    87    68    74
   83    100    89    80    83
   73     80    75    79    78
```

```
       63              80    69    69    69
       71             100    81    68    72
       87             100    92    67    74
       79              80    80    75    76
       77             100    85    90    88 ];
save ' 原始数据 .mat';
clear all
load ' 原始数据 .mat';
B=ceil(sum(A')/5);
A=[A B'];
save  ' 处理数据 .mat' A;
```

▶16.6 疑难解答

当将一个工具箱添加到系统中来运行，可按以下几种情况操作。

（1）MATLAB 安装光盘上的工具箱，重新执行安装程序，选中即可。

（2）单独下载的工具箱，一般情况下仅需要把新的工具箱解压到某个目录（例如 toolbox 目录下），通过 addpath()（有多个目录时使用 genpath()）或者 pathtool 添加工具箱的路径，最后用 which newtoolbox_command.m 来检验是否可以访问。如果能够显示新设置的路径，则表明该工具箱可以使用。详细功能可参见工具箱自带的 readme 文件。

（3）如果是自己编写的工具箱，添加方法同上。

第17章
外部接口应用

MATLAB 与外部的数据和程序交互是很有意义的。通过与其他编程环境的交互，可以扩充 MATLAB 强大的数值计算和图形功能，并且避开其执行效率较低的缺点。本章将介绍 MATLAB 应用程序接口的主要类型、MATLAB 与 C/C++ 语言的接口应用、MATLAB 与 Java 语言的接口应用等内容。

本章要点（已掌握的在方框中打钩）

☐ 接口介绍
☐ MEX 文件
☐ MAT 文件
☐ 计算引擎
☐ MATLAB 中 Java 语言的调用

▶17.1 接口概述

MATLAB 的应用程序编程接口 (Application Programming Interface，API) 主要由 3 部分组成，它们分别是 MEX 文件，它是 MATLAB 系统在其运行环境中调用外部程序的接口；MAT 文件应用程序，它是 MATLAB 程序与外部程序进行数据输入输出交换的接口；MATLAB 计算引擎函数，它是外部程序调用 MATLAB 数学运算工具函数进行有关数学运算的接口。

在这 3 种接口中，MEX 文件是作为一种动态链接函数被调用和执行的。它不能脱离 MATALB 的工作环境而执行，必须在 MATLAB 的工作环境中通过 MATLAB 调用才能运行，它与 MATLAB 的内建函数的调用方式完全相同。

MAT 文件应用程序是一种可脱离 MATLAB 工作环境而独立运行的应用程序。但它所具有的功能非常有限，只能用于程序间的数据交换，而不能利用 MATLAB 所提供的丰富的数学运算功能函数来完成计算等任务。

MATLAB 计算引擎函数也是一种可脱离 MATLAB 工作环境而独立运行的应用程序，它允许用户在用其他软件编写的应用程序中对 MATLAB 的数学运算工具函数进行调用。在应用程序运行时，MATLAB 作为计算引擎在后台运行，完成复杂的数学计算，应用程序可以与 MATLAB 引擎函数之间进行数据交换。

17.1.1 MEX 文件介绍

MEX 文件实现了一种其他语言与 MATLAB 的接口，通过 MEX 文件可以在 MATLAB 中像调用内嵌函数一样调用使用 C 语言和 FORTRAN 等语言编写的函数，实现了代码重用，同时也能提高 MATLAB 环境中数据处理的效率。MEX 在字面上是 MATLAB 和 Executable 两个单词的缩写。

MEX 文件的后缀名按 32 位 /64 位分别为 .mexw32/.mexw64。MEX 文件是由 C 或 FORTRAN 语言编写的源代码，经 MATLAB 编译器处理而生成的二进制文件。它是可以被 MATLAB 解释器自动装载并执行的动态链接程序，类似 Windows 下的 dll 文件。

写 MEX 程序其实就是写一个动态链接库（Dynamic Link Library，DLL）程序，所以可以使用 C、C++、FORTRAN 等多种编程语言来写。

17.1.2 MAT 文件介绍

MAT 文件是 MATLAB 专用的用于保存数据至磁盘和向 MATLAB 导入、从 MATLAB 导出数据的数据文件格式。MAT 文件提供了一种简便的机制，它允许用户在两个平台之间以灵活的方式移动数据。而且，它还提供了一种途径来向其他单机 MATLAB 应用导入或者导出数据。MAT 文件可以包含一个或者多个 MATLAB 变量。MATLAB 通常采用 MAT 文件把工作区的变量存储在磁盘里，在 MAT 文件中不仅保存各变量数据本身，而且同时保存变量名以及数据类型等。所以在 MATLAB 中载入某个 MAT 文件后，可以在当前 MATLAB 工作区完全再现当初保存该 MAT 文件时的那些变量。这是其他文件格式所不能的。同样，用户也可以使用 MAT 文件从 MATLAB 环境中导出数据。MAT 文件提供了一种更简便的机制在不同操作平台之间移动 MATLAB 数据。

为了简化在 MATLAB 环境之外对 MAT 文件的使用，MATLAB 给出了一个操作例程库，通过它，用户可以使用 C/C++ 或者 FORTRAN 程序读写 MAT 文件。MATLAB 是用 M 语言编程，不能在 M 文件中直接调用 C 语言程序。可以通过 MATLAB 提供的 API 来实现与外部的接口，在 MATLAB 环境中实现调用 C 语言或 FORTRAN 程序、输入或输出数据以及和其他软件程序间建立客户 / 服务器关系等功能。

在 MATLAB 环境中，通常使用 load 和 save 两个命令进行 MAT 文件的读和写。在默认情况下，这两个命令以 MAT 文件格式处理文件，但是也可以用 –ascii 参数选项来强制用文件方式处理文件。关于这点已经在本章介绍过了，这里主要介绍如何读写 MAT 文件。

17.1.3 MATLAB 计算引擎介绍

如果说 MEX 文件是为了在 MATLAB 中调用 C/C++ 编写的子程序，那么 MATLAB 计算引擎（engine）就是指一组 MATLAB 提供的接口函数，支持 C/C++、FORTRAN 等语言，通过这些接口函数，用户可以在其他编程环境中实现对 MATLAB 的控制。通过 MATLAB 计算引擎可以完成以下功能。

（1）打开 / 关闭一个 MATLAB 对话。

（2）向 MATLAB 环境发送命令字符串。

（3）从 MATLAB 环境中读取数据。

（4）向 MATLAB 环境中写入数据。

与其他各种接口相比，引擎所提供的 MATLAB 功能支持是最全面的。调用过程中，MATLAB 计算引擎函数库在后台工作，MATLAB 通过它与其他应用程序进行通信。使用 C 等高级语言来编写用户界面，而后台采用 MATLAB 作为计算引擎，从而达到缩短开发周期、减少开发困难的目的。同时，引擎方式打开的 MATLAB 进程会在任务栏显示自己的图标，打开该窗口，可以观察主程序通过 engine 方式控制 MATLAB 运行的流程，并可在其中输入任何 MATLAB 命令。

▶17.2　基于 C/C++ 语言的 MEX 文件应用

MEX 文件具有以下几个方面的应用：对于已存在的 C 程序，可以通过 MEX 文件在 MATLAB 环境中直接调用，而不必重新编写 M 文件。由于 MATLAB 是解释性语言，运行如 for 等循环体时，会出现速度十分缓慢的现象，为了提高速度，往往要使用 MEX 程序。利用 MEX 文件，可以使用如 Windows 用户图形界面等资源。MEX 文件是一种可以在 MATLAB 调用的 C 语言衍生程序代码，而 MEX 本身就是 MATLAB 和 Executable 两个单词的缩写。通过 C 语言编写的 MEX 文件程序代码，经过适当的编译后，生成的目标文件能被 M 语言解释器调用执行，在 Windows 操作系统下这些文件使用后缀 dll。MEX 文件的使用极为方便，其调用方式与 MATLAB 的内建函数完全相同，只需要在命令行窗口输入对应的文件名即可。

17.2.1　MEX 文件结构

尽管在前面介绍过，在 MATLAB 中调用的 MEX 文件会很简单，但使用普通格式编写的 C 语言程序代码不能直接编译成可以被 METLAB 调用的 MEX 文件，只有符合某种特殊格式的 C 程序代码才能编译成 MEX 文件。本小节将以一个简单的例子来说明 MEX 的典型结构。

📝 范例 17-1　计算两个数之间的最大值与最小值并输出结果

编写对应的 C 语言 MEX 程序代码（文件名 mex_calcMax.cpp）。在 C 语言编译器重编写对应的 C 语言 MEX 程序代码。

具体程序如下：

```
#include "mex.h"
int max(int a, int b)
{
    int c;
    if(a>b)
      c=a;
    else
      c=b;
    return c;
}
void mexFunction(int nlhs, mxArray *plhs[], int nrhs, const mxArray *prhs[])
{
    int a=3,b=5;
int maxvalue;
maxvalue=max(a,b);
    mexPrintf(" 最大值 =%d\n", maxvalue);
}
```

运行结果为：

>> mex mex_calcMax.cpp

使用 'Microsoft Visual C++ 2010' 编译。
MEX 已成功完成。
当前工作目录下会生成 mex_calcMax.mexw64 文件。

>> y=mex_calcMul
最大值 =5

上述程序代码中，首先用 MEX 编译了程序代码，然后执行程序代码。同时从程序代码中不难看出，程序主要由入口子程序和计算功能子程序两部分组成。

（1）入口子程序：在 MATLAB 系统与被调用的外部子程序之间建立通信联系。入口子程序必须是 mexFunction，其构成形式为：

```
void mexFunction( int nlhs, mxArray *plhs[], int nrhs, const mxArray*prhs[] )
{
    /* 实现 MATLAB 与计算子程序通信 */
}
```

mexFunction 函数的参数含义如下。
nrhs：输入变量的数目。
prhs：输入变量数组，是指针数组。
nlhs：输出变量的数目。
plhs：输出变量数组，是指针数组。
（2）计算功能子程序：实现程序的具体功能的源代码，以函数的形式存在。
另外，C 语言 EMX 文件结构的信息如下。
C 语言 MEX 程序代码文件必须以 #include "mex.h" 开始，确定程序数据接入和交互被正确声明。C 语言 MEX 程序代码文件由计算子程序和接口子程序两个相互独立的子程序组成。计算子程序的功能是完成所需的计算，它与具有相同功能的一般 C 源程序文件几乎相同；接口子程序的功能则是计算子程序和 MATLAB 的接口，用户实现两个不同内存空间中的通信。接口子程序的名称只能是带有规范参数的 mexFunction。

17.2.2　创建 C/C++ MEX 文件

在 MEX 文件中，常用 MATLAB API 函数有 mxGetM（获得矩阵的行数）、mxGetN（获得矩阵的列数）、mxGetPr（获得矩阵的实数部分的数据指针）、mexErrMsgTxt（输出错误信息，并返回到 MATLAB 命令提示符下）、mxCreateString（创建一个字符串矩阵）、mxCreateDoubleMatrix（创建一个二维未赋值的双精度浮点类型的矩阵）、mxIsDouble（判断矩阵是否为双精度类型）。我们可以利用上述函数创建 C/C++MEX 文件。

📝 范例 17-2　C语言MEX文件的创建步骤

编写对应的 C 语言 MEX 程序代码（文件名 mex_calcMul.cpp）。在 C 语言编译器重编写对应的 C 语言 MEX 程序代码。
通过创建计算两个数乘积的程序来介绍一个 MEX 文件创建的过程。
MATLAB 范例程如下：

```
#include "mex.h"
/* 计算功能子程序 mex_calcMul.cpp，计算平方的倒数 */
int array_data(int a,int b)
```

```
{
    int c;
    c=a*b;
    return c;
}
/* 入口子程序 mexFunction*/
void mexFunction(int nlhs, mxArray *plhs[], int nrhs, const mxArray *prhs[])
{
    int a=3,b=2,arryvalue;
    arryvalue=array_data(a,b);        /* 调用计算功能子程序 */
    mexPrintf(" 乘积值 =%d\n",arryvalue);
}
```

17.2.3 调试 C/C++ 语言 MEX 程序文件

范例 17-3　计算两个数乘积的程序的DLL文件

在 MATLAB 命令行窗口的当前目录浏览器中将当前目录设置为用户的目录，输入命令创建 MEX 文件并运行：

```
mex mex_calcMul.cpp
```

当前工作目录下会生成 mex_calcMul.mexw64 文件。

```
>> y=mex_calcMul
乘积值 =6
```

▶17.3 基于 C/C++ 语言的 MAT 文件应用

17.3.1 使用 C/C++ 语言读取和创建 MAT 文件的过程

在本小节中，将使用简单的实例来介绍如何使用 C 语言来创建 MAT 文件，希望读者从中能够了解 MAT 应用程序的基本结构和应用过程。

01 MAT 文件接口函数

在 C/C++ 程序中分两种方式读取 MAT 文件数据。一种是利用 MATLAB 提供的有关 MAT 文件的编程接口函数。MATLAB 的库函数中包含了 MAT 文件接口函数库，其中对 MAT 文件进行读写的函数，都是以 mat 开头的函数。如表 17.1 所示。

表 17.1 C/C++ 语言中的 MAT 文件读写函数

MAT 函数	功能
matOpen	打开 MAT 文件
matClose	关闭 MAT 文件
matGetDir	从 MAT 文件中获得 MATLAB 阵列的列表
matGetFp	获得一个指向 MAT 文件的 ANSI C 文件指针
matGetVariable	从 MAT 文件中读取 MATLAB 阵列
matPutVariable	写 MATLAB 阵列到 MAT 文件
matGetNextVariable	从 MAT 文件中读取下一个 MATLAB 阵列
matDeleteVariable	从 MAT 文件中删去下一个 MATLAB 阵列

续表

MAT 函数	功能
matPutVariableAsGlobal	从 MATLAB 阵列写入到 MAT 文件中
matGetVariableInfo	从 MAT 文件中读取 MATLAB 阵列头信息
matGetNextVariableInfo	从 MAT 文件中读取下一个 MATLAB 阵列头信息

02 MAT 文件的 C/C++ 程序读取

另外一种方式是根据 MAT 文件结构，以二进制格式在 C/C++ 中读入文件内容，然后解析文件内容，从而获得文件中保存的 MATLAB 数据。由于 MAT 文件格式是公开的，用户可查询相关资料详细了解 MAT 文件结构。具体步骤方法在见范例详细讲解。

17.3.2 使用 C/C++ 语言读取 MAT 文件示例

范例 17-4　使用C++程序代码编写读取MAT文件的步骤

本步骤以 Microsoft Visual Studio 2010 为例讲解，读者可根据自己实际安装的开发工具参照本书内容做相应修改设置。

（1）打开用户系统中安装的 Microsoft Visual Studio 2010，新建一个 Win 32 控制台应用程序，取项目名称为 mat_read 并单击确定。在新弹出的对话框中选择完成。具体设置如图 17.1 所示。

图 17.1　新建 Win32 控制台应用程序

（2）完成新建项目后，在解决方案资源管理器中单击源文件（文件名 mat_read.cpp）。结果如图 17.2 所示。

图 17.2　Win32 控制台应用程序默认结构

（3）在 mat_read.cpp 文件中输入下面的程序代码：

```
#include "stdafx.h"
#include "iostream"
using namespace std;
#include "mat.h"
#pragma comment(lib,"libmat.lib")
```

```
#pragma comment(lib,"libmex.lib")
int main()
{
MATFile *pmat;
const char **dir;
int      ndir;
pmat=matOpen("regions.mat", "r");// 打开指定文件并返回其指针
    if (pmat == NULL)
    {
        std::cout<<"mat 文件不存在 "<<endl;
        return(1);
    }
    dir = (const char **) matGetDir(pmat, &ndir);//mat 文件包括的矩阵数量
    if (dir == NULL)
    {
        std::cout<<" 读取 mat 文件矩阵数量错误 "<<endl;
        return(1);
    }
    else
    {
        for (int i=0; i < ndir; i++)
            std::cout<<dir[i]<<endl;// 输出所含矩阵数量
    }
    return 0;
}
```

（4）完成上述代码后，还需要对 Microsoft Visual Studio 2010 进行配置。本书使用的是 64 位的 Windows 10 系统，而 Microsoft Visual Studio 2010 默认为 Win32，因此需将 Win32 配置为 Win64。在工具栏中选择 "Debug|Win32 →配置管理器"，在新弹出对话框的 "键入或选择新平台" 项中选择 "x64" 并单击确定完成。具体设置如图 17.3 所示。

图 17.3　Win64 控制台设置

（5）在项目属性管理器中选择属性。设置包含目录 D:\Program Files\MATLAB\R2016a\extern\include（本书 MATLAB R2016b 装在 D:\Program Files 目录下面），设置库目录 D:\Program Files\MATLAB\ R2016b\ extern\lib\win64\microsoft。具体设置如图 17.4 所示。

图 17.4   包含文件与库文件设置

（6）设置环境变量 path。选择"计算机→属性→高级系统设置→高级→环境变量"。在 Path 中已经存在 D:\Program Files\MATLAB\R2016b\bin；由于 libmat.dll 在 D:\Program Files\MATLAB\R2016b\bin\Win64 下，还需要在 Path 中设置 D:\Program Files\MATLAB\R2016b\bin\win64。最后完成设置重启电脑。

经上述步骤完成环境配置。

（7）对项目进行运行编译。在 DOS 窗口条件下运行编译后的可执行文件 read ma.exe 文件，具体情况如图 17.5 所示。

图 17.5   命令行运行结果

17.3.3 使用 C/C++ 语言创建 MAT 文件示例

范例 17-5   使用C++程序代码编写创建MAT文件的步骤

本步骤以 Microsoft Visual Studio 2010 为例讲解，读者可根据自己实际安装的开发工具参照本书内容做相应修改设置。

（1）打开用户系统中安装的 Microsoft Visual Studio 2010，新建一个 Win32 控制台应用程序，取项目名称为 creatmat 并单击确定。在新弹出的对话框中选择完成。具体设置如图 17.6 所示。

图 17.6　新建 Win32 控制台应用程序

（2）完成新建项目后，在解决方案资源管理器中单击源文件（文件名 creatmat.cpp）。结果如图 17.7 所示。

图 17.7　Win32 控制台应用程序默认结构

（3）在 creatmat.cpp 文件中输入下面的程序代码：

```
#include "stdafx.h"
#include "iostream"
using namespace std;
#include "mat.h"
#pragma comment(lib,"libmat.lib")
#pragma comment(lib,"libmex.lib")
#pragma comment(lib,"libmx.lib")
#pragma comment(lib,"libeng.lib")
int _tmain(int argc, _TCHAR* argv[])
{
    // 生成 .mat 文件
    MATFile *pmat;
    int flag1,flag2;
    mxArray *pString, *pArray;
    double data[] = {9.0,8.0,7.0,6.0,5.0,4.0,3.0,2.0,1.0};
    // 创建 MAT 文件
```

```
        std::cout<<" 创建 MAT 文件 "<<endl;
        pmat = matOpen("Creat_Mat.mat","w");
        if ( pmat == NULL )
        {
            std::cout<<"mat 文件不存在 "<<endl;
            return 1;
        }
        // 创建字符串 mxArray 数据结构变量
        pString = mxCreateString("The Creat MAT File in C/C++ language Demo Code! ");
        if (pString == NULL)
        {
            std::cout<<" 不能创建字符串 "<<endl;
            return 1;
        }
        // 创建矩阵 mxArray 数据结构变量
        pArray = mxCreateDoubleMatrix(3,3,mxREAL);
        if(pArray == NULL)
        {
            std::cout<<" 不能创建 mxArray 数据结构变量在 "<<endl;
            return 1;
        }
        // 将初始数据复制给 mxArray 数据结构变量
        memcpy( (void *)(mxGetPr(pArray)), (void *)data, sizeof(data));
        // 向 MAT 文件中写入变量
        flag1 = matPutVariable(pmat, "variableString", pString);
        flag2 = matPutVariable(pmat, "variableDoubleMatrix", pArray);
        if(( flag1 != 0)||(flag2 != 0))
        {
            std::cout<<" 变量不能写入 mat 文件 "<<endl;
            return 1;
        }
        // 释放内存空间
        mxDestroyArray(pString);
        mxDestroyArray(pArray);
        // 关闭 MAT 文件
        if(matClose(pmat) != 0)
        {
            std::cout<<" 未能关闭 mat 文件 "<<endl;
            return 1;
        }
        // end of wgc add//
        return 0;
    }
```

（4）完成上述代码后，还需要对 Microsoft Visual Studio 2010 进行配置。本书使用的是 64 位的 Windows 10 系统，而 Microsoft Visual Studio 2010 默认为 Win32，因此需将 Win32 配置为 Win64。在工具栏中选择 "Debug|Win32 →配置管理器"，在新弹出对话框的 "键入或选择新平台" 项中选择 "x64" 并单击确定完成。具体设置如图 17.8 所示。

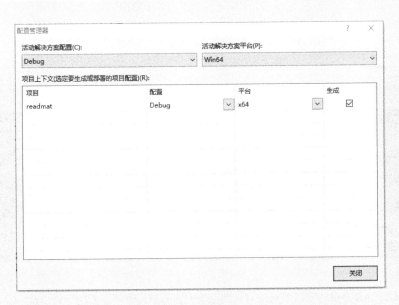

图 17.8 Win64 控制台设置

（5）在属性管理器中选择 VC++ 目录。设置包含目录 D:\Program Files\MATLAB\ R2016b \extern\ include（本书 MATLAB R2016b 装在 D:\Program Files 目录下面），设置库目录 D:\Program Files\MATLAB\ R2016b\extern\lib\win64\microsoft。具体设置如图 17.9 所示。

图 17.9 包含文件与库文件设置

（6）设置环境变量 path。选择"计算机→属性→高级系统设置→高级→环境变量"。在 Path 中已经存在 D:\Program Files\MATLAB\R2016b\bin\，但是 libmat.dll 在 D:\Program Files\MATLAB\R2016b\bin\Win64 下。如 D:\Program Files\MATLAB\R2016b\bin\ 未改为 D:\Program Files\MATLAB\R2016b \bin\win64 程序将无法运行。最后完成设置重启电脑。

经上述步骤完成环境配置。

（7）对项目进行运行编译。在 DOS 窗口条件下运行编译后的可执行文件 creatmat.exe 文件。具体情况如图 17.10 所示。

图 17.10   命令行执行结果

（8）在 MATLAB 命令行窗口的当前目录浏览器中将当前目录设置为用户的目录，输入命令加载新MAT 文件并运行：

load Creat_Mat.mat

具体运行结果如图 17.11 所示。

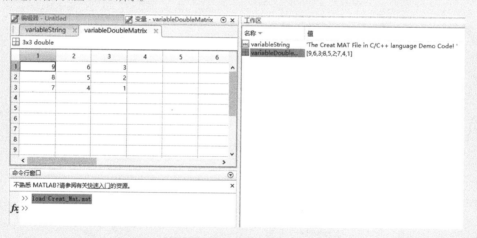

图 17.11   命令行执行结果

▶ 17.4 基于 C/C++ 语言的计算引擎应用

17.4.1 MATLAB 引擎库函数

用户启动 MATLAB 引擎时就启动了 MATLAB 进程并在后台运行。应用程序通过 MATLAB 引擎函数库中提供的函数完成与 MATLAB 引擎之间进行数据交换和命令传送的任务。MATLAB 引擎函数库提供了引擎函数，在使用它们时，必须对头文件 engine.h 进行包含。

C/C++ 程序中调用 MATLAB 计算引擎包含如下 3 个步骤。

（1）打开 MATLAB 计算引擎。

（2）在引擎中执行 MATLAB 命令，或者传递数据等。

（3）关闭 MATLAB 计算引擎。

打开 MATLAB 计算引擎需要调用 engOpen 函数，成功打开 MATLAB 引擎后，将在程序中获得指向该引擎的指针。通过这个指针，就可以调用引擎来执行 MATLAB 命令，这需要调用 engEvalString 函数。完成对 MATLAB 计算引擎的调用之后，应该关闭该引擎，这需要调用 engClose。

下面介绍上述函数的基本用法。

engOpen 函数的语法为：

extern Engine *engOpen(const char *startcmd)

其中，输入变量为一个字符指针，函数通过该指针指向的字符串所包含的命令与 MATLAB 建立一个连接，打开一个 MATLAB 进程，返回一个 MATLAB 引擎类型的指针。

engEvalString 函数的语法为：

extern int engEvalString(Engine *ep, const char *string)

其中，ep 为 engOpen 打开的 engine 指针。String 为字符串，指向一个需要在 MATLAB 计算引擎的工作区中执行的字符串。函数返回 0 表示成功执行，返回 1 则表示 ep 对应的 MATLAB Engine 已经关闭。

engClose 函数的语法为：

extern int engClose(Engine *ep)

其中，输入变量 ep 为已经打开的 MATLAB 计算引擎。返回 0 表示成功关闭，返回 1 表示返回出错。

关于更多的引擎函数的具体定义可以参见帮助文件。

17.4.2　创建 MATLAB 引擎调用源程序

VC++ 通用编程平台一般利用 MATLAB 引擎完成以下功能：向 MATLAB 环境中写入数据；调用 MATLAB 数学函数库的函数来处理数据；调用 MATLAB 图形函数库，实现复杂的图形功能；从 MATLAB 环境中读取数据。

📑 范例 17-6　创建文件夹

本范例中 MATLAB 的默认当前工作路径为 D:\Program Files\MATLAB\R2016b。

（1）打开 VS2010 软件，建立一个空的控制台程序工程，如图 17.12 所示。

在解决方案中对工程名进行单击鼠标右键，选择"属性"，进入属性页面。

图 17.12　Win32 控制台应用程序默认结构

（2）设置工程环境。

这里主要有 3 个地方需要设置。右键选择项目的属性，弹出窗口如图 17.13 所示。

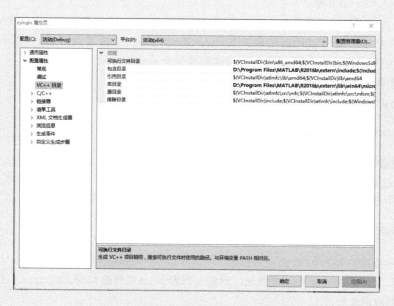

图 17.13　包含文件与库文件设置

① 选中 VC++ 目录，设置包含目录为：

D:\Program Files\MATLAB\R2016b\extern\include

② 选中 VC++ 目录，设置库目录为：

D:\Program Files\MATLAB\R2016b\extern\lib\win64\microsoft

如果是 32 位操作系统，选择 Win32。

③ 选中链接器菜单下的输入选项，如图 17.14 所示添加附加依赖项 libeng.lib、libmx.lib、libmat.lib、libmex.lib。

图 17.14　附加依赖项设置

这 4 个库文件对应 4 类函数：MATLAB 引擎相关函数、mxArray 相关函数、MAT 文件相关函数、MEX 文件相关函数，对应的头文件为 engine.h、matrix.h、mat.h、mex.h。

④ 如此设置后，能够正常编译，但运行时报错提示找不到 dll 文件，如图 17.15 所示。

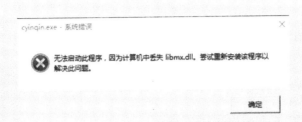

图 17.15　libmx.dll 丢失警告错误

libmx.dll 本应该放于 D:\Program Files\MATLAB\R2016b\bin\win64 文件夹中，但 Windows10 系统下 MATLAB 安装时只写入路径 D:\Program Files\MATLAB\R2016b\bin，故系统不会自动到其子文件中找 dll，从而报错提示找不到文件。所以增加 Windows 系统的 path 环境变量 D:\Program Files\MATLAB\R2016b\bin\win64 即可，如图 17.16 所示。

图 17.16　系统变量设置

重启系统。如果以上设置完成后，运行仍报错，将目录 "D:\Program Files\MATLAB\R2016b\bin\win64" 下的所有 dll 文件都复制到目录 "C:\Windows\System32" 下，即可保证以后所有工程均不会出现类似问题。

至此，Visual Studio 的设置完成。

（3）编写主程序如下。

```
#include "stdafx.h"
#include <iostream>
#include <stdio.h>
#include <stdlib.h>
using namespace std;
/****** 加载 MATLAB 相关函数运行所需头文件 ********/
#include <engine.h>
#include <matrix.h>
#include <mat.h>
#include <mex.h>
```

```
// 主程序入口
int _tmain(int argc, _TCHAR* argv[])
{
    Engine *ep;
    if (!(ep = engOpen("\0")))
    {
        fprintf(stderr, "\n 启动 MATLAB 引擎失败 \n");
        return EXIT_FAILURE;
    }
    int Nsample = 50;
    const double PI = 3.1415926;
    double *t = new double[Nsample] ;
    for(int i = 0; i < Nsample; i++)
    {
        t[i] = i * 2 * PI / Nsample;
    }
    mxArray *T = NULL, *result = NULL;
    T = mxCreateDoubleMatrix(1, Nsample, mxREAL);
    memcpy((void *)mxGetPr(T), (void *)t, Nsample*sizeof(t[0]));
    engPutVariable(ep, "T", T);
    engEvalString(ep, "Y=sin(T);");
    engEvalString(ep, "plot(T,Y);");
    engEvalString(ep, "title(' 正弦 y=sin(t)');");
    engEvalString(ep, "xlabel(' 时间值 t');");
    engEvalString(ep, "ylabel(' 正弦值 y');");
    std::cout<<" 按任意键返回 "<<endl<<endl;
    fgetc(stdin);
    mxDestroyArray(T);
    engEvalString(ep, "close;");
    engClose(ep);
    return EXIT_SUCCESS;
    return 0;
}
```

（4）运行结果如图 17.17 所示。

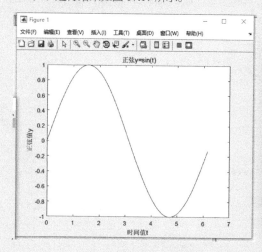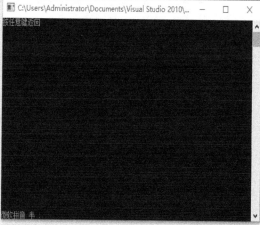

图 17.17　VC++ 调用 MATLAB 运行结果

17.5 MATLAB 中 Java 语言的调用

MATLAB、Mathematica、Maple 并称为三大数学软件。它在数学类科技应用软件中在数值计算方面首屈一指。MATLAB 功能强大，新的版本中也加入了对 C/C++、Java、FORTRAN 的支持。某些情况下用 Java 代码实现不够高效，而利用 MATLAB 自定义封装函数将其打包成 jar 包供 Java 调用会更加方便。因此用到 Java 调用 MATLAB。

17.5.1 Java 接口使用

主要思路：利用 MATLAB 的 Compiler 工具将 MATLAB 函数编译成 .jar 文件，在 Eclipse 中实现对 .jar 文件中函数的调用，以此实现 MATLAB 和 Java 的混合编程。

（1）环境配置要求：运行机器上必须装有 JRE 并且版本要与 MATLAB R2016b 版本自带的 JRE 版本保持一致。

（2）验证系统 JDK 与 JRE，Windows 系统首先要装有 Java 环境。验证 JDK 与 JRE 版本。打开 cmd，输入命令 "java -version" 和 "javac -version" 分别验证编译和运行版本。验证结果如图 17.18 所示。

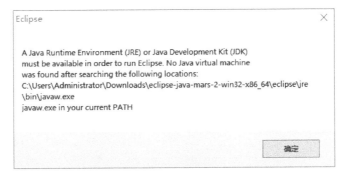

图 17.18　java –version 和 javac –version 验证结果

在 MATLAB 的命令行窗口中输入 "version -java"，验证结果如图 17.19 所示。

图 17.19　version –java 验证结果

特别注意：

① 运行机器上必须装有 JRE 并且版本要与 MATLAB 自带的 JRE 版本保持一致（比如同是 32 位或 64 位，

同是 1.6 或者 1.7 即可，笔者实例中选择 1.7 版）。

②Eclipse 中项目构建路径中 JRE 同样需要与 MATLAB 自带的 JRE 版本和位数保持一致。与 JRE1.7 相对应的 Eclipse 版本为 Mars。

（3）在 MATLAB 中新建一个函数文件并保存，然后利用 MATLAB R2016b 自带的 deploytool 工具将其打包成 jar 文件。

（4）Eclipse jar 调用 MATLAB 函数并保存，项目中引用 javabuilder.jar 和 MATLAB 函数 jar，并在 class 文件中编写相应的调用代码即可。

17.5.2 Java 接口编程应用示例

下面简单介绍如何在 MATLAB 中调用 Java 代码。

范例 17-7   创建文件夹

（1）打开 Eclipse，新建一个 Java Project，命名为 MATLAB_java。新建一个 package 命名为 call.java，新建一个类命名为 SayHelloWorld。Java 代码如下：

```
package call.java;
public class SayHelloWorld {
    public void sayhello(){
        System.out.println("say hello");
    }
}
```

（2）MATLAB 有多重方法，其中一种是把 Java 项目导入 MATLAB 中调用，这时首先需要把项目 MATLAB_java 打成 MATLAB_calljava.jar 包，再导入 MATLAB 中，操作步骤如图 17.20 所示。

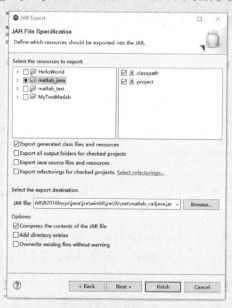

图 17.20   jar 包导出设置

（3）命令行运行 edit classpath.txt，在 classpath 中添加之前导出的 **MATLAB_calljava.jar** 的路径：**D:/ProgramFiles/MATLAB/R2016b/sys/java/jre/win64/jre/lib/ext/MATLAB_calljava.jar**。把 Java 的 class 目录添加到 classpath.txt。编辑后的 classpath.txt 文件如图 17.21 所示。

图 17.21　编辑 classpath.txt 文件

（4）重启 MATLAB，运行结果：

```
>> h=call.java.SayHelloWorld
 h =
call.java.SayHelloWorld@6540ed15
>> h.sayhello
say hello
```

17.6　综合应用

实际开发过程中，有些 Java 代码计算效率不够高效。利用 MATLAB 写好相应的 M 函数并打包成 jar 包供 Java 调用则会更加方便。或者有时需要使用 Java 调用 MATLAB 显示某些二维、三维图。这时就会在 Java 中调用 MATLAB。

范例 17-8　Java调用MATLAB绘图实例

（1）在 MATLAB 中新建 M 函数文件，并命名为 drawplot。代码如下：

```
% 自定义绘图函数 drawplot
function drawplot(x, y)
plot(x,y);
grid on
xlabel('X 轴值 ')
ylabel('Y 轴值 ')
title('Java 调用 MATLAB 绘图实例 ')
```

（2）命令行运行 deploytool，弹出如图 17.22 所示，然后选择 "Library Compiler"。

图 17.22　选择 Library Compiler 项

（3）打开 Library Compiler 工具后，选择"Java Package"，再单击 按钮，选择要打包的 drawplot.m 文件，填写修改相关的信息，以及打包成 .jar 文件后里面包含的类以及方法的名称。信息可以根据自己需要更改，这里选择类名为 DrawPlot。如图 17.23 所示。

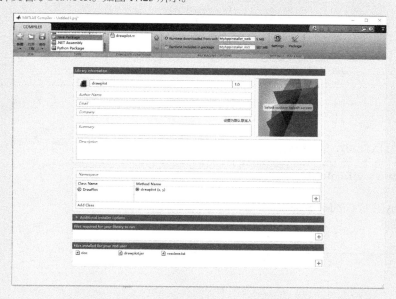

图 17.23　Java Package 设置

单击 Package 并命名工程名为 drawplot.prj。打包成功显示图 17.24 所示。生成 for_redistribution、for_redistribution_files_only 和 for_testing 共 3 个文件夹以及 PackagingLog.html 文件。生成目标 drawplot.jar 文件位于 for_redistribution_files_only 文件夹下。

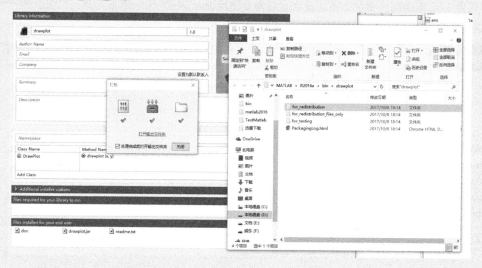

图 17.24　jar 导出结果

（4）打开 Eclipse，新建一个 Java Project，命名为 MyTestMATLAB，新建一个带有 main 函数的类并命名为 TestJavaCallMATLAB。然后把生成的 drawplot.jar 文件和 MATLAB R2016b 自带的 javabuilder.jar 文件复制到该工程下。最后选中 MyTestMATLAB 工程，依次选择 Properties、Java Build Path、Libraries、ADD External JARs，将 drawplot.jar 和 avabuilder.jar 两个文件添加进去。具体操作如图 17.25 所示。

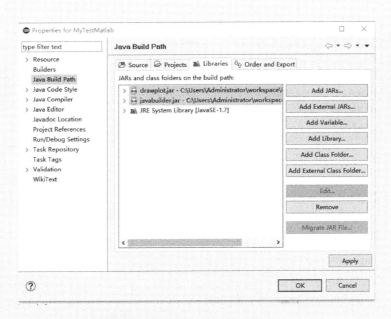

图 17.25　External JARS 添加设置

（5）在 TestJavaCallMATLAB 类文件中添加下面 Java 测试代码：

```java
import com.mathworks.toolbox.javabuilder.MWArray;
import com.mathworks.toolbox.javabuilder.MWClassID;
import com.mathworks.toolbox.javabuilder.MWComplexity;
import com.mathworks.toolbox.javabuilder.MWNumericArray;
import drawplot.DrawPlot;
public class TestJavaCallMATLAB {
    public static void main(String[] args) {
        // TODO Auto-generated method stub
        MWNumericArray x = null; // x 值数组
MWNumericArray y = null; // y 值数组
DrawPlot thePlot = null; // DrawPlot 类
int n = 20; // 作图点数
try {
    // x、y 赋值
    int[] dims = {1, n};
    x = MWNumericArray.newInstance(dims, MWClassID.DOUBLE,
        MWComplexity.REAL);
    y = MWNumericArray.newInstance(dims, MWClassID.DOUBLE,
        MWComplexity.REAL);
    // 定义 y = x^2
    for (int i = 1; i <= n; i++) {
        x.set(i, i);
        y.set(i, i * i);
    }
    // 初始化 DrawPlot 对象
    thePlot = new DrawPlot();// 调用自定义类函数
    // 绘图
    thePlot.drawplot(x, y);
    thePlot.waitForFigures();
```

```
        } catch (Exception e) {
          System.out.println("Exception: " + e.toString());
        } finally {
          MWArray.disposeArray(x);
          MWArray.disposeArray(y);
          if (thePlot != null)
            thePlot.dispose();
        }
      }
    }
```

（6）编译运行结果如图 17.26 所示。

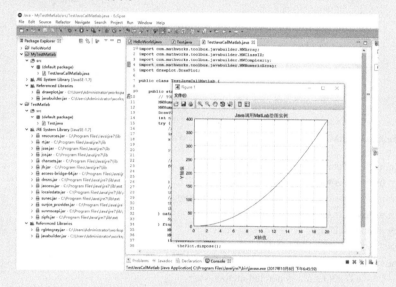

图 17.26   Java 调用 MATLAB 运行结果

▶17.7 疑难解答

MAT 文件是 MATLAB 保存数据的一种标准的二进制格式文件，扩展名为 .mat。它支持 MATLAB 中所有的数据类型，而且读写简单、快速、方便。MAT 文件中的变量可通过 load 导入 MATLAB 之后确定其内容，也可直接通过 whos 函数查看。whos 函数能查看 MAT 文件中变量名、变量大小以及变量类型等变量信息。

第 V 篇

综合实战

第 18 章

MATLAB 在信号与系统中的应用

　　信号与系统的概念和分析方法广泛应用于通信、自动控制、信号与信息处理、电路与系统等领域。从信号分析的观点来看，信号通过系统后，由于系统的职能作用而使信号的时间特性及频率特性发生变化，从而产生新的信号。从系统分析的观点来看，系统在信号的激励下，将必然做出相应的响应，从而完成系统的职能作用。本章结合 MATLAB 工具，应用计算机技术解决信号分析、系统分析以及系统对信号响应分析等信号与系统理论研究中的相关问题。

本章要点（已掌握的在方框中打钩）

☐ 连续时间信号描述及运算
☐ 线性系统时域分析
☐ 连续系统频域分析
☐ 连续时间系统 S 域零极点分析

▶ 18.1 典型连续时间信号描述及运算

本节介绍利用 MATLAB 绘制典型信号的波形，了解这些信号的基本特征，通过绘制信号运算结果的波形，了解这些信号运算对信号所起的作用。

18.1.1 典型连续信号波形的绘制

01 常用典型连续时间信号波形绘制 MATLAB 程序

（1）单边指数信号 $f(t) = E \cdot \exp(-t/\tau) \cdot u(t)$，E=200，$\tau$ =62.5。

绘制单边指数信号波形图的示例程序如下：

```
t=0:1:500;
f=200*exp(-1.*t./62.5);
plot(t,f)
```

运行结果如图 18.1 所示。

（2）正弦信号 $f(t) = E \cdot \sin(\dfrac{2.0 \cdot \pi \cdot t}{T} + \theta)$，E=150，T=100，$\theta$ =0。

绘制正弦信号波形图的示例程序如下：

```
t=-250:250;
f=150*sin(2*pi*t/100);
plot(t,f)
```

运行结果如图 18.2 所示。

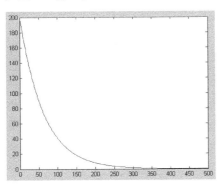
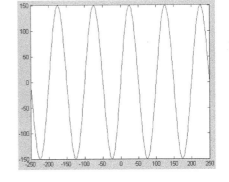

图 18.1 单边指数信号波形   图 18.2 正弦信号波形

（3）衰减正弦信号 $f(t) = E \cdot \sin(\dfrac{2.0 \cdot \pi \cdot t}{T}) \cdot \exp(-\dfrac{t}{\tau}) \cdot u(t)$，E=200，T=100，$\tau$ =250。

绘制衰减正弦信号波形图的示例程序如下：

```
t=0:500;
f=200*sin(2*pi*t/100).*exp(-t/250);
plot(t,f)
```

运行结果如图 18.3 所示。

（4）钟形信号 $f(t) = E \cdot \exp(-\dfrac{t^2}{\tau^2})$，E=400，$\tau$ =250。

绘制钟形信号波形图的示例程序如下：

```
t=-250:250;
f=400*exp(-t.^2/250);
plot(t,f)
```

运行结果如图 18.4 所示。

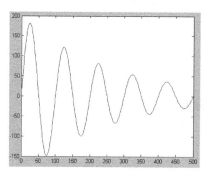

图 18.3 衰减正弦信号波形

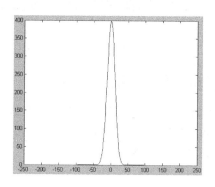

图 18.4 钟形信号波形

02 常用奇异信号波形绘制 MATLAB 程序

（1）符号函数 $sgn(t) = \begin{cases} 1 & t>0 \\ -1 & t<0 \end{cases}°$

具体程序如下：

```
t=-500:500;
f=sign(t);
plot(t,f)
```

（2）阶跃信号 $u(t) = \begin{cases} 1 & t>0 \\ 0 & t<0 \end{cases}°$

具体程序如下：

```
t=-500:500;
f=sign(t);
u=1/2+sign(t)/2;
plot(t,u)
```

（3）单位冲激信号 $\delta(t)$。

严格来说，MATLAB 是不能表示单位冲激信号的，但可用时间宽度为 dt、高度为 $1/dt$ 的矩形脉冲近似地表示。当 dt 趋近于零时，矩形脉冲就能较好地近似出冲击信号的实际波形。下面是绘制 $\delta(t+t0)$ 的 MATLAB 子程序，其中 $t1$、$t2$ 分别表示信号的起始和终止时间，$t0$ 表示信号沿时间轴的平移量，$t0>0$ 时左移，$t0<0$ 时右移。绘图用 stairs，该命令一般用于绘制类似楼梯形状的步进图形，因为在显示连续信号不连续点用 stairs 命令绘图效果较好。

```
function chongji(t1,t2,t0)
dt=0.01;
t=t1:dt:t2;
n=length(t);
x=zeros(1,n);
x(1,(-t0-t1)/dt+1)=1/dt;
stairs(t,x);
axis([t1,t2,0,1.2/dt])
title(' 单位冲激信号 δ (t) ')
```

调用 chongji 函数绘制 $\delta(t)$，$-1 \le t \le 5$ 的波形。MATLAB 调用命令为：

```
chongji(-1,5,0),
```

运行结果如图 18.5 所示。

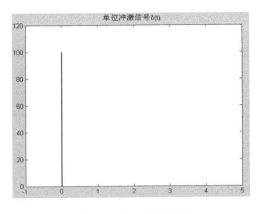

图 18.5 冲击信号波形

18.1.2 连续时间信号的运算

信号运算主要包括信号的移位（时移或延时）、反褶、尺度倍乘以及信号的相加、相乘。

01 移位运算

可用下面的命令实现连续时间信号的移位及其结果可视化。其中，f 是用符号表达式表示的连续时间信号，t 是符号变量，subs 命令则将连续时间信号中的时间变量 t 用 t-t0 替换。

```
y=subs(f,t-t0);
ezplot(y)
```

02 反褶运算

可用下面的命令实现连续时间信号的反褶及其结果可视化。其中，f 是用符号表达式表示的连续时间信号，t 是符号变量，subs 命令则将连续时间信号中的时间变量 t 用 -t 替换。

```
y=subs(f,-t);
ezplot(y)
```

03 尺度倍乘

用下面的命令实现连续时间信号的尺度倍乘及其结果可视化。其中，f 是用符号表达式表示的连续时间信号，t 是符号变量，subs 命令则将连续时间信号中的时间变量 t 用 a*t 替换。

```
y=subs(f,a*t);
ezplot(y)
```

04 信号相加

利用以下命令实现两信号相加及其可视化。其中，f1、f2 是两个用符号表达式表示的连续信号，s 为相加得到的和信号的符号表达式。

```
s=symadd(f1,f2);
ezplot(s)
```

05 信号相乘

利用以下命令实现两信号相乘及其可视化。其中，f1、f2 是两个用符号表达式表示的连续信号，w 为相乘得到的和信号的符号表达式。

```
w=symmul(f1,f2);
ezplot(w)
```

范例 18-1   已知$f1(t)=(-t+4)[u(t)-u(t-4)]$，利用上述信号的运算方法，用MATLAB绘出信号波形$f2(t)=f1(-t)+f1(t)$

输入以下语句：

```
syms t
f1=sym('(-t+4)*(u(t)-u(t-4))');
subplot(1,2,1);
ezplot(f1);
y1=subs(f1,t,-t);
f2=f1+y1;
subplot(1,2,2);
ezplot(f2);
其中，u(t) 子程序定义为
function f=u(t)
f=(t>0);
```

程序运行结果如图 18.6 所示。

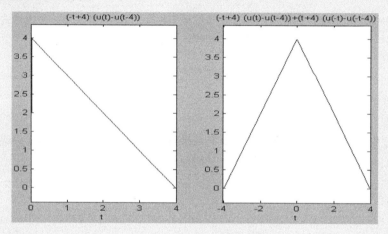

图 18.6   范例 18-1 中 $f1(t)$、$f2(t)$ 的波形

▶18.2 线性系统时域分析

本节主要介绍利用 MATLAB 掌握求解连续时间信号时域卷积的方法和线性时不变系统时域分析方法。

18.2.1 连续时间信号卷积

用 MATLAB 实现连续信号 $f1(t)$ 和 $f2(t)$ 卷积的过程如下。

首先将连续信号 $f1(t)$ 和 $f2(t)$ 以时间间隔 Δ 进行取样，得到离散序列 $f1(k\Delta)$ 和 $f2(k\Delta)$；其次构造与 $f1(k\Delta)$ 和 $f2(k\Delta)$ 相应的时间向量 k1 和 k2（注意，k1 和 k2 的元素不是整数，而是取样间隔 的整数倍的时间间隔点）；再次调用 MATLAB 命令 conv() 函数计算积分 $f(t)$ 的近似向量 $f1(n\Delta)$；最后构造 $f1(n\Delta)$ 对应的时间向量 k。

下面是利用 MATLAB 实现连续信号卷积的通用程序 sconv()，该程序在计算出卷积积分的数值近似的同时，还绘制出了 f(t) 的时域波形图。应注意，程序中是如何构造 f(t) 的对应时间向量的。

```
function  [f,k]=sconv(f1,f2,k1,k2,p)
% 计算连续信号卷积积分 f(t)=f1(t)*f2(t)
% f: 卷积积分 f(t) 对应的非零样值向量
% k： f(t) 的对应时间向量
% f1: f1(t) 的非零样值向量
% f2: f2(t) 的非零样值向量
% k1: f1(t) 的对应时间向量
% k2: 序列 f2(t) 的对应时间向量
% p: 取样时间间隔
f=conv(f1,f2);           % 计算序列 f1 与 f2 的卷积和 f
f=f*p;
k0=k1(1)+k2(1);          % 计算序列 f 非零样值的起点位置
k3=length(f1)+length(f2)-2;   % 计算卷积和 f 的非零样值的宽度
k=k0:p:(k3*p+k0);        % 确定卷积和 f 非零样值的时间向量
subplot(2,2,1)
plot(k1,f1)              % 在子图 1 绘 f1(t) 时域波形图
title('f1(t)')
xlabel('t')
ylabel('f1(t)')
subplot(2,2,2)
plot(k2,f2)              % 在子图 2 绘 f2(t) 时波形图
title('f2(t)')
xlabel('t')
ylabel('f2(t)')
subplot(2,2,3)
plot(k,f);              % 画卷积 f(t) 的时域波形
h=get(gca,'position');
h(3)=2.5*h(3);
set(gca,'position',h)          % 将第三个子图的横坐标范围扩大为原来的 2.5 倍
title('f(t)=f1(t)*f2(t)')
xlabel('t')
ylabel('f(t)')
```

📑 范例 18-2　已知两信号波形如图 18.7所示，用MATLAB求解$f(t)= f1(t) \cdot f2(t)$

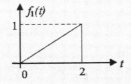 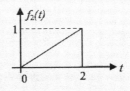

图 18.7　$f_1(t)$、$f_2(t)$ 的波形

实现卷积的命令如下：

```
p=0.01;
k1=0:p:2;
f1=0.5*k1;
k2=k1;
f2=f1;
[f,k]=sconv(f1,f2,k1,k2,p)
```

运行结果如图 18.8 所示。

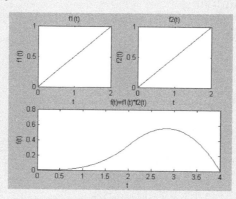

图 18.8　卷积运算结果

18.2.2 线性系统时域分析

01 连续系统的冲激响应、阶跃响应及 MATLAB 实现

MATLAB 提供了专门用于求解连续系统冲激响应及阶跃响应，并绘制其时域波形的函数 impulse 和 step。在调用函数 impulse() 和 step() 时，需要用向量对连续系统进行表示。设描述连续系统的微分方程为：

$$\sum_{i=0}^{N}a_{i}y^{(i)}(t)=\sum_{j=0}^{M}b_{j}f^{(j)}(t) \tag{18-1}$$

则可用向量 a 和 b 表示该系统，即

$$a=[a_{N},a_{N-1},\text{K K},a_{1},a_{0}] \tag{18-2}$$

$$b=[b_{M},b_{M-1},\text{K K},b_{1},b_{0}] \tag{18-3}$$

（1）impulse() 函数。

函数 impulse() 将绘出由向量 a 和 b 表示的连续系统在指定时间范围内的冲激响应 $h(t)$ 的时域波形图，并能求出指定时间范围内冲激响应的数值解。函数 impulse() 有如下几种调用格式。

① impulse(b,a)。

该调用格式以默认方式绘出向量 a 和 b 定义的连续系统的冲激响应的时域波形。

② impulse(b,a,t)。

该调用格式将绘出由向量 a 和 b 定义的连续系统在 0~t 时间范围内的冲激响应的时域波形。

③ impulse(b,a,t1:p:t2)。

该调用格式将绘出由向量 a 和 b 定义的连续系统在 t1~t2 时间范围内，且以时间间隔 p 均匀抽样的冲激响应的时域波形。

④ y=impulse(b,a,t1:p:t2)。

该调用格式并不绘出系统冲激响应的波形，而是求出向量 a 和 b 定义的连续系统在 t1~t2 时间范围内以时间间隔 p 均匀抽样的系统冲激响应数值解。

（2）step() 函数。

函数 step() 将绘制出由向量 a 和 b 表示的连续系统的阶跃响应 $g(t)$ 在指定时间范围内的波形图，并能求出其数值解。与 impulse() 一样，step() 函数也有以下 4 种调用格式。

① step(b,a)。

② step(b,a,t)。

③ step(b,a,t1:p:t2)。

④ y=step(b,a,t1:p:t2)。

上述调用格式的功能与 impulse() 函数完全相同，所不同的是命令绘制的是系统的阶跃响应 $g(t)$ 的曲线，而不是冲激响应 $h(t)$ 的曲线。对于上述系统：

```
a=[1   5   6];
b=[3   2];
```

若执行命令：

```
step(b,a)
```

则绘制的系统阶跃响应时域波形如图 18.9 所示。

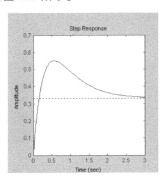

图 18.9　LTI 系统的阶跃响应

02 LTI 连续系统的求解

LTI 连续时间系统可用如下的线性常系数微分方程描述

$$\sum_{i=0}^{N}a_i y^{(i)}(t)=\sum_{j=0}^{M}b_j f^{(j)}(t) \tag{18-4}$$

如果系统的输入信号和初始状态已知，便可用微分方程的经典时域解法求出系统的响应。利用 MATLAB 提供的 lsim() 函数能对上述微分方程描述的 LTI 系统的响应进行仿真。lsim() 函数能够绘制连续系统在指定的任意时间范围内系统响应的时域波形图，还能够求出连续系统在指定的任意时间范围内系统响应的数值解。lsim() 函数有如下两种调用格式。

（1）lsim(b,a,x,t)。

在该调用格式中，a 和 b 是描述系统的两个行向量（与 impulse() 函数调用时的意义一样）。x 和 t 则是表示系统输入信号的行向量，其中 t 表示输入信号时间范围的向量，x 是信号在向量 t 定义的时间点上的取样值。

（2）y=lsim(b,a,x,t)。

与前面介绍的函数 impulse 和 step 一样，该调用格式并不绘出系统的零状态响应曲线，而是求出与向量 t 定义的时间间隔相一致的系统零状态响应的数值解。

该调用格式将绘出由向量 a 和 b 所定义的连续系统在输入为向量 x 和 t 所定义的信号时，系统的零状态响应的时域仿真波形，且时间范围与输入信号相同。

📝 范例 18-3　描述某连续系统的微分方程 $y''(t)+2y'(t)+y(t)=f'(t)+2f(t)$

若要求当输入信号为 $f(t)=e^{-2t}u(t)$ 时，该系统的零状态响应为 $y(t)$，可通过如下 MATLAB 命令实现：

```
a=[1 2 1];
b=[1 2];
```

```
p=0.01;
t=0:p:5;
x=exp(-2*t);
lsim(b,a,x,t);
```

上述命令绘制的系统零状态响应的波形如图18.10所示。

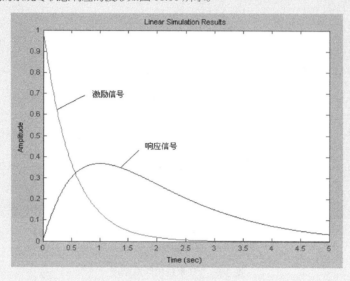

图 18.10　零状态响应波形

函数 lsim() 对系统响应进行仿真的效果取决于向量 t 时间间隔的密集程度，取样时间间隔越小则仿真效果越好。

▶18.3 连续系统频域分析

本节介绍连续系统频率响应概念，利用 MATLAB 分析系统的频率响应，掌握利用 MATLAB 对连续系统进行频域分析的方法。

MATLAB 提供了专门用于连续系统频响 H(jω) 分析的函数 freqs()。该函数可以求出系统频响的数值解，并绘出系统的幅频及相频响应曲线。函数 freqs() 有如下 4 种调用格式。

01 h=freqs(b,a,w)

该调用格式中，b 为对应于式（18-3）的向量 $[b_1, b_2, \cdots, b_m]$，a 为对应于式（18-2）的向量 $[a_1, a_2, \cdots, a_n]$，w 为形如 w1：p：w2 的冒号运算定义的系统频率响应的频率范围，$w1$ 为起始频率，$w2$ 为终止频率，p 为频率取样间隔。向量 h 则返回在向量 w 所定义的频率点上系统频响的样值。

02 [h,w]=freqs(b,a)

该调用格式将计算默认频率范围内 200 个频率点的系统频率响应的样值，并赋值给返回变量 h，200 个频率点记录在 w 中。

03 [h,w]=freqs(b,a,n)

该调用格式将计算默认频率范围内 n 个频率点的系统频率响应的样值，并赋值给返回变量 h，n 个频率点记录在 w 中。

04 freqs(b,a)

该调用格式并不返回系统频率响应样值，而是以对数坐标的方式绘出系统的幅频响应和相频响应。

范例 18-4　**理想低通滤波器在物理上是不可实现的，但传输特性近似于理想特性的电路却能找到**

如图 18.11 所示是常见的用 RLC 元件构成的二阶低通滤波器（一般说来，阶数越高，实际滤波器的特性越能接近于理想特性）。设 $L = 0.8\mathrm{H}$ ，$C = 0.1\mathrm{F}$ ，$R = 2\Omega$ ，试用 MATLAB 的 freqs() 函数求解该系统频率响应并绘图。

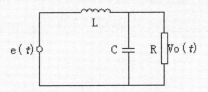

图 18.11　RLC 二阶低通滤波器电路图

解：根据原理图，可以写出系统的频率响应如下。

$$H(\mathrm{j}\omega) = \frac{1}{1 - \omega^2 LC + \mathrm{j}\omega\dfrac{L}{R}}$$

将 L、C、R 的值代入 $H(\mathrm{j}\omega)$ 的表达式，得：

$$H(\mathrm{j}\omega) = \frac{1}{0.08(\mathrm{j}\omega)^2 + 0.4\mathrm{j}\omega + 1} = \left|H(\mathrm{j}\omega)\right|e^{\mathrm{j}\varphi(\omega)}$$

其中：

$$\left|H(\mathrm{j}\omega)\right| = \frac{1}{\sqrt{1 + 0.08^2\,\omega^4}} \qquad \varphi(\omega) = -\arctan\left[\frac{0.4\omega}{1 - 0.08\omega^2}\right]$$

实现求解该系统响应的程序为：

```
b=[0 0 1];              % 生成向量 b
a=[0.08 0.4 1];         % 生成向量 a
[h,w]=freqs(b,a,100);   % 求系统频响特性
h1=abs(h);              % 求幅频响应
h2=angle(h);            % 求相频响应
subplot(211);
plot(w,h1);
grid
xlabel(' 角频率 (W)');
ylabel(' 幅度 ');
title('H(jw) 的幅频特性 ');
subplot(212);
plot(w,h2*180/pi);
grid
xlabel(' 角频率 (w)');
ylabel(' 相位 ( 度 )');
title('H(jw) 的相频特性 ');
```

运行结果如图 18.12 所示。

由图 18.12 可见，当 ω 从 0 开始增大时，该低通滤波器幅度从 1 降到 0，ω_c 约为 3.5；而 $\varphi(\omega)$ 从 0° 降到 -180°，与理论分析结果一致。

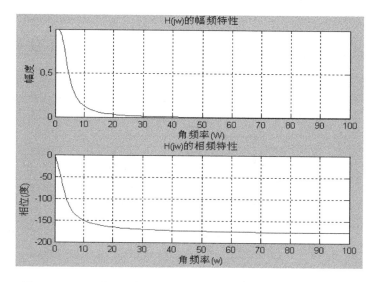

图 18.12　RLC 二阶低通滤波器的幅频特性及相频特性

▶18.4　连续时间系统 S 域零极点分析

本节分析连续系统零极点分布与系统稳定性关系、零极点分布与系统冲激响应时域特性之间的关系，介绍利用 MATLAB 进行 S 域分析的方法。

18.4.1　零极点分布与系统稳定性

系统稳定的时域条件和频域条件是等价的，因此，只要考察系统函数 的极点分布，就可判断系统的稳定性。对于三阶以下的低阶系统，可以利用求根公式方便地求出极点位置，从而判断系统稳定性；但对于高阶系统，手工求解极点位置则显得非常困难，这时可利用 MATLAB 来实现这一过程。

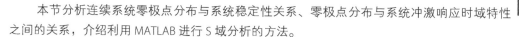

范例 18-5　已知某连续系统的系统函数为 $H(s) = \dfrac{s^2 + 3s + 2}{8s^4 + 2s^3 + 3s^2 + s + 5}$，试用MATLAB 求出该系统的零极点，画出零极点图，并判断系统是否稳定

首先编写绘制连续系统零极点图函数 sjdt：

```
function [p,q]=sjdt(A,B)
% 绘制连续系统零极点图程序
%A: 系统函数分母多项式系数向量
%B: 系统函数分子多项式系数向量
%p: 函数返回的系统函数极点位置行向量
%q: 函数返回的系统函数零点位置行向量
p=roots(A);              % 求系统极点
q=roots(B);;             % 求系统零点
p=p';                    % 将极点列向量转置为行向量
q=q';                    % 将零点列向量转置为行向量
x=max(abs([p q]));       % 确定纵坐标范围
x=x+0.1;
y=x;                     % 确定横坐标范围
clf
hold on
axis([-x x -y y]);       % 确定坐标轴显示范围
axis('square')
plot([-x x],[0 0])       % 画横坐标轴
```

```
plot([0 0],[-y y])              % 画纵坐标轴
plot(real(p),imag(p),'x')       % 画极点
plot(real(q),imag(q),'o')       % 画零点
title(' 连续系统零极点图 ')        % 标注标题
text(0.2,x-0.2,' 虚轴 ')
text(y-0.2,0.2,' 实轴 ')
```
调用 sjdt 即可解决此问题，对应的 **MATLAB** 命令为：
```
a=[8 2 3 1 5];
b=[1 3 2];
[p,q]=sjdt(a,b)
```

运行结果为：

```
p =
  -0.6155 - 0.6674i  -0.6155 + 0.6674i  0.4905 - 0.7196i  0.4905 + 0.7196i
q =
  -2   -1
```

绘制的零极点图如图 18.13 所示。
由程序运行结果可以看出，该系统在 S 平面的右半平面有一对共轭极点，故该系统是一个不稳定系统。

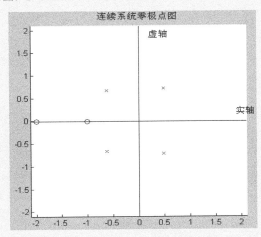

图 18.13　范例 18-5 的系统零极点图

18.4.2 零极点分布与系统冲激响应时域特性

　　系统冲激响应 $h(t)$ 的时域特性完全由系统函数 $H(S)$ 的极点位置决定。$H(S)$ 的每一个极点将决定 $h(t)$ 的一项时间函数。显然，$H(S)$ 的极点位置不同，则 $h(t)$ 的时域特性也完全不同。下面利用范例说明 $H(S)$ 的极点分布与 $h(t)$ 时域特性之间的关系。

📋 范例 18-6　已知连续系统的零极点分布如图18.14所示，试用MATLAB分析系统冲激响应 $h(t)$ 的时域特性

　　系统的零极点图已知，则系统的系统函数 $H(S)$ 就可确定。这样就可利用绘制连续系统冲激响应曲线的 MATLAB 函数 impulse()，将系统冲激响应 h(t) 的时域波形绘制出来。

对于图 18.14（a）所示的系统，系统函数为 $H(s)=\dfrac{1}{s}$，即系统的极点位于原点，绘制冲激响应时域波形的 MATLAB 命令如下：

```
a=[1 0];
b=[1];
impulse(b,a)
```

绘制的冲激响应 $h(t)$ 波形如图 18.15（a）所示，此时 h(t) 为单位阶跃信号。

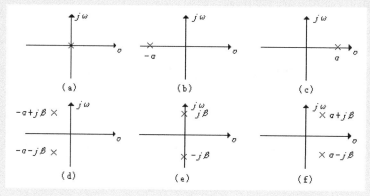

图 18.14　范例 18-6 的系统零极点图

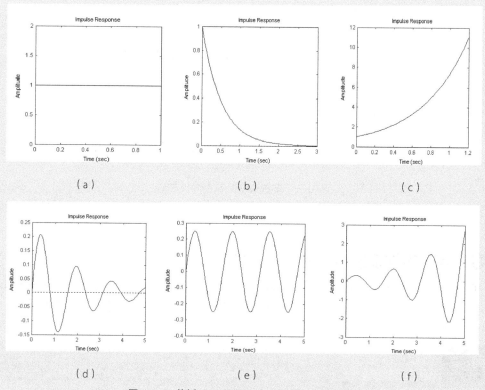

图 18.15　范例 18-6 的系统冲激响应时域波形图

对于图 18.14（b）所示的系统，系统函数为 $H(s)=\dfrac{1}{s+\alpha}$，即系统的极点为位于 S 平面左半平面的实极点，令 α =2，绘制冲激响应时域波形的 MATLAB 命令如下：

```
a=[1 2];
b=[1];
impulse(b,a)
```

绘制的冲激响应 $h(t)$ 波形如图 18.15（b）所示，此时 $h(t)$ 为衰减指数信号。

对于图 18.14（c）所示的系统，系统函数为 $H(s)=\dfrac{1}{s-\alpha}$，即系统的极点为位于 S 平面右半平面的实极点，令 α =2，绘制冲激响应时域波形的 MATLAB 命令如下：

```
a=[1 -2];
b=[1];
impulse(b,a)
```

绘制的冲激响应 波形如图 18.15（c）所示，此时 $h(t)$ 为随时间增长的指数信号。

对于图 18.14（d）所示的系统，系统函数为 $H(s)=\dfrac{1}{(s+\alpha)^2+\beta^2}$，即系统的极点为位于 S 平面左半平面的一对共轭极点，令 α =0.5、β =4，绘制冲激响应时域波形的 MATLAB 命令如下：

```
a=[1 1 16.25];
b=[1];
impulse(b,a,5)
```

绘制的冲激响应 h(t) 波形如图 18.15（d）所示，此时 $h(t)$ 为按指数衰减的正弦振荡信号。

对于图 18.14（e）所示的系统，系统函数为 $H(s)=\dfrac{1}{s^2+\beta^2}$，即系统的极点为位于 S 平面虚轴上的一对共轭极点，令 β =4，绘制冲激响应时域波形的 MATLAB 命令如下：

```
a=[1 0 16];
b=[1];
impulse(b,a,5)
```

绘制的冲激响应 h(t) 波形如图 18.15（e）所示，此时 $h(t)$ 为等幅正弦振荡信号。

对于图 18.14（f）所示的系统，系统函数为 $H(s)=\dfrac{1}{(s-\alpha)^2+\beta^2}$，即系统的极点为位于 S 平面右半平面上的一对共轭极点，令 α =0.5、β =4，绘制冲激响应时域波形的 MATLAB 命令如下：

```
a=[1 -1 16.25];
b=[1];
impulse(b,a,5)
```

绘制的冲激响应 h(t) 波形如图 18.15（f）所示，此时 $h(t)$ 为按指数增长的正弦振荡信号。

从上述程序运行结果和绘制的系统冲激响应曲线，可以总结出以下规律：系统冲激响应 h(t) 的时域特性完全由系统函数 H(S) 的极点位置决定，H(S) 位于 S 平面左半平面的极点决定了 h(t) 随时间衰减的信号分量，位于 S 平面虚轴上的极点决定了冲激响应的稳态信号分量，位于 S 平面右半平面的极点决定了冲激响应随时间增长的信号分量。

18.4.3 由连续系统零极点分布分析系统的频率特性

由前面分析可知，连续系统的零极点分布完全决定了系统的系统函数 H(S)，显然，系统的零极点分布也必然包含了系统的频率特性。

下面介绍如何通过系统的零极点分布来直接求出系统的频率响应 H(jω) 的方法——几何矢量法，以及如何用 MATLAB 来实现这一过程。

几何矢量法是通过系统函数零极点分布来分析连续系统频率响应 $H(j\omega)$ 的一种直观而又简便的方法。该方法将系统函数的零极点视为 S 平面上的矢量,通过对这些矢量的模和幅角的分析,即可快速确定出系统的幅频响应和相频响应。

根据上述结论,若已知系统的零极点分布,即可直接由几何矢量法分析出系统的频率特性。

上述过程可用 MATLAB 快速实现。用 MATLAB 实现已知系统零极点分布,求系统频率响应,并绘制其幅频特性和相频特性曲线的程序流程如下:

首先定义包含系统所有零点和极点位置的行向量 q 和 p;其次定义绘制系统频率响应曲线的频率范围向量 $f1$ 和 $f2$、频率取样间隔 k,并产生频率等分点向量 f;再次求出系统所有零点和极点到这些等分点的距离;第四求出系统所有零点和极点到这些等分点的矢量相角;第五求出 $f1$ 到 $f2$ 频率范围内各频率等分点的 $|H(j\omega)|$ 和 $\phi(\omega)$;最后绘制 $f1 \sim f2$ 频率范围内系统的幅频特性曲线和相频特性曲线。

下面是完成上述分析过程的 MATLAB 实用函数 splxy()。

```
function splxy(f1,f2,k,p,q)
% 根据系统零极点分布绘制系统频率响应曲线程序
%f1、f2:绘制频率响应曲线的频率范围(单位为赫)
%p、q:系统函数极点和零点位置行向量
%k:绘制频率响应曲线的频率取样间隔
p=p';
q=q';
f=f1:k:f2;                 % 定义绘制系统频率响应曲线的频率范围
w=f*(2*pi);
y=i*w;
n=length(p);
m=length(q);
if n==0                    % 如果系统无极点
   yq=ones(m,1)*y;
   vq=yq-q*ones(1,length(w));
   bj=abs(vq);
   cosaij=angle(vq)./pi.*180;
   ai=1;
   thetai=0;
elseif m==0                % 如果系统无零点
   yp=ones(n,1)*y;
   vp=yp-p*ones(1,length(w));
   ai=abs(vp);
   thetai=angle(vp)./pi.*180;
   bj=1;
   cosaij=0;
else
   yp=ones(n,1)*y;
   yq=ones(m,1)*y;
   vp=yp-p*ones(1,length(w));
   vq=yq-q*ones(1,length(w));
   ai=abs(vp);
   thetai=angle(vp)./pi.*180;
   bj=abs(vq);
   cosaij=angle(vq)./pi.*180;
end
subplot(121);
Hw=prod(bj,1)./prod(ai,1);
```

```
plot(f,Hw);
title(' 连续系统幅频响应曲线 ')
xlabel(' 频率 w（单位：赫）')
ylabel('F(jw)')
subplot(122);
Angw=sum(cosaij,1)-sum(thetai,1);
plot(f,Angw);
title(' 连续系统相频响应曲线 ')
xlabel(' 频率 w（单位：赫）')
ylabel('Angle(jw)')
```

下面举例说明如何调用该函数。

📑 范例 18-7　已知系统的系统函数为 $H(s) = \dfrac{s}{(s+50)(s+100)}$，试用MATLAB绘制该系统的频率特性曲线（幅频曲线和相频曲线）

通过调用上述实用函数求解，命令如下：

```
q=[0];
p=[-100 -50];
f1=0;
f2=100;
k=0.01;
splxy(f1,f2,k,p,q);
```

运行结果如图 18.16 所示。

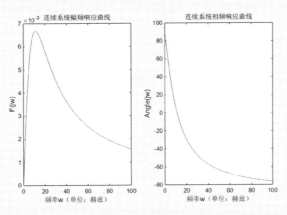

图 18.16　系统幅频特性与相频特性曲线

▶ 18.5　综合应用

对于系统函数分别如下所示的连续系统，可以用 MATLAB 绘制系统的零极点图，并根据零极点图判断系统的稳定性，同时也可以绘制出系统的频率特性曲线。

（1）$H(s) = \dfrac{s^2 + s + 2}{3s^3 + 5s^2 + 4s - 6}$　　　　　　（2）$H(s) = \dfrac{2(s^2 - 4s + 5)}{s^2 + 4s + 5}$

（3）$H(s) = \dfrac{3s(s^2 - 9)}{s^4 + 20s^2 + 64}$　　　　　　（4）$H(s) = \dfrac{1}{s^3 + 2s^2 + 2s + 1}$

MATLAB 命令如下：

```
b=[1 1 2];
a=[3 5 4 -6];
p=roots(b);
q=roots(a);
subplot(4,2,1)
hold on
plot(real(p),imag(p),'o')
plot(real(q),imag(q),'x')
subplot(4,2,2)
impulse(b,a)
b=[2 -8 10];
a=[1 4 5];
p=roots(b);
q=roots(a);
subplot(4,2,3)
hold on
plot(real(p),imag(p),'o')
plot(real(q),imag(q),'x')
subplot(4,2,4)
impulse(b,a)
b=[3 0 0 -27];
a=[1 0 20 0 64];
p=roots(b);
q=roots(a);
subplot(4,2,5)
hold on
plot(real(p),imag(p),'o')
plot(real(q),imag(q),'x')
subplot(4,2,6)
impulse(b,a)
b=[1];
a=[1 2 2 1];
p=roots(b);
q=roots(a);
subplot(4,2,7)
hold on
plot(real(p),imag(p),'o')
plot(real(q),imag(q),'x')
subplot(4,2,8)
impulse(b,a)
```

▶ 18.6 疑难解答

　　MATLAB 语言提供了系统函数、零极点和状态方程之间的相互转换语句，也提供了得到系统频率特性的语句。

tf2zp：从系统函数的一般形式求出其零点和极点。

zp2tf：从零极点求出系统函数的一般式。

ss2zp：从状态方程式求系统的零极点。

zp2ss：从零极点求系统的状态方程。

freqs：由 H(s) 的一般形式求其幅频特性和相频特性。

范例 18-8　已知系统函数 $H(s) = \dfrac{s^2 - 0.5s + 2}{s^2 + 0.4s + 1}$，求其零极点图

MATLAB 程序如下：

```
num = [1  -0.5  2];       % 分子系数，按降幂顺序排列。
den = [1   0.4  1];       % 分母系数，按降幂顺序排列。
[z,p] = tf2zp(num,den);   % 求零点 z 和极点 p
zplane (z,p)              % 画出零极点图
```

运行结果如图 18.17 所示。

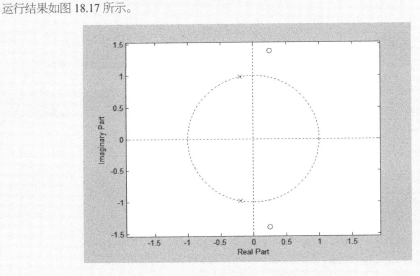

图 18.17　范例 18-8 零极点图

范例 18-9　已知系统和状态方程和输出方程 $\begin{cases} X' = \begin{pmatrix} 1 & 0 \\ 1 & -3 \end{pmatrix} X + \begin{pmatrix} 1 \\ 0 \end{pmatrix} e \\ y = \begin{pmatrix} -\frac{1}{4} & 1 \end{pmatrix} X \end{cases}$，求其系统的零极点

MATLAB 程序如下：

```
A = [1,0;1,-3];
B = [1,0];
C = [- 1/4,1];
D = 0
[z,p] = ss2zp (A,B',C,D)    % 求出零极点
zplane (z,p)                % 画出零极点图
```

运行结果如图 18.18 所示。

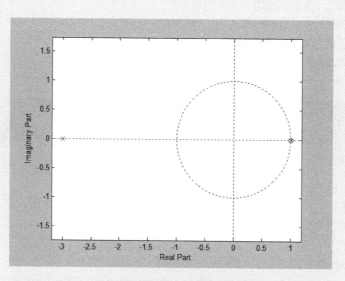

图 18.18　范例 18-9 零极点图

范例 18-10　已知系统的传递函数为 $H(s) = \dfrac{0.2s^2+0.3s+1}{s^2+0.4s+1}$，求其频率特性

MATLAB 程序如下：

```
num = [0.2  0.3  1];
den = [1  0.4  1];
w =logspace (-1,1);   % 频率范围
freqs(num,den,w)    % 画出频率响应曲线
```

运行结果如图 18.19 所示。

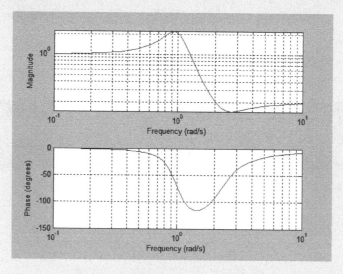

图 18.19　范例 18-10 频率响应曲线

第 **19** 章

MATLAB 在数字信号处理中的应用

数字信号分析处理是现代数字电子技术的基础，在分析过程中应用 MATLAB 软件带来直观的分析结果，从实验室的数字信号处理，到日常生活的家用电器信号数字处理，都有广阔的应用前景。MATLAB 在数字信号分析中的应用，将使数字信号处理技术简单化、实用化，原本复杂的数学运算和变化可用一简单的命令输入，很快得到信号的处理结果。学科发展过程中产生如 FORTRAN 语言、C 语言等计算语言，相对来说这些语言语法要求较高，MATLAB 支持演草纸式计算环境，MATLAB 要比使用 Basic、FORTRAN 和 C 语言等提高效率许多倍。

MATLAB 广泛用于数字信号处理，限于篇幅，这里只介绍利用 MATLAB 实现离散数字信号和设计数字滤波器。

本章要点（已掌握的在方框中打钩）

□ 离散时间信号的 MATLAB 实现
□ 基于 MATLAB 的快速 Fourier 变换
□ 滤波器设计

▶19.1 离散时间信号的 MATLAB 实现

离散时间信号只在某些离散的时间点给出信号的值，因此，它是时间上不连续的序列，其自变量必须为整数。对于 MATLAB，实现离散时间信号是非常方便的，要把 MATLAB 应用于数字信号处理，有必要了解一些简单常用的离散时间信号的 MATLAB 实现。

19.1.1 ▶ 正弦序列

离散正弦序列的 MATLAB 表示是用 stem 函数来画出序列的波形。下面是正弦序列 sin（$k\pi/6$）的 MATLAB 源程序。

```
k=0:59;
fk=sin(pi/6*k);
stem(k,fk)
```

程序运行结果如图 19.1 所示。

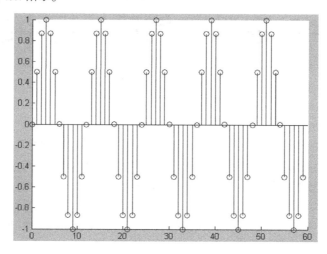

图 19.1   正弦序列波形

19.1.2 ▶ 指数序列

离散指数序列的一般形式为 ca^k，可用 MATLAB 中的数组幂运算（即点幂运算）c* a.^k 来实现。下面为用 MATLAB 编写绘制离散时间实指数序列波形的函数。

```
function dszsu(c,a,k1,k2)
%c：指数序列的幅度
%a：指数序列的底数
%k1：绘制序列的起始序号
%k2：绘制序列的终止序号
k=k1:k2;
x=c*(a.^k);
stem(k,x,'filled')
hold on
plot([k1,k2],[0,0])
hold off
利用上述函数，实现实指数波形 MATLAB 程序如下（其中 a 值分别为 6/5、4/5、-6/5、-4/5）。
subplot(2,2,1);
dszsu(1,6/5,0,20);
xlabel('k');
```

```
title('f1[k]');
subplot(2,2,2);
dszsu(1,4/5,0,20);
xlabel('k');
title('f2[k]');
subplot(2,2,3);
dszsu(1,-6/5,0,20);
xlabel('k');
title('f3[k]');
subplot(2,2,4);
dszsu(1,-4/5,0,20);
xlabel('k');
title('f4[k]');
```

程序运行结果如图 19.2 所示。由图可知，对于离散时间实指数序列 ca^k，当 a 的绝对值大于 1 时，序列为随时间发散的序列；当 a 的绝对值小于 1 时，序列为随时间收敛的序列。同时可见，当 a 的值小于零时，其波形在增长或衰减的同时，还交替地改变序列值的符号。

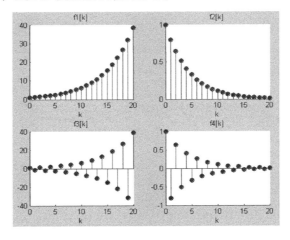

图 19.2　不同底数的实指数序列

对于复指数序列，其一般形式为

$$f[k] = r^k e^{j\omega k} \qquad (19\text{-}1)$$

下面是绘制复指数序列时域波形的 MATLAB 函数。

```
function dfzsu(n1,n2,r,w)
%n1: 绘制波形的虚指数序列的起始时间序号
%n2：绘制波形的虚指数序列的终止时间序号
%w：虚指数序列的角频率
%r: 指数序列的底数
k=n1:n2;
f=(r*exp(i*w)).^k;
Xr=real(f);
Xi=imag(f);
Xa=abs(f);
Xn=angle(f);
subplot(2,2,1), stem(k,Xr,'filled'),title(' 实部 ');
subplot(2,2,3), stem(k,Xi,'filled'),title(' 虚部 ');
subplot(2,2,2), stem(k,Xa,'filled'),title(' 模 ');
subplot(2,2,4), stem(k,Xn,'filled'),title(' 相角 ');
```

通过调用上述函数，实现复指数序列波形 MATLAB 程序如下：

```
% 复指数序列实现程序 (r>1)
figure(1);
dfzsu(0,20,1.2,pi/4);
% 复指数序列实现程序 (0<r<1)
figure(2);
dfzsu(0,20,0.8,pi/4);
% 复指数序列实现程序 (r=1)
figure(3);
dfzsu(0,20,1,pi/4);
```

其运行结果如图 19.3（a）、（b）、（c）所示。由图可见，当 $r>1$ 时，复指数序列的实部和虚部分别为幅度按指数增长的正弦序列；当 $0<r<1$ 时，复指数序列的实部和虚部分别为幅度按指数衰减的正弦序列；当 $r=1$ 时，复指数序列的实部和虚部分别为等幅正弦序列。

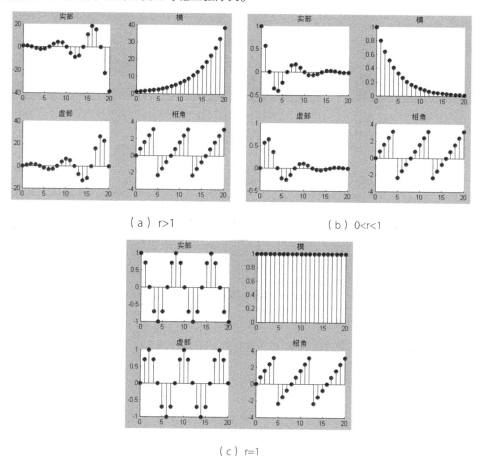

（a）r>1　　　　　　　　　　　　　（b）0<r<1

（c）r=1

图 19.3　复指数序列波形

19.1.3　单位抽样序列

可以通过借助 MATLAB 中的零矩阵函数 zeros 表示。全零矩阵 zeros(1，N) 产生一个由 N 个零组成的列向量，对于有限区间的 $\delta[k]$ 可以通过以下 MATLAB 程序表示：

```
k=-20:20;
m=[zeros(1,20),1,zeros(1,20)];
stem(k,m)
```

程序运行结果如图 19.4 所示。

图 19.4　单位抽样序列波形

19.1.4 单位阶跃序列

可以通过借助 MATLAB 中的单位矩阵函数 ones 表示。单位矩阵 ones(1，N) 产生一个由 N 个 1 组成的列向量，对于有限区间的 u[k] 可以通过以下 MATLAB 程序表示：

```
k=-30:30;
uk=[zeros(1,30),ones(1,31)];
stem(k,uk)
```

程序运行结果如图 19.5 所示。

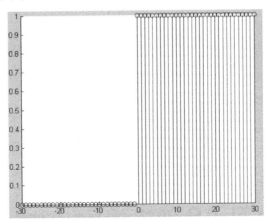

图 19.5　单位阶跃序列波形

范例 19-1　编写程序来产生下列基本脉冲序列

（1）单位抽样序列，起点 ns=0，终点 nf=10，在 $n0$=6 处有一单位脉冲。
（2）单位阶跃序列，起点 ns=0，终点 nf=10，在 $n0$=6 前为 0，在 ns=3 后为 1。
（3）复指数序列，σ =-0.2，ω 0=0.8。
程序如下：

```
clear,n0=6;
ns=0;nf=10;
n1=[ns:nf];
```

```
x1=[zeros(1,n0-ns),1,zeros(1,nf-n0)];      % 单位抽样序列的产生
n2=[ns:nf];
x2=[zeros(1,n0-ns),ones(1,nf-n0+1)];      % 单位阶跃序列的产生
n3=[ns:nf];
x3=exp((-0.2+0.8j)*n3);             % 复指数序列的产生
subplot(2,2,1),stem(n1,x1);
title(' 单位脉冲序列 δ (n-3)');        % 画图表示单位抽样序列
subplot(2,2,2),stem(n2,x2);
title(' 单位阶跃序列 u(n-3)');         % 画图表示单位阶跃序列
subplot(2,2,3),stem(n3,real(x3));
line([0,10],[0,0])
title(' 复指数序列 ');ylabel(' 实部 ');      % 画图表示复指数序列的实部
subplot(2,2,4),stem(n3,imag(x3));
line([0,10],[0,0])
title(' 复指数序列 ');ylabel(' 虚部 ');
```

程序运行结果如图 19.6 所示。

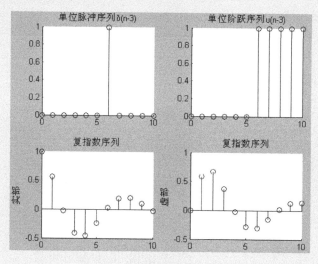

图 19.6　几种基本脉冲序列

▶19.2 基于 MATLAB 的快速 Fourier 变换

离散 Fourier 变换是利用计算机对信号进行分析的理论依据。然而随着数据点数的增多，这种算法的运算速度会很慢。快速 Fourier 变换（FFT）是离散 Fourier 变换的快速算法。

19.2.1 快速 Fourier 变换的用法

在 MATLAB 信号处理工具箱中，函数 FFT 和 IFFT 用于快速 Fourier 变换和逆变换。快速 Fourier 变换函数调用格式为：

```
y=fft(x)
```

式中，x 是序列，y 是序列的快速 Fourier 变换。x 可以为一向量或矩阵，若 x 为向量，则 y 是 x 的 FFT，并且与 x 具有相同的长度；若 x 为一矩阵，则 y 是对矩阵的每一列向量进行 FFT。

如果 x 的长度为 2 的整数次幂，函数 FFT 执行高速基 -2FFT 算法；否则 FFT 执行一种混合基的离散 Fourier 算法，计算速度较慢。这就是说，只有当 x 的长度为 2 的整数次幂才能最大限度地提高程序运算速度。

函数 FFT 的另一种调用形式为：

y=fft(x,N)

式中，x 意义同前，N 为正整数。此时函数执行 N 点的 FFT。若 x 为向量且长度小于 N，则函数将 x 补零至长度 N；若向量 x 的长度大于 N，则函数截断 x 使之长度为 N。

对应于快速 Fourier 变换函数 FFT，MATLAB 信号处理工具箱中提供的逆快速 Fourier 变换函数为：

y=ifft(X) 和 y=ifft(X,N)

这里，X 为需要进行逆变换的序列信号，一般情况下为复数。y 为快速 Fourier 逆变换的输出，通常包含实部和虚部两部分。N 的意义与 FFT 中的一样。

用 MATLAB 进行谱分析时应注意，函数 FFT 返回值的数据结构具有对称性。

📝 **范例 19-2**　一个信号由50Hz、幅值为0.6的正弦信号和80Hz、幅值为3的正弦信号组成。数据采样频率Fs=200Hz（对应于采样间隔为0.005s），试分别绘制N=128点FFT幅频图和N=1024点幅频图

输入以下语句：

```
clf;
fs=200;N=128;  % 采样频率和数据点数
n=0:N-1;t=n/fs; % 时间序列
x=0.6*sin(2*pi*50*t)+3*sin(2*pi*80*t); % 信号
y=fft(x,N);  % 对信号进行快速 Fourier 变换
mag=abs(y);  % 求得 Fourier 变换后的振幅
f=n*fs/N;  % 频率序列
subplot(2,2,1),plot(f,mag);  % 绘出随频率变化的振幅
xlabel(' 频率 /Hz');
ylabel(' 振幅 ');title('N=128');grid on;
subplot(2,2,2),plot(f(1:N/2),mag(1:N/2)); % 绘出 Nyquist 频率之前随频率变化的振幅
xlabel(' 频率 /Hz');
ylabel(' 振幅 ');title('N=128');grid on;
% 对信号采样数据为 1024 点的处理
fs=200;N=1024;n=0:N-1;t=n/fs;
x=0.6*sin(2*pi*50*t)+3*sin(2*pi*80*t); % 信号
y=fft(x,N);  % 对信号进行快速 Fourier 变换
mag=abs(y);  % 求取 Fourier 变换的振幅
f=n*fs/N;
subplot(2,2,3),plot(f,mag); % 绘出随频率变化的振幅
xlabel(' 频率 /Hz');
ylabel(' 振幅 ');title('N=1024');grid on;
subplot(2,2,4)
plot(f(1:N/2),mag(1:N/2)); % 绘出 Nyquist 频率之前随频率变化的振幅
xlabel(' 频率 /Hz');
ylabel(' 振幅 ');title('N=1024');grid on;
```

运行结果如图 19.7 所示。

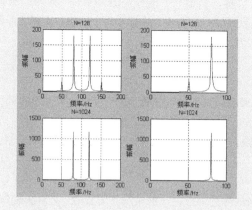

图 19.7　复合信号的频谱

此范例中，由于 Fs=200Hz，Nyquist 频率为 Fs/2=100Hz。整个频谱图是以 Nyquist 频率 (100Hz) 为对称轴的。并且可以明显识别出信号中含有 50Hz 和 80Hz 两种频率成分。由此可以知道 Fourier 变换的数据对称性。因此利用 FFT 对信号进行谱分析，只需考察 0~Nyquist 频率（采样频率的一半）范围的幅频特性。如果没有给出采样频率和采样间隔，则分析通常对归一化频率 0~1(Normalized frequency) 进行。另外，振幅的大小与所用采样点数有关，采用 128 点和 1 024 点的相同频率的振幅有不同的表现值，但在同一幅图中，80Hz 振动与 50Hz 振动振幅之比均为 5∶1 与真实振幅 3∶0.6 是一致的。为了与真实振幅对应，需要将变换后结果乘以 2 除以 N。

19.2.2　运用 FFT 进行简单滤波

根据快速 Fourier 变换可以知道信号序列中含有哪些频率成分，各频率成分的振幅是多大。根据快速 Fourier 逆变换，可以把频率域的信号转化为时间域，从而得到与原信号长度相同的时间序列。那么，能否通过将频率域中的某些频率成分振幅置零，然后运用 Fourier 逆变换到时间域而达到滤波的效果呢？回答是肯定的。这时一个自然提出的问题是，若将某些频率的振幅置零，其相位信息不变，这样会不会有问题？但可以想到，若该频率信号的振幅为零，其相位根本不起作用。但要注意，由于 FFT 得到的频率域一般只考虑 Nyquist 频率之前的频率，但当采用 FFT 滤波时，必须考虑 Nyquist 频率之后的振幅及相位。

范例 19-3　运用FFT对信号$x=5\cdot\sin(2\cdot pi\cdot10\cdot n\cdot dt)+\cos(2\cdot pi\cdot30\cdot n\cdot dt)$，数据点数为512，进行滤波，将频率为20~40Hz的波滤去。采样间隔dt=0.01。绘出滤波前和滤波后的振幅谱以及滤波后的时间域信号

输入以下代码：

```
dt=0.01;N=512;
n=0:N-1; t=n*dt; f=n/(N*dt);  % 时间序列及频率序列
f1=10; f2=30;  % 信号的频率成分
x=5*sin(2*pi*f1*t)+cos(2*pi*f2*t);
subplot(2,2,1), plot(t,x);  % 绘制原来的信号
title(' 原始信号的时间域 ');xlabel(' 时间 /s ');
y=fft(x);    % 对原信号进行 FFT 变换
subplot(2,2,2), plot(f, abs(y)*2/N)  % 绘制原信号的振幅谱
xlabel(' 频率 /Hz'), ylabel(' 振幅 ')
xlim([0 50]);title(' 原始振幅谱 ')
f1=20;f2=40;  % 要滤去频率的上限和下限
yy=zeros(1,length(y)); % 设置与 y 相同元素的数组
for m=0:N-1  % 将频率落在该频率范围及其大于 Nyquist 频率的波滤去
  if(m/(N*dt)>f1&m/(N*dt)<f2)...  % 小于 Nyquist 频率的滤波范围
```

```
%1/dt 为一个频率周期
    yy(m+1)=0.;      % 置在此频率范围内的振动振幅为零
  else
    yy(m+1)=y(m+1);    % 其余频率范围的振动振幅不变
  end
end
subplot(2,2,4),plot(f,abs(yy)*2/N)  % 绘制滤波后的振幅谱
xlim([0 50]);xlabel(' 频率 /Hz');ylabel(' 振幅 ')
gstext=sprintf('%4.1f -%4.1f Hz 的频率被滤除 ',f1,f2); % 将滤波范围显示作为标题
title(gstext)
subplot(2,2,3),plot(t,real(ifft(yy)))  % 绘制滤波后的数据运用 ifft 变换回时间域并绘图
title(' 通过 IFFT 回到时间域 ');
xlabel(' 时间 /s');
```

程序运行结果如图 19.8 所示。可见无论是在时间域还是频率域，20~40Hz 之间的频率成分（即 30Hz 的频率成分）均被滤除了。可以选择不同的滤波范围进行试验或设计其他的信号进行试验。时间域显示其滤波效果还是相当好的。这是最"彻底"、最"干净"的滤波。这种滤波的缺点是由于使用 Fourier 变换，运算速度相对较慢。

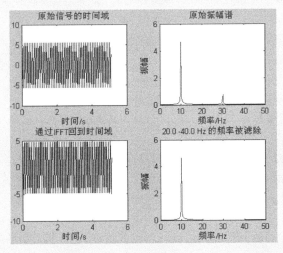

图 19.8　运用 Fourier 变换滤除 8 ~15Hz 之间的频率成分

▶ 19.3 IIR 数字滤波器的设计

本节介绍利用 MATLAB 设计数字滤波器。数字滤波器的主要功能是对数字信号进行处理，比较常见的处理是保留数字信号中的有用频率成分，去除信号中的无用频率成分。

按时间域特性，数字滤波器可以分为无限冲激（脉冲）响应数字滤波器（Infinite impulse response digital filter，简称 IIR 滤波器）和有限冲激（脉冲）响应数字滤波器（Finite impulse response digital filter，简称 FIR 滤波器）两类。

19.3.1 模拟原型滤波器

这里介绍常用的模拟原型滤波器的 MATLAB 实现，包括 Butterworth、Chebyshev I、ChebyshevII、Elliptical、Bessel 原型低通滤波器的设计。模拟原型滤波器指的是截止频率为 1 的滤波器。各类模拟滤波器和数字滤波器可通过这些低通原型滤波器变换得到。

（1）Butterworth 滤波器。

MATLAB 信号处理工具箱提供 Butterworth 模拟低通滤波器原型设计函数 buttap。此函数的调用格式为：

[z,p,k]=buttap(N)

式中，N 为 butterworth 滤波器阶数；z、p、k 分别为滤波器的零点、极点和增益。

（2）Chebyshev I 型滤波器。

MATLAB 信号处理工具箱函数 cheb1ap 设计 N 阶 Chebyshev I 型模拟低通滤波器原型。此函数的调用格式为：

[z,p,k]=cheb1ap(N,Rp)

式中，N 为滤波器的阶数，Rp 为通带波纹，单位为 dB。z、p、k 分别为滤波器的零点、极点和增益。

（3）Chebyshev II 型滤波器。

MATLAB 信号处理工具箱提供函数 cheb2ap 设计 N 阶 Chebyshev II 型模拟滤波器的原型。此函数的调用格式为：

[z,p,k]=cheb2ap(N,Rs)

式中，N 为滤波器的阶数；Rs 为阻带波纹，单位 dB；z、p、k 为滤波器的零极点和增益。

（4）Elliptical 滤波器。

MATLAB 信号处理工具箱提供 Elliptic 模拟低通滤波器原型设计函数 ellipap。此函数的调用格式为：

[z,p,k]=ellipap(N,Rp,Rs)

式中，N 为椭圆滤波器阶数；Rp、Rs 分别为通带波纹和阻带衰减，单位 dB，通常滤波器的通带波纹的范围为 1~5dB，阻带衰减的范围大于 15dB。z、p、k 分别为滤波器的零点、极点和增益。

（5）Bessel 滤波器。

MATLAB 信号处理工具箱只有模拟 Bessel 滤波器设计函数。

函数 besselap 用于设计 Bessel 模拟低通滤波器原型。此函数的调用格式为：

[z,p,k]=besselap(N)

式中，N 为滤波器的阶数，应小于 25。z、p、k 为滤波器的零点、极点和增益。

19.3.2 频率变换

前面所讲的模拟原型滤波器均是截止频率为 1 的滤波器，通过频率变换，可以从模拟低通滤波器原型获得模拟的低通滤波器、高通滤波器、带通滤波器和带阻滤波器。

MATLAB 信号处理工具箱有 lp2lp、lp2hp、lp2bp、lp2bs 共 4 个频率变换函数。

函数 lp2lp 用于实现由低通模拟原型滤波器至低通滤波器的频率变换。调用格式为：

[bt,at]=lp2lp(b,a, ω 0)

其中，a、b 为模拟原型滤波器的分母和分子多项式的系数，$\omega 0$ 为低通滤波器所期望的截止频率（rad/s），若给定的单位为 Hz，应乘以 2 π。bt、at 为返回的低通滤波器的分母和分子多项式的系数。

函数 lp2hp 用于实现由低通模拟滤波器至高通滤波器的频率变换。调用格式为：

[bt,at]=lp2hp(b,a, ω 0)

式中，$\omega 0$ 为高通模拟滤波器所期望的截止频率（rad/s），若给定的频率单位为 Hz，应乘以 2 π。

函数 lp2bp 用于实现由低通模拟原型滤波器至带通滤波器的频率变换。调用格式为：

[bt,at]=lp2bp(b,a, ω0,Bw)

式中，ω0 为带通滤波器的中心频率 (rad/s)，Bw 为带通滤波器带宽 (rad/s)。而

$$\omega_0 = \sqrt{\omega_1 \omega_2}, \quad B_w = \omega_2 - \omega_1 \qquad （19-2）$$

式中，ω₁ 为带通滤波器的下边界频率，ω₂ 为带通滤波器上边界频率。若给定的边界频率为 Hz，需乘以 2π。

函数 lp2bs 用于实现由低通模拟原型滤波器至带阻滤波器的频率变换。调用格式为：

[bt,at]=lp2bs(b,a, ω0,Bw)

式中，ω0 为带阻滤波器的中心频率 (rad/s)，Bw 为带阻滤波器带宽 (rad/s)。而

$$\omega_0 = \sqrt{\omega_1 \omega_2}, \quad B_w = \omega_2 - \omega_1 \qquad （19-3）$$

式中，ω₁ 为带阻滤波器的下边界频率，ω₂ 为带阻滤波器上边界频率。若给定的边界频率为 Hz，需乘以 2π。

19.3.3　滤波器最小阶数选择

滤波器阶数是决定滤波器品质的主要参数之一，通常在满足性能指标的前提下，阶数应该尽可能小，以满足易于实现、提高运算速度的要求。而在滤波器阶数和滤波器性能之间存在一定的函数关系，通过这一函数关系可以求出满足滤波性能指标的最低阶数。MATLAB 工具箱中运用滤波器的最小阶数选择公式给出了滤波器最小阶数选择函数。几种滤波器最小阶数的选择函数如下：

```
[n,wc]=buttord(wp,ws,Rp,Rs,'s');    %Butterworth 滤波器
[n,wc]=cheb1ord(wp,ws,Rp,Rs,'s');   %Chebyshev I 滤波器
[n,wc]=cheb2ord(wp,ws,Rp,Rs,'s');   %Chebyshev II 滤波器
[n,wc]=ellipord(wp,ws,Rp,Rs,'s');   %Elliptic 滤波器
```

式中，wp 为通带边界频率，ws 为阻带边界频率，单位为 rad/s。Rp、Rs 分别为通带波纹和阻带衰减，单位为 dB。二者分别表示通带内的最大允许幅值损失和阻带下降的分贝数。's' 表示模拟滤波器（默认情况下，该函数适用于数字滤波器）；函数返回值 n 为模拟滤波器的最小阶数；wc 为模拟滤波器的截止频率，单位为 rad/s。这 4 个函数适用于低通、高通、带通、带阻滤波器。

若 wp<ws，对应于低通模拟滤波器；当 wp>ws 时，对应于高通模拟滤波器。对于带通和带阻滤波器存在两个过渡带，wp 和 ws 均应该为含有两个元素的向量，分别表示两个过渡带的边界频率，即 wp=[通带下界频率，通带上界频率]，ws=[阻带下界频率，阻带上界频率]。对于带通滤波器，这 4 个频带界线的大小排列为阻带下界频率 < 通带下界频率 < 通带上界频率 < 阻带上界频率；对于带阻滤波器，这 4 个频带界线的大小排列为通带下界频率 < 阻带下界频率 < 阻带上界频率 < 通带上界频率。这时返回值 wc 包括两个元素（第一个元素小于第二个元素），分别为通带和阻带之间的界线频率，函数自动判断是带通还是带阻滤波器。

📝 范例 19-4　设计带通Chebyshev I型模拟滤波器ws1=0.2·pi（rad/s），ws2=0.8·pi（rad/s），Rs=60dB，wp1=0.3·pi（rad/s），wp2=0.7·pi（rad/s），Rp=1dB

具体程序如下：

```
wp=[0.3 0.7]*pi;        % 给出滤波器的通带边界频率，用弧度表示
ws=[0.2 0.8]*pi;        % 给出滤波器的阻带边界频率，用弧度表示
Rp=1;Rs=60;             % 给出滤波器的通带波纹和阻带衰减
```

```
[n,wn]=cheb1ord(wp,ws,Rp,Rs,'s');  % 根据滤波器的要求求滤波器的最小阶数
[z,p,k]=cheb1ap(n,Rp);       % 设计 Chebyshev I 型滤波器
[b,a]=zp2tf(z,p,k);           % 将零点极点增益形式转换为传递函数形式
Wo=sqrt(wn(1)*wn(2));         % 计算中心点频率
Bw=wn(2)-wn(1);              % 计算频带宽度
[bt,at]=lp2bp(b,a,Wo,Bw);      % 模拟原型低通滤波器转换为带通滤波器
[h,w]=freqs(bt,at,128);        % 计算滤波器的复数频率响应
plot(w/pi,20*log10(abs(h)));     % 绘制滤波器的振幅响应
xlabel(' 角频率 /pi');
ylabel('|H(jw)|/dB')
grid on;hold on;
plot([0.2 0.2],ylim, 'r');
plot([0.8 0.8],ylim,'r');       % 绘出阻带界限以显示达到的阻带衰减
plot([0.3 0.3],ylim);
plot([0.7 0.7],ylim);         % 可绘出通带界限以显示达到的通带衰减
```

程序的运行结果如图 19.9 所示。可以看到，设计的滤波器的通带范围确实为 $0.3 \cdot pi \sim 0.7 \cdot pi$，并且在阻带边界处下降分贝数大于 60dB，满足了用户的设计要求。程序中 ylim 函数是提取现行坐标轴 y 轴的下限和上限，程序用它绘出了阻带边界。

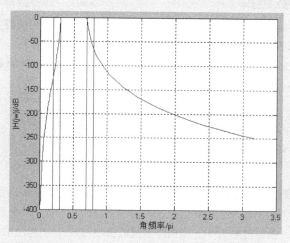

图 19.9   Chebyshev I 型带通滤波器的幅频响应

19.3.4 模拟滤波器到数字滤波器的转换

实现模拟滤波器系统传递函数 S 域至数字滤波器传递函数 Z 域映射有冲激（脉冲）响应不变法和双线性变换法两种方法。下面介绍这两种方法设计要点及其 MATLAB 实现。

01 脉冲响应不变法

MATLAB 中已经提供了冲激响应不变法设计数字滤波器的函数，调用格式为：

```
[bz,az]=impinvar(b,a[[,Fs],Fp])
```

式中，b、a 为模拟滤波器分子和分母多项式系数向量。Fs 为采样频率（所滤波数据），单位 Hz，默认情况为 1Hz。Fp 为预畸变频率（Prewarped frequency），是一个"匹配"频率，在该频率上，频率响应在变换前后和模拟频率可精确匹配。一般设计中可以不考虑。bz、az 分别为数字滤波器分子和分母多项式系数向量。函数输入变量中的 [] 表示可添加也可略去的内容。

范例 19-5 利用脉冲响应不变法将模拟滤波器 $H_a(s) = \dfrac{4s+2}{4s^2+2s+1}$ 变换为数字滤波器H(z)，采样周期为T=0.1s

具体程序如下：

```
b=[4 2];a=[4 2 1];T=0.1; % 模拟滤波器分子和分母多项式系数及采样间隔
[bz1,az1]=impinvar(b,a,1/T)
```

程序输出为：

```
bz1= 0.4000   -0.3800
az1= 4.0000   -7.7952   3.8049
```

脉冲响应不变法由 $z = e^{sT}$ 这一基本关系得到数字角频率 ω 和模拟角频率 Ω 满足 $\omega = \Omega T$ 线性变换关系，T 为采样间隔。这使得 $j\Omega$ 轴上每隔 $2\pi/T$ 便映射到 Z 域中的单位圆一周。如果模拟滤波器频率响应是有限带宽，通过变换得到的数字滤波器的频率响应非常接近于模拟滤波器的频率响应。由于数字滤波器的频率响应是模拟滤波器频率响应的周期延拓，因此对于高通和带阻滤波器存在混叠效应，会造成频率响应失真，因此这种方法原则上只适用于有限带宽滤波器。对于高通、带阻等滤波器，由于它们高频成分不衰减，势必产生严重的混迭失真，双线性变换法可以弥补这方面的不足。

02 双线性变换法

在 MATLAB 中，函数 bilinear 采用双线性变换法实现模拟 s 域至数字 z 域的映射，直接用于模拟滤波器变换为数字滤波器。其调用方式为：

```
[zd,pd,kd]=bilinear(z,p,k,Fs)
[numd,dend]=bilinear(num,den,Fs)
```

式中，z、p 分别为模拟滤波器零点、极点列向量。k 为模拟滤波器的增益。Fs 为采样频率，单位 Hz。zd、pd、kd 为数字滤波器的零极点和增益。num、den 分别为模拟滤波器传递函数分子和分母多项式系数向量，模拟滤波器传递函数具有下面的形式：

$$H(s) = \frac{num(s)}{den(s)} = \frac{num(1)s^{nn}+\cdots+num(nn)s+num(nn+1)}{den(1)s^{nd}+\cdots+den(nd)s+den(nd+1)} \tag{19-4}$$

numd 和 dend 分别为数字滤波器传递函数分子和分母多项式系数向量。

范例 19-6 用双线性变换法将模拟滤波器 $H_a(s) = \dfrac{4s+2}{4s^2+2s+1}$ 变换为数字滤波器H(z)，采样周期（间隔）T=0.1s

具体程序如下：

```
b=[4 2];a=[4 2 1];T=0.1;  % 模拟滤波器分子和分母多项式的系数，采样间隔
[bz1,az1]=bilinear(b,a,1/T) % 将模拟滤波器传递函数转换为数字滤波器传递函数
```

程序输出为：

```
bz1= 0.0500   0.0024   -0.0475
az1= 1.0000   -1.9488   0.9512
```

双线性变换法克服了脉冲响应不变的频谱混叠问题，其幅值逼近程度好，可适用于高通、带阻等各种

类型滤波器的设计。s 域和 z 域对应关系也简单。缺点是频率变换的非线性导致数字滤波器与模拟滤波器在幅度和频率的对应关系上发生畸变。但一般滤波器的幅频响应具有分段常数的特点，即滤波器允许某一频段信号通过，而不允许另外频段的信号通过的特点，故变换后这一特点仍保留，影响不大。由数字边界频率计算模拟边界频率时，不是按线性关系进行的，这就是所谓的"预畸变"。但如果给定预畸变频率为边界频率，经预畸变频率校正则可以保证所要设计的模拟边界频率精确映射在所要求的数字边界频率上。

以上介绍了 IIR 滤波器设计的基本方法步骤，采用这些步骤设计 IIR 滤波器，必须多次调用 MATLAB 信号处理工具箱中的基本工具函数。

19.3.5 完全工具函数设计 IIR 滤波器

实际上，MATLAB 信号处理工具箱还提供了 IIR 滤波器设计的完全工具函数，用户只要调用这些工具函数即可一次性完成设计，而不需要调用那些基本工具函数分步实现。

IIR 滤波器设计的完全工具函数有 butter、cheby1、cheby2、ellip。这些工具函数既可用于设计模拟滤波器，也可用于设计数字滤波器，这里介绍这些函数在 IIR 数字滤波器中的应用。在这两类滤波器设计中，这些工具函数调用格式基本相同，只是在频率处理上有所不同。

在 MATLAB 滤波器设计工具箱中，数字滤波器采用归一化频率，取值为 0~1 之间，归一化频率 1 对应的数字角频率为 π，对应的真实频率为采样频率的一半。在应用 MATLAB 工具函数设计数字滤波器时应注意这一点。

数字 IIR 滤波器的完全设计函数格式为：

```
[b,a]=butter(n,wn[,'ftype'])
[z,p,k]=butter(n,wn[,'ftype'])
[b,a]=cheby1(n,Rp,wn[,'ftype'])
[z,p,k]=cheby1(n, Rp,wn[,'ftype'])
[b,a]=cheby2(n,Rs,wn[,'ftype'])
[z,p,k]=cheby2(n, Rs,wn[,'ftype'])
[b,a]=ellip(n,Rp,Rs,wn[,'ftype'])
[z,p,k]=ellip(n, Rp,Rs,wn[,'ftype'])
```

在上面的调用方式中，n 为滤波器的阶数，wn 为滤波器的截止频率，取值为 0~1。需根据采样频率 Fs 来定，如滤波器的截止频率为 Fc（Hz），则 wn 的计算公式为：

$$w_n = \frac{2*F_C}{F_S} \qquad (19-5)$$

这样就转换为 0~1 的归一化频率。其中 wp、ws 等边界频率都要根据此公式进行转换。

'ftype' 参数表示滤波器的类型，其值与滤波器的类型有如下对应关系：

'high' 为高通滤波器，截止频率为 wn；

'stop' 为带阻滤波器，截止频率为 wn=[w1,w2]（w1<w2）。

'ftype' 默认为低通或带通滤波器。

a、b 分别为滤波器传递函数分子和分母多项式系数向量；z、p、k 分别为滤波器的零点、极点和增益。Rp、Rs 分别为所设计滤波器的通带波纹和阻带衰减，单位为 dB。

设计好的数字滤波器传递函数具有下面形式：

$$H(z) = \frac{B(z)}{A(z)} = \frac{b(1)+b(2)z^{-1}+\cdots+b(n+1)z^{-n}}{a(1)+a(2)z^{-1}+\cdots+a(m+1)z^{-m}} \qquad (19-6)$$

上述函数采用双线性变换法和频率的预畸变处理将模拟滤波器离散化为数字滤波器，同时保证模拟滤波器和数字滤波器在 wn(或 w1，w2) 处具有相同的幅频响应。

设计时应注意真实频率和 MATLAB 归一化数字频率之间的转换，即式（19-6）的应用。在进行 IIR 数字滤波器设计之前，应注意在模拟滤波器中用求取最小阶数和截止频率的函数，如 buttord、cheb1ord、 cheb2ord、ellipord，这些函数完全可以用于 IIR 数字滤波器设计中，只不过在模拟滤波器设计中需加可选项's'，在数字滤波器中则不加该项。另外，输出的截止频率也是归一化频率（归一化为 0~1）。

范例 19-7 设计一个Butterworth高通数字滤波器，通带边界频率为400Hz，阻带边界频率为300Hz，通带波纹小于1dB，阻带衰减大于40dB，采样频率为2 000Hz。假设一个信号$x(t)$=sin2π$f_1 \cdot t$+0.5cos2π$f_2 \cdot t$，其中f_1=100Hz，f_2=500Hz。试将原信号与通过该滤波器的输出信号进行比较

具体程序如下：

```
Fs=2000;                % 采样频率
wp=400*2/Fs;ws=300*2/Fs;    % 根据采样频率将滤波器边界频率进行转换
Rp=1;Rs=40;             % 通带波纹和阻带衰减
Nn=128;                % 显示滤波器频率特性的数据长度
[N,Wn]=buttord(wp,ws,Rp,Rs); % 求得最小阶数和截止频率（归一化频率）
[b,a]=butter(N,Wn,'high');     % 设计 Butterworth 高通数字滤波器
figure(1)
[H,f]=freqz(b,a,Nn,Fs);     % 用 Nn 点绘出频率特性
subplot(2,1,1),plot(f,20*log10(abs(H)));
xlabel(' 频率 /Hz');ylabel(' 振幅 /dB');grid on;
subplot(2,1,2),plot(f,180/pi*unwrap(angle(H)))
xlabel(' 频率 /Hz');ylabel(' 相位 /^o');grid on;
n=0:127;
dt=1/Fs;t=n*dt;         % 时间序列
f1=100;f2=500; % 输入信号频率
x=sin(2*pi*f1*t)+0.5*cos(2*pi*f2*t); % 输入信号
figure(2)
subplot(2,1,1);
plot(t,x);
title(' 输入信号 ')           % 绘制输入信号
y=filter(b,a,x);          % 对输入信号进行滤波
subplot(2,1,2);
plot(t,y);
title(' 输出信号 ')          % 绘制输出信号
xlabel(' 时间 /s')
```

程序输出结果如图 19.10 和图 19.11 所示。由图 19.10 上图可以看到，所设计滤波器在大于 400Hz 时为通带，其衰减均小于 1dB；小于 300Hz 时为阻带，其衰减大于 20dB，完全符合设计要求，但相频特性是非线性的（图 19.10 下图）。由图 19.11 可以看出，当滤波器输入 100Hz 和 400Hz 两种信号后，滤波器滤除了 100Hz 的信号，使得 400Hz 的信号通过了滤波器，起到了滤波的效果。

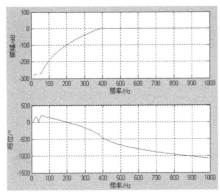

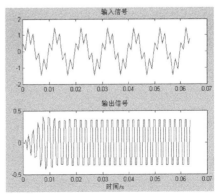

图 19.10　高通 Butterworth 滤波器的频率特性　　　　　图 19.11　输入和输出信号

▶ 19.4 IIR 滤波器直接设计

IIR 数字滤波器的经典设计法只限于几种标准的低通、高通、带通、带阻滤波器，而对于任意形状或多频带的滤波器的设计是无能为力的。如果所设计的 IIR 滤波器幅频特性比较复杂，可采用最小二乘法拟合给定幅频响应，使设计的滤波器幅频特性逼近期望的频率特性，这种方法称为 IIR 滤波器的直接设计法。

MATLAB 信号处理工具箱函数 yulewalk 采用直接法设计 IIR 数字滤波器，函数调用格式为：

```
[b,a]=yulewalk(n,f,m)
```

这里，n 为滤波器的阶数；f 为给定的频率点向量，为归一化频率，取值范围为 0~1，f 的第一个频率点必须是 0，最后一个频率点必须为 1。其中，1 对应于 Nyquist 频率。在使用滤波器时，根据数据采样频率确定数字滤波器的通带和阻带在对此信号滤波的频率范围。f 向量的频率点必须是递增的；m 为与频率向量 f 对应的理想幅值响应向量，m 和 f 必须是相同维数向量。b、a 分别是所设计滤波器的分子和分母多项式系数向量。

注意，yulewalk 不能用来设计给定相位指标的滤波器。

范例 19-8 用直接法设计一个10阶多频带数字滤波器，幅频响应值如下：f=[0, 0.1, 0.2, 0.3, 0.4, 0.5, 0.6, 0.7, 0.8, 0.9, 1.0]，m=[0, 0, 1, 1, 0, 0, 0, 1, 1, 1, 0]，采样频率为50Hz。假设一个信号 $x(t)=\sin 2\pi f1 \cdot t + 0.5\cos 2\pi f2 t$，其中 $f1=12$Hz，$f2=20$Hz。试将原信号与通过该滤波器的输出信号进行比较

具体程序如下：

```
Order=10;  % 滤波器的阶数
f=0:0.1:1;  % 归一化频率点
m=[0 0 1 1 0 0 0 1 1 1 0];  % 幅度点
[b,a]=yulewalk(Order,f,m);  % 设计滤波器
[h,w]=freqz(b,a,128);  % 计算 128 个点的频率特性
figure(1)
plot(f,m,'b-',w/pi,abs(h),'k:');  % 绘制理想滤波器和设计滤波器的幅频特性
xlabel(' 归一化频率 ');ylabel(' 振幅 ');
title(' 运用 yulewalk 方法设计 IIR 滤波器 ');
legend(' 理想特性 ',' 实际设计 ',1);  % 给定图示例
figure(2)
Fs=100;  % 信号采样频率
f1=12;f2=20;  % 信号的频率成分
N=100;  % 数据点数
dt=1/Fs;n=0:N-1;t=n*dt;  % 时间序列
x=sin(2*pi*f1*t)+0.5*cos(2*pi*f2*t);  % 输入信号
subplot(2,1,1),plot(t,x),title(' 输入信号 ')  % 绘制输入信号
y=filtfilt(b,a,x);  % 对信号进行滤波
subplot(2,1,2),plot(t,y)  % 绘制输出信号
title(' 输出信号 '),xlabel(' 时间 /s ')
```

程序运行结果如图 19.12 和图 19.13 所示。由图 19.12 可见，设计滤波器的幅频响应与理想滤波器的频率响应非常接近。当滤波器输入 12Hz 和 20Hz 的以 50Hz 采样频率采样的信号后，输入信号的归一化频率为 12/(50/2)=0.48 和 20/(50/2)=0.8，由图 19.12 可见，0.48 在阻带范围内而 0.8 在通带范围内，因此 20Hz 的信号可以无阻碍地通过滤波器，而滤除了 12Hz 信号，图 19.13 就验证了这一点。

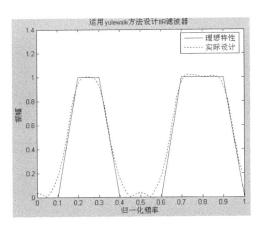

图 19.12　滤波器的幅频特性图

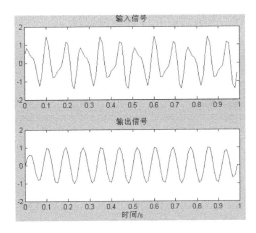

图 19.13　输入和输出信号

▶19.5　FIR 滤波器设计

在无限冲激响应（IIR）滤波器的设计方法中，最常用的是采用双线性变换法由模拟滤波器转换为数字滤波器，因为这种方法无混叠效应，效果较好。但 IIR 数字滤波器相位特性不好。然而在现代信号处理的一些要求较高的系统中对相位特性要求较为严格，这种滤波器就无能为力了。改善相位特性的方法是采用有限冲激响应滤波器。本节主要介绍窗函数法设计 FIR 滤波器。

19.5.1　运用窗函数设计数字滤波器

用于信号分析中的窗函数可根据用户的不同要求选择。用于滤波器的窗函数，一般要求窗函数的主瓣宽度窄，以获得较好的过渡带；旁瓣相对值尽可能少，以增加通带的平稳度和增大阻带的衰减。

01 窗函数

在 MATLAB 中产生窗函数十分简单。

（1）矩形窗（Rectangle Window）。

调用格式：w=boxcar(n)，根据长度 n 产生一个矩形窗 w。

（2）三角窗（Triangular Window）。

调用格式：w=triang(n)，根据长度 n 产生一个三角窗 w。

（3）汉宁窗（Hanning Window）。

调用格式：w=hanning(n)，根据长度 n 产生一个汉宁窗 w。

（4）海明窗（Hamming Window）。

调用格式：w=hamming(n)，根据长度 n 产生一个海明窗 w。

（5）巴特里特窗 (Bartlett window)。

调用格式：w=bartlett(N)，根据长度 n 产生一个巴特里特窗 w。

（6）布拉克曼窗（Blackman Window）。

调用格式：w=blackman(n)，根据长度 n 产生一个布拉克曼窗 w。

（7）恺撒窗（Kaiser Window）。

调用格式：w=kaiser(n,beta)，根据长度 n 和影响窗函数旁瓣的 β 参数产生一个恺撒窗 w。

（8）切比雪夫窗（Chebyshev Window）。

调用格式：w=chebwin(n,r)，根据长度 n 和旁瓣幅值在主瓣以下的分贝数 r 产生一个切比雪夫窗 w。

02 基于窗函数的 FIR 滤波器设计

> **范例 19-9**
>
> 用窗函数设计一个线性相位FIR低通滤波器，并满足性能指标：通带边界的归一化频率wp=0.6，阻带边界的归一化频率ws=0.7，阻带衰减不小于30dB，通带波纹不大于2dB。假设一个信号，其中f1=20Hz，f2=45Hz。信号的采样频率为100Hz。试将原信号与通过滤波器的信号进行比较

由题意，阻带衰减不小于 30dB，选取汉宁窗，因为汉宁窗的第一旁瓣相对主瓣衰减为 31dB，满足滤波要求。在窗函数设计法中，要求设计的频率归一化到 $0\sim\pi$ 区间内，Nyquist 频率对应于 π，因此通带和阻带边界频率为 0.6π 和 0.7π。

具体程序如下：

```
wp=0.6*pi;ws=0.7*pi;          % 滤波器边界频率
wdelta=ws-wp;  % 过渡带宽
N=ceil(8*pi/wdelta) % 根据过渡带宽等于汉宁窗函数主瓣宽，求得滤波器所用窗函数的最小长度
Nw=N;
wc=(wp+ws)/2;               % 截止频率在通带和阻带边界频率的中点
n=0:N-1;
alpha=(N-1)/2;             % 求滤波器的相位延迟
m=n-alpha+eps;  %eps 为 MATLAB 系统的精度
hd=sin(wc*m)./(pi*m);        % 求理想滤波器脉冲响应
win=hanning(Nw);           % 采用汉宁窗
h=hd.*win';              % 在时间域乘积对应于频率域的卷积
b=h;
figure(1)
[H,f]=freqz(b,1,512,100); % 采用 100Hz 的采样频率绘出该滤波器的幅频和相频响应
subplot(2,1,1),plot(f,20*log10(abs(H)))
xlabel(' 频率 /Hz');ylabel(' 振幅 /dB');grid on;
subplot(2,1,2),plot(f,180/pi*unwrap(angle(H)))
xlabel(' 频率 /Hz');ylabel(' 相位 /^o');grid on;
%impz(b,1);          % 可采用此函数给出滤波器的脉冲响应
%zplane(b,1);          % 可采用此语句给出滤波器的零极点图
%grpdelay(b,1);          % 可采用此函数给出滤波器的群延迟
f1=20;f2=45;          % 检测输入信号含有两种频率成分
dt=0.02;t=0:dt:3;  % 采样间隔和检测信号的时间序列
x=sin(2*pi*f1* t)+cos(2* pi*f2* t);          % 检测信号
%y=filter(b,1,x);          % 可采用此函数给出滤波器的输出
y=fftfilt(b,x);          % 给出滤波器的输出
figure(2)
subplot(2,1,1), plot(t,x),title(' 输入信号 ')   % 绘输入信号
subplot(2,1,2),plot(t,y)      % 绘输出信号
hold on; plot([1 1]*(N-1)/2*dt,ylim, 'r') % 绘出延迟到的时刻
xlabel(' 时间 /s'),title(' 输出信号 ')
```

程序运行结果如图 19.14 和图 19.15 所示。

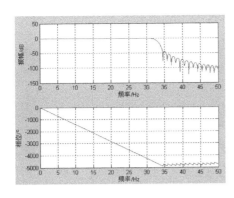

图 19.14　滤波器的频率响应

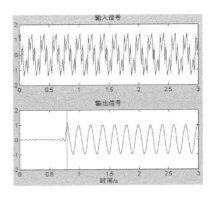

图 19.15　输入和输出信号

19.5.2 标准型 FIR滤波器

19.5.1 节给出了运用理想脉冲响应与窗函数乘积的方法给出了滤波器传递函数的设计方法。其实 MATLAB 已将上述方法复合成一个函数，提供基于上述原理设计标准型 FIR 滤波器的工具函数。fir1 就是采用经典窗函数法设计线性相位 FIR 数字滤波器的函数，且具有标准低通、带通、高通、带阻等类型。函数调用格式为：

```
b=fir1(n,wn[,'ftype',window])
```

式中，n 为 FIR 滤波器的阶数，对于高通、带阻滤波器，n 需取偶数；wn 为滤波器截止频率，范围为 0~1（归一化频率）。对于带通、带阻滤波器，$wn=[w1, w2](w1<w2)$；对于多带滤波器，如 $wn=[w1, w2, w3, w4]$，频率分段为 $0<w<w1$，$w1<w<w2$，$w2<w<w3$，$w3<w<w4$。

'ftype' 为滤波器的类型，默认为低通或带通滤波器；'high' 为高通滤波器；'stop' 为带阻滤波器，'DC-1' 为第一频带为通带的多带滤波器；'DC-0' 为第一频带为阻带的多带滤波器。

window 为窗函数列向量，其长度为 $n+1$。默认情况下，自动取哈明窗。MATLAB 提供的窗函数有 boxcar、hanning、hamming、bartlett、blackman、kaiser、chebwin，调用方式见上节。b 为 FIR 滤波器系数向量，长度为 n+1。FIR 滤波器的传递函数具有下列形式：

$$b(z) = b(1) + b(2)z^{-1} + b(3)z^{-2} + \cdots + b(n+1)z^{-n} \qquad (19-7)$$

用函数 fir1 设计的 FIR 滤波器的群延迟为 n/2。考虑到 n 阶滤波器系数个数为 N，即 n+1，这里的延迟与前面所讲的 (N-1)/2 的延迟一致。注意，这里的滤波器的最小阶数比窗函数的长度少 1。

📝 范例19-10　用窗函数设计一个线性相位FIR低通滤波器，技术指标同范例19-9

具体程序如下：

```
wp=0.6*pi;ws=0.7*pi;     % 滤波器的边界频率
wdelta=ws-wp;            % 过渡带宽度
N=ceil(8*pi/wdelta);     % 求解滤波器的最小阶数，根据汉宁窗主瓣宽
Wn=(0.6+0.7)*pi/2;       % 截止频率取通带和阻带边界频率的中点
b=fir1(N,Wn/pi,hanning(N+1)); % 设计 FIR 滤波器，注意 fir1 要求输入归一化频率
[H,f]=freqz(b,1,512,100);     % 采用 100Hz 的采样频率求出频率响应
subplot(2,1,1),plot(f,20*log10(abs(H)))
xlabel(' 频率 /Hz');ylabel(' 振幅 /dB');grid on;
subplot(2,1,2),plot(f,180/pi*unwrap(angle(H)))
xlabel(' 频率 /Hz');ylabel(' 相位 /^o');grid on;
```

程序运行与范例 19-9 中的图 19.15 一致。

19.5.3 多频带 FIR 滤波器

除设计标准型 FIR 滤波器外，MATLAB 信号处理工具箱还提供另一种基于窗函数滤波器设计的工具函数 fir2，用于设计具有任意形状频率响应的 FIR 滤波器，其调用格式为：

b=fir2（n,f,m[[,npt],window]）

式中，n 为滤波器的阶数；f 和 m 分别为滤波器期望幅频响应的频率向量和幅值向量，取值范围为 0~1（归一化频率）。m、f 具有相同的长度，window 为窗函数，得到列向量，长度必须为 $n+1$，默认情况下，自动取哈明窗；npt 为对频率响应进行内插的点数，默认为 512。b 为 FIR 滤波器系数向量，长度为 $n+1$，滤波器具有与式（19-6）相同的形式。

范例19-11 用窗函数设计一个多频带的FIR滤波器，滤波器阶数分别为10和100，幅频响应值如下：f=[0 0.1 0.2 0.3 0.4 0.5 0.6 0.7 0.8 0.9 1.0], m=[0 0 1 1 1 0 0 1 1 1 0]，比较理想和实际滤波器的幅频响应。假设一个信号，其中f1=15Hz，f2=40Hz。信号的采样频率为100Hz。试将原信号与通过滤波器的信号进行比较

具体程序如下：

```
clf
f=0:0.1:1;                  % 归一化频率点数
m=[0 0 1 1 1 0 0 1 1 1 0];  % 幅频特性值
Order=10;                   % 滤波器的阶数
b=fir2(Order,f,m,hamming(Order+1)); % 设计滤波器
[h,w]=freqz(b,1,128);       % 计算滤波器的频率响应
subplot(2,1,1)
plot(f,m,w/pi,abs(h),'r:')  % 绘制理想幅频响应和设计的滤波器幅频响应
legend(' 理想特性 ',' 实际设计 ')  % 给出图示例
title('Order=10');xlabel(' 归一化频率 ');ylabel(' 振幅 ');
Order=100;
b=fir2(Order,f,m,hamming(Order+1)); % 设计阶数为 100 的滤波器
[h,w]=freqz(b,1,128);       % 计算滤波器的频率响应
subplot(2,1,2),plot(f,m,w/pi,abs(h),'r:'); % 绘制理想幅频响应和设计的幅频响应
ylim([0 1])
legend(' 理想特性 ',' 实际设计 ')  % 给出图示例
title('Order=100');xlabel(' 归一化频率 ');ylabel(' 振幅 ');
f1=15;f2=40;                % 输入信号的两种频率成分
t=0:1/100:2;               % 时间序列
x=sin(2*pi*f1*t)+0.5*cos(2*pi*f2*t); % 输入信号
y=fftfilt(b,x);            % 对输入信号进行滤波
figure(2)
subplot(2,1,1),plot(t,x),title(' 输入信号 ')  % 绘制输入信号
subplot(2,1,2),plot(t,y)   % 绘制输出信号
hold on;plot(Order/2/100*ones(1,2),ylim,'r')  % 绘制延迟到的时刻
title(' 输出信号 '),xlabel(' 时间 /s ')
```

程序输出结果如图 19.16 和图 19.17 所示。由该范例可知，只有取 100 阶时，实际滤波器的幅频响应才逼近理想滤波器的幅频响应。另外，该范例中，信号含有 15Hz 和 40Hz 两种频率成分，由于信号的采样频率为 100Hz，因此 Nyquist 频率为 50Hz，则归一化频率的 0.2 对应于 10Hz，0.4 对应于 20Hz，因此，0.2~0.4 的通带对应于 10~20Hz。同理，归一化频率中的 0.7~0.9 的通带对应于 35~45Hz。可见 15Hz 和 40Hz 的波均在通带的范围内，因此均可通过。

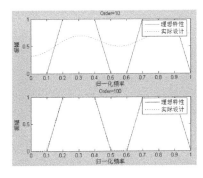

图 19.16　滤波器的幅频特性

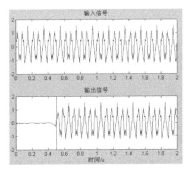

图 19.17　输入和输出信号

▶ 19.6 综合应用

MATLAB 信号处理工具箱提供了比基于窗函数法 FIR 滤波器设计工具函数 fir1 和 fir2 更为通用的函数 firls 和 remez。它们采用不同的优化方法设计最优的标准多频带 FIR 数字滤波器。

函数 remez 实现 Park-McClellan 算法，这种算法利用 Remez 交换算法和 Chebyshev 近似理论来设计滤波器，使实际频率响应拟合期望频率响应达到最优。从实际和理想频率响应之间最大误差最小化的观点来看，函数 remez 设计的滤波器是最优的，因此，又称之为最优滤波器。在频率域内，滤波器呈现等波纹特点，因此又称之为等波纹滤波器。Park-McClellan 滤波器设计方法是 FIR 滤波器设计中最流行、应用最广的设计方法。

函数 firls 和 remez 的调用格式语法规则相同，只是优化算法不同。基本调用格式为：

```
b=firls(n,f,a)
b=remez(n,f,a)
```

式中，n 为滤波器阶数；f 为滤波器期望频率特性归一化频率向量，范围为 0~1，为递增向量，允许定义重复频率点；a 为滤波器期望频率特性的幅值向量，向量 a 与 f 必须为同长度，且为偶数；b 为返回的滤波器系数，长度为 $n+1$，且具有偶对称的关系，即 $b(k)=b(n+2-k)$。若滤波器的阶数为奇数，则在 Nyquist 频率处（对应于归一化频率 1），幅频响应必须为 0。滤波器的阶数为偶数则无此限制。

例如，分别用 firls 和函数 remez 设计一个 20 阶 FIR 低通滤波器，通带边界频率为 0.4，幅值为 1，阻带边界频率为 0.5，幅值为 0。输入一个采样频率为 50Hz，频率为 5Hz 和 15Hz 的合成振动，比较运用两种设计方法输出的差异。

```
clf;n=20;                    % 滤波器阶数
f=[0 0.4 0.5 1];             % 频率向量
a=[1 1 0 0];                 % 振幅向量
b=firls(n,f,a);              % 采用 firls 设计滤波器
[h,w1]=freqz(b);             % 计算其频率响应
bb=remez(n,f,a);             % 采用 remez 设计滤波器
[hh,w2]=freqz(bb);           % 计算滤波器的频率响应
figure(1)
plot(w1/pi,abs(h),w2/pi,abs(hh),'r:');       % 绘制滤波器的幅频响应
xlabel(' 归一化频率 ');ylabel(' 振幅 ');
legend('firls','remez');     % 给出图例
grid on;
figure(2)
fs=50;t=0:1/fs:2; % 采样频率和时间序列
f1=5;f2=15; % 输入信号频率
x1=sin(2*pi*f1*t)+8.*cos(2*pi*f2*t);
subplot(2,1,1),plot(t,x1)
title(' 原始信号 ')
```

```
y1=filter(b,1,x1);
y2=filter(bb,1,x1);
subplot(2,1,2),plot(t,y1,t,y2,'r:')
legend('firls','remez');              % 给出图例
title(' 输出信号 ')
xlabel(' 时间 /s')
```

▶ 19.7 疑难解答

对于多频带 FIR 滤波器，如果理想频率响应为：频率 [0 0.1 0.2 0.3 0.4 0.5 0.6 0.7 0.8 0.9 1] π，幅值 [0 0 1 1 1 0 0 1 1 0 0]，可以用窗函数法设计，用 MATLAB 绘制其理想幅频图并与实际滤波器幅频图相比较。

MATLAB 代码如下：

```
f=0:0.1:1;                 % 归一化频率点数
m=[0 0 1 1 1 0 0 1 1 0 0];        % 幅频特性值
Order=100;
b=fir2(Order,f,m);  % 设计阶数为 100 的滤波器
[h,w]=freqz(b,1,128);          % 计算滤波器的频率响应
subplot(2,1,1),plot(f,m,w/pi,abs(h),'r:'); % 绘制理想幅频响应和设计的幅频响应
ylim([0 1])
legend(' 理想特性 ',' 实际设计 ')  % 给出图例
title('Order=100');xlabel(' 归一化频率 ');ylabel(' 振幅 ');
subplot(2,1,2)
grpdelay(b,1);          % 采用此函数给出滤波器的群延迟
f1=15;f2=30;          % 输入信号的两种频率成分
t=0:1/100:2;          % 时间序列
x=sin(2*pi*f1*t)+0.5*cos(2*pi*f2*t);  % 输入信号
y=fftfilt(b,x);          % 对输入信号进行滤波
figure(2)
subplot(2,1,1), plot(t,x),title(' 输入信号 ')        % 绘制输入信号
subplot(2,1,2),plot(t,y)          % 绘制输出信号
hold on;plot(Order/2/100*ones(1,2),ylim, 'r') % 绘制延迟到的时刻
title(' 输出信号 '),xlabel(' 时间 /s')
```

程序运行结果如图 19.18 和图 19.19 所示。

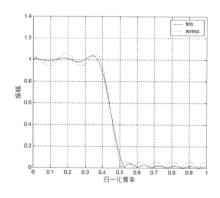

图 19.18　低通滤波器的幅频响应

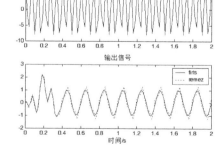

图 19.19　低通滤波器的输入和输出信号的比较

函数 firls 和 remez 可用于设计低通、高通、带通和带阻等一般类型的滤波器，这可由函数中给定的理想幅频响应的频率向量 f 和幅值向量确定。函数 firls 和 remez 还可以设计多带滤波器，并且可以具有任意线性过渡带连接阻带和通带，使过渡带具有更广阔平滑的过渡区间。

第 **20** 章

MATLAB 在通信原理中的应用

通信原理是高校通信工程专业的专业基础课，它主要讲述模拟数字通信系统的基本原理，在通信工程专业的课程体系结构中起着非常重要的作用，是学习许多后续课程的基础。然而通信原理这门课非常抽象，许多问题要在学生们并不熟悉的频率域内进行分析，推理、算式较多，从而使许多学生望而却步，失去学好这门课程的信心。在通信原理教学中若运用 MATLAB，可简化计算过程，把计算结果以图的形式形象地显示出来，同时 MATLAB 可以仿真许多通信系统，通过改变某些参数来观察通信系统的性能，加深学生对知识的理解，从而可以获得比较好的教学效果。客观上，高校的多媒体教学环境日益完善，学生的计算机应用能力增强，也为 MATLAB 应用于通信原理教学提供了条件。

本章要点（已掌握的在方框中打钩）

☐ 幅度调制

☐ 相位调制

☐ 频率调制

☐ 数字信号解调

▶ 20.1 幅度调制

MATLAB 在通信原理中的应用非常广泛,本章主要讨论数字通信的调制与解调技术的 MATLAB 仿真。通常作为信号发送的载波信号可以表示成:

$$s(t) = a(t)\sin(\omega t + \varphi) \tag{20-1}$$

式中,$a(t)$ 表示幅度,ω 是频率,φ 是相位,所以对载波信号可以改变的就是以上 3 个变量。根据改变变量的不同,可以分为幅度调制、频率调制、相位调制三大类型。

20.1.1 BASK 调制

本节主要讨论幅度调制技术,从最简单的二进制幅度调制开始。设发送信号表示成:

$$s(t) = a_n g(t)\cos(\omega t) \tag{20-2}$$

这里 a_n 等于 0 或 1。当输入比特为 1 时,a_n 为 1;当输入比特为 0 时,a_n 为 0。那么 $g(t) = \sum_n g(t - nT_s)$ 是基带信号波形,例如矩形波信号或者通过脉冲成型滤波器后的输出信号。

假设在 1 秒内传送 10 比特,那么代码如下:

```
%onesecond
t=0:1/1e3:0.999;
%Tenrandom
a=randi(1,10,2);
%Tenrectanglurewaveform
%Binaryamplitudemodulation
s=a(ceil(10*t+0.01)).*cos(2*pi*100*t);
subplot(2,1,1);
plot(t,a(ceil(10*t+0.01)));
axis([0,1,-1.2,1.2]);
subplot(2,1,2);
axis([0,0.3,-1.2,1.2]);
plot(t,s);
```

输出波形如图 20.1 所示。

从频域上看,余弦信号是在特定频率上的冲激信号,而矩形信号是 sinc 波形。因为时域的相乘等价于频域的卷积操作,所以可以认为矩形信号在频域上进行了平移,从 0 平移到 fc(例如本例,fc 等于 100)。对时域表达式进行傅里叶变换得:

$$S(f) = \frac{a}{2}[G(f - f_c) + G(f + f_c)] \tag{20-3}$$

这里 G 是 g 在频域的表达式。在这种调制方式下,调制信号的特征是双边带载波抑制。因为调制信号的频谱由两个边带组成,当 $|f| < |f_c|$ 被称为下边带,当 $|f| > |f_c|$ 被称为上边带,两个边带具有相同的信息,而且调制信号的频谱中不含任何载波成分。

从下面代码生成的波形可以清楚看到矩形信号在频域是以 fc 为对称中心的 sinc 波形。

```
%Cosine&BASK waveform
t=0:1/1e3:0.999;
a=[1 0 1 0 1 0 1 0 1 0];
s1=cos(2*pi*100*t);
s2=a(ceil(10*t+0.01)).*cos(2*pi*100*t);
%Calculate the power spectrum
f=1000*(0:256)/512;
S1=fft(s1,512);
Pss1=S1.*conj(S1)/512;
```

```
S2=fft(s2,512);
Pss2=S2.*conj(S2)/512;
%Drawing
subplot(2,1,1);
plot(f,Pss1(1:257));
subplot(2,1,2);
plot(f,Pss2(1:257));
```

生成的对比波形如图 20.2 所示。

可以看到余弦信号的最大值在中心频率 100Hz 处，然后迅速衰减，而二进制振幅调制信号的最大值在中心频率 90Hz、110Hz 处，衰减是按 sinc 波形波动的。这里二进制振幅调制的输入比特流按 1、0 依次变化，从而得到上面的第二个波形。

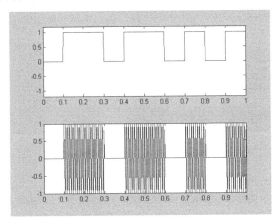

图 20.1　BASK 波形

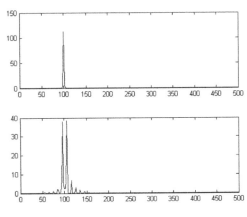

图 20.2　BASK 的频谱

20.1.2 MASK 调制

以上分析了当输入是二进制比特流时的情况，现在扩展成输入是 M 进制比特流的幅度调制。这里 $M=2N$，N 是大于或等于 2 的自然数，N 代表同时被发送的比特数。例如 $N=2$ 表示将输入比特流按 2 比特为一组同时发送，同一组比特被称为一个码元。将 M 进制比特流映射成振幅值应该等于：

$$A=(2m+1-M)d \quad m=0,\cdots,M\text{-}1 \qquad (20\text{-}4)$$

式中，d 用来控制幅度间的差值，该值等于幅度间差值的一半。

下面的代码说明了一个四进制比特流的映射过程以及波形：

```
%M-ary
M=4
%Amplitudegap
d=1;
%Duration
t=0:1/1e3:0.999;
%Generatebitstream
a=randi(2,1,20)-1;
%Generatesymbol
for n=0:9
sym(n+1)=a(2*n+1)*2+a(2*n+2);
end
%MASK
s=sym(ceil(10*t+0.01)).*cos(2*pi*100*t);
%Drawing
subplot(3,1,1);
```

```
plot(t,a(ceil((100*t+0.1)/5)));
axis([0,1,-0.2,1.2]);
subplot(3,1,2);
plot(t,sym(ceil(10*t +0.01)));
subplot(3,1,3);
plot(t,s);
```

相应的波形如图 20.3 所示。

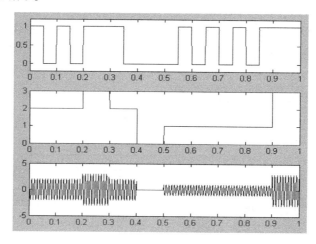

图 20.3　MASK 波形

如果 M 进制振幅调制的输入码元与二进制振幅调制的输入码元具有相同速率，那么 M 进制振幅调制与二进制振幅调制具有相同的带宽，而 M 进制振幅调制具有更高的带宽利用率，因为在单位时间内 M 进制振幅调制能传输更多的比特。虽然 M 进制振幅调制具有更高的带宽利用率，但是在相同信噪比下，随着 M 增大，误码率也增大，也就是因为功率受限。M 进制振幅调制也可以使用单边带调制等方式。

MASK 调制信号是一维信号，不同的是在一维信号空间上 MASK 有更多的信号点，BASK 只有两个信号点。

20.1.3　QAM 调制

以上讨论都是单个载波的情况，也就是在单载波的情况下输入 M 进制比特流，现在考虑有两个载波分量情况下的输入 M 进制比特流，这种调制称为 QAM 调制方式。

因为载波分量 $\cos\omega t$ 与 $\sin\omega t$ 是彼此正交的，也就是满足如下条件，在一个周期内正交，所以该调制方式被称为正交幅度调制。其输出信号的表达式为：

$$s(t) = A_I g(t)\cos\omega t + A_Q g(t)\sin\omega t \tag{20-5}$$

式中，$A_I g(t)\cos\omega t$ 被称为同相分量，$A_Q g(t)\sin\omega t$ 被称为正交分量，AI、AQ 被称为同相载波分量幅度、正交载波分量幅度。

下面代码演示 QAM 调制过程及其星座图。

```
%Duration
t=0:1/1e5:0.99999;
%Source
a=randi(2,1,40)-1;
%SerialtoParallel
Ai=2*a(1:2:20)-1;
Aq=2*a(2:2:20)-1;
%QAMModulation
s=Ai(ceil(10*t+0.0001)).*cos(2*pi*20*t)
+Aq(ceil(10*t+0.0001)).*sin(2*pi*20*t);
```

```
%Drawing
plot(t,s);
scatterplot(Ai+j*Aq);
```

其波形如图 20.4 所示，星座图如图 20.5 所示，图中的圆点代表发送信号矢量在信号空间中的位置。

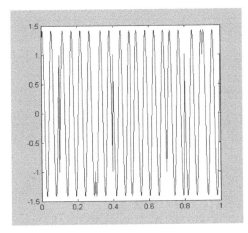

图 20.4 QAM 波形

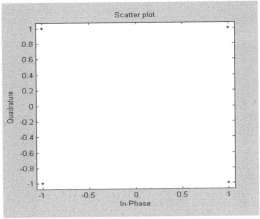

图 20.5 QAM 星座图

▶ 20.2 相位调制

载波的相位对其参考相位的偏离值随调制信号的瞬时值成比例变化的调制方式，称为相位调制，或称调相。调相和调频有密切的关系。调相时，同时有调频伴随发生；调频时，也同时有调相伴随发生，不过两者的变化规律不同。实际使用时很少采用调相制，它主要是用来作为得到调频的一种方法。

20.2.1 PSK 调制

本节主要讨论相位调制技术，设发送信号表示成：

$$s(t) = A\cos\left(\omega t + \frac{2m\pi}{M}\right) \quad m = 0,1,\cdots,M-1 \tag{20-6}$$

这里 M 是可能的相位个数，M=2N，N 是每次被输入到调制器的比特数。当 M 等于 2 时，PSK 通常被称为二进制相移键控（BPSK）；当 M 等于 4 时，PSK 通常被称为四进制相移键控（QPSK）。如果输入的比特流先经过差分编码然后输入到调制器，这时 PSK 通常被称为差分相移键控（DPSK）。

下面代码采用 QPSK 调制方式。

```
%Duration
t=0:0.001:0.999;
%Inputbitstream
a=randi(2,1,20)-1;
m=a(1:2:20)*2+a(2:2:20);
m=m(ceil(10*t+0.01));
%QPSKmodulation
s=cos(2*pi*20*t+m*pi/2);
%PowerSpectrumDensity
f=1000*(0:256)/512;
S=fft(s,512);
Pss=S.*conj(S)/512;
%Drawing
```

```
subplot(3,1,1);
plot(t,a(ceil((100*t+0.1)/5)));
axis([0,1,min(a)-0.2,max(a)+0.2]);
subplot(3,1,2);
plot(t,s);
subplot(3,1,3);
plot(f,Pss(1:257))
```

波形如图 20.6 所示。

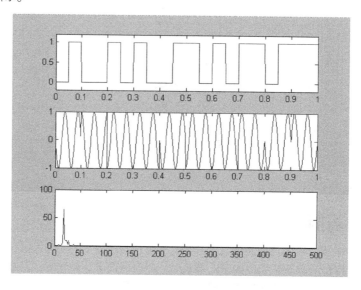

图 20.6　QPSK 波形及功率谱

20.2.2 OQPSK 调制

现在讨论的 PSK 调制方式是恒包络调制方式，这类调制方式可以在接收端采用限幅的方式来消除干扰引起的幅度变化，从而获得更好的抗干扰性能。

假定 QPSK 调制的基带波形是矩形波形，那么在频域调制后的信号具有无限带宽。通常信道是带限的，当调制信号通过该信道后，输出信号不再是恒包络的。当 QPSK 调制在相邻码元间发生 180 度相移时，带限后的包络甚至会出现包络为 0 的现象。通过非线性带限信道后，在接收机由于功放的非线性，包络的起伏虽然可以被消减，但同时会使频谱扩展，从而对临近信道的信号形成干扰。

为避免出现 180 度的相移，可以采用 OQPSK（Offset QPSK）调制方式。该调制方式首先串并变换，将输入比特流分成 I、Q 两路比特流，原先周期为 Ts 的一个比特流变成周期为 2Ts 的两个比特流，然后将 Q 路比特流偏移一个周期 Ts，按 QPSK 方式调制。这样由于在每个周期 Ts 只有某一路比特发生变化，而不会出现 I、Q 两路比特同时变化，所以可以避免出现 180 度的相移。当 I、Q 两路比特同时变化时，QPSK 调制会出现 180 度的相移。

该调制方式发送信号可以表示成：

$$s(t) = I(t)\cos(2\pi ft) + Q(t - T_s)\sin(2\pi ft)$$

（20-7）

下面的代码采用 OQPSK 调制方式。

```
%Duration
t=0:1/1e3:0.999;
%Source
a=randint(1,20,2);
m=2*a-1;
I=m(1:2:20);
```

```
Q=m(2:2:20);
I=[I(ceil((1000*t+1)/100)),ones(1,50)];
Q=[ones(1,50),Q(ceil((1000*t+1)/100))];
%QPSK
t=0:1/1e3:1.049;
s=I.*cos(2*pi*20*t)-Q.*sin(2*pi*20*t);
%PowerSpectrum
f=1000*(0:256)/512;
S=fft(s,512);
Pss=S.*conj(S)/512;
%Drawing
subplot(4,1,1);
plot(t,I);
axis([0,1,-1.2,1.2]);
subplot(4,1,2);
plot(t,Q);
axis([0,1,-1.2,1.2]);
subplot(4,1,3);
plot(t,s);
axis tight
subplot(4,1,4);
plot(f,Pss(1:257));
```

得到的波形如图 20.7 所示。

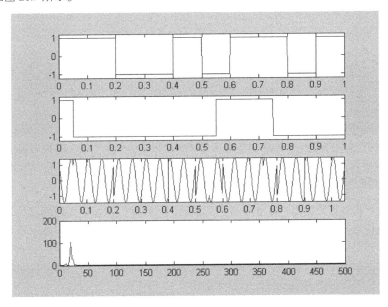

图 20.7　OQPSK 波形及功率谱

从图中可以看到 OQPSK 调制方式占用较大的带宽。

由于相位的跳变导致通过带限信道后包络发生变化，所以如果采用连续相位变化就可以尽量避免因为相位跳变导致的包络变化。这就是连续相位调制。在频率调制部分将讨论连续相位调制方式，例如 CPFSK、MSK 调制方式。

▶ 20.3　频率调制

频率调制是使高频信号的频率按调制信号的规律变化，而振幅保持不变的调制方式。MATLAB 可以仿真数字频率调制信号的波形。

20.3.1 BFSK 调制

本节主要讨论频率调制技术，从最简单的二进制频率调制开始。设发送信号表示成：

$$s(t) = A\cos(2\pi(f + m\Delta f)t) \qquad m = 0,1 \qquad (20\text{-}8)$$

这里，Δf 是相对于 f 的固定频率偏移。m 是输入比特流，通常由 0、1 组成。

下面代码生成 BFSK 信号并画出其功率谱。

```
%Time
t=0:1/1e3:0.999;
%FrequencyOffset
df=20;
%Source&BFSKsignal
a=randi(2,1,10)-1;
m=a(ceil(10*t+0.01));
s=cos(2*pi*(20+m*df).*t);
%CalculatethePowerSpectrum
f=1000*(0:256)/512;
S=fft(s,512);
Pss=S.*conj(S)/512;
%Drawing
subplot(3,1,1);
plot(t,a(ceil(10*t+0.01)));
axis([0,1,0,1.2]);
subplot(3,1,2);
plot(t,s);
subplot(3,1,3);
plot(f,Pss(1:257));
```

其输出波形以及功率谱如图 20.8 所示。

由图中可以看到输出信号的中心频率为100Hz，其两个峰值间隔为40Hz。BFSK信号所占用的带宽为BBFSK=$\Delta f \pm 2B$，Δf为固定频率偏移，B为数字基带信号带宽。图中120Hz处的功率明显高于80Hz处的功率，这是因为发送信号的不平衡造成的，也就是0、1比特数量不相等造成的。因为比特0的数量多于比特1，所以80Hz处的功率高于120Hz处的功率。

Δf 是 BFSK 调制方式的重要参数，该参数决定了发送信号的相似程度，如果发送信号彼此越不相似，那么发送信号就越容易被识别，所以需要给该参数定义约束条件。首先，用相关系数来表示发送信号间的相似性，设：

$$
\begin{aligned}
r &= \frac{1}{\varepsilon}\int_0^T \frac{2\varepsilon}{T}\cos(2\pi ft)\cos(2\pi(f+\Delta f)t)dt \\
&= \frac{1}{T}\int_0^T \cos(2\pi\Delta ft)dt + \frac{1}{T}\int_0^T \cos(2\pi(2f+\Delta f)t)dt \qquad (20\text{-}9) \\
&= \frac{\sin 2\pi\Delta fT}{2\pi\Delta fT}
\end{aligned}
$$

所以当相关系数为 0 时，Δf 必须是 $1/2T$ 的整数倍，表明发送信号间彼此正交。下面的代码就看出相关系数 r 与固定频率偏移 Δf 间的关系。

```
%Symbolduration
T=0.1;
```

```
%Frequencyoffset
df=0:0.001:100;
%Correlationcoefficient
r=sin(2*pi*df*T)./(2*pi*df*T);
%Drawing
plot(df,r);
grid;
```

输出波形如图 20.9 所示。

这里 T=0.1，从图中可以看出当Δf =1/2T=0.5 的倍数时，相关系数等于 0。当 T 单调递减时，Δf 就会单调递增，那么 BFSK 调制信号所需要的带宽就会增加。

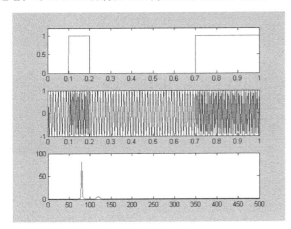

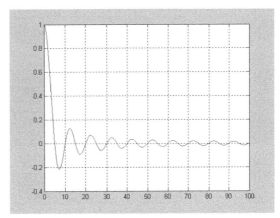

图 20.8 BFSK 波形及功率谱   图 20.9 相关系数与固定频偏的关系

20.3.2 MFSK 调制

前面讨论的是每次仅输入单个比特到调制器，如果每次输入多个比特到调制器，那么称为 M 进制频率调制，简称 MFSK。这里 M=2N，$N \geqslant 1$，N 是每次输入到调制器的比特数。

设发送信号为

$$s(t) = A\cos(2\eth(f + m\Delta f)t) \qquad m = 0,1,\cdots,M-1 \qquad (20\text{-}10)$$

假设 N 等于 2，那么 M 等于 4，现在对 4 进制 FSK 编写如下代码观察波形及其功率谱。

```
%Time
t=0:1/1e3:0.999;
%Frequencyoffset
df=20;
%Source&4FSK
a=randi(2,1,20)-1;
m=2*a(1:2:20)+a(2:2:20);
m=m(ceil(10*t+0.01));
s=cos(2*pi*(70+m*df).*t);
%PowerSpectrum
f=1000*(0:256)/512;
S=fft(s,512);
Pss=S.*conj(S)/512;
%Drawing
subplot(3,1,1);
plot(t,m);
axis([0,1,-0.2,3.2]);
```

```
subplot(3,1,2);
plot(t,s);
subplot(3,1,3);
plot(f,Pss(1:257));
```

生成波形如图 20.10 所示。

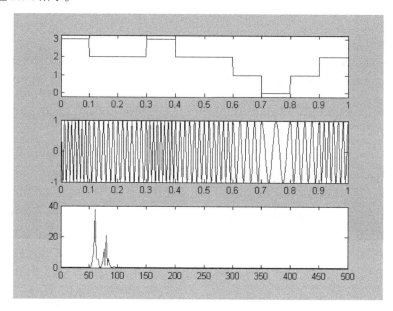

图 20.10   MFSK 的波形及功率谱

由图中可以看到输出信号的中心频率为 100Hz，相邻峰值间隔 20Hz，4 个峰值分别出现在 70Hz、90Hz、110Hz、130Hz 处。

20.3.3 CPM 调制

01 CPFSK 调制

以上两种频移键控调制方式，由于相位的非连续性导致谱扩展，有较大的频谱旁瓣产生。为避免产生较大的频谱旁瓣，可以用调制信号调制单一频率载波，并且相位连续变化，这种频移键控称为连续相位频移键控 CPFSK。其输出信号表达式为：

$$s(t) = \cos\left(2\pi ft + 4\pi Tf_d \int_{-\infty}^{t} \sum_n I_n g(\tau - nT)d\tau\right) \qquad (20\text{-}11)$$

这里，T 是基带信号的周期，fd 是峰值频率偏移。In 是要发送的数字信息，g( ) 是基带信号波形，通常可以采用矩形脉冲。虽然 是不连续的，但是其积分却是连续的，所以该调制方式具有连续相位。

令

$$\begin{aligned}
\phi(t;I) &= 4\pi Tf_d \int_{-\infty}^{t} \sum_n I_n g(\tau - nT)d\tau \\
&= 2\pi f_d T \sum_{k=-\infty}^{n-1} I_k + 2\pi f_d I_n(t - nT) \\
&= \theta_n + 2\pi h I_n q(t - nT)
\end{aligned} \qquad (20\text{-}12)$$

这里

$$h = 2f_dT$$

$$\theta_n = \pi h \sum_{k=-\infty}^{n-1} I_k$$

$$q(t) = \begin{cases} 0 & t < 0 \\ t/2T & 0 \leqslant t \leqslant T \\ 1/2 & T < t \end{cases}$$

h 被称为调制指数。

CPFSK 调制可以用如下代码表示，假设峰值频率偏移为 2.5Hz，基带信号周期为 0.1 秒，1 秒内传送 10 个比特。

```
%FrequencyOffset,SingalCycleandmodulationindex
df=2.5;T=0.1;h=2*df*T;
%Duration
t=0:1/1e3:0.999;
%SourceandCPFSKoutput
a=2*randi(2,1,10)-3;
m=cumsum(a);
a=a(ceil(10*t+0.01));
m=m(ceil(10*t+0.01));
s=cos(2*pi*20*t+4*pi*T*df*cumtrapz(m)/1000);
%PowerSpectrum
f=1000*(0:256)/512;
S=fft(s,512);
Pss=S.*conj(S)/512;
%Drawing
subplot(4,1,1);
plot(t,a);
axis([0,1,-1.2,1.2]);
subplot(4,1,2);
plot(t,m);
axis([0,1,min(m)-.2,max(m)+.2]);
subplot(4,1,3);
plot(t,s);
subplot(4,1,4);
plot(f,Pss(1:257));
```

输入波形以及功率谱如图 20.11 所示。

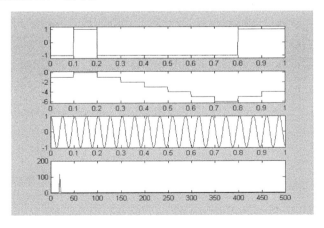

图 20.11　CPFSK 波形及功率谱

从图中可以看到 CPFSK 信号的功率谱波形平滑，没有很大的波动以及旁瓣，而这正是我们所期望的。

02 MSK 调制

MSK 是 CPFSK 的特例，这时调制指数 h 等于 1/2，即 $h=2 \cdot f_d T=1/2$。将该关系式代入到式（20-12），可得

$$
\begin{aligned}
\phi(t;I) &= 4\pi T f_d \int_{-\infty}^{t} \sum_n I_n g(\tau - nT) d\tau \\
&= 2\pi f_d T \sum_{k=-\infty}^{n-1} I_k + 2\pi f_d T I_n (\frac{t-nT}{T}) \\
&= \frac{\pi}{2} \sum_{k=-\infty}^{n-1} I_k + \frac{\pi}{2} I_n (\frac{t-nT}{T}) \\
&= \theta_n + \pi I_n q(t-nT)
\end{aligned}
\tag{20-13}
$$

这时已调载波信号 $S(t)$ 做如下变换:

$$
\begin{aligned}
s(t) &= \cos\left(2\pi f t + 4\pi T f_d \int_{-\infty}^{t} \sum_n I_n g(\tau - nT) d\tau \right) \\
&= \cos\left(2\pi \left(f + \frac{I_n}{4T} \right) t - \frac{n\pi I_n}{2} + \theta_n \right)
\end{aligned}
\tag{20-14}
$$

令 $f_1 = f - \dfrac{1}{4T}$，$f_2 = f + \dfrac{1}{4T}$，则 $\Delta f = f_2 - f_1 = \dfrac{1}{2T}$。这里 Δf 是为保证信号正交性的最小频率间隔，这就是最小频移键控 MSK 的由来。

```
%Duration
fc=100;
t=0:0.001:1.199;
%Inputbitstream
a=randi(2,1,10)-1;
inphase(1)=0;
for n=1:10
if a(n)==1
inphase(n+1)=inphase(n)+1/2;
else
inphase(n+1)=inphase(n)-1/2;
end
if inphase(n+1)==1.5
inphase(n+1)=-1/2;
end
if inphase(n+1)==-1
inphase(n+1)=1;
end
end
for n=1:11
if inphase(n)==1
m(n)=-1;
end
if inphase(n)==0
m(n)=1;
end
if inphase(n)==0.5
m(n)=-1;
end
if inphase(n)==-0.5
```

```
m(n)=1;
end
end
I=m(1:2:11);
Q=m(2:2:11);
I=I(ceil((10*(t)+0.01)/2));
Q=[ones(1,100),Q(ceil((0.01:0.01:10)/2)),ones(1,100)];
s1=I.*cos(pi*t/(2*0.1)).*cos(2*pi*fc*t);
s2=Q.*sin(pi*t/(2*0.1)).*sin(2*pi*fc*t);
s=s1-s2;
%PowerSpectrum
f=1000*(0:256)/512;
S=fft(s,512);
Pss=S.*conj(S)/512;
a=[a(ceil(0.01:0.01:10)),zeros(1,200)];
m=[m(ceil(0.01:0.01:11)),zeros(1,100)];
%Drawing
subplot(4,1,1);
plot(t,a);
axis([0,1,-1.2,1.2]);
subplot(4,1,2);
plot(t,m);
axis([0,1,-3.2,3.2]);
subplot(4,1,3);
plot(t,s);
axis([0,1,-1,1]);
subplot(4,1,4);
plot(f,Pss(1:257));
```

这段代码与 CPFSK 的代码不同之处仅在于将 df 设为 2.5，这样 $2 \cdot f_d \cdot T = 0.5$，符合 MSK 的特性。生成的波形图如图 20.12 所示。

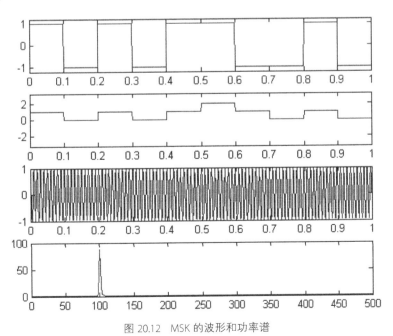

图 20.12　MSK 的波形和功率谱

如果在 MSK 调制器前加上高斯滤波器对输入信号滤波，那么调制器产生的输出信号被称为高斯最小频移键控（GMSK）。

▶ 20.4 数字信号的解调

通信系统中，解调技术直接影响信号的接收质量，所以解调技术是通信技术的核心之一。

本节主要讨论在白高斯噪声信道下的解调技术，在讨论解调时都假定已经实现同步，在白高斯噪声信道下，接收机接收信号后需要经过解调并进行判决来估计出发送端发送的信号，所以接收机包含解调器、检测器，解调器用来从接收信号中提取有效信息送到检测器，检测器对解调器的输出信息进行判决以估计出发送信号。

解调器有两种实现方式，一种为相关解调器，另一种为匹配滤波器。限于篇幅，这里只讨论相关解调器。

20.4.1 BASK 解调

BASK 信号可以使用相关解调器或者匹配滤波器解调，假设采用相关解调器来解调 BASK 信号。相关解调器输出送入检测器检测判决，采用最大似然准则判决。因为 BASK 是一维信号，取其阈值为 T/4。若解调器输出值小于 T/4，那么可以被判决为 s1；若解调器输出值大于 T/4，那么可以被判决为 s2。

下面的代码演示 BASK 信号解调、检测过程（设信噪比为 0dB）。

```
%onesecond
t=0:1/1e3:0.999;
%Tenrandom
a=randi(2,1,10)-1;
%Binary amplitude modulation
s=a(ceil(10*t+0.01)).*cos(2*pi*100*t);
%Through Additional White Gaussian Noise Channel
r=awgn(s,0);
%The Symbol Duration
T=0:1/1e3:0.099;
%Correlator Signal
correlator=cos(2*pi*100*T);
for n=0:9
%Use correlator to demodulation
    result=trapz(T,r(n*100+1:n*100+100).*correlator);
%Detection
    if result>0.1/4
        output(n+1)=1;
    else
        output(n+1)=0;
    end
end
%Get the input bit stream
input=a;
%Drawing
subplot(2,1,1);
plot(t,input(ceil(10*t+0.01)));
axis([0,1,0,1.2]);
subplot(2,1,2);
plot(t,output(ceil(10*t+0.01)));
axis([0,1,0,1.2]);
```

所得波形如图 20.13 所示。

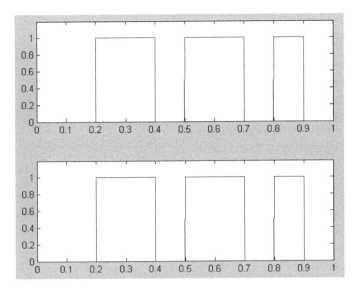

图 20.13　BASK 相干解调的输入信号和输出信号

图中第一幅图为发送端的输入比特流波形图，第二幅图是解调后输出的比特流波形图。可见两幅图的波形是完全一致的，说明通过相关解调器、采用最大似然准则算法的检测器后，发送端信号能够正确解调。

由于 MASK 与 BASK 都是一维信号，所以两者可以采用相同的解调器。但是 MASK 在一维信号空间上有多个信号点，而不是像 BASK 那样只有两个信号点，所以 MASK 信号的检测器不能像 BASK 的检测器那样简单，而是需要通过计算距离度量来判决信号。

20.4.2　QAM 解调

QAM 信号是二维信号，所以其解调器与先前 BASK、MASK 信号的解调器有所不同。由于是 QAM 是二维信号，所以其解调器必须包含两个相关解调器，分别解调 QAM 信号的同相分量、正交分量。

下面的代码演示 QAM 信号解调、检测过程（设信噪比为 0dB）。

```
%Duration
t=0:1/1e3:0.999;
%Source
a=randi(2,1,20)-1;
%SerialtoParallel
Ai=2*a(1:2:20)-1;
Aq=2*a(2:2:20)-1;
%QAMModulation
s=Ai(ceil(10*t+0.01)).*cos(2*pi*100*t)...
+Aq(ceil(10*t+0.01)).*sin(2*pi*100*t);
%The received signal
r=awgn(s,0);
%Two correlators
T=0:1/1e3:0.099;
Icorrelator=cos(2*pi*100*T);
Qcorrelator=sin(2*pi*100*T);
%QAM demodulation
%The result is two dimensions variant
for n=0:9
result(n+1,:)=[trapz(T,r(n*100+1:n*100+100).*Icorrelator), ...
trapz(T,r(n*100+1:n*100+100).*Qcorrelator)];
end
%Calculate the signal points in vector space
```

```
%The s0,s1,s2,s3 are two dimensions variant
s0=[trapz(T,-1*ones(1,100).*cos(2*pi*100*T).*Icorrelator), ...
trapz(T,-1*ones(1,100).*sin(2*pi*100*T).*Qcorrelator)];
s1=[trapz(T,-1*ones(1,100).*cos(2*pi*100*T).*Icorrelator), ...
trapz(T,1*ones(1,100).*sin(2*pi*100*T).*Qcorrelator)];
s2=[trapz(T,1*ones(1,100).*cos(2*pi*100*T).*Icorrelator), ...
trapz(T,-1*ones(1,100).*sin(2*pi*100*T).*Qcorrelator)];
s3=[trapz(T,1*ones(1,100).*cos(2*pi*100*T).*Icorrelator), ...
trapz(T,1*ones(1,100).*sin(2*pi*100*T).*Qcorrelator)];
%Detection
for n=0:9
[C,I(n+1)]=min([norm(result(n+1,:)-s0),norm(result(n+1,:)-s1), ...
norm(result(n+1,:)-s2),norm(result(n+1,:)-s3)]);
end
%The input bit stream
input=a;
%The ouput stream
output(1:2:20)=floor((I-1)/2);
output(2:2:20)=mod((I-1),2);
%Drawing
subplot(2,1,1);
plot(t,input(ceil((100*t+0.1)/5)));
axis([0,1,-0.2,1.2]);
subplot(2,1,2);
plot(t,output(ceil((100*t+0.1)/5)));
axis([0,1,-0.2,1.2]);
```

得到输入比特流、输出比特流的波形如图 20.14 所示。

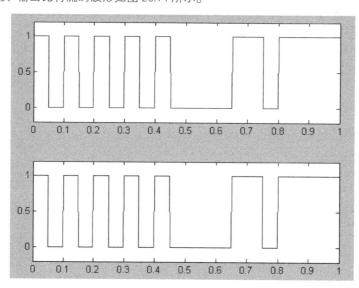

图 20.14　QAM 相干解调的输入信号和输出信号

由图可知在接收端采用相关解调器与最大似然准则检测器，QAM 接收信号能够被正确地解调与检测。

20.4.3　BPSK 解调

这里介绍 BPSK 信号解调的相干解调方式。其代码如下：

```
%Duration
t=0:0.001:0.999;
%Inputbitstream
a=randi(2,1,10)-1;
m=a(ceil(10*t+0.01));
%BPSKmodulation
s=cos(2*pi*100*t+m*pi/2);
r=awgn(s,0);
T=0:1/1e3:0.099;
Icorrelator=cos(2*pi*100*T);
Qcorrelator=-sin(2*pi*100*T);
for n=0:9
result(n+1,:)=[trapz(T,r(n*100+1:n*100+100).*Icorrelator), ...
trapz(T,r(n*100+1:n*100+100).*Qcorrelator)];
end
s0=[trapz(T,cos(2*pi*100*T).*Icorrelator), ...
trapz(T,cos(2*pi*100*T).*Qcorrelator)];
s1=[trapz(T,cos(2*pi*100*T+pi/2).*Icorrelator), ...
trapz(T,cos(2*pi*100*T+pi/2).*Qcorrelator)];
for n=0:9
  [C,I(n+1)]=min([norm(result(n+1,:)-s0),norm(result(n+1,:)-s1)]);
end
input=a;
output=I-1;
subplot(2,1,1);
plot(t,input(ceil(10*t+0.01)));
axis([0,1,-0.2,1.2]);
subplot(2,1,2);
plot(t,output(ceil(10*t+0.01)));
axis([0,1,-0.2,1.2]);
```

得到输入比特流、输出比特流的波形如图 20.15 所示。

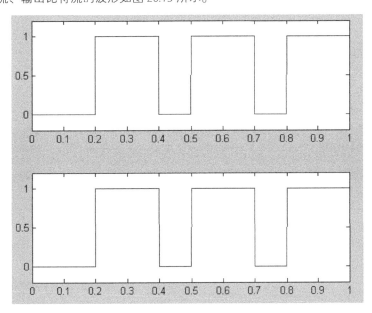

图 20.15　BPSK 相干解调的输入信号和输出信号

20.4.4 BFSK 解调

这里将讨论 BFSK 解调的相干解调方式。BFSK 信号是二维信号，对二维信号采用最大似然准则进行判决，其计算方式与 QAM 信号判决的计算方式相同。

下面的代码演示 BFSK 信号解调、检测过程（设信噪比为 0dB）。

```
%Time
t=0:1/1e3:0.999;
%Frequency Offset
df=20;
%Source&BFSKsignal
a=randint(1,10,2);
m=a(ceil(10*t+0.01));
s=cos(2*pi*(90+m*df).*t);
%The received signal
r=awgn(s,0);
%Correlator
T=0:1/1e3:0.099;
correlator1=cos(2*pi*90*T);
correlator2=cos(2*pi*110*T);
%BFSK demodulation
for n=0:9
result(n+1,:)=[trapz(T,r(n*100+1:n*100+100).*correlator1), ...
trapz(T,r(n*100+1:n*100+100).*correlator2)];
end
%The signal points in vector space
s0=[trapz(T,cos(2*pi*90*T).*correlator1), ...
trapz(T,cos(2*pi*90*T).*correlator2)];
s1=[trapz(T,cos(2*pi*110*T).*correlator1), ...
trapz(T,cos(2*pi*110*T).*correlator2)];
%Detection
for n=0:9
  [C,I(n+1)]=min([norm(result(n+1,:)-s0),norm(result(n+1,:)-s1)]);
end
%The input bit stream
input=a;
%The output stream
output=I-1;
%Drawing
subplot(2,1,1);
plot(t,input(ceil(10*t+0.01)));
axis([0,1,-0.2,1.2]);
subplot(2,1,2);
plot(t,output(ceil(10*t+0.01)));
axis([0,1,-0.2,1.2]);
```

得到输入比特流、输出比特流的波形如图 20.16 所示。

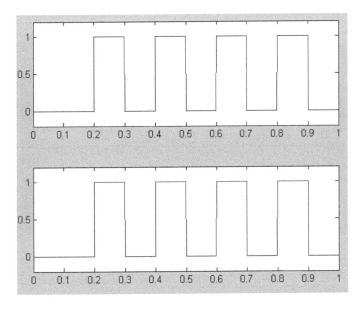

图 20.16　BFSK 相干解调的输入信号和输出信号

MFSK 相干解调可以认为是 BFSK 解调的扩展，所以这里不再详细介绍 MFSK 解调。

▶ 20.5　综合应用

　　QAM 是把 2ASK 和 2PSK 两种调制结合起来的调制技术，使得带宽得到双倍扩展。QAM 调制技术用两路独立的基带信号对频率相同、相位正交的两个载波进行抑制载波双边带调幅，并将已调信号加在一起进行传输，16QAM 是两路正交的四电平振幅键控信号叠加而成。

16QAM 信号采取正交相干解调的方法解调，解调器首先对收到的 16QAM 信号进行正交相干解调，一路与 $\cos \omega ct$ 相乘，另一路与 $\sin \omega ct$ 相乘。然后经过低通滤波器，低通滤波器 LPF 滤除乘法器产生的高频分量，获得有用信号，低通滤波器 LPF 输出经抽样判决可恢复出电平信号。

　　MATLAB 代码如下。

```
%Duration
t=0:1/1e5:0.99999;
%Source
a=randint(1,160,2);
%SerialtoParallel
Ai=a(1:2:160);
Aq=a(2:2:160);
for n=0:39
Aid(n+1)=Ai(2*n+1)*2+Ai(2*n+2);
Aqd(n+1)=Aq(2*n+1)*2+Aq(2*n+2);
end
Ai=round(Aid-1.5);
Aq=round(Aqd-1.5);
%QAMModulation
s=Ai(ceil(10*t+0.0001)).*cos(2*pi*20*t)
+Aq(ceil(10*t+0.0001)).*sin(2*pi*20*t);
%Drawing
plot(t,s);
scatterplot(Ai+j*Aq);
%The received signal
r = awgn(s, 0);
%Two correlators
```

```
T = 0:1/1e3:0.024;
Icorrelator = cos(2*pi*20*T);
Qcorrelator = sin(2*pi*20*T);
%QAM demodulation
%The result is two dimensions variant
for n = 0:39
    result(n+1, :) = [trapz(T, r(n*25+1:n*25+25).*Icorrelator), ...
        trapz(T, r(n*25+1:n*25+25).*Qcorrelator)];
end
%Calculate the signal points in vector space
%The s0, s1, s2, s3 are two dimensions variant
s0 = [trapz(T, -2*cos(2*pi*20*T).*Icorrelator), ...
    trapz(T, -2*sin(2*pi*20*T).*Qcorrelator)];
s1 = [trapz(T, -2*cos(2*pi*20*T).*Icorrelator), ...
    trapz(T, -1*sin(2*pi*20*T).*Qcorrelator)];
s2 = [trapz(T, -2*cos(2*pi*20*T).*Icorrelator), ...
    trapz(T, sin(2*pi*20*T).*Qcorrelator)];
s3 = [trapz(T, -2*cos(2*pi*20*T).*Icorrelator), ...
    trapz(T, 2*sin(2*pi*20*T).*Qcorrelator)];
s4 = [trapz(T, -1*cos(2*pi*20*T).*Icorrelator), ...
    trapz(T, -2*sin(2*pi*20*T).*Qcorrelator)];
s5 = [trapz(T, -1*cos(2*pi*20*T).*Icorrelator), ...
    trapz(T, -1*sin(2*pi*20*T).*Qcorrelator)];
s6 = [trapz(T, -1*cos(2*pi*20*T).*Icorrelator), ...
    trapz(T, sin(2*pi*20*T).*Qcorrelator)];
s7 = [trapz(T, -1*cos(2*pi*20*T).*Icorrelator), ...
    trapz(T, 2*sin(2*pi*20*T).*Qcorrelator)];
s8 = [trapz(T, cos(2*pi*20*T).*Icorrelator), ...
    trapz(T, -2*sin(2*pi*20*T).*Qcorrelator)];
s9 = [trapz(T, cos(2*pi*20*T).*Icorrelator), ...
    trapz(T, -1*sin(2*pi*20*T).*Qcorrelator)];
s10 = [trapz(T,cos(2*pi*20*T).*Icorrelator), ...
    trapz(T, sin(2*pi*20*T).*Qcorrelator)];
s11 = [trapz(T, cos(2*pi*20*T).*Icorrelator), ...
    trapz(T, 2*sin(2*pi*20*T).*Qcorrelator)];
s12 = [trapz(T,2*cos(2*pi*20*T).*Icorrelator), ...
    trapz(T,-2*sin(2*pi*20*T).*Qcorrelator)];
s13 = [trapz(T, 2*cos(2*pi*20*T).*Icorrelator), ...
    trapz(T, -1*sin(2*pi*20*T).*Qcorrelator)];
s14 = [trapz(T, 2*cos(2*pi*20*T).*Icorrelator), ...
    trapz(T, sin(2*pi*20*T).*Qcorrelator)];
s15 = [trapz(T, 2*cos(2*pi*20*T).*Icorrelator), ...
    trapz(T, 2*sin(2*pi*20*T).*Qcorrelator)];
%Detection
for n = 0:39
    [C, I(n+1)] = min([norm(result(n+1,:)-s0),...
        norm(result(n+1,:)-s1),norm(result(n+1,:)-s2),...
        norm(result(n+1,:)-s3),norm(result(n+1,:)-s4),...
        norm(result(n+1,:)-s5),norm(result(n+1,:)-s6),...
        norm(result(n+1,:)-s7),norm(result(n+1,:)-s8),...
        norm(result(n+1,:)-s9),norm(result(n+1,:)-s10),...
        norm(result(n+1,:)-s11),norm(result(n+1,:)-s12),...
        norm(result(n+1,:)-s13),norm(result(n+1,:)-s14),...
        norm(result(n+1,:)-s15)])
```

```
end
%The input bit stream
input = a;
%The ouput stream
for n=0:39
  if I(n+1)<=4
    Iout(n+1)=0;
  elseif I(n+1)<=8
    Iout(n+1)=1;
  elseif I(n+1)<=12
    Iout(n+1)=2;
  else
    Iout(n+1)=3;
  end
  Ioutput(2*n+1)=floor(Iout(n+1)/2);
  Ioutput(2*n+2)=mod(Iout(n+1),2);
  Oout(n+1)=mod(I(n+1)-1,4);
  Ooutput(2*n+1)=floor(Oout(n+1)/2);
  Ooutput(2*n+2)=mod(Oout(n+1),2);
  OUTPUT(4*n+1)=Ioutput(2*n+1);
  OUTPUT(4*n+2)=Ooutput(2*n+1);
  OUTPUT(4*n+3)=Ioutput(2*n+2);
  OUTPUT(4*n+4)=Ooutput(2*n+2);
end
```

▶ 20.6　疑难解答

　　OFDM 是正交频分复用（Orthogonal Frequency Division Multiplex）的英文缩写，是一种多载波频率调制方式。该调制方式利用一组正交信号作为载波分量，典型的正交信号如 $\{1,\cos\omega t,\cos 2\omega t,\cdots,\cos m\omega t,\sin\omega t,\sin 2\omega t,\cdots\sin m\omega t\}$。其子载波通常采用 PSK 或 QAM 调制方式，这里假设子载波调制采用 QAM 调制方式。输出信号可以表示为：

$$s(t)=\sum_{m=0}^{M-1}\left[A_I g(t)\cos\omega_m t-A_Q g(t)\sin\omega_m t\right]$$ 　　　　（20-15）

　　M 是子载波个数，ω_m 是载波信号角频率，$\omega_m=2\pi(f+m\Delta f)$，这里 f 是 1/T 的整数倍，$\Delta f$ 等于 1/T，T 是基带信号周期。

　　这里对 OFDM 编写代码观察其波形及功率谱：

```
%Duration
t=0:1/1e3:0.999;
%Source
m=2*randi(2,20,1)-3;
a=m(1:4:20)';
b=m(2:4:20)';
c=m(3:4:20)';
d=m(4:4:20)';
m=m(ceil((1000*t+0.01)/50));
a=a(ceil((1000*t+1)/200));
b=b(ceil((1000*t+1)/200));
c=c(ceil((1000*t+1)/200));
d=d(ceil((1000*t+1)/200));
```

```
%OFDMSingal
s=a.*cos(2*pi*100*t)-b.*sin(2*pi*100*t)...
+c.*cos(2*pi*110*t)-d.*sin(2*pi*110*t);
%PowerSpectrum
f=1000*(0:256)/512;
S=fft(s,512);
Pss=S.*conj(S)/512;
%Drawing
subplot(4,1,1);
plot(t,m);
axis([0,1,-1.2,1.2]);
subplot(4,1,2);
plot(t,a);
axis([0,1,-1.2,1.2]);
subplot(4,1,3);
plot(t,s);
subplot(4,1,4);
plot(f,Pss(1:257));
```

生成的图形如图 20.17 所示。

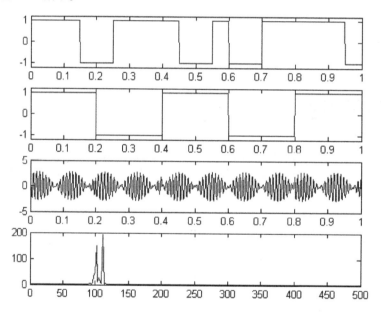

图 20.17　OFDM 波形及功率谱

从图上可以看到 T 等于 0.2 秒，OFDM 信号幅度不是恒定的，另外在 100、110Hz 处都有峰值。

第 **21** 章

MATLAB 在图像处理领域的应用

本章将介绍利用 MATLAB 进行图像处理的基本原理与基本操作，
这些知识将为读者进行数字图像处理奠定理论与技术基础。

本章要点（已掌握的在方框中打钩）

☐ 图像表达与显示
☐ 图像运算
☐ 图像变换
☐ 图像分析与增强
☐ 图像区域处理

▶ 21.1 图像表达与显示

21.1.1 图像类型及存储方式

下面给出常用图像类型及其在 MATLAB 中的存储。

（1）亮度图像。

亮度图像及灰度图像。MATLAB 使用二维矩阵存储亮度图像，矩阵中的每一个元素代表图像中一个像素的灰度值。例如一幅 256×128 的图像在 MATLAB 中被存储为 256 行 128 列的二维矩阵。其元素的取值范围是 0~255。数据 0 表示黑色，255 表示白色。

（2）RGB 图像。

RGB 图像是用一个三维矩阵存储 R、G、B 三个通道灰度值，图像中的每个像素是由对应的 R、G、B 灰度值的最终合成。例如，RGB 图像位置为 16 行 8 列的像素的灰度值为 (127,145,227)，那么该像素的红色、绿色、蓝色分量值分别为 127、145、227。数据 0 表示黑色，255 表示白色。

（3）二值图像。

二值图像也是用一个二维矩阵存储图像中的每个像素，矩阵中的每一个元素的值只能为 0 或者 1。数据 0 表示黑色，1 表示白色。

21.1.2 图像转换

图像存储格式转换主要是方便对图像进行处理，比如彩色图像必须转换为灰度图像后才能直接进行直方图均衡处理。

（1）彩色图像与灰度图像之间的转换。

将 RGB 图像转为灰度图像所使用的函数是 rgb2gray()，此函数的语法形式为：
I=rgb2gray(RGB);

其中，参数 RGB 代表 RGB 图像数据，I 代表转换后的灰度图像数据。

（2）灰度图像和 RGB 图像转换为二值图像。

将灰度图像与 RGB 图像转为二值图像所使用的函数是 im2bw()，此函数的语法形式为：
BW=im2bw(I,level);
BW=im2bw(RGB,level);

其中，参数 level 代表二值化的阈值，它的取值范围是 0 ~ 1；I 代表灰度图像数据；RGB 代表 RGB 图像数据；BW 代表转换后的二值图像数据。

21.1.3 读 / 写图像文件

MATLAB 支持 BMP、JPG、TIF、PCX、ICO、GIF 及 CUR 等图像文件类型。通过 imread 与 imwrite 对图像进行读 / 写操作。

MATLAB 使用 imread 函数可将指定位置的图像读入到工作区内。

imread 函数的语法为：

A=imread(FILENAME,FMT);

其中，FILENAME 指定图像文件的完整路径和文件名。如果待读取的图像文件在当前工作目录或系统目录下，只需提供文件名。FMT 指定待读取图像的扩展名，如 BMP 等。A 是存储图像数据的矩阵，如果是彩色图像则其为三维矩阵，对于灰度图像是二维矩阵。

imwrite 函数的语法为：

imwrite(A,FILENAME,FMT);

其中，A 是工作区内的图像数据，如果是彩色图像则其为三维矩阵。对于灰度图像是二维矩阵；FILENAME 指定图像文件的完整路径和文件名。如果待保存的图像文件在当前工作目录或系统目录下，只需提供文件名；FMT 指定待读取图像的扩展名，如 BMP 等。

21.1.4 图像显示

MATLAB 使用 imshow 函数显示工作区内图像。

imshow 函数的语法为：

```
imshow(I,[low high],param1,value1,param2,value2,…);
imshow(FILENAME);
```

其中，I 是待显示的图像数据矩阵，如果是彩色图像则其为三维矩阵。对于灰度图像是二维矩阵；可选参数 [low high] 是指定显示灰度图像时的灰度范围，灰度值低于 low 的像素显示为黑色，高于 high 的像素显示为白色，介于 [low high] 之间的像素按比例显示灰度级。FILENAME 指定图像文件的完整路径和文件名。如果待保存的图像文件在当前工作目录或系统目录下，只需提供文件名。

> **范例 21-1　已知图像文件的读取、显示、保存**
>
> 具体程序如下：
>
> ```
> I=imread ('cameraman.tif ');        % 读取指定图像文件
> imshow(I);              % 显示图像文件
> Imwrite(I,'cameraman.bmp','bmp'); % 保存到指定图像文件
> ```

21.1.5 彩色图像表示模式

（1）RGB 模式。

R 代表红色，G 代表绿色，B 代表蓝色，3 种颜色组合形成其他颜色。因为 3 种颜色都有 256 个灰度，所以 3 种颜色组合形成 2^{24} 种颜色，也就是"真彩色"。

（2）CMYK 模式。

CMYK 是相减混色，主要用在印刷业，以打印在纸张上的油墨的光线吸引特性为基础，理论上，纯青色（C）、品红 (M) 和黄 (Y) 色素能够合成吸收所有颜色并产生黑色。实际上，由于油墨杂质的影响，只能产生一种土灰色，必须以黑色(K)油墨混合才能产生真正的黑色，因此，CMYK 称为四色印刷，当所有 4 种分量值都是 0% 时，就会产生纯白色，其他颜色由相应百分比的 CMYK 值相减混色而得。

（3）HSV 模式。

HSV 模式描述颜色的 3 个基本特征及色调、饱和度和亮度。色调，是物体反射和投射光的颜色。饱和度，是指颜色的强度或纯度。饱和度表示色相中灰成分所占的比例，用从 0%（灰色）~100%（完全饱和）的百分比值来度量。亮度，是颜色的相对明暗程度，通常用 0%（黑）~100%（白）的百分比值来度量。

21.1.6 常用的彩色图像处理函数

MATLAB 图像处理工具箱中支持的彩色图像类型为索引图像、RGB 图像和 HSV 图像，同时也相互变换函数。MATLAB 使用 hsv2rgb 函数将 HSV 颜色图转换为 RGB 颜色图。

hsv2rgb 函数的语法为：

```
RGBMAP = hsv2rgb（HSVMAP）
```

其中，输入矩阵 HSVMAP 各列分别表示色度、饱和度和纯度值，输出矩阵 RGBMAP 各列分别表示红、绿、蓝的亮度。矩阵元素在区间 [0，1]。

MATLAB 使用 rgb2hsv 函数将三维数组表示的 RGB 模式图像 rgb 转换为等价的三维 HSV 模式图像 hsv。rgb2hsv 函数的语法为：

HSVMAP = rgb2hsv（RGBMAP）；

其中，RGBMAP 是一个 $m/3$ 矩阵，其各列分别红、绿、蓝成分值。

MATLAB 使用 ntsc2rgb 函数将 NTSC 制电视图像颜色图 YIQMAP（$m/3$ 矩阵）转换到 RGB 颜色空间。intsc2rgb 函数的语法为：

RGBMAP = ntsc2rgb (YIQMAP)；

其中，如果 YIQMAP 为 $m/3$ 矩阵，其各列分别表示 NTSC 制的亮度（Y）和色度（I 与 Q）颜色成分，那么输出 RGBMAP 是一个 $m/3$ 矩阵，其各列分别为与 NTSC 颜色相对应的红、绿、蓝成分值。两矩阵元素值是在区间 [0，1]。

MATLAB 使用 rgb2ntsc 函数将 RGB 颜色图转换到 NTSC 颜色空间。rgb2ntsc 函数的语法为：

yiq = rgb2ntsc（rgb）；

其中，rgb 为 RGB 颜色空间。

📝 范例 21-2   彩色图像格式的相互转换

具体程序如下：

```
%%%%%%%RGB 与 HSV 的相互转换 %%%%%%%
RGB=imread('yellowlily.jpg');
HSV=rgb2hsv(RGB);
RGB1=hsv2rgb(HSV);
subplot(2,3,1),imshow(RGB),title('RGB 图像 ');
subplot(2,3,2),imshow(HSV),title('HSV 图像 ');
subplot(2,3,3),imshow(RGB1),title(' 转换后 RGB 图像 ');
%%%%%%%RGBÓëYCBCRµÄÏà»¥×ª»»%%%%%%%
YCBCR=rgb2ycbcr(RGB);RGB1=ycbcr2rgb(YCBCR);
subplot(2,3,4),imshow(RGB),title('RGB 图像 ');
subplot(2,3,5),imshow(YCBCR),title('YCBCR 图像 ');
subplot(2,3,6),imshow(RGB1),title(' 转换后 RGB 图像 ');
```

转换前后的图像结果如图 21.1 所示。

图 21.1　彩色图像的相互转换

▶ 21.2 图像运算

本节主要介绍利用 MATLAB 对图像进行灰度变换，它用于改变一幅图像的灰度变换范围。通过本节学习使读者掌握灰度直方图、灰度均衡、灰度线性变换与非线性变换方法。

21.2.1 直方图

灰度直方图直观显示了图像的灰度分布情况，这些信息对图像处理非常重要。图 21.2 显示了一幅图像及其灰度直方图。从图中不难看出，灰度直方图是一个关于图像像素数与灰度值的二维统计图，它描述了图像各个灰度级出现的次数（频率）。其横坐标表示图像灰度值，纵坐标表示该灰度值对应像素出现的次数。

MATLAB 使用 imhist 函数显示其直方图。

imhist 函数的语法为：

```
imhist(I);
imhist (I,n);
```

其中，I 是待显示灰度直方图的图像数据矩阵；参数 n 表示指定的灰度级数目，默认值为 256。如果指定参数 n，则会将所有的灰度级均匀分布在 n 个区间内，而不是 256 个灰度级全部展开。

📝 **范例 21-3   显示已知图像文件的灰度直方图**

具体程序如下：

```
I=imread ('cameraman.tif ');        % 读取指定图像文件
Imhist(I);                          % 显示图像的灰度直方图
```

结果如图 21.2 所示。

 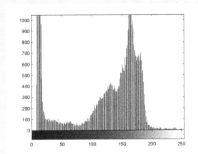

图 21.2　图像直方图

21.2.2 直方图均衡

直方图均衡又称灰度均衡，是指将通过某种灰度映射使输入图像转换为每一灰度级上都有近似相同的像素点数的输出图像，即输出图像的直方图是均匀的。这样使得图像具有较高的对比度与较大的动态范围。

MATLAB 使用 histeq 函数实现直方图均衡。

histeq 函数的语法为：

```
[J,T]=histeq (I);
```

其中，I 是原始图像数据矩阵；输出变量 J 表示直方图均衡化的输出图像数据矩阵，输出变量 T 表示变换矩阵。

📝 **范例 21-4   实现图像文件的灰度均衡化**

具体程序如下：

```
I=imread ('pout.tif');                    % 读取指定图像文件
subplot(2,2,1),imshow(I),title(' 原始图像 ');         % 显示原始图像
subplot(2,2,2),imhist(I),title(' 原始图像直方图 ');        % 显示原始图像灰度直方图
J=histeq(I);                    % 灰度均衡
subplot(2,2,3),imshow(J),title(' 灰度均衡后的图像 ');       % 显示灰度均衡后的图像
subplot(2,2,4),imhist(J),title(' 灰度均衡后的图像直方图 '); % 显示灰度均衡后的图像灰度直方图
```

灰度均衡前后的图像结果如图 21.3 所示。

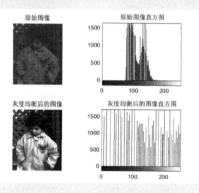

图 21.3   图像灰度均衡

21.2.3 灰度线性变换

灰度线性变换是灰度变换的一种，也是最常用的图像处理操作之一。灰度线性变换具体就是通过指定的线性函数进行变换来调整图像的亮度，从而实现图像增强的目的。

对输入图像灰度作拉伸或压缩，映射函数为一个直线方程，其表达式如下：

$$(x, y) = af(x, y) + b$$

其中，a 相当于变换直线的斜率，b 相当于截距；

$$b = 0; \begin{cases} a > 1, & \text{对比度拉伸} \\ a < 1, & \text{对比度增强} \\ a = 0, & \text{复制} \end{cases} \qquad (21-1)$$

$$b \neq 0; \qquad \text{灰度偏置}$$

📝 **范例 21-5   实现图像文件的灰度线性变换**

具体程序如下：

```
I = imread('cameraman.tif');          % 读取指定图像文件
J = imadjust(I,[0 0.2],[0.5 1]);
subplot(1,2,1);imshow(I);title(' 原始图像 ');
subplot(1,2,2);imshow(I);title(' 灰度线性变换后的原始图像 ');
```

线性灰度变换前后的图像结果如图 21.4 所示。

原始图像

灰度线性变换后的原始图像

图 21.4　图像灰度线性变换

21.2.4　灰度非线性变换

灰度非线性变换也是最常用的图像处理操作之一。灰度线性变换具体就是通过指定的非线性函数进行变换来调整图像的亮度，从而实现图像增强的目的，比如对数变换、伽玛变换、指数变换等。

01 对数变换

图像灰度的对数变换将扩张数值较小的灰度范围，压缩数值较大的图像灰度范围。这种变换符合人的视觉特性，是一种有用的非线性映射变换函数。其映射函数表达式及演示示意如下：

$$g(x, y) = c \log(1 + f(x, y)) \qquad (21\text{-}2)$$

其中，c 为尺度比例常数。

02 伽玛变换

伽玛变换又称指数变换或幂次变换，也是常用的灰度非线性变换，其映射函数表达式及演示示意如下：

$$g(x, y) = cf(x, y)^{\gamma} \qquad (21\text{-}3)$$

其中：c 为尺度比例常数，γ 为伽玛常数。

📝 范例 21-6　实现图像文件的灰度非线性变换

具体程序如下：

```
I= imread('pout.tif');    % 读取指定图像文件
b=fft2(im2double(I));     % 计算频谱
c=fftshift(b);
d=abs(c);
figure(1);
subplot(2,3,1);imshow(I);  title(' 原图像 ');
c=log(d+1);                     % 对数变换
subplot(2,3,2);imshow(d,[]);title(' 图像频谱 ');    % Gamma 取 1
subplot(2,3,3);imshow(c,[]);title(' 对数变换后的频谱 ');        % Gamma 取 1
subplot(2,3,4);imshow(imadjust(I, [ ], [ ], 0.75));title('Gamma 0.75'); % Gamma 取 0.75
subplot(2,3,5);imshow(imadjust(I, [ ], [ ], 1));title('Gamma 1');     % Gamma 取 1
subplot(2,3,6);imshow(imadjust(I, [ ], [ ], 1.5));title('Gamma 1');   % Gamma 取 1.5
```

线性灰度变换前后的图像结果如图 21.5 所示。

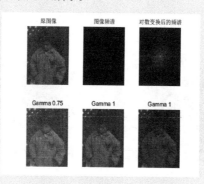

图 21.5 图像灰度非线性变换

▶ 21.3 图像变换

几何运算可改变图像中各物体之间的空间关系。这种运算可以看成是将（各）物体在图像内移动。一个几何运算需要两个独立的算法。首先，需要一个算法来定义空间变换本身，用它来描述每个像素如何从其初始位置"移动"到终止位置，即每个像素的"运动"。其次，需要一个用于灰度插值的算法，这是因为在一般情况下，输入图像的位置坐标(x,y)为整数，而输出图像的位置坐标为非整数，反过来也如此。因此插值就是对变换之后的整数坐标位置的像素值进行估计。MATLAB 提供了一些函数实现这些功能。

21.3.1 图像缩放

MATLAB 使用 imresize 函数实现图像缩放，如果不指定插值方法，默认为最邻近插值法。imresize 函数的语法为：

B = imresize(I, m, 'method');

其中，I 是原始图像数据矩阵；输入变量 m 表示图像的放大倍数（m 小于 1 时效果是缩小）；可选变量 'method' 用于指定插值的方法，可选用的值为 'nearest'（最邻近法）、'bilinear'（双线性插值）、'bicubic'（双三次插值），默认为 'nearest'。

imhist 函数的语法为：

imhist(I);
imhist (I，n);

其中，I 是待显示灰度直方图的图像数据矩阵；参数 n 表示指定的灰度级数目，默认值为 256。如果指定参数 n，则会将所有的灰度级均匀分布在 n 个区间内，而不是 256 个灰度级全部展开。

📝 范例 21-7 实现图像文件的缩放

具体程序如下：

```
I = imread('blobs.png');          % 读取指定图像文件
J = imresize(I, 1.25);
figure(1),imshow(I), title(' 原始图像 ')
figure (2),imshow(J), title(' 放大后的图像 ')
```

缩放前后的图像结果如图 21.6 所示。

图 21.6　图像的缩放变换

21.3.2 图像旋转

MATLAB 使用 imrotate 函数实现图像旋转，如不指定插值方法，则默认为最邻近插值法。
imrotate 函数的语法为：

B = imrotate(I, angle, 'method')

其中，I 是原始图像数据矩阵；可选参数 'method' 用于指定插值的方法，可选用的值为 'nearest'（最邻近法）、'bilinear'（双线性插值）、'bicubic'（双三次插值），默认为 'nearest'。一般说来，旋转后的图像会比原图大，超出原图部分值为 0。

> **范例 21-8　实现图像文件的旋转**
>
> 具体程序如下：
>
> ```
> I = imread('blobs.png');          % 读取指定图像文件
> J = imrotate(I, 30, 'bilinear');
> subplot(1,2,1),imshow(I), title(' 原始图像 ');
> subplot(1,2,2),imshow(J), title(' 旋转后的图像 ');
> ```
>
> 旋转前后的图像结果如图 21.7 所示。

图 21.7　图像的旋转变换

▶ 21.4 图像分析与增强

限于篇幅，本书只介绍空域滤波。空域滤波是对图像中每个像素为中心的邻域进行一系列的运算，然后将得到的结果代替原来的像素值。空域滤波分为线性空域滤波和非线性空域滤波。

21.4.1 线性空域滤波

线性空域滤波实际是一种低通滤波，信号低频部分通过，高频部分被阻止。由于图像的边缘处于高频部分，因此线性空域滤波后会造成图像边缘的模糊。

在进行线性空域滤波时，常用的模板大小为 3×3，如下所示。

$$T = \frac{1}{5}\begin{bmatrix} 0 & 1 & 0 \\ 1 & 1 & 1 \\ 0 & 1 & 0 \end{bmatrix}, \tag{21-4}$$

MATLAB 使用 imfilter 函数采用模板和图像的邻域相卷积实现图像滤波。

imfilter 函数的语法为：

```
imfilter(A,FILENAME,FMT);
B = imfilter(A,H);
B = imfilter(A,H,option1,option2,…)
B = imfilter(A, w, filtering_mode, boundary_options, size_options);
```

其中，B 是中值滤波后的图像矩阵，A 是原图像矩阵，w 为滤波掩模。filtering_mode 用于指定在滤波过程中是使用"相关"还是使用"卷积"。boundary_options 用于处理边界充零问题，边界的大小由滤波器的大小确定。

📝 范例 21-9　图像平滑

具体程序如下：

```
close all;              % 关闭所有图形窗口
clear all;              % 清除工作区所有变量
I=imread('coins.png');        % 读入图像
J=imnoise(I, 'salt & pepper', 0.04); % 添加噪声
h=ones(3,3)/5;          % 建立模板
h(1,1)=0; h(1,3)=0;h(3,1)=0; h(1,3)=0;
K=imfilter(J, h);        % 图像的滤波
figure;
subplot(1,3,1), imshow(I), title(' 原始图像 ');      % 显示原始图像
subplot(1,3,2), imshow(J), title(' 噪声图像 ');      % 显示添加噪声后的图像
subplot(133), imshow(K), title(' 滤波后图像 ');      % 显示滤波结果
```

程序运行后，滤波前后的图像如图 21.8 所示。

图 21.8　图像平滑

21.4.2 非线性空域滤波

非线性空域滤波主要包括中值滤波、顺序统计滤波和自适应滤波等。中值滤波是一种保护边缘的非线性图像平滑方法，在图像增强中应用非常广泛。限于篇幅，本书只介绍一维中值滤波。对于一维数据 $x_1, x_2, \cdots, x_n$，对数据进行升序排列，即 $x_1', x_2', \cdots, x_n'$。则一维数据的中值为：

$$y = Mcd(x_1, x_2, \cdots, x_n) = \begin{cases} x'_{n/2} & n\text{为奇数} \\ 1/2[x'_{n/2} + x'_{(n+1)/2}] & n\text{为偶数} \end{cases}, \qquad (21\text{-}5)$$

中值滤波适于去除图像中的椒盐噪声，平滑效果优于均值滤波，既能抑制噪声还能够保持图像的边缘清晰。

MATLAB 使用 medfilt2 函数实现图像的二维中值滤波。

medfilt2 函数的语法为：

```
medfilt2(A,FILENAME,FMT);
B = medfilt2(A, [m n]);
B = medfilt2(A);
B = medfilt2(A, 'indexed', …);
```

其中，[m n] 表示邻域块的大小，默认值为 [3 3]。B 是中值滤波后的图像矩阵，A 是原图像矩阵，m 和 n 是处理模版大小，默认 3×3。

范例21-10　图像中值滤波

具体程序如下：

```
close all;              % 关闭所有图形窗口
clear all;              % 清除工作区所有变量
I = imread('eight.tif');        % 读入图像
J = imnoise(I,'salt & pepper',0.02); % 添加噪声
K=medfilt2(J);             % 中值滤波
figure;
subplot(1,3,1),imshow(I), title(' 原始图像 ');      % 显示原始图像
subplot(1,3,2), imshow(J), title(' 噪声图像 ');      % 显示添加噪声后的图像
subplot(1,3,3), imshow(K), title(' 滤波后图像 ');     % 显示滤波后的图像
```

程序运行后，滤波前后的图像如图 21.9 所示。由图中不难看出，中值滤波非常适合去除椒盐噪声。

图 21.9　图像中值滤波

▶ 21.5 图像区域处理

彩色对我们并不陌生，对人类而言，对彩色图像信息的感知，具有至关重要的意义。彩色图像信息可以从科学和艺术两方面来理解。本节仅从科学角度讨论彩色图像信息处理，介绍利用 MATLAB 进行彩色图像处理的方法。

图像理解是图像处理的一个重要分支，研究为完成某一任务需要从图像中提取哪些有用的信息，以及如何利用这些信息解释图像。边缘检测技术对于处理数字图像非常重要，因为边缘是所要提取目标和背景的分界线，提取出边缘才能将目标与背景区分开来。在图像中，边界表明一个特征区域的终结和另一个特征区域的开始，边界所分开区域的内部特征或属性是一致的，而不同的区域内部的特征或属性是不同的，边缘检测正是利用物体与背景在某种图像特性上的差异来实现的，这些差异包括灰度、颜色或者纹理特征。边缘检测实际上就是检测图像特征发生变化的位置。

图像分割是将图像划分成若干个互不相交的小区域的过程，小区域是某种意义下具有共同属性的像素的连通集合。如不同目标物体所占的图像区域、前景所占的图像区域等。连通是指集合中任意两个点之间都存在着完全属于该集合的连通路径。

21.5.1 最大类间方差法

最大类间方差法是由日本学者大津于 1979 年提出的，是一种自适应的阈值确定的方法，又叫大津法，简称 OTSU。它是按图像的灰度特性，将图像分成背景和目标两部分。背景和目标之间的类间方差越大，说明构成图像前景背景差别越大，当部分目标错分为背景或部分背景错分为目标都会导致两部分差别变小。因此，使类间方差最大的分割意味着错分概率最小。MATLAB 中的 graythresh 函数可用于实现最大类间方差法功能。

graythresh 函数使用最大类间方差法找到图片的一个合适的阈值（threshold）。在使用 im2bw 函数将灰度图像转换为二值图像时，需要设定一个阈值，这个函数可以帮助我们获得一个合适的阈值。利用这个阈值通常比人为设定的阈值能更好地把一张灰度图像转换为二值图像。

graythresh 函数的语法为：

```
level = graythresh(I)
[level EM] = graythresh(I)
```

通过计算获得输入图像的阈值，这个阈值在 [0,1] 范围内。该阈值可以传递给 im2bw 完成灰度图像转换为二值图像的操作。

范例21-11   最大类间方差分割

具体程序如下：

```
clc
clear all
I=imread('football.jpg');
subplot(1,2,1),imshow(I);
title(' 原始图像 ')
grid on;              % 显示网格线
axis on;              % 显示坐标系
level=graythresh(I);   % 确定灰度阈值
BW=im2bw(I,level);
subplot(1,2,2),imshow(BW);
title('OTSU 法阈值分割图像 ')
grid on;              % 显示网格线
axis on;              % 显示坐标系
```

转换前后的图像结果如图 21.10 所示。

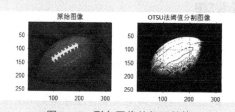

图 21.10 彩色图像的相互转换

21.5.2 常用的彩色图像处理函数

分水岭算法（watershed）是一种借鉴了形态学理论的分割方法，在该方法中，将一幅图像看成一个拓扑地形图，其中灰度值对应地形高度值。高灰度值对应着山峰，低灰度值对应着山谷。水总是朝地势低的地方流动，直到某一局部低洼处才停下来，这个低洼处称为吸水盆地，最终所有的水会分聚在不同的吸水盆地，吸水盆地之间的山脊称为分水岭。水从分水岭流下时，朝不同的吸水盆地流去的可能性是相等的。将这种想法应用于图像分割，就是要在灰度图像中找出不同的吸水盆地和分水岭，由这些不同的吸水盆地和分水岭组成的区域即为我们要分割的目标。MATLAB 中的 watershed 函数可用于实现最大类间方差法功能。

　　watershed 函数可以看成是一种自适应的多阈值分割算法，在图像梯度图上进行阈值选择时，经常遇到的问题是如何恰当地选择阈值。阈值选得太高，则许多边缘会丢失或边缘出现破碎现象；阈值选得太低，则容易产生虚假边缘，而且边缘变厚导致定位不精确。

　　watershed 函数的语法为：

L=watertshed(f)

　　其中，f 为输入图像，L 为输出的标记矩阵，其元素为整数值，第一个吸水盆地被标记为 1，第二个吸水盆地被标记为 2，依此类推。分水岭被标记为 0。

范例21-12　分水岭分割

　　具体程序如下：

```
clc
clear all
f=imread('coloredChips.png'); % 读取原图像
subplot(1,2,1);
imshow(f);
title(' 原始图像 ')
grid on;           % 显示网格线
axis on;           % 显示坐标系
g=im2bw(f, graythresh(f));
gc=~g;
D=bwdist(gc);
L=watershed(-D);
w=L==0;
g2=g&~w;
subplot(1,2,2);
imshow(g2);
title(' 分水岭图像 ')
grid on;                 % 显示网格线
axis on;
```

　　转换前后的图像结果如图 21.11 所示。

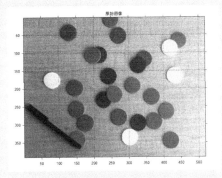

图 21.11　彩色图像的相互转换

▶ 21.6　综合应用

　　视觉分析技术作为一种新型的技术手段开始广泛应用于工业、医疗、智能交通等领域。
MATLAB 2016 自带的 Computer Vision System Toolbox（计算机视觉系统工具箱）不仅具备功能齐
全的函数库，而且有强大的帮助文档和丰富的免费教学视频、程序及应用案例，这些资源对从事视觉分析学习、
研究与工作提供了极大的帮助。

　　本范例让读者学会使用迭代最近点（ICP）算法对多组点云组合恢复 3D 场景。

📝 范例21-13　3D点云配准与拼接

　　处理程序如下。
　　步骤 1，配准两点云：

```
dataFile = fullfile(toolboxdir('vision'), 'visiondata', 'livingRoom.mat');
load(dataFile);
```

　　步骤 2，提取两个连续点云：

```
ptCloudRef = livingRoomData{1};
ptCloudCurrent = livingRoomData{2};
%%%%%%%%% 使用大小为 10cm 的网格过滤器进行下采样来预处理数据。
gridSize = 0.1;
fixed = pcdownsample(ptCloudRef, 'gridAverage', gridSize);
moving = pcdownsample(ptCloudCurrent, 'gridAverage', gridSize);
```

　　步骤 3，计算两点云变换矩阵：

```
tform = pcregrigid(moving, fixed, 'Metric','pointToPlane','Extrapolate', true);
ptCloudAligned = pctransform(ptCloudCurrent,tform);
%%%%%%%%% 使用已配准数据创建现实场景。
mergeSize = 0.015;
ptCloudScene = pcmerge(ptCloudRef, ptCloudAligned, mergeSize);
```

　　步骤 4，可视化输入图像：

```
figure
subplot(2,2,1)
imshow(ptCloudRef.Color)
title('First input image')
drawnow
subplot(2,2,3)
imshow(ptCloudCurrent.Color)
title('Second input image')
drawnow
```

　　步骤 5，可视化现实场景：

```
subplot(2,2,[2,4])
pcshow(ptCloudScene, 'VerticalAxis','Y', 'VerticalAxisDir', 'Down')
title('Initial world scene')
xlabel('X (m)')
ylabel('Y (m)')
```

```
zlabel('Z (m)')
drawnow
```

可视化输入图像和现实场景如图 21.12 所示。

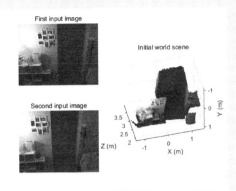

图 21.12   可视化输入图像和现实场景

步骤 6，拼接点云序列：

```
%%%%%%%% 重复上述步骤处理点云序列生成更大的 3-D 场景。
accumTform = tform;
figure
hAxes = pcshow(ptCloudScene, 'VerticalAxis','Y', 'VerticalAxisDir', 'Down');
title('Updated world scene')
%%%%%%%% 设置 axes 属性加快渲染速度
hAxes.CameraViewAngleMode = 'auto';
hScatter = hAxes.Children;
for i = 3:length(livingRoomData)
  ptCloudCurrent = livingRoomData{i};
  %%%%%%%% 使用先前移动点云作为参考 .
  fixed = moving;
  moving = pcdownsample(ptCloudCurrent, 'gridAverage', gridSize);
  %%%%%%%% 应用 ICP 配准算法
  tform = pcregrigid(moving, fixed, 'Metric','pointToPlane','Extrapolate', true);
  %%%%%%%% 将当前点云转换为由第一点云定义的参考坐标系。
 accumTform = affine3d(tform.T * accumTform.T);
  ptCloudAligned = pctransform(ptCloudCurrent, accumTform);
  %%%%%%%% 更新现实场景
  ptCloudScene = pcmerge(ptCloudScene, ptCloudAligned, mergeSize);
  %%%%%%%% 可视化现实场景
  hScatter.XData = ptCloudScene.Location(:,1);
  hScatter.YData = ptCloudScene.Location(:,2);
  hScatter.ZData = ptCloudScene.Location(:,3);
  hScatter.CData = ptCloudScene.Color;
  drawnow('limitrate')
end
%%%%%%%% 录制时 Kinect 指向下方。便于显示转换数据让地平面与 X-Z 平面平行。
angle = -pi/10;
A = [1,0,0,0;...
    0, cos(angle), sin(angle), 0; ...
```

```
    0, -sin(angle), cos(angle), 0; ...
    0 0 0 1];
ptCloudScene = pctransform(ptCloudScene, affine3d(A));
pcshow(ptCloudScene, 'VerticalAxis','Y', 'VerticalAxisDir', 'Down', ...
    'Parent', hAxes)
title('Updated world scene')
xlabel('X (m)')
ylabel('Y (m)')
zlabel('Z (m)')
displayEndOfDemoMessage(mfilename)
```

拼接更新后的场景结果如图 21.13 所示。

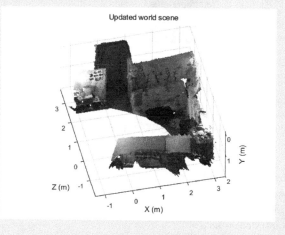

图 21.13 拼接更新后的场景

▶ 21.7 疑难解答

这里介绍一种将读取的 n 张图像统一重命名为 1.jpg，2.jpg，…，n.jpg 的简单方法。具体过程是利用 for 循环依次进行处理。假定"D:\image\jpg 图像"目录下面有 jpg 格式图像 18 幅要读取并进行处理。对应的 MATLAB 程序如下：

```
image_dir='D:\image\jpg 图像 ';
for i=1:18
    I=imread([str,num2str(image_dir),'.jpg']); % 依次读取每一幅图像
% 指定图像处理功能
% 添加你的图像处理功能代码
% 指定图像处理功能在此处进行你的图像处理即可
end
```

第 **22** 章

MATLAB 在金融领域的应用

MATLAB 的金融工具箱为金融计算提供了一个集成的计算环境，在 MATLAB R2016b 版本中，内置了金融工具箱 (Financial Toolbox)、金融衍生品工具箱 (Financial Derivatives Toolbox) 和固定收益工具箱 (Fixed-Income Toolbox)3 个金融类的工具箱。在金融工具箱的帮助下，可以实现对金融数据的分析、统计以及可视化等功能。在金融工具箱的基础上，可以开发出针对复杂金融问题的解决方案。

MATLAB 有时候也用来对股票进行技术分析。证券市场的价格是复杂变化的，投资者在这个市场上进行投资时都要有一套方法来制定或选择投资策略进行投资。股票技术分析是以预测市场价格变化的未来趋势为目的，通过分析历史图表对市场价格的运动进行分析的一种方法。这里主要介绍使用 MATLAB 函数计算主要技术分析指标并绘图。

本章要点（已掌握的在方框中打钩）

□ 数据读取
□ 绘制线型图
□ 绘制 K 线图
□ 移动平均线
□ 布林带

▶ 22.1　数据读取

本章的内容主要以浦发银行 2016 年的行情数据来进行技术分析的指标计算与绘图，在日常工作环境中，常用的简单数据处理软件是 Microsoft 提供的 Excel。Excel 已经成为标准的办公软件，因此如何实现 Excel 和 MATLAB 之间的数据转换就尤其重要。浦发银行 2016 年行情数据存储在 pfyh2016.xls 文件中，通过使用 xlsread 函数将 excel 的数据读取到 MATLAB 的工作区。

📝 范例 22-1　从Excel读入浦发银行2016年行情数据并保存为mat文件

具体程序如下：

```
filename='pfyh2016.xlsx';
[num,txt,raw] = xlsread(filename);
%num 列依次为 {' 日期 ',' 开盘价 ',' 最高价 ',' 最低价 ',' 收盘价 ',' 成交量 ',' 成交额 ';}
pfyh2016=num;
% 存储数据在 pfyh2016.mat 文件中
save pfyh2016.mat pfyh2016
```

程序运行后，在 MATLAB 的存储空间中可以看到 pfyh2016.mat 文件。

▶ 22.2　绘制线型图

线型图又称为高低线图，是在金融市场，特别是在股票市场中常见的一种图表表示方法，通过一条竖线和两条短横线构成的基本单元展示了开盘价、最高价、最低价、收盘价 4 个基本数据。当将多个观测区间收集到的时间序列数据在一张图表中表示出来的时候，就有丰富的含义了，可以对市场上投资者的心态、供求等可能对价格产生影响的因素做出猜测和分析。

MATLAB 的金融工具箱提供了绘制线型图的函数 highlow，下面对 highlow() 函数的使用和参数调用格式进行详细说明。

函数 highlow() 可用来对时间序列数据做线型图。数据要求必须含有开盘价、收盘价、最高价、最低价 4 个量。数据的缺失会导致绘制线型图的失败。

语法格式为：

```
highlow(high, low, close, open, Color)
handle=highlow(high, low, close, open, color)
```

输入参数如下。

high：列向量，对应为观测值的最高价格。

low：列向量，对应为观测值的最低价格。

close：列向量，对应为观测区间证券交易的收盘价格。

open：列向量，对应为观测区间证券交易的开盘价格。

color：可选字符，字符串，表示图形颜色。

输出参数如下。

Handle：返回值，为所画条形图句柄。

注意，上述 high、low、close、open 参数必须保证长度一样。

范例 22-2　**利用线型图绘制函数highlow，绘制浦发银行2016年1月份股价的线型图**

具体程序如下

```
clear;clc;clf;
load 'pfyh.mat';                    % 存储浦发银行股价的数据文件
r=size(pfyh,1);
figure
highlow(pfyh(1:r,3),pfyh(1:r,4),pfyh(1:r,5),pfyh(1:r,2),'r')
title(' 浦发银行 2016 年 1 月股价走势条形图 ');
xlabel(' 日期 ');
ylabel(' 浦发银行股价 / 元 ');
axis([0,r+1,10,inf]);        % 标定坐标轴范围
set(gca,'XTick',0:1:r);
set(gca,'xticklabel',{ ' ',datestr(x2mdate(pfyh(1:r,1)), 'mm/dd')})
dateaxis('x',2,'4-jan-2016');      % 设定横轴日期显示格式
```

输出计算结果如图 22.1 所示。

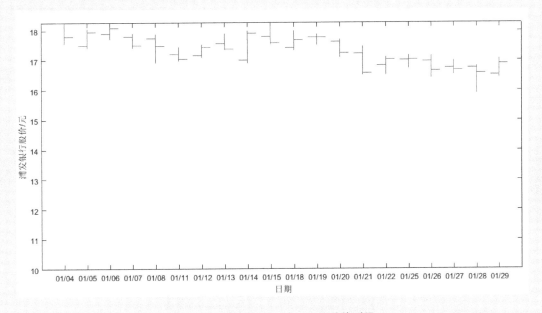

图 22.1　浦发银行 2016 年 1 月股价线型图

需要注意的是，由于数据文件中的变量顺序和 highlow() 函数要求的顺序不同，所以在调用 highlow 函数时需要调整变量的顺序。

▶ 22.3　绘制 K 线图

K 线图又叫作烛型图，其中根据不同的颜色，判定是阴线还是阳线，一般在行情软件中，红色代表阳线，绿色代表阴线，这里分别用白和黑代表阳线和阴线。在 MATLAB 中绘制 K 线图的函数是 candle。

语法格式为：

Candle（High，Low，Close，Open）

输入参数如下。

High：最高价。

Low：最低价。

Close：收盘价。

Open：开盘价。

📋 范例 22-3   基于浦发银行2016年1月份的行情数据，绘制K线图

具体程序如下：

```
clear;clc;
load 'pfyh.mat';
[ro,co]=size(pfyh);
figure
candle(pfyh(1:ro,3),pfyh(1:ro,4),pfyh(1:ro,5),pfyh(1:ro,2),'r')
title(' 浦发银行 2016 年 1 月股价走势 K 线图 ');
xlabel(' 日期 ');
ylabel(' 浦发银行股价 / 元 ');
axis([0,ro+1,10,inf]);      % 标定坐标轴范围
set(gca,'XTick',0:1:ro);
set(gca,'xticklabel',{ ' ',datestr(x2mdate(pfyh(1:ro,1)), 'mm/dd')})
```

程序运行结果如图 22.2 所示。

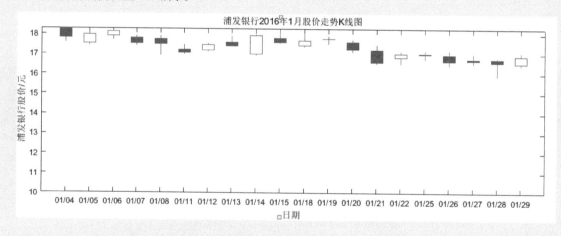

图 22.2   浦发银行 2016 年 1 月股价走势 K 线图

▶22.4 绘制移动平均线

　　线型图和 K 线图是直接基于交易数据的，并没有对数据进行任何处理，MATLAB 金融工具的优势在于对金融数据的处理上，这里介绍移动平均线指标的计算过程和 MATLAB 的实现函数。

　　移动平均线是应用最普遍的技术指标之一，它帮助交易者确认现有趋势、判断即将出现的趋势、发现即将反转的趋势。移动平均线 (MA) 是以道琼斯的平均成本概念为理论基础，采用统计学中"移动平均"的原理，将一段时期内的股票价格平均值连成曲线，用来显示股价的历史波动情况，进而反映股价指数未来发展趋势的技术分析方法。MA 值是表示证券价格在过去特定时间段内的平均值，计算 MA 指标，对于加权的权重有多种不同处理方式，采用最简单的算术平均的方案来计算 MA 指标。MA 在一定程度上消除了由于随机事件对股票价格的影响，消除了一定的不稳定性。

移动平均线的计算，一般根据当天的收盘价计算 MA 指标，公式如下：

$$MA(n) = \frac{1}{n}\sum_{i=1}^{n} x_i$$

式中，X_n 是 n 天前的收盘价，X_i 是昨天的收盘价，这样计算出来的是当天的 MA 指标，这种计算方法是最简单的 MA 指标计算方法，不同的系统会有不同的计算方法，例如指数加权法、时间加权法等。

绘制移动平均线可直接用 MATLAB 内置函数 movavg 来实现。

语法格式为：

[Short，Long]=movavg(Asset，lead，lag，Alpha)

输入参数如下。

Asset：资产价格序列。

Lead：短均线滞后项，不超过 Lag。

Lag：长均线滞后项。

Alpha：移动平均滞后项。

输出参数如下。

Short：短均线序列。

Long：长均线序列。

范例 22-4   绘出浦发银行股票价格数据样本2016年的5日MA指标、20日MA指标及收盘价格曲线

```
filename='pfyh2016.xlsx';
[num,txt,raw] = xlsread(filename);
%num 列依次为 {' 日期 ',' 开盘价 ',' 最高价 ',' 最低价 ',' 收盘价 ',' 成交量 ',' 成交额 ';}
ClosePrice =num(:,5);
%% 读取数据
Date=x2mdate(num(:,1));
Lead=5;
lag=20;
Alpha=0;
 [Short, Long] = movavg(ClosePrice, Lead, lag, Alpha);
% 画图
plot(Date,ClosePrice);
hold on
plot(Date(Lead:end),Short(Lead:end),'r--');
plot(Date(lag:end),Long(lag:end),'b.-');
dateaxis('x',12)
xlim([Date(1), Date(end)])
% 标记线型
legend(' 收盘价 ','5 日均线 ','20 日均线 ')
%X 轴名称
xlabel(' 日期 ')
%Y 轴名称
ylabel(' 价格 ')
% 标题
title(' 移动平均线 ')
```

程序运行结果如图 22.3 所示。

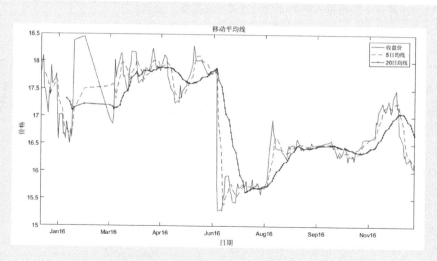

图 22.3　浦发银行 2016 年 5 日均线、20 日均线及收盘价曲线

▶22.5　绘制布林带

布林带是由 John Bollinger 发明的，它的使用类似于移动平均线（MA），MA 表示股票价格的移动趋势，但是并没有表明回归的趋势，当价格偏离 MA 所代表的价格运动趋势越远时，其回复到 MA 的市场压力越大，布林带提供了一个定量的标准来衡量这种趋势的偏离。

在所有的指标计算中，布林带的计算方法是最复杂的之一，其引进了统计学中的标准差概念，涉及中轨线（MB）、上轨线（UP）和下轨线（DN）的计算。另外，和其他指标的计算一样，由于选用的计算周期不同，布林带也包括分钟、日、周、月以及年布林带等各种类型。经常被用于股市研判的是日和周布林带。虽然计算它们时取的值有所不同，但基本的计算方法一样。以日布林带计算为例，其计算方法如下：

中轨线 =N 日的移动平均线

上轨线 = 中轨线 + 两倍的标准差

下轨线 = 中轨线 - 两倍的标准差

MATLAB 提供了内置的 bolling 函数来实现上述布林带的计算。

语法格式为：

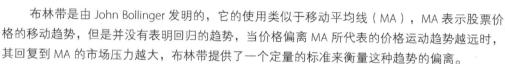

Bolling（Asset，Samples，Alpha）
[Movavgv，UpperBand，LowerBand]=bolling（Asset，Samples，Alpha，Width）

输入参数如下。

Asset：列向量，对应为观测目标的价格。

Samples：列向量，用以说明在计算 MA 曲线时的时间区间。

Alpha：加权平均方式，默认为 0，简单加权平均。

Width：上下边界偏离 MA 的距离，标准差的倍数。

输出参数如下。

Movavgv：移动平均线。

UpperBand：上边界。

LowerBand：下边界。

范例 22-5　绘出浦发银行2016年股票价格数据样本的布林带

具体程序如下：

```
filename='pfyh2016.xlsx';
[num,txt,raw] = xlsread(filename);
%num 列依次为 {' 日期 ',' 开盘价 ',' 最高价 ',' 最低价 ',' 收盘价 ',' 成交量 ',' 成交额 ';}
ClosePrice =num(:,5);
%%% 读取数据
Date=x2mdate(num(:,1));
wsize=20;
wts=0;
nstd=2;
[mid, uppr, lowr] = bollinger(ClosePrice, wsize, wts, nstd);
% 画图
plot(Date,ClosePrice,'k');
hold on
plot(Date(wsize:end),mid(wsize:end),'b--');
plot(Date(wsize:end),uppr(wsize:end),'r.-');
plot(Date(wsize:end),lowr(wsize:end),' y.-');
dateaxis('x',12)
xlim([Date(1), Date(end)])
% 标记线型
legend(' 收盘价 ','20 日均线 ',' 阻力线 ',' 支撑线 ')
%X 轴名称
xlabel(' 日期 ')
%Y 轴名称
ylabel(' 价格 ')
% 标题
title(' 布林带 ')
```

输出结果如图 22.4 所示。

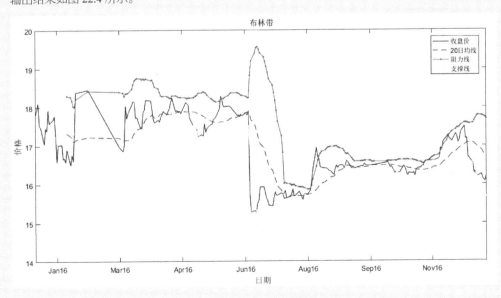

图 22.4　浦发银行 2016 年布林带曲线

▶ 22.6　综合应用

MACD 称为指数平滑异同移动平均线，是从双移动平均线发展而来的，由快的移动平均线减去慢的移动平均线，MACD 的意义与双移动平均线基本相同，但阅读起来更方便。当 MACD 从负数转向正数，是买的信号。当 MACD 从正数转向负数，是卖的信号。当 MACD 以大角度变化，表示快的移动平均线和慢的移动平均线的差距非常迅速地拉开，代表了一个市场大趋势的转变。指数平滑异同移动平均线主要有以下几个指标。

DIF 线 (Difference)：短期移动平均线和长期移动平均线的离差值。

DEA 线 (Difference Exponential Average)：DIF 线的 M 日指数平滑移动平均线。

MACD 线：DIF 线与 DEA 线的差。

在 MATLAB 中计算 MACD 的函数为 macd。

函数语法为：

```
[macdvec, nineperma] = macd(data)
```

输入变量如下。

data：价格序列。

输出变量如下。

Macdvec：MACD 线。

nineperma：DIF 线的 9 日指数移动平均线。

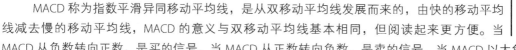

范例 22-6　绘出浦发银行股票价格数据样本2016年的MACD指标

具体程序如下：

```
filename='pfyh2016.xlsx';
[num,txt,raw] = xlsread(filename);
%num 列依次为 {' 日期 ',' 开盘价 ',' 最高价 ',' 最低价 ',' 收盘价 ',' 成交量 ',' 成交额 ';}
ClosePrice =num(:,5);
Date=x2mdate(num(:,1));
[macdvec, nineperma] = macd(ClosePrice);
% 画图
subplot(2,1,1) % 浦发银行 2016 年收盘价图
plot(Date,ClosePrice);
legend('ClosePrice')
dateaxis('x',12);
%X 轴名称
xlabel(' 日期 ')
%Y 轴名称
ylabel(' 价格 ')
% 标题
title(' 收盘价 ')
xlim([Date(1), Date(end)])
subplot(2,1,2);% 浦发银行 2016 年 MACD 指标
plot(Date,macdvec,'r');
%X 轴名称
xlabel(' 日期 ')
% 标题
title('MACD ')
hold on
plot(Date,nineperma,'b--');
```

```
legend('Macd 指标 ',' 九日指数移动平均线 ')
dateaxis('x',12);
xlim([Date(1), Date(end)])
```

输出结果如图 22.5 所示。

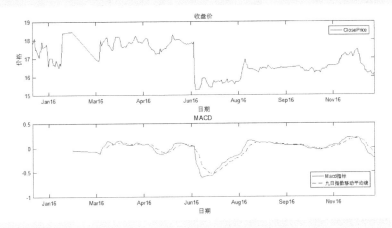

图 22.5　浦发银行 2016 年 MACD 曲线

▶ 22.7　疑难解答

在金融数据处理上，经常见到形如 "15-Mar-2008" 的日期格式，这个表示形式是按照日 / 月 / 年的标准格式。不同的软件支持不同的日期数据格式。MATLAB 接受的数据格式除此之外，还有众多不同类型，常见的数据格式如表 22.1 所示，共有 19 种。

表 22.1　MATLAB 日期数据格式

序号	日期格式	描述
1	01-Feb-2016 11：23：45	日 / 月 / 年 时 / 分 / 秒
2	01-Feb-2016	日 / 月 / 年
3	02/01/16	月 / 日 / 年
4	Feb	月，三字母简写
5	F	月，单字母
6	5	月，数字
7	02/01	月 / 日
8	15	某月中的日
9	Wen	周，三字母表示
10	W	周，单字母表示
11	2016	年，四位数字表示
12	16	年，双数字表示
13	Feb16	月 / 年
14	16：13：24	时：分：秒
15	04：35：28 PM	时：分：秒 下午
16	16：13	时：分
17	10：13 AM	时：分 上午

序号	日期格式	描述
18	Q1-16	季 - 年
19	Q1	年

表 22.1 所示数据格式只是显示格式，即面向终端显示，以便于用户阅读。

在 MATLAB 内部，MATLAB 将所有的时间都处理成一个连续的数值，其起点设置为公元元年 1 月 1 日 0 点 0 分。比如，733482 代表的就是 2008-3-15，这里代表的含义就是 2008-3-15 距离公元元年 Jan01（0001-1-1）的天数是 733482 天。另外，这个日期数值是一个连续数值，单位为天，也就是说，这个连续的数值可以是小数 1，这样就可以用来表示时、分、秒，这样 MATLAB 将时间单位统一化之后，用一个连续的数值来表示。因此，将这个数值转化成自然人能够阅读的日期格式，并且实现不同格式之间的转换和处理，在 MATLAB 中就尤其重要。

在日常办公环境中，常用的简单数据处理软件是 Microsoft 提供的 Excel。Excel 已经成为标准的办公软件，因此如何实现 Excel 和 MATLAB 之间日期型数据的转换就尤其重要。之所以存在以上的转换，是由于在 MATLAB 和 Excel 内部默认的时间起始点是不同的，因而存在以上转换。

同时，对于 MATLAB 金融工具箱的各种函数，都可以接受这种连续型数值日期或者上述字符串格式的日期型数据，格式之间的转换应该是必须熟练掌握的。

在 MATLAB 内部常用的日期数据处理函数有如表 22.2 所列种类，其基本功能详见注释。

表 22.2　MATLAB 日期处理函数

日期转换函数	功能描述
datenum	实现其他格式日期向 MATLAB 内部格式转换
datestr	从内部格式到字符串格式日期的输出，并转换格式
m2xdate	实现 MATLAB 日期格式向 Excel 格式日期的转换
x2mdate	实现 Excel 日期格式向 MATLAB 格式日期的转换
now	当前时间，精确到秒
date	当前日期，返回字符串格式
today	当前日期，返回内部格式
day	返回内部格式日期的日
month	返回内部格式日期的月
year	返回内部格式日期的年
hour	返回内部格式日期的小时数
second	返回内部格式日期的分钟数
minutes	返回内部格式日期的秒数